JN441341

6

군사학 총서 제 6 권

THEORY OF REVOLUTION IN MILITARY AFFAIRS

군사 혁신론

김 성 진

백산서당

Theory of Revolution in Military Affairs

Kim Sung Jin

BAIKSAN Publishing House

프롤로그

『군사혁신론』은 일반의 경영혁신 안내서이자 교육기관, 일반대학교의 군사학과, 부사관학과, 군장학생, 각 군 사관학교 생도, 그리고 국방・안보 분야에 종사하는 연구자들을 위한 군사학 총서(叢書) 제6권이다.

이 책의 제목은 『군사혁명(RMA-Revolution in Military Affairs)론』으로 설정함이 타당하다. 그러나 군부(軍部) 독재의 긍정적이지 못한 과거를 기억하는 한국인의 정서상 '혁명(Revolution)'이란 단어 자체에 호감을 느끼지 못할 개연성을 떨쳐버리기가 쉽지 않다. 따라서 1990년대 중반 이후 국방개혁추진위원회(군사혁신기획단)에서 공식 용어로 사용하는 '군사혁신(RMA)'으로 명명(命名)하였다.[1)]

'군사혁신(RMA)'은 구조와 조직 편성, 전략・작전 운영방식을 패키지로 변화시켜 전투력의 승수효과를 높이는 등 전쟁 양상과 수행개념에 근본적인 변화를 추구하는 개념이다. 기존의 기술에 새로운 기술(technique+skill)을 응용함으로써 더 새로운 군사체계로 만드는 전반(全般)을 의미하기 때문이다. 18세기 중엽 영국에서 시작된 산업혁명은 과학기술의 발달과 더불어 사회・경제・군사혁신으로 이어졌다. 이때 민간과학기술과 군사과학기술이 융・복합적으로 결합하여 지휘・통제・통신・컴퓨터+정보・감시・정찰(C4ISR)체계와 초정밀 유도무기(PGM) 체계의 혁신으로 증폭되었다. 미래전(5세대 전쟁)은 '무인전력'이 게임체인저가 되지 않을까 싶다.

한반도의 지정학・지경학적 특성상 대륙・해양의 영향에서 벗어나려면, 두 가지의 결기가 필요하다. 감당하지 못할 전략적 모호성(Strategic Ambiguity)에 의지하기보다 주변국이 넘볼 수 없는 ① 경제력과 ② 군사력을 갖춰 당당한 국가로 거듭나겠다는

---

1) 'Revolution'이 '혁명(革命)'이란 의미이기에 '혁신(Innovation)'으로 변경함이 타당하지만, 현재 사용하고 있는 용어와 차이가 생기면, 혼란스러울 수 있기에 기존의 주제(Agenda)와 같이 'Revolution'으로 적고, '혁신(革新)'으로 표기(標記)하였다.

실천 노력이다. 물론, 무(武)를 경시하는 유교 사상의 여파, 일부 정치군인들(Political Officers)에 의한 군부 통치의 폐해에 따른 국민적 반감, 진보·보수 정권이 매번 바뀌는 정치로 번복되는 군사동맹·대북정책의 혼란, 평화통일에 대한 막연한 기대감 등을 마냥 무시하기는 어렵다. 그러나 세계 군사력 2위로 평가받던 러시아군이 우크라이나를 먼저 침공하고도 왜! 이렇게 고전하는지, 무엇이 문제인지를 곱씹을 때다. 즉, 외형(外形)은 승리의 요건이 아니다. 국익과 국민의 안정된 삶을 보장하려면, 한반도 환경에 부합하는 고유의 국방·안보전략, 북한 및 주변국보다 뛰어난 나름의 무기체계, 군사력의 형태와 軍 구조 혁신, 유연·탄력적인 조직 편성 및 운영체계, 현실의 적을 식별하여 목적이 있는 강한 정신전력 등으로 거듭나야 한다. 이를 위해 군사혁신 체계는 통합성·유연성, 능력(ability)과 역량(capability)의 결집체가 필요하다.

삼성의 이건희 회장은 제2의 도약을 위해 프랑크푸르트(1993)에서 "마누라와 자식 빼고는 다 바꿔라!"라는 강력한 드라이브로 기업의 이미지와 가치를 높였다. 프랑스 혁명(1789)과 나폴레옹 전쟁(1803~1815) 시 시민군(市民軍-citizen militia) 개념은 전쟁을 총력전(Total War) 양상으로 바꿨다. 제1차 세계대전 시 영국은 전차를 먼저 개발하고도 보병지원용으로, 라디오는 지휘 통제용으로, 항공기는 정찰 및 후방 차단용으로만 사용하였다. 반면에 독일은 철도를 외선작전에 이용했으며, 하인츠 W. 구데리안 장군은 전격전(Blitzkrieg)으로 승리를 꿰찼다. 제2차 세계대전 시 물리학과 접목된 항공기, 레이더 등과 핵무기의 파괴력은 전쟁을 또 다른 차원과 영역으로 진입시켰다. 2000년대 초반 레이저와 입자-빔(粒子-beam) 기술[2], 인공지능(AI)에 기반한 '생체감응 장치(Biosensor)', 나노기술, 빅데이터 등은 제4차 산업혁명 시대를 선도하며 전쟁을 우주(Universe)·사이버공간(Cyber Space)으로 확장하였다.

구소련의 군사기술혁명(MTR)을 뒤쫓던 미국도 나름의 '군사혁신(RMA)'을 통해 강력한 패권국이 되었다. 혁신의 유인(誘因)이 복잡·다양하고 기술적 요소가 많지만, 이외의 요소도 영향이 미치게 됨을 간과해서는 안 된다.

이 책은 다섯 가지의 특징을 가지고 있다. 먼저, '혁신'의 의미와 개념, 관련 용어와

---

2) '입자-빔(粒子-beam)'은 '매우 좁은 간격에서 서로 충돌하지 않으면서 한 방향으로 나아가는 미립자 흐름의 다발'을 뜻하며, 분자선, 원자선, 중성자선, 전자선 등이 있다.

의 차이점을 이해하기 쉽게 정리하였다.

둘째, '혁신'은 어떻게 시작되어야 하고 무엇을 고려해야 하는지, 전쟁 수행개념과 양상의 변화엔 어떻게 반응해야 국익에 도움이 되는지를 제시하였다. 이러한 과정을 거치면서 민간과학기술과 군사과학기술이 왜! 융・복합적 연계가 필요한지, 기술 분야를 비롯한 여러 요소가 왜! 조화로워야 하는지 이해하게 될 것이다. 아울러 국가의 존립과 발전에 지대한 영향을 끼친 주도적 행위자의 성향(性向)과 주장은 독립된 문단으로 엮었다.

셋째, 정보기술-항공력-정보 문명 시대-국방력 건설-정보・무기・C4I 체계를 각기 별도의 장(Chapter)으로 엮었다. 특히 미국-프랑스-중국의 군사혁신에서 성과를 획득한 요인이 무엇인지를 이해한 다음 한국군의 군사혁신에 관한 기본 개념과 방향성을 제시하였다. 또한, 정치・군사지도자(또는 기업경영자)가 어떻게 처신해야 하는지?에 대한 실천적 원리도 담았다.

넷째, 메라비언(55:38:7) 법칙과 story-telling 형식을 채택하되, 전문 용어 위주로 진행할 경우, 지적 호기심(욕구)이 떨어질 수 있어 가능한 일반 용어를 사용하였다.

다섯째, 혁신적 사례와 특징적인 패러다임(paradigm) 등은 공개된 자료를 활용하여 필요한 해석을 추가하였다.

이 책은 일반 기업은 경영혁신 지침서로, 국방・안보 분야 연구자들은 '혁신'의 기본 개념과 원리를 이해하고, 무엇을, 어떻게 실천해야 하는지에 관한 원리와 본질을 안내하는 개념서다. 무엇을 이해하고 어떻게 노력하면 되는지?, 성과를 달성하기 위한 처신과 자세는 어떠해야 하는지? 를 제시하였다. 다양한 경험과 식견으로 초점집단인터뷰(FGI)에 응해주신 전문가님들께 감사드린다. 평생의 벗에 감사하고, 진수・보선 내외의 새로운 생명 잉태를 축하한다. 성원해주시는 (재)한국군사문제연구원, (사)대한민국재향군인회 안보전략연구원, 경기북부보훈지청 제대군인지원센터, (사)대한민국ROTC통일정신문화원, (사)한국유권자총연맹과 국민정책평가원, 국민정책평가신문, 출간에 노력해주신 백산서당에 감사드린다.

고봉산 자락에서

학습 진행개요

기대역량

1. 군사학 영역의 기초 지식을 기반으로 하여 창의성을 함양하고, '군사혁신'에 대한 이해를 제고한다.
2. '군사혁신'의 과거와 현재를 고찰함으로써 미래를 조망(眺望)할 수 있는 기초 감각을 증대시킨다.

탐구 개요

1. '군사혁신'의 구성요소와 진행 경과 등을 탐구하고, 주요 발전과정과 사례를 통해 세계화 추세와 관련 지식을 습득하게 한다.
2. 한국군의 혁신 진행 과정을 연구하여 기초 설계 능력을 갖춘다.

진행과 평가방법

1. 진행방법: 강의 60%, 토의/토론 20% 개인/조별 발표 20%
2. 평가방법: 출・결석 10%, 과제발표 20%, 태도 및 참여도 10%,
   중간・기말고사 각 30%

교과 목표

1. '군사혁신(RMA)'의 기본 개념과 본질을 올바르게 바라볼 수 있는 관점을 갖게 한다.
2. 주요 국가와 한국군의 '군사혁신'을 구성하는 주요 요소와 사례를 탐구하여 그 추세와 전망을 이해하는 데 있다.
3. 한국군 '군사혁신'의 구성요소와 진행 경과, 현실을 이해한 후 미래 군사혁신을 주도(主導)할 기초 소양과 능력을 배양하는 데 있다.

강의 운영

1. 군사혁신의 기본 개념과 역사 등에 대한 이론을 중심으로 강의식 수업을 진행한 후, 학생들에게 주요 국가의 관련 사례를 연구 과제로 부여한다. 그리고 발표 및 토의를 통해 이론과 실제를 간접적으로 경험할 수 있게 심화학습을 진행한다.
2. 한국군의 '군사혁신'에 대한 과거와 현재를 고찰하되, 국제 추세와 바람직한 혁신 방향에 대하여 다양한 의견을 자연스레 표출(토의)할 수 있도록 유도함으로써 기초 안목이 형성될 수 있도록 유도한다.

학습 진행

구 분	주요 과제		구 분	주요 과제	
1과제	군사혁신의 개관	I	7과제	주요 국가의 군사혁신 사례	미 국
2과제		II	8과제		프랑스
3과제	정보기술(IT)-정보전(IW)-정보작전(IO)의 상관성		9과제		중 국
4과제	군사혁신과 항공력의 상관성		10과제	사례 논의 및 시사점(종합)	
5과제	군사혁신과 지휘통제체계(C4I)의 상관성	I	11과제	한국군의 군사혁신 기본개념 및 추진방향	I
6과제		II	12과제		II

참고할 사항

1. '군사혁신'에 관한 기본 개념과 역사에 대한 강의 후에는 개인(조)별로 연구과제를 지정하여 작성-발표-토의하는 방식으로 진행한다.
2. 과제 연구는 근거 자료에 기초하여 준비 및 실질적인 발표 진행이 필요하며, 토의는 사전에 발표할 내용을 확인하고 준비해야 한다.
3. 실효성을 담보하기 위해서는 자유 토론과 논쟁(論爭)에 적극적으로 동참하는 의지와 태도가 바람직하다.

차 례

√ 사전에 이해 및 탐구해야 할 과제는?

제5장 주요 국가의 군사혁신 사례

√ 사전에 이해 및 탐구해야 할 과제는?

〈그림 차례〉

〈표 차례〉

도 입 군사혁신의 정의와 개념은 무엇인지에 관하여 이해합시다.

학습하기 이전(以前)에 요구되는 사항

1. 일반 · 군사적 측면에서의 '혁신(Innovation)'을 이해하시오.
   * 발전-개선-혁신-개혁-혁명의 차이점은?
2. 시대의 전환에 따른 전쟁 양상의 변천(變遷)을 이해하시오.
3. 군사혁신과 유사한 용어의 의미와 범위, 개념을 이해하시오.
   * 군사기술 혁명(MTR)-군사변환(MT)-군사혁신(RMA)-안보분야 혁명(RSA)-군사혁명(MR)의 차이점은?
   * 미국이 군사혁신을 대하는 세 가지 시각은?
   * 군사혁신에 성공하기 위한 3대 전제 요건은?
5. 현대사회의 6대 안보 요소와 군사혁신에 필요한 4대 요소를 이해하시오.
6. 군사혁신이 진행되는 과정을 이해하시오.
   * 시대별 군사혁신의 성공한 사례가 있다면?
   * 군사혁신을 추진할 때 예상되는 다섯 가지의 한계는?
7. 주요 국가가 군사혁신을 추진하는 개념을 이해하시오.
   * 미국-프랑스-이스라엘-러시아의 특성과 차이점은?
   * 한국군이 추진하는 군사혁신의 여덟 가지 기조(基調)는?
8. 군사과학기술과 정보과학혁명의 발달이 전쟁의 양상 변화에 미친 영향을 이해하시오.
9. 미드 〈NCIS: LA〉, 영화 〈Mission: Impossible, 2011~2018〉, 〈The Sum of All Fears, 2002〉, 〈Jack Ryan: Shadow Recruit, 2014〉, 〈Midway, 2019〉를 시청하시오.

제1장

군사혁신의 개관(槪觀)

제1절 개요

제2절 역사적인 '군사혁신'의 사례

제3절 논의 및 시사점

제 1 절

개 요

1. '일반 혁신'과 '군사혁신'에 관한 의미 이해

'혁신(Innovation)'은 '지금 내 주위에 있는 것들과 결별하는 일체'를 의미한다는 의견도 있고, '지금까지 가보지 않았던 길, 과거의 패러다임에서 벗어나는 것'이라는 등의 다양한 해석들이 있다. 역사를 통틀어 평화와 분쟁을 불문하고 군사적 역량을 강화하지 않았던 시대나 국가는 없었다. 세계사에서 빼놓을 수 없는 로마는 정복국가로서 영역을 확장하기 위해 전쟁을 진행하며 피정복국가의 수많은 인재를 포용하여 이들이 로마의 최고지도층이 되는 계기를 제공하였다. 그러함에도 결국, 로마는 패망(敗亡)하였음을 깊이 되새길 필요가 있다. 역사가 돌고 도는 과정에서 그 집단(개인과 국가)이 얼마만큼 절실하게 노력하는가에 따라 결과는 달라질 수 있다는 얘기다. <그림 1-1-1>은 '혁신'과 '개혁'과 관련하여 사용되고 있는 용어의 의미와 특징을 정리하였다.

구 분	사전적 의미	특 징	개혁과의 차이점
① 발전(發展-Development)	더 낫고 좋은 상태 또는 더 높은 단계로 나아 감.	현재보다 나아지는 모든 변화에 대한 포괄적 개념	특별하지만, 집중력은 미약
② 개선(改善-Improvement)	잘못되고 부족한 것, 나쁜 것 따위를 더 좋거나 착하게 만듦.	세부적이고 점진적인 변화를 진행	보수적이며 세부적인 변화를 추구
③ 혁신(革新-Innovation)	묵은 풍습, 조직, 방법 따위를 완전히 바꿔서 새롭게 함.	새로운 방식 · 기술의 적용을 강조	발전보다 크지만, 개혁보다는 변화의 속도와 범위가 제한
④ 개혁(改革-Reformation)	제도나 기구 따위를 새롭게 뜯어 고침.	현재의 상태를 부정하되, 온건한 속도로 변화와 범위를 정할 것을 강조	-
⑤ 혁명(革命-Revolution)	이전의 관습이나 제도, 방식 따위를 한 번에 깨뜨리고 질적(質的)으로 새로운 것을 급격히 세우는 일 · 권력을 비합법적 방법으로 탈취하는 교체(replacement) 형식	현재의 상태를 부정하되, 비약적이고 불연속적인 변화를 강조	개혁보다 변화의 속도와 범위가 넓고 강력

<그림 1-1-1> '혁신', '개혁'과 관련한 용어의 의미와 특징

③의 강도와 수준을 대표적으로 보여주는 사례가 있다. '위로부터의 개혁(Revolution from above)'[1]이 시급함을 느낀 삼성의 이건희 회장이 1993년 6월 프랑크푸르트에서 사장단 회의를 주재하면서 언급한 내용이다. "결국, 내가 변해야 한다. 바꾸려면 철저히 바꿔라. 극단적으로 얘기해 농담이 아니라 마누라와 자식 빼고는 다 바꿔야 한다."라는 문장을 다시금 떠올리면 조금은 이해가 되지 않을까 싶다.

다만, '혁신'이라는 용어 자체가 개념적이고 추상적인 수준이기에 이를 형상화하기는 상당히 어려운 일이다. 군(軍)에서도 전략적 · 작전적 수준의 제대나 전술적 수준의 제대가 인식하는 방향이 다를 수 있고, 정책부서나 야전 부대에서 인식 및 추진하는 성과의 크기나 범위(영역)가 각기 다름을 이해할 필요가 있다.[2]

④는 반성과 후회(repentance)를 전제하는 데서 시작되며, '혁명'을 지향한다면, 노력을 투자하는 강도와 속도를 선호하게 될 것이고, '발전'을 지향한다면, 집중력은 떨어질 가능성이 크다. 따라서 '급속하고 근본적인 변화(rapid & fundamental change)'를 추구한다는 의미에서 혁명 또는 혁명적 변화에서 나타나는 급진적 측면에 유념할 필요가 있다.[3] '혁명'과 다르게 합법적 방법과 절차를 통해 점진적으로 고쳐나간다는 데 차이점이 있으며, 혁명적 결과에 이르기까지 진화(進化)하게 된다.

⑤는 '근대국가(近代國家-Modern Nation)'의 등장이나, 산업혁명과 같은 새로운 혁명적 변화가 함께 나타난다. 이를 통해 사회 또는 국가의 성격이 질적으로 변화한다.

---

1) '위로부터의 개혁(Revolution from above)'은 19세기 스페인의 정치가(Joaquín Costa, 1846~1911)가 <법학적 무지의 문제점>에서 처음 사용한 용어로 '군주나 정치인, 관료, 엘리트 등의 지배계층이 주도하여 민중에게 이식(移植)하는 형태의 개혁'을 의미하고 있다.

2) 김성진, "혁신(Innovation)은 남의 티끌보다 내 눈의 들보부터 없애야 한다," 『경제포커스』 안보칼럼 (2022.04.03.).

3) James A. Blackwell, Jr., and Barry M. Blechman, ed., *Making Defense Reform Work* (Washington D.C.: Brassey's Inc., 1990), p. 1.

군사적 측면에서 보면, 전쟁을 바라보는 인식과 수행방식에서부터 근본적으로 차이가 나게 된다. <그림 1-1-2>는 '혁신', '개혁'과 관련한 용어의 수준을 비교하였다.

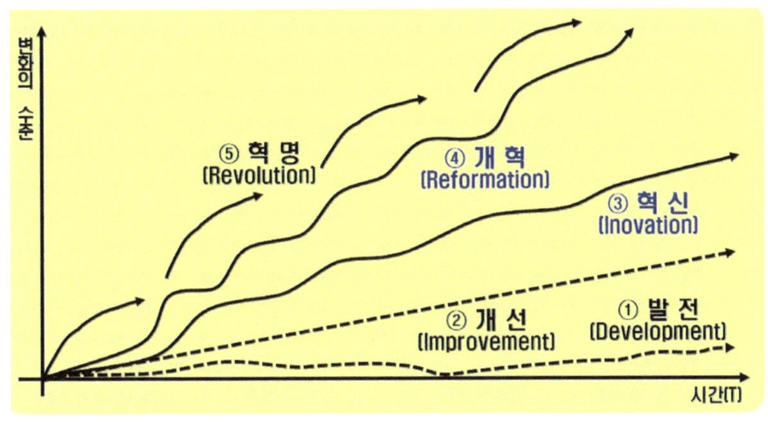

<그림 1-1-2> '혁신', '개혁'과 관련한 용어의 수준 비교

인류 역사는 시대에 따라 다양하고 복잡하게 변화하는 양상을 보였다. <표 1-1>은 인류 역사(전쟁사)에 나타난 전쟁 양상의 변천(變遷-transition) 단계를 정리하였다.

<표 1-1> 인류 역사(전쟁사)에 나타난 전쟁 양상의 변천(變遷)단계

구 분	시대별 주요 변천 단계		
	고 대	중세→근대(근세)	현 대
① 전투 형태	선형→인·마력	선형→선·비선형, 복합형	4차원→5차원 입체 공간형
② 부대 구조	병력 집약형	자원 집약형	기술 집약형
③ 전쟁 양상	집단전투, 백병전	기동·화력전	통합정보전→정밀복합무기체계(C4ISR+PGMs)
④ 사회 변화	농업사회	산업사회(산업혁명)	정보혁명→제2차 정보혁명

역사적으로 혁신이 시작된 계기는 모두 달랐고 결과도 달랐다. 이때 기본적으로

‘기술(technique)’과 ‘체계(system)’, ‘조직(organization)’에서 시작하지만, 이들 요소가 모두 충족되었다고 하여 혁신이 완성되었다고 평가하기는 어렵다. 이를 위한 국가 차원의 의지와 능력도 필요하기 때문이다. 혁신 과정에서 관행의 한계를 극복한 때는 상당한 효과를 발휘할 수 있다. <그림 1-2>는 전쟁 양상의 변화 형태를 정리하였다.

구 분	시 기	主 수단	양 상	변화요인	
고대전쟁	그리스~AD 5세기 (서로마 멸망)	인간에너지	중보병(重步兵)의 중량 / 지구력	말(馬)	
봉건전쟁	AD 5~15세기 (동로마 멸망)	인간 + 말(馬) 에너지	重기병의 중량 / 제한전쟁	화약 (화승총 등장)	
근대전쟁	15세기~ 나폴레옹 전쟁	화약 에너지, 공성포(攻城砲)	제한전쟁	산업혁명, 국민개병제	1세대 전쟁
총력전	19세기~ 제2차 세계대전	국가의 전 역량	무제한전쟁	핵무기, 이데올로기	2·3세대 전쟁
냉 전	제2차 세계대전 이후 ~몰타선언(1989)	핵 에너지	제한전쟁 (MAD)	정보혁명, 정밀무기	
현대전쟁	몰타선언 이후 ~	정보화, 정밀과학무기		사이버 + 네트워크	4세대 전쟁

<그림 1-2> 전쟁 양상의 변화 형태

프랑스 혁명(1892)은 나폴레옹 보나파르트(Napoleon Bonaparte, 1769~1821)라는 걸출한 전쟁영웅을 등장시켰다. 이때부터 시민군(국민개병제)의 등장과 민족적 열정이 더해지면서 대규모 살육전(殺戮戰)과 총력전(Total War)의 형태로 전환되었다. 18세기 중엽 영국에서 증기기관(1764)이 발명되면서 시작된 산업혁명은 과학기술의 발달을 견인하며 무기(武器)의 혁신, 나폴레옹 보나파르트의 전략·전술에 혁신적 변화를 불러온 결정적 요인이었다. 여기에 기관총, 화포와 같은 대량살상무기(WMD-Weapon of Mass Destruction)가 개발되고, 철도와 전보 등이 대규모 병력의 신속한 이동 및 통신 수단과 접목되었다. 제1차 세계대전(1914~1918)은 이전과는 완전히 다른 혁명의 산물로 현대 전술과 무기체계를 결합한 산물이다.

이를 이해하려면, 전쟁과 무기체계의 발전 단계에서 인간 에너지→화약에너지→정보·전자전으로 발전하는 과정을 짚어 볼 필요가 있다.[4] 전략과 작전, 전술적 요인들

4) 김성진, 『전쟁사와 무기체계론』 (서울: 백산서당, 2020), p. 53.

이 요구되는 환경(여건)에 따라 채택하는 방법과 수단, 형태 및 사용방식은 조금씩 달랐으며, 조직 내부의 혁신과 병행될 때 효과적이었다는 점을 기억하여야 한다. 또한, 전략사상과 전력, 군사교리 등의 발전 및 변화는 적국(敵國)과 잠재적 적국(潛在的敵國), 이외 다른 국가에도 상당한 영향을 미쳤다.[5)]

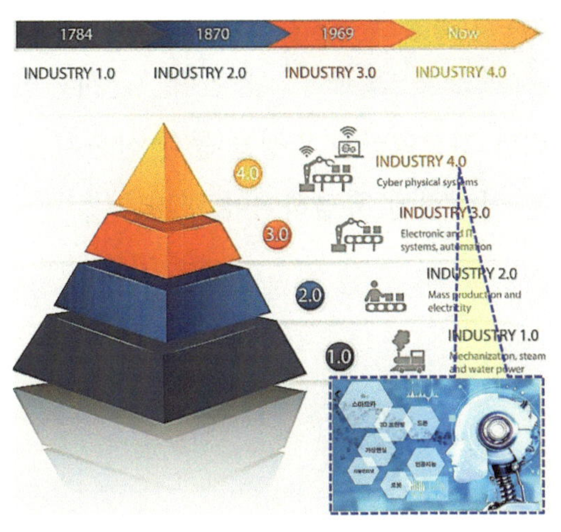

이처럼 군사적 측면의 변화양상은 당시의 시대 환경이나 국가전략에 요구되는 정도, 예산 사용이 얼마나 가능한지에 따라 진화되거나, 정체 또는 퇴보(退步)했다. 또한, 내·외부 여건에 따라 현대화 또는 군사개혁, 군사혁신, 국방개혁 등의 다양한 형태와 방식으로 나타났다.[6)] 제4차 산업혁명 시대로 진입하며 등장한 인공지능(AI), 사물인터넷(IoT), 클라우드 컴퓨팅(Cloud Computing), 빅데이터(Big Data), 로봇공학(Robotics) 등은 군사 분야로 접목되었다. 이러한 과정을 통해 미래 전쟁도 획기적·혁신적 변화의 양상으로 진화할 수밖에 없게 하고 있다.

혁신의 초기는 기술과 체계, 조직에서 출발했으나, 점차 국가 차원의 의지와 능력까지 요구되었다. 이로 인해 국가가 처한 여건에 따라 어느 국가는 '개혁', '혁신', 또는 '혁명'이라는 명칭을 사용하고 있다. 그러나 내용 측면에서 보면, 모두 같은 영역(territory)과 범주(範疇-category)로 이해할 수 있다. 다만, 기술혁신과 군사혁신(RMA)과의 관계는 구분할 필요가 있다. '기술혁신(技術革新-Technological

5) 김성진, 『군사전략론』 (서울: 백산서당, 2022), pp. 58~59.

6) 한국의 <국방개혁>은 역대 정부와 국방부 장관들이 매번 새로운 청사진을 반복적으로 제시하고 있다. 그러나 '818 계획(1988)'이 시작된 이래 완성된 분야가 없는 상태에서 수정만 거듭하고 있다. 즉, 진보·보수 정권이 바뀔 때마다 정치·군사 지도부가 같이 움직이기에 정치적 측면과 이해집단(stake-holders)에 따라 변화가 상당하다. 결과적으로 보면, 단편적인 기술적 성과 외에는 혁신에 부합할 만한 실질적인 성과를 기대하기는 쉽지 않다.

Innovation)'은 '획기적인 과정을 만들기 위해 입력변수 하나에 대하여 집중할 경우'에 사용한다. '군사혁신(軍事革新-Revolution in Military Affairs)'은 '이러한 기술혁신의 과정을 통해 산출된 출력 결과에 대하여 집중할 경우'에 사용한다는 차이점에 유념하여야 한다.[7]

7) Richard O. Hundley 著, 구정회 譯, 『군사혁신과 軍의 미래』 (서울: (사)항공우주개발정책연구회, 2002), pp. 60~61.

2. '군사혁신'과 유사 용어의 의미 및 범위 이해

국제사회는 각자의 여건에 따라 나름의 군사력과 국방태세를 갖추고 핵심 이익(vital interest)[8]을 달성하기 위해 경쟁하는 정글이다. '군사혁신'은 '무기를 포함하는 군사적 차원의 유형 자산과 전투력의 운용방식, 부대 구조와 조직 등을 서로 연계하거나, 결합하여 전투 수행능력과 효과를 큰 폭으로 향상하기 위해 새로운 전쟁의 양상(樣相-aspect)과 수행방식을 창출하는 것'이다.[9] 즉, '군사작전을 수행하는 데 있어서 패러다임이 전환되는 일체(一切)의 현상'이라고 이해하면 된다. <표 1-2>는 '군사혁신'과 관련된 유사한 용어의 의미와 범위를 정리하였다.

<표 1-2> '군사혁신'과 관련된 유사한 용어의 의미와 범위

구 분	일반적인 의미 및 범위
① 군사기술 혁명 (Military Technical Revolution)	'정찰-타격복합체(Reconnaissance-Strike Complex)' * 기술과 시스템 중심의 변혁
② 군사혁신 (Revolution in Military Affairs)	'①+작전 운용+조직 편성' * 기술과 시스템, 작전 운용, 조직 편성을 동시·복합·조화될 수 있도록 변혁
③ 군사변환 (Military Transformation)	②와 같으나, 정찰-타격복합체보다 작전 운용과 조직 편성을 우선(優先)하여 추진
④ 안보분야 혁명 (Revolution in Security Affairs)	'①+②+사회적 요소' * 군(軍)과 정치·경제·외교·심리 등을 포함하는 전(全) 분야를 동시·복합·조화될 수 있도록 변혁
⑤ 군사 혁명 (Military Revolution)	'①+②+④'을 포괄적으로 추진 * 혁명·충격의 정도에 따라 ①·② 또는 ④로 구분하여 차별화하는 것도 가능

8) 김성진, 『군사전략론』(2022), pp. 185~186.

9) 김종하·김재엽, 『군사혁신(RMA)과 한국군』(서울: 북코리아, 2008), p. 26.

①은 '새로운 기술이 혁신적인 작전개념 및 조직 편성과 결합하여 무기체계를 사용하는 과정에 적용'된다. 기술적인 변화와 무기체계, 운영 측면에서 혁신적으로 수행해야 한다는 인식이 깔려있으며, 조직에 긍정적으로 적용될 수 있어야 한다.[10)]

②는 1990년대 미국이 기술중심으로의 변화에 한계가 있음을 인식하며 새롭게 진행한 산물의 총칭이다. 기술적 발전과 작전 운용개념, 조직 편성이 조화로울 때 비로소 혁신할 수 있다고 판단함으로써 영역을 넓히는 계기를 마련하였다. '새로운 기술의 군사시스템에 적용하여 혁신적인 작전개념 및 조직 내부의 적응력이 맞아떨어져야 비로소 전쟁의 성격과 수행방식을 바꿀 수 있다.'라고 인식하였다. 그러나 당시만 하더라도 ①의 '군사기술혁명(MTR)' 자체를 '군사혁신(RMA)'이라는 의미로 이해하였다.[11)]

③은 미국의 군사혁신 노력이 정착되지 못하는 상황이 이어지며 1990년대 후반에 등장하였다. 대표적으로 1996년 RAND 연구소(RAND Corporation)[12)]가 <군대의 변환-Transforming the Force>이라는 연구보고서에서 무기체계와 군사교리, 조직 편성 측면에서 변화가 필요하며 군대가 새롭게 전환되어야 한다고 주장하며 불거졌다. '군사혁신'과 '군사변환'이라는 용어는 학자들에 따라 의견이 다르기에 의미가 혼재되어 있다고 이해하면 된다.

④는 앞의 용어보다 상대적으로 더 넓은 의미이며, 군사문제가 정치 · 경제 · 산업 · 기술 · 문화 · 심리 등과 밀접하게 연계되기에 총괄적인 차원에서 군사혁신을 바라보아야 한다는 인식이다.[13)]

---

10) Andrew F. Krepinevich, *The Military-Technical Revolution: A Preliminary Assessment* (Washington D.C. : Center for strategic and Budgetary Assessment, 2002), p. 3.

11) 1994년 美 교육사령부의 『21세기 군 작전-FORCE XXI Operations』과 국제전략문제연구소(CSIS-Center for Strategic and International Studies)의 『군사기술혁명』에서 MTR에 작전 운용개념과 조직 편성의 변화를 포함하고 있기 때문이다. 1995년부터 '군사기술혁명(MTR)'을 '기술 중심적 개념', '군사혁신(RMA)'은 '작전 운용개념과 조직 편성'을 포함하면서부터 차별화하기 시작하였다.

12) '랜드연구소(RAND Corporation)'는 1948년 방산 재벌인 더글러스 항공이 설립한 1.600여 명 규모의 정책연구소로 영국의 왕립국제문제연구소(Royal Institute of International Affairs)와 국제전략문제연구소(IISS-International Institution for Strategic studies), 스웨덴의 스톡홀름국제평화연구소(SIPRI-Stockholm International Peace Research Institute), 중국의 중국사회과학원(中國社會科學院)과 함께 권위있는 연구소로 평가받고 있다.

⑤는 거시적 경제구조의 측면에서 앨빈 토플러(Alvin Toffler, 1928~2016)가 주장하였다. 즉, 완전한 의미의 군사혁명은 새로운 문명이 기존의 낡은 문명에 도전하는 과정에서 전략과 무기(무기체계), 조직과 기술, 훈련과 제도 등에 총체적 변화가 요구될 때 발생한다는 의미다. 이를 정리하면, 농경사회(1차)와 산업사회(2차)가 탄생하면서 군사혁명이 일어났다. 정보화 사회로 발전하며 군사혁명(3차)과 산업혁명(4차)이 일어나면서 새로운 군사혁명으로 이어지고 있다고 보았다.

군사기술혁명(MTR)-군사혁신(RMA)-군사변환(MT)은 군사적으로 일련의 연계성을 가지며, 시기적으로는 군사기술혁명-군사혁신-군사변환의 순서로 논의되어왔다고 이해하면 된다. 이 개념들은 초기는 산업혁명에 따른 과학기술의 발달을 무기체계의 발전과 연계시키는 데 그쳤지만, 점차 전쟁 양상의 변화에 따라 조직과 군사교리, 전략의 변화와 교육 훈련에 적용하는 단계로 확대되었다. 이는 군사 분야가 어떠한 방식과 방향으로 변화해야 하는지를 되돌아보게 하며, 안보환경의 변화에 따라 정책 의제(Agenda)를 설정하는 단계부터 개념을 발전시킬 필요가 있음을 시사하고 있다.

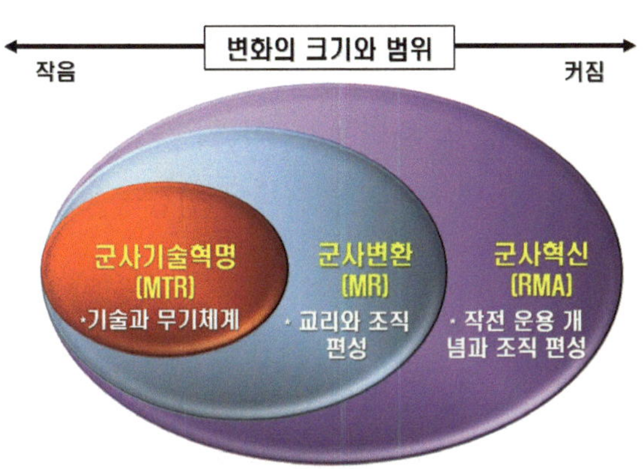

13) Norman C. Davis, *"An Information-based Revolution in Military Affairs,"* *Strategic Review* (Winter 1996), pp. 43~53.

3. '군사혁명'과 '군사혁신'에 관한 일반적 개념과 변천(變遷)

'군사혁신'[14]은 혁명적 의미와는 다소 다르다. 최초의 화승총인 아퀴버스(또는 머스킷)가 후장식(後裝式-후미에서 장전)이었으나, 점차 현대식 소총의 장전방식인 전장식(前裝式-총구로 장전)으로 발전하였듯이 '점진적이고 개량적'이라고 평가함이 타당하다. 성능이 조금씩 개량되고 취약점을 보완하면서 훌륭한 무기로 발전했기에 '일련의 혁신적인 과정(Periods of Innovation)'으로 볼 수 있다는 의미다. 이 과정을 거치며 군사교리와 작전(전술), 개념적 절차, 기술이 새로운 개념으로 발전하게 된다. 여기서 기술적 측면이 결정적 요소라고 인식할 필요는 없다. 대표적인 사례로 제2차 세계대전 시 독일의 하인츠 W. 구데리안에 의한 '전격전'을 되새겨보자. 이들은 영국・프랑스와 비교할 때 전차의 제작 기술은 뒤처졌으나, 운용개념을 발전시켜 연합국을 굴복시켰다.

Andrew W. Marshall

1950년대 초기 미국은 '군사혁명(軍事革命-Military Revolution)'이라는 용어를 사용하였다. 이러한 와중에 '군사혁신(軍事革新-Revolution in Military Affairs)'으로 변경한 계기는 美 국방부 직속으로 활동하는 싱크-탱크(총괄 평가국-ONA-Office of Net Assessment)의 앤드루 W. 마셜(Andrew W. Marshall) 국장이 1993년 의회 청문회에서 발표한 다음부터다.[15]

'군사혁명'에 대한 논지(論旨)[16]를 최초로 언급한 인물은 영국의 역사학자인 마이

---

14) '혁신(革新-Innovation)'이란 '새로움'을 뜻하는 '노버스-novus'라는 라틴어에서 유래하였으며, 아이디어의 원천이 조직의 내부에 있든, 외부에 있든지는 상관없이 새로운 아이디어를 도입-개발-실용화하는 모든 과정을 일컫는다. 사전적으로 해석하면, '묵은 풍속, 관습, 조직, 방법 따위를 완전히 바꾸어서 새롭게 한다.'라는 뜻이다.

15) '군사혁명(Revolution in Military Affairs 또는 군사혁신)'은 영어를 한국어로 해석하는 과정에서 '혁명'과 '혁신'으로 나뉠 수 있지만, 국내에서 1990년대 중반 한국국방연구원(KIDA)이 미국의 관련 보고서 등을 해석하는 단계가 있었다. 이때 1999년 국방부 국방개혁추진위원회 산하의 군사혁신기획단이 <한국적 군사혁신의 비전과 방책>이라는 제목의 국방제안서를 발표하며 공식 용어로 사용하기 시작하였다(정춘일, "4차 산업혁명과 한국적 군사혁신," 『한국군사』 제6호 (성남: 한국군사문제연구원, 2017), pp. 1~38.).

클 로버츠(Michael Roberts, 1908~1996)다. 그는 16~18세기 유럽에 나타났던 총포류가 창(槍-pike)을 대신하는 신무기체계로 변화하고[17], 규모의 혁신적인 증대와 편성, 대규모 복합전술의 사용, 사회에 대한 군대의 영향력이 증대하는 등 군사기술과 전략적 측면에서의 획기적인 변혁이 군사혁명이라고 주장하였다.[18] 또한, 1956년 출간한 『군사혁명-The Military Revolution』에서 1560~1660년대 어간이 군사혁명의 시기였다고 강조하였다. 이후 노엘 제프리 파커(Noel Geoffrey Parker, 1943~)는 무기체계와 전술의 변화는 성곽을 방어하는 요새포(수성포-守城砲)[19]와 해양에서 함포를 등장시켰다고 주장하는 등 기존의 이론을 새롭게 발전시켰다.

제레미 블랙(Jeremy Black, 1955~)은 노엘 제프리 파커의 주장에 더하여 총검의 도입으로 창(pike)이 쇠퇴한 현상, 초기 후장식(後裝式)인 아퀴버스(arquebus)에서 머스킷으로 변화하는 화승총(부싯돌을 때려서 격발하는 방식의 부싯돌 소총-Flintlock

16) '논지(論旨)'는 '논하고자 하는 말이나 글의 취지'를, '주제(主題-Agenda)'는 '대화나 연구 등에서 중심이 되는 문제'를, '쟁점(爭點)'은 '상대와 서로 다투는 과정에서 자신의 주장(견해)이 서로 옳다고 다투는 중심 내용'을 뜻하고 있다.

17) 빠른 액션과 명중률이 높은 활 및 창이 소총으로 발전한 배경은 화력과 시간, 비용 측면에서 가성비(價性比-cost performance ratio)가 더 좋았기 때문이다.

18) '마이클 로버츠(Michael Roberts)'는 1560~1660년까지 스웨덴을 중심으로 하는 유럽에서 개인화기의 도입으로 인하여 나타난 전쟁 방식의 변화를 이론화하였다. 그는 군사혁신의 변화를 '① 내용'과 '② 의미'로 구분하였다. ①은 ①-1. 새로운 부대의 대형, ①-2. 총포와 요새(城砦-stronghold)의 발전, ①-3 총포와 선박(艦船-naval vessels)의 새로운 결합으로 해석하였다. ②는 ②-1. 변화 및 발전을 추구하면서 정치와 사회에도 크게 영향을 끼쳐 중앙정부의 권력을 강화할 수 있었고, ②-2. 유럽의 제국주의와 근대국가가 생겨나는 결정적인 계기가 되었다. 유럽이 그냥 강했다기보다 정보와 지식을 수집하여 필요한 전력을 필요한 지역에 집중하는 등을 통해 확실한 거점을 마련 및 연결하는 네트워크를 구축하여서다. ②-3. 다른 개선-발전-개혁-혁명과 다르게 연속적으로 꾸준하게 나타났고, ②-4. 종합적으로 19세기에 등장한 산업혁명의 성과가 전쟁에 이용되면서 이전과 비교할 수조차 없는 차원의 전쟁이 발발하게 되었다고 해석하였다. 다만, 여기서 유념할 사항은 산업화의 상대적인 비교 우위가 곧바로 전장(battle-field)의 우위로 연계되지는 않았다. 역사적으로는 스페인이 가장 먼저 방대한 보유자원을 전쟁에 효율적으로 동원할 수 있는 근대화된 조직적 관리 능력과 군사적 우월성으로 왕조 국가 간의 경쟁에서 우위를 차지하였으나, 제도적 장치의 미비로 뒤늦게 시작한 다른 국가에 추월당했음은 역사의 아이러니가 아닐 수 없다.

19) 여기서 의미하는 '수성포(守城砲)'는 '성을 수비하는 화포'라는 의미로서 현재 북한군이 사용하는 '수성포(水星砲)'와는 완전히 다르다. 북한군의 '수성포'는 한국군의 '대전차(對戰車) 유도탄-ATGM(Anti-Tank Guided Missile)'과 같은 의미로 이해하면 된다(김성진, 『전쟁사와 무기체계론』 (2020), pp. 170~178, 261~266.

Musket)의 등장과 발전[20], 상비 해군력을 건설하는 등 군사 분야가 고르게 발전하였음을 강조하였다. 특히 15~16세기에 진행되었다는 기존의 주장을 포함하여 1660~1792년 사이에 한 차례 더 진행되었다는 2단계 설을 추가하였다.[21]

C. J. 로저스(C. J. Rogers)는 마이클 로버츠와 노엘 제프리 파커가 주장한 군사혁명의 이론적 틀을 '백년전쟁(1337~1453)' 당시까지 앞당겨 적용하였다. 앤드루 에이튼(Andrew Ayton)은 새로운 관점에서 군사혁명을 정의하고 제시하였다.[22]

'군사혁신(Military Revolution)'에 관한 기초 이론과 개념은 1970~1980년대 구소련의 군사이론가들에 의해 '군사기술혁명(MTR-Military Technical Revolution)'이라는 용어로 출발하였다는 게 통설이다. 이들의 '군사기술혁명'은 기술적 차원을 기반으로 하고 있다.

그러나 성과를 만들어 낸 주역(主役)은 미국이다. 이들이 주도하는 '군사혁신(RMA-Revolution in Military Affairs)'은 군사력의 운용개념(Operational Concept of Military)과 조직(Organization) 분야까지 광범위하게 포함하여 진행하였다.[23]

미국의 앤드루 W. 마셜(Andrew W. Marshall)[24]은 '군사혁신은 군사교리와 작전, 조

---

20) 김성진, 『전쟁사와 무기체계론』 (2020), pp. 181~185.

21) Jeremy Black, *A Military Revolution?: Military Change and European Society 155~1800* (London: Macmillan, 1991), pp. 20~34.

22) 박상섭, 『근대국가와 전쟁』 (서울: 나남출판사, 2004), pp. 74~76.

23) 한국군은 1990년대 말부터 미군의 군사혁신(RMA) 개념을 도입하여 다양한 분야에서 활용하고 있다. 2020년 발간된 <육군 비전 2050>을 통해 미래 비전의 수립과 게임체인저(Game Changer), 작전 수행개념, 軍 구조를 설계하는 이론으로 활용하고 있다. 제1차 걸프전(1991)에서 미국이 승리한 결과는 베트남전쟁에서 패배당하는 참담함을 겪은 이후 1980년대 진행된 군사혁신의 결기와 노력을 상징적으로 보여주는 사건이다. 이는 구소련의 니콜라이 오가르코프 총참모장이 1980년대 초에 주장한 기술적 측면에서 성공한 게 아니라 '작전개념과 교리' 측면에 집중한 결과로 평가할 수 있다(김성진, "군사비 부하(負荷) 공략으로 북한의 핵·미사일 도발역량 고사(枯死)시켜야," 『KONAS 안보칼럼』 (2023.02.16.).).

24) '앤드루 W. 마셜'은 1973년부터 42년간 국방장관 직속의 총괄 평가국(ONA) 국장으로 재직한 탁월한 전략가였다. 당시 CIA는 구소련의 군사력 예산을 국내 총생산(GNP)의 6%라고 평가했으나, 그는 30%라는 소신을 보였다. 이를 통해 미국의 강점인 군사 부문을 강화함으로써 구소련에 더 많은 군사비 지출을 강요해야 한다고 주장하였다, 그의 '구소련 해체전략(=비용 강요전략)'은 성공하였고, 1991년 12월 31일 구소련은 붕괴하였다. 그는 기존 정보와 대외적 위협을 바라보는 관점을 전환하도록 설득하며 평가→대응→기획하는 순서로 움직이는 소극적인 예산 편성 논리에서 벗어났다. 그리고 구소련의 정치·경제·군사를 비롯한 모든 분야에서 파산을 유도하는 전략으로 바꿨다.

직개념의 극적인 변화를 수반하는 새로운 기술의 혁신을 통해 군사작전의 수행방식 자체를 근본적으로 바꿈으로써, 전쟁의 성격을 크게 변화시키는 것'이라고 강조하였다.[25)]

Andrew F. Krepinevich

미국 워싱턴의 '전략 및 예산평가센터(CSBA-Center for Strategic and Budgetary Assessments)'에 있는 앤드루 F. 크레피네비치(Andrew F. Krepinevich) 소장은 1990년대 중반부터 소련의 군사기술혁명(MTR)을 벤치마킹하며 무기체계와 싸우는 방법, 조직 편성 개념을 비롯하여 기술과 전략·작전·전술적 분야를 획기적으로 발전시켰다. 그는 미국 고유의 군사혁신(RMA) 개념을 정립하는 데 상당한 역할을 하였다. '새롭게 발전하고 있는 기술을 응용하여 일련의 군사체계를 개발한 다음 작전 운용개념과 조직 편성을 창의적으로 결합한다면, 전투력을 극대화할 수 있다는 관점에서 전쟁의 성격과 수행방식을 근본적으로 변화시키는 전반(全般)'으로 강조하고 있다.[26)] 특징은 군사혁신을 '속도(rapid)'가 아니라 '크기'라고 인식하는 데서 출발하고 있으며, 군사발전은 서서히 진화(進化)하지 않는다는 혁명적 측면을 중시하였다.[27)]

랜드연구소의 리처드 O. 헌들리(Richard O. Hundley) 박사는 '군사작전의 성격 및 방식에서 기본적인 패러다임이 획기적으로 전환되는 것' 즉, 패러다임의 전환(Paradigm Shift)-핵심 역량(Core Competency)-주도적 행위자(Dominant Player) 간 상호작용에 따라 군사작전을 수행하는 방식이 변화하는 현상으로 보았다. 따라서 군사혁신은 '새로운 기술을 응용하고 작전 수행개념과 조직·편성을 혁신적으로 발전시킴으로써 전쟁의 성격과 수행방식을 근본적으로 변화시키는 것'으로 정의하고 있다.[28)]

---

25) Macgregor Knox and Williamson Murray, (eds.) *The Dynamics of Military Revolution, 1300~2050* (Cambridge, UK; New York: Cambridge University Press, 2001), pp. 3~5.

26) Andrew F. Krepinevich, "Cavalry to Computer: The Pattern of Military Revolutions," The National Interest (Fall 1994), pp. 1~2.

27) 여기서 '서서히 진화(進化-progress: 사회의 변화나 발전이 합법칙성에 따라 발전)한다.'라는 의미는 기존에 존재하는 체계나, 구조 내부에서의 점진적인 진보(進步-evolution: 생물학적 의미로 생존하면서 유리한 방향으로 변화해 가는 과정)를 뜻한다고 이해하면 된다.

28) Richard O. Hundley, *Past Revolutions Future Transformations* (Santa Monica CA: Rand Coperation, 1999),

군사혁신의 정의와 개념은 공감대는 형성되어 있지만, 군사혁신을 추진하는 형태와 방식에서는 견해가 다르다. 즉, 군사과학기술과 전략 및 전술, 조직과 편성, 교리와 교육 훈련, 리더십, 사기(士氣) 등에서 어떠한 요소가 결정적 변수(變數-variable)인지를 바라보는 시각에 따라 주장도 달라진다. 따라서 어느 한쪽의 시각만으로 접근하기보다 처한 환경과 여건을 고려하는 균형 감각이 필요하다. <표 1-3>은 미국이 군사혁신 과정에서 구소련이 진행한 기술적 차원의 혁신을 바라보는 관점을 세 가지로 정리하였다.

<표 1-3> 미국이 군사혁신을 바라보는 세 가지 관점

구 분	① 기술 결정론 (technological determinism)	② 전략 중심론 (strategy-centered)	③ 기술기회론 (technological opportunism)
기술혁신의 필요성	결정적으로 작용	불필요	현존 기술로 가능하다면, 기술혁신은 불필요
성패의 판단 근거	군사적 효과성 정도 (능력 중심의 접근)	위협 해결 (위협 중심의 접근)	
혁신체계 또는 절차	기술혁신→체계혁신 (기술 적용)→작전·조직의 혁신→효과성 증대	위협인식→작전·조직 혁신(기술적 수요 발생) →기술혁신→위협 해결	위협인식→기술혁신→기술체계·작전·조직 혁신이 역동적으로 작용 →위협 해결

①은 1980년대 초기의 '군사기술혁명(MTR)'으로 볼 수 있다. 이때 기술은 결정적인 독립변수(원인-cause)로 간주한다. 기술혁신은 첨단무기의 등장과 새로운 체계가 만들어지며 효과를 극대화하는 과정이다. 예상 위협을 제거하기 위해 작전개념과 조직에 변화가 나타나면서 군사 전반(全般)으로 진행된다는 의미다. 즉, '군사적 측면의 효과'를 다루고 있다.

②는 적대세력의 위협에 대응하는 아군의 취약성(vulnerability)을 극복하기 위해 어떠한 방법과 수단을 준비하는 전략적 대응과정으로 본다.[29] 따라서 ①과는 정반대의

---

pp. 9~11.

시각으로 군사혁신의 과정과 기술의 역할을 인식한다. '기술'을 첨단무기와 무기체계를 채택한 전술 또는 작전개념보다 더 중요하다고 생각하기에 '분쟁 목표와 성격'을 고찰하는 데만 집중한다. 즉, 위협의 수준 및 성격과 무관하게 능력 중심으로 접근함으로써 ①과는 달리 '적국(敵國)에서 부과되는 위협을 극복하는 정도'에 따라 군사혁신의 성패(成敗)가 결정된다고 평가하고 있다.

③은 ①·②의 절충안으로 이해하면 된다. 첨단기술을 결정적 독립변수가 아닌 필요조건의 하나로 인식한다. 현재의 첨단기술이 있어야 전략적·작전적 승리를 가져올 수 있는 기술혁신의 방향을 제시할 수 있고, 작전·조직의 혁신을 병행할 수 있을 때 군사혁신이 가능하다고 인식한다. 여기서 특정 요인에 흔들리지 않고 현재의 기술을 활용할 수 있는지와 새로운 군사적 활용방법, 작전적·조직적 개념이 상호작용을 거친다는 점에 방점을 찍고 있다. <그림 1-3>은 '군사혁신의 개념과 형태를 정리하였다.

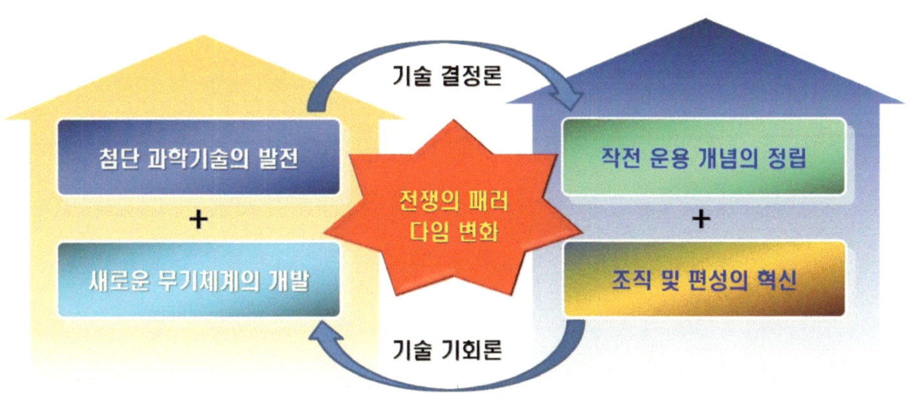

<그림 1-3> '군사혁신(RMA)'의 개념과 형태

소결론적으로 미국이 1970년대부터 1991년까지 추진한 능력기반 중심의 군사력 건설과 운용을 보면, 기술 결정론으로 제1차 걸프전(1991)에서 성공했다는 데 동의하기는 어렵다. 순수한 기술력이라기보다 '개념과 군사교리(Concepts and Military

---

29) Martin Van Creveld, *"Napoleon and the Dawn of Operational Warfare," in John Andreas Olsen and Martin Van Creveld (eds.) The Evolution of Operational Art* (New York: Oxford University Press, 2011), pp. 24~32.

Doctrines)' 등이 종합적으로 결합 및 축적된 산물로 평가되어서다. 다만, 이 시기가 기술과 조직 · 작전 분야의 혁신에 결정적인 영향을 미쳤다는 사실을 무시할 수는 없다. 조금만 먼저 예측하였다면, 발생하지 않았을 손실을 감내할 수밖에 없는 상황으로 내몰렸던 사례도 다수 확인할 수 있기 때문이다.

4. '군사혁신'의 전제(前提)와 대상, 그리고 3대 효과

4.1. '군사혁신'의 3대 전제 요건

'군사혁신'이 성과를 얻으려면, 특성을 먼저 이해하여야 한다. 이는 첫째, 미래의 적이 누구인지?, 둘째, 잠재적으로 경쟁하게 될 국가의 특성은 어떠한지? 에 대한 깊은 고민과 성찰이 필요하다. <표 1-4>는 군사혁신의 성과를 획득하기 위한 세 가지의 전제(前提) 요건을 정리하였다.

<표 1-4> 군사혁신의 성과를 획득하기 위한 3대 전제(前提) 요건

① 군사혁신에 대한 국가적 차원의 의지가 있는가?
② 군사혁신을 유발하기 위한 기술적 체계를 획득할 능력을 보유하고 있는가?
③ 혁신적 기술에 부응하는 조직 및 작전개념을 갱신(更新)할 능력이 있는가?

①은 18세기 후반 영국에서 시작된 산업혁명을 통해 기술혁신과 사회·경제구조상의 변혁을 들 수 있다. 1830년대의 철도 건설은 민수용 물자를 운송하기 위한 목적이었다. 그러나 1860년대 프로이센(현재의 독일)의 참모총장(大 몰트케-Helmuth Karl Bernhard Graf von Moltke, 1848~1916)이 군수물자와 대규모 병력을 신속하게 이동시키는 수단으로 활용하면서 작전의 효율성을 배가시켰다. 이는 독일이 제1차 세계대전 초반에 승기를 잡는 원동력이 되었다. 이러한 혁신 분위기가 전쟁의 영역을 정보·사이버전, 정밀유도무기에 의한 장거리 정밀폭격, 주도적 기동을 가능하게 하였고, 우주전(宇宙戰) 영역으로까지 확장하였다.

Helmuth Karl Bernhard Graf von Moltke

②는 1980년대 초 구소련군 총참모장(니콜라이 바실리예비치 오가르코프-Nikolai Vasilyevich Ogarkov, 1917~1994)은 '정찰-타격 복합체 이론'을 주장하면서 '작전기동군(OMG-Operational maneuver group)' 개념을 채택하였다.[30] "수백 마일이나, 떨어져

있는 지역에서 적의 탱크(전차)부대를 발견했을 때 30분 이내에 대전차미사일을 이용하여 공격할 수 있어야 한다."라는 인식을 하고 있었다. 무기체계와 기술적 측면에 국한된 전구(戰區)-전구 사이에서 진행할 수 있는 협의의 군사혁신 개념이다. 구소련군은 재래식 군사력을 양적(量的) 우위 중심에서 '정찰-타격 복합체(Reconnaissance-Strike Complex)' 개념을 가진 첨단 전력으로 재편하는 데 노력해야 한다고 보았다. 그러나 미국의 앤드루 W. 마셜이 주도하는 대(對) 소련 해체전략에 따라 국가재정을 계속 군사기술혁신에 쏟아붓는 등으로 인하여 점차 국력은 쇠퇴하고 기술력이 부족해지면서 성과는 얻지 못했다. 이는 1990년대 미국 등에서 시작되는 군사혁신에 모멘텀(momentum)을 제공하였다.

니콜라이 바실리예비치 오가르코프

William A. Owens

③은 美 합참의장(윌리엄 A. 오웬-William A. Owens, 1940~) 제독은 구소련의 니콜라이 바실리예비치 오가르코프의 '정찰-타격복합체'보다 발전된 '새로운 복합체계' 즉, '복합체계로 구성된 체계(System of System)'가 되어야 함을 주장하였다.[31] 인공위성을 포함하여 항공기 탑재 레이더, 무인 항공기(드론 또는 UAV-Unmanned Aerial Vehicle)에서 원거리에 있는 음향탐지 장비에 이르기까지 다양한 유형의 센서를 사용하여 자료를 수집하는 체계다. 자료를 컴퓨터로 처리하거나, 정보(information)를 적절한 시기에 적합한 형태로 공급한다는 의미다. 항공기 레이더나 인공위성이 제공한 영상정보를 사용하여 헬

---

30) '작전기동군(OMG-Operational Maneuver Group)'은 구소련군의 작전 교리로서 대(對) NATO 전쟁을 상정하여 재래식 전쟁이나 제한된 핵전쟁 상황에서 운영하려는 목적으로 만들었다. 전선(戰線)의 종심(depth)을 지나 존재하는 넓은 공간을 활용할 수 있는 이점을 가진 방자(防者)를 격파하기 위한 전술로 이해하면 된다. 이는 이후 미군의 공지 전투(Air-Land Battle) 교리로 발전하였다.

31) 이는 '아군 측의 정보체계를 조직적으로 공격하여 정보를 사용하지 못하게 할 정도의 능력을 다른 국가들이 보유하고 있지 않아야 한다.'라는 전제(前提)에서 등장한 제한적인 개념이다. 20마일×20마일 내의 정보를 실시간대로 감지(탐색)하여야 하고, 처리할 수 있어야 한다는 인식에서 기술적 시각으로 접근하였다. 그러나 육군은 이에 대한 의구심을 가졌다. 초기는 해군에서조차 폭풍이 몰아치는 바다의 특성상 이상(Idea)에 불과하다는 시각이었다.

리콥터에 탑재한 미사일로 수십 마일(mile) 떨어져 있는 전차를 공격할 수 있다는 의미다. 전쟁과는 무관한 지역에서 상당한 양(量)의 정보를 수집 및 처리하고, 실시간으로 활용할 수 있는 미국의 능력이 있기에 가능한 개념으로 볼 수 있다. ③-1.~③-3.의 세 가지 요소를 서로 연계 및 결합하게 만들면, 중첩되는 ③-4.~③-6.에서 새로운 전투 능력을 창출할 수 있고, 시너지 효과가 증폭된다는 의미다.

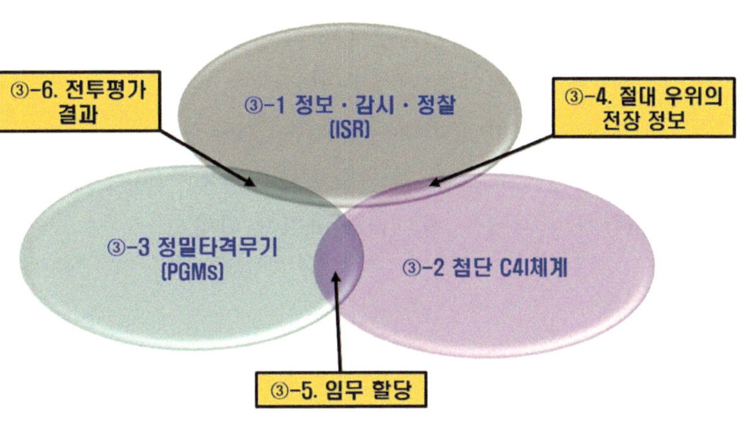

4.2. '군사혁신'의 유형(Type)과 특성

군사안보 분야의 혁신적인 발달과 개선 역할을 담당하는 '군사혁신'은 해당 국가의 '주권(sovereignty)'과 '안보(security)'라는 두 가지의 이슈를 핵심으로 진행함이 타당하다. <표 1-5>는 군사혁신을 추진하는 과정에서 역사적으로 나타나는 일곱 가지의 특성을 정리하였다.

<표 1-5> 역사적으로 나타난 '군사혁신'의 7대 특성

① 군사혁신은 '주도적 행위자'가 이끄는 게 아니라 '패러다임(paradigm)을 지배하는 자'가 주도하였다.
② 실전(實戰)에서 주도적으로 군사혁신을 적용한 국가는 직접적이고 절대적인 작전적 이점(利點)과 영향력 측면에서 우위를 확보하고 있다.
③ 일반적으로 신기술을 개발한 국가보다 그 기술을 수용 및 보완한 국가가 발전의 주역으로 나타났다.
④ 군사혁신은 과학기술(science and technology)이 주도한다는 편향된 관점에서 탈피하여야 한다.

⑤ 하나의 기술에 집착하기보다는 다른 기술과 결합하거나, 융⋅복합적으로 연계할 때 최상의 성과를 달성하였다.
⑥ 지금까지 성공한 군사혁신은 기술-교리-조직의 3대 요소를 망라하고 있다.
⑦ 군사혁신은 소요-실전-검증에 이르기까지 수많은 실패를 반복하였고, 논란의 대상이 되어왔다는 사실을 직시(直視)하여야 한다.

①~③은 구소련에서 군사기술혁명(MTR)이 발아(發芽-싹을 틔우다)하였지만, 미국이 무기체계와 싸우는 방법, 조직 구조와 편성 등을 획기적으로 결합함으로써 군사혁신(RMA)에 성공하였다. 미국은 이러한 단계를 거치며 제1차 걸프전(1991)에서 괄목할만한 성과를 획득하였다. 1990년대 중반까지는 군사기술혁명과 군사혁신이 명확하게 구분하기 어렵지만, 제1차 걸프전(1991)에서 정보기술 혁명을 통해 상당한 성과를 거두었다. 이는 인류사적 관점에서 볼 때 문명의 발달과 과학・정보기술, 무기와 무기체계의 발달, 작전 운용개념의 혁신 등이 전쟁 양상의 변화와 맞물려 있음을 느낄 수 있다. <표 1-6-1>은 '군사혁신'과 '전쟁 양상 변화'의 상관성을 정리하였다.

<표 1-6-1> '군사혁신'과 전쟁 양상의 상관성

① 문명의 발달　　② 과학기술과 무기 및 무기체계의 발달
③ 사회적 변화와 작전 운용개념의 혁신적 변화

①에서 미국의 미래학자인 앨빈 토플러(Alvin Toffler, 1928~2016)는 인류문명과 전쟁 양상의 변화를 예시(豫示)하였다. 농경사회는 '병력집약형' 부대 구조로 '집단백병전'이 중심이었다. 산업사회로 진입하며 점차 '자원집약형' 부대 구조의 '기동화력전' 형태로 전환하였고, 정보・지식사회는 '기술집약형' 부대 구조에 기반한 '통합정보전'을 수행해야 한다고 강조하였다.[32)]

32) Alvin Toffler and Heidi Toffler, *War and Anti-War* (New York: Little, Brown & Company, 1993), pp.

②는 이스라엘의 전쟁사학자인 마틴 반 크레벨드(Martin van Creveld, 1946~)는 과학기술과 무기(무기체계)의 발달이 B.C. 2000년부터 현대까지 총 네 차례에 걸쳐 진화되는 관점에서 전쟁 유형과 수행방식도 변화될 수밖에 없었음을 강조하였다. <표 1-6-2>는 마틴 반 크레벨드의 시대별 전쟁 유형의 변화와 나름의 특징을 정리하였다.[33)]

Martin van Creveld

<표 1-6-2> 마틴 반 크레벨드의 시대별 전쟁 유형 변화와 특징

구분	B.C.2000~1500	~나폴레옹 시대	~제2차 세계대전	현 대
유형	도구 시대	기계시대	체계 시대	자동화 시대
핵심 기술	도구, 기계	기계, 에너지	기계, 에너지, 시스템	systemming, net-working
핵심 원칙	보병의 충돌, 소모(消耗)	기계 소모, 대량파괴, 기계/계층구조	의지와 능력 소모, 정밀제어와 지각	인공지능, 스텔스 기능
전투 방식	근접・백병전	대규모 전투	철도, 전신, 기계화, 항공기 등의 기동전	정보화 기술

Eliot A. Cohen

③에서 미국 존스 홉킨스 대학의 엘리엇 A. 코헨(Eliot A. Cohen)과 마이클 D. 크라우제(Michael D. Krause)는 사회적 변화와 작전 운용개념을 중심으로 연구하여 과학기술이 전쟁을 진행하는 과정에서 군사적 능력을 창출했다고 강조하였다. 그러나 모든 과학기술이 군사적 능력에 의해서만 발전되는 게 아님을 이해하여야 한다. 제4차 산업혁명 시대로 들어서며 속도와 범위, 그리고 폭과 깊이 측면이 더욱 심화할 것으로 예측(豫測)하였다. 이후 정보와 지식 중심에서 초연결・초지능 부문이 서로 결합하는 형태로 발전하였다. <표 1-7>은 제4차 산업혁명과 '군사혁신'이 결합할 때 나타나는 특징을 정리하였다.

29~32.

33) Martin van Creveld, *Technology and War* (New York: The Free Press, 1991), pp. 2~6.

<표 1-7> 제4차 산업혁명과 '군사혁신'이 결합할 때의 특징

① 정보 문명사회에서 정보·지식은 핵심 요소이자 생산수단이기에 이들의 우위 여부가 전쟁에서 승패를 결정짓게 된다.
② 첨단 과학기술의 발달은 전장 공간의 확장 및 중첩 현상을 심화시킨다.
③ 전쟁 수준이 중복 또는 중첩되는 현상이 빈번하게 발생한다.

① 미국은 전장 공간을 지배하기 위하여 항공·우주 기술과 정보통신 기술을 기반으로 치열하게 경쟁하고 있다. 아군의 정보·지식 등에 제4차 산업혁명으로 대표되는 인공지능과 자율 체계를 활용하여 의사결정체계는 강화(보호)하되, 적의 의사결정체계는 거부(지연)하는 노력이 대표적이다. 9·11테러가 발생한 이후 테러와의 전쟁을 선포한 가운데 중국과 러시아가 군사력을 강화하자 군사적 경쟁이 불가피하였다. 이에 따라 2017년부터 우주(Space)와 사이버(Cyberspace) 영역을 포함한 '다영역 작전(Multi-Domain Operations)' 개념을 연구하여 2022년 육군의 야전 교범 『FM 3-0(Operations)』을 발간하였다.

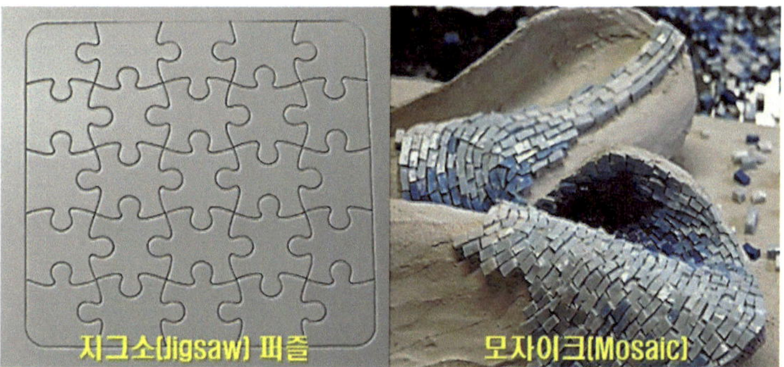

혁신적인 과학기술을 바탕으로 발전시키고 있는 '모자이크 전(Mosaic Warfare)'[34]과 '다영역 작

34) '모자이크 전(Mosaic Warfare)'은 2016년 미국의 방위고등연구계획국(DARPA-Defense Advanced Research Projects Agency)에서 인공위성에 기반한 초연결 네트워크와 인공지능(AI)의 지원을 받아 실시간 METT+TC에 따라 전투부대를 편성 및 분권화하여 최적화된 작전을 수행하는 방식이다. 이를 이해하려면, 먼저 '지그소(Jigsaw) 퍼즐'과 '모자이크'의 차이를 식별할 수 있어야 한다. '지그소 퍼즐'은 '같은 형태의 조각이 조합되어야 전체를 완성'하지만, '모자이크'는 비슷한 모양과 색을 가진 다양한 조각들의 구성이기에 '일부 조각이 없더라도 전체 그림을 구성'하는 데 큰 문제가 없다. 더욱이 비슷한 조각으로 쉽게 대체할 수 있다. 여기서 '지그소 퍼즐'을 전투력의 최소 단위인 모듈(module)로 전환하면 차이가 명확해진다. '지그소 퍼즐'은 '고정형 모듈'로, 모자이크는 '호환형 모듈'이다. 즉, 모자이크 전(戰)은 호환형 모듈을 초 연결하여 전장 상황에 따라 연결하는 분권화 작전의 개념을 적용하는 형태로 신속하게 결심-대응하는 '결심중심(Decision Centric)의 수행방식'이다. 이전의 전쟁 수행방식이 주로 인간의 능력에 기반하는 군사작전 계획이라면, 모자이크 전은 '인간이 중심인 지휘 통제 개념'을 '융·복합

전'35)을 노력의 산물로 평가할 수 있지 않나 싶다. <표 1-8>은 '모자이크 전'의 특성과 수행하는 방식을 정리하였다.

<표 1-8> '모자이크 전'의 특성과 수행방식

구분	중앙집권방식(Kill-Chain)36)	실시간 네트워크(Kill Web)37)
요도	키워드: Kill Chain, 사람, 선형[線形] 임무수행간 모든 판단과 결심은 후방의 지휘통제소에서 수행 일원화된 지휘통제, 단일 고가무기체계	키워드: Kill Web, 사람+기계, 다중, 실시간 네트워크 실시간 정보 공유, 지휘소는 평가 및 조치 무기체계의 중첩, 위험 분산, 적정 전력의 패키지
순서 및 절차	① 적 방공시설 파괴하기 위해 접근 → ② 특수부대가 적 전차부대 발견, 지휘소로 보고 → ③ 지휘소에서 임무전환 지시 → ④ 적 전차부대를 공격	① 적 방공시설을 파괴하기 위해 접근 → ② 특수부대가 적 전차부대 발견, F-35 편대와 정보를 공유 → ③ F-35는 최적의 전력을 탐색 및 지상 화력체계와 소통 → ④ 지상 화력체계는 전차부대, 편대는 적 방공시설을 파괴

개념'으로 발전시켰기에 기존의 전쟁 수행방식과 차별화되어 있다. 즉, 방책(方策-Course of action)을 마련하는 자체가 인간의 고유한 영역이었다면, 모자이크 전(戰)에서는 인공지능(AI) 등의 기술을 활용하여 빠르고 효과적으로 의사결정을 지원하는 기계적인 능력을 강조하고 있다. 정리하면, '모자이크 전은 인간에 의한 지휘+기계에 의한 통제를 통해 분산된 아군의 전력을 신속하게 구성 및 재구성함으로써 아군에게는 적응성·유연성을 제공하지만, 적에게는 복잡성·불확실성을 부여하는 전쟁 수행개념'이다. 즉, 소규모로 분산된 전력이 작전을 수행하다가 상황 및 여건에 따라 구성 형태를 빠르게 변화(반복)할 수 있도록 인공지능과 같은 기계 능력을 활용하고 있다.

35) '다영역 작전(Multi-Domain Operations)'에서 '다영역'은 아직 학계에서 통일된 용어가 아니다. 여건에 따라 '다차원 전장', '다전장 영역', '다중영역' 등으로 사용한다. 'Multi-多'는 '하나 이상'의 의미로서 'Domain'은 'An area of activity within the operational environment(land, air, maritime, space and cyber-space-작전환경 즉, 지상, 공중, 해상, 우주, 사이버공간 내에서 활동하는 지역'이라는 뜻이다. 사전(辭典)에서는 'Domain=영역-領域'이며, '활동이 미치는 일정한 범위'라는 점에 착안하였다. '기존의 지·해·공 영역에 제4차 산업혁명의 기술을 접목하여 우주(Universe)와 사이버공간(Cyber space)을 포함하는 다양한 영역(Multi-Domain)에서 작전을 수행하는 방식'으로 '경쟁 연속체에서 나타나는 이점(利點)을 생성 및 활용하기 위하여 모든 영역의 능력을 결합하는 제병협동작전'으로 이해하면 된다.

36) '킬-체인(Kill-Chain)' 방식은 기존 네트워크 중심의 정적(靜的-정지되어있는)인 선형(線形) 방식으로 적이 해당 작전개념을 이해하고 이를 무력화하는 능력을 갖추고 있다면, 상당한 위험이 따를 수 있다. 예를 들어 네트워크 중 하나의 연결고리를 사전에 차단하거나 끊어버릴 경우, 위험성은 더욱 높아질 수 있

다시 말해 지금까지 모듈식 여단 전투단(旅團戰鬪團-Brigade Combat Team) 중심이었던 조직을 사단 중심의 작전으로 전환하는 형태라고 이해하면 된다. 즉, 사단장이 목표를 달성하기 위하여 조직하는 임무 수행부대(TF-Task Force)를 의미하며, 군단장은 '다영역 작전'을 수행할 수 있는 능력을 갖추고 있다. 여기서 특정한 전문영역을 이해

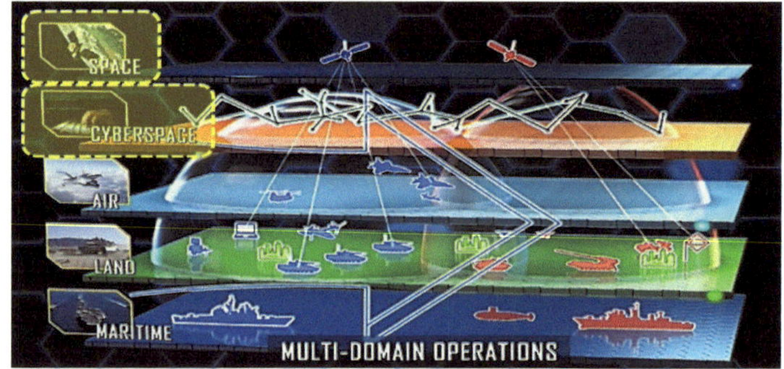

하려면, 단순히 발전했다는 결과만을 탐구하기보다는 관련 방식이 등장한 배경과 당시에 직면한 내·외부적인 전략적 환경(여건)을 살펴볼 필요가 있다.

4.3. '군사혁신'의 정의적 특성과 관련 용어의 개념 이해

<표 1-9>는 군사혁신의 정의적 특성을 두 가지로 정리하였다.

<표 1-9> '군사혁신'의 정의적 특성 두 가지

첫째, 주도하는 역할의 주체(軍)에 주어지는 하나 또는 그 이상의 핵심 역량을 무용지물로 만들거나 폐기할 수 있어야 한다. 둘째, 기존을 넘어서는 새로운 차원의 전쟁으로 구분된 분야를 하나 이상의 새로운 핵심 역량으로 창출하거나, 모두를 포함할 수 있어야 한다.

관련된 용어 몇 가지를 살펴보자.

먼저, '국방개혁(또는 국방혁신)'은 '미래지향적인 국방력을 건설하기 위해 정치·

다. 이를 보완하기 위한 대안(對案)이 '킬 웹(Kill Web)'이다.

37) '킬 웹(Kill Web)'은 미군이 발전시키고 있는 작전 수행방식으로 '저가(低價)의 단일 기능과 다수전력으로 구성된 요소들이 중심이 되어 의사결정을 하는 유연하고 동적(動的) 수준이 높은 복합적인 구성과 전략적 기동을 함으로써 작전 효과를 향상하는 방식'이다. 즉, 중간 노드(Node) 하나가 무력화되더라도 작전 수행에 지장이 없도록 하는 개념으로 이해하면 된다.

외교・경제・사회・문화 등을 비롯하여 국방과 관련한 제반 요소의 변화와 혁신을 통해 발전시키고자 하는 광의적 개념으로 국방정책을 수행하는 과정'이다.[38)]

'군사혁신'은 '전투력 발전을 위한 군사교리, 작전개념, 조직, 기술 등을 혁신하는 협의적 개념으로 군사정책을 수행하는 과정'이다.[39)] 국방개혁과 군사혁신은 시기적 측면에서 차이가 있지만, 국방력을 정비하고 혁신하는 차원에서는 거의 유사하다.[40)]

'패러다임(paradigm)'은 군사작전의 기본 형태로 활용되도록 허용된 모델 또는 형태로서 '사람들의 견해나, 사고방식을 근본적으로 교정하는 체계'를 뜻하며, 다양한 사물에 대한 이론적인 구호 또는 도구(tool)다.

'패러다임의 전환(paradigm shift)'은 '전쟁을 수행하는 형태가 근본적으로 변화하는 모습'으로 전쟁을 수행하는 기본 개념 및 원리를 근원적으로 변화시키는 상태를 뜻하고 있다. 영국과 프랑스는 전차를 방어용으로만 한정하였지만, 독일은 '전격전' 개념으로 전환하였다. 또한, 재래식 포탄을 사용하는 포병 중심에서 핵탄두와 대륙간탄도미사일(ICBM)로 전환하였다. '전투함 대 전투함(On the Sea)'에서 '항공모함 중심의 전투(For the Sea)' 형태로, 단순한 폭격 중심인 항공기를 전투기가 중심이 되는 전투로 전환한 데서도 느낄 수 있다.

'전쟁의 차원(Dimension Warfare)'은 '전쟁이 수행되는 차원'을 뜻한다. 고대 전투는 주로 지상(地上)이었으며, 해상(海上)은 그다음이었다.[41)] 20세기에 들어서면서 해저(수중-水中)로 진화하였다. 21세기 정보화 사회로 진입하자 사이버전(Cyber Warfare)으로, 2010년대 이후 제4차 산업혁명의 등장과 더불어 인공지능(AI)을 비롯한 우주

---

38) '광의(廣義)'로 해석함은 '폭력(暴力-violence)을 포함한 전반적인 측면을 다룬다.'라는 의미다.

39) '협의(狹義)'로 해석함은 '무력(武力-military force)의 측면에만 집중한다.'라는 의미로 이해하면 된다.

40) '군사혁신'이 이루어진 시기는 크게 두 가지로 구분할 수 있다. 첫째, '평화 시'로 제1차 세계대전에서 영국과 프랑스가 전차를 방어 위주의 개념으로 인식하면서 실패하였다. 이후 독일이 제2차 세계대전에서 '전격전(電擊戰-Blitzkrieg)' 개념을 도입하고 공세적・집중적으로 운용하여 성공한 사례를 들 수 있다. 둘째, '전쟁 시'로 줄리오 두헤(Giulio Douhet, 1869~1930)의 항공전략 사상을 들 수 있다. 1917년 10월 24일 카포레토 전투(Battle of Caporetto)에서 10만 명 이상의 사상자가 발생한 다음에 이탈리아군 지휘부가 그의 전략사상과 항공기의 중요성을 인정한 사례를 통해서도 느낄 수 있다(김성진, 『군사전략론』(2022), pp. 146~153, 155~157.).

41) 2007년 상영된 영화 <300>, 2014년 상영된 영화 <300: 제국의 부활-Rise of an Empire>을 시청하면 이해가 쉬울 듯하다.

(universe)와 사이버공간(cyber space)으로 확장되었다.

'핵심 역량(core competency 또는 core capability)'은 '군사력의 기반(基盤)을 제공하는 근본적인 능력'을 의미한다. 13~14세기는 기사(騎士)의 역량으로 200~300야드에서 표적을 명중시키는 데 만족했지만, 현대는 공군의 위성추적과 정밀유도무기가 표적을 공격하는 시스템이 기본 능력이자 역량이다.[42] 항공전력은 공중에서 이동하는 표적을 탐지한 다음 정밀유도무기로 공격할 수 있는 능력을, 해상전력은 원거리 표적을 공격할 수 있는 함포(艦砲-Naval artillery)라고 이해하면 된다.

'주도적 행위자(국가 또는 軍-Dominant Player)'는 '전쟁을 수행하는 군사작전 영역에서 지배적인 전투력을 보유하고 있는 군사조직'을 뜻한다. 예를 들면, 중세시대는 갑옷을 착용한 기병(騎兵)이, 로마 시대엔 '로마군단'으로 이해하면 된다. 현대전쟁에서는 12척의 항모를 보유한 美 해군이 절대적 우위를 가진다. 美 공군도 공대공(空對空) 전투와 공대지(空對地) 공격 분야에서 '주도적인 행위자'로 평가할 수 있다.

4.4. '군사혁신'으로 변화할 수 있는 대상과 시간의 상관성

미국은 베트남전쟁에서 참패했지만, 국방예산의 제약에도 불구하고 군사적 차원의 효율성을 보장하기 위해 기술적·작전적·조직적 혁신을 실천하였다. 제1차 걸프전(1991)이 성공적으로 마무리되며 1970년대부터의 군사혁신의 성과를 대외에 과시하였다.[43] 이들은 '군사혁신'을 무기체계와 C4I 개념체계를 발전시키는 등의 기술적 측

---

42) 여기서 '능력(ability)'과 '역량(capability 또는 Competency)'의 뜻을 이해할 필요가 있다. '능력'은 '개인이 가진 지식과 인간관계, 인성(人性-사람 됨됨이와 마음 씀씀이) 등으로 자신이 내부적으로 가지고 있는 것'이다. '역량'은 자신이 가진 것을 외부로 발현하는 '타인에게 영향을 끼쳐 일을 해결할 수 있는 능력과 그 이상의 어떤 것'을 뜻한다. '특정 업무를 잘하는 사람에 나타나는 독특한 행동적 특성'과 '어떠한 일을 외부적으로 해내는 힘이나 기량'으로 구분할 수 있다.

43) '제1차 걸프전(the First Gulf War)'이 성공적인 전쟁이었는지는 논쟁의 여지가 있다. '사막의 폭풍 작전(Operation Desert Storm)'은 제한적인 작전적 목표를 달성하였고, '쿠웨이트의 해방'이라는 국가목표를 달성하였다는 점, 그리고 미군의 희생을 최소화하였다는 측면에서 '성공적인 전쟁'으로 평가할 수 있다(Stephen Biddle, *"Victory Misunderstood: What the Gulf War Tells Us about the Future of Conflict,"* International Security. vol. 21, no. 2 (1996), pp. 139~143.; Grant T. Hammond, *"Myth of the Gulf War: Some 'Lessons' Not to Learn,"* Airpower Journal (Fall 1998), pp. 6~18.).

면에 한정하지 않고 군사 조직과 국가안보부문까지로 확대함으로써 전쟁을 국가 차원에서 수행하는 종합적인 개념으로 접근하였다. <그림 1-4>는 현대사회 측면에서 6대 안보 요소와 '군사혁신'의 대상인 4대 요소의 관계를 정리하였다.

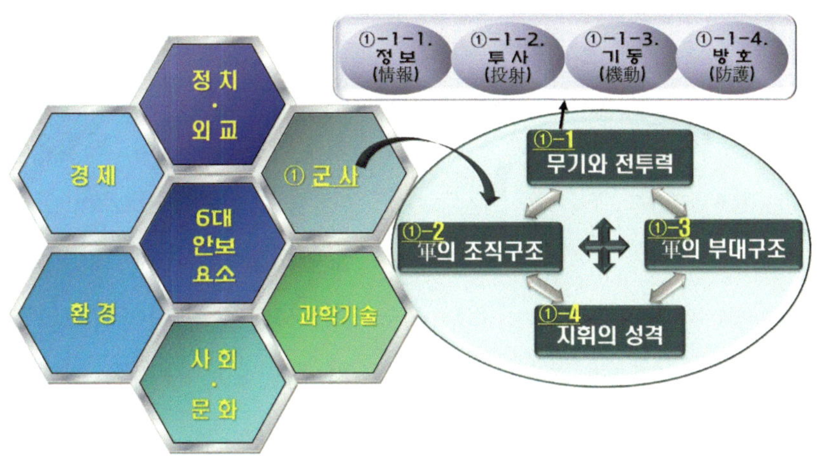

<그림 1-4> 현대의 6대 안보 요소와 '군사혁신'에 필요한 4대 요소

양차(兩次) 세계대전 당시만 하더라도 '군사혁신'의 대상은 항공기와 탱크(전차)를 얼마나 보유하고 있는지?, 즉각 움직일 수 있는 병력의 규모는 어느 정도인지를 통해 혁신 수준을 가름하였다. 그러나 점차 높은 수준의 소수 정예를 얼마나 보유하였는지에 주목하기 시작하였다. 즉, 전문가 집단의 존재를 비롯하여 공격과 방어, 시간과 공간, 화력과 기동(maneuver)의 관계에 집중하였다. 인력(人力)이 창과 활을 사용하던 시대에서 화약 무기의 시대가 되었고, 육군은 근거리 포병과 전차에 정밀 유도무기를 추가하였다. 해군도 적이 보이는 거리 내에서 수행하던 '전투함 중심의 전투 형태(On the Sea)'를 '항공모함(航空母艦-Aircraft Carrier) 중심의 전투 형태(For the Sea)'로 변화되었음은 제1차 걸프전을 통해 잘 알려져 있다.

여기서 왜! 전투의 형태를 혁신적 변화라고 표현하는 것인지 조금 더 들어가 보자. 예를 들어 공자(攻者-attacker)와 방자(防者-defender)가 가까운 거리(위치)에서 칼(劍)로 겨루는 경우 누가 먼저 칼을 빼는지는 승패 결정에 큰 영향을 초래하지 않는다. 그러나 총포(銃砲)의 경우는 상황이 완전히 달라짐을 이해하여야 한다. 양차 세계대전 기간 중 전차를 운용하는 개념에서 차이점은 극명하게 드러난다. 전차의 운용개념을 가장 먼저 발전시킨 국가는 영국과 프랑스였지만, 방어 위주 개념에 빠지다 보니 결정

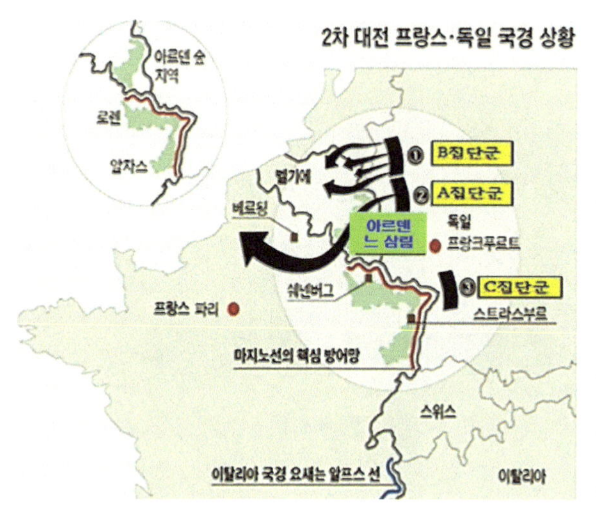

적으로 승리의 기회를 잡기가 어려웠다.[44] 반면에 구소련과 독일은 빼앗긴 영토를 회복하기 위해 새로운 영토를 확보하는 데 필요한 공세적인 목표를 설정하였다. 특히 독일은 이를 위해 '전격전(電擊戰-Blitzkrieg)'[45] 개념을 도입하였고, 판저(戰車-Panzer, 일명 탱크) 사단을 창설하여 단기간 내에 전차 집단으로 승리를 쟁취하였음을 인식할 필요가 있다.

①-1.의 '무기와 전투력' 측면은 4가지 요소가 필요하다.

①-1-1. '정보'는 군사력 사용과 결과에 직접 영향을 주는 상대(적)와 아군의 의도(Will) 및 능력, 행동을 수집 및 선별하여 가공한 지식으로 승기(勝機)를 잡는 데 활용되고 있다.

①-1-2. '전투력의 투사(投射-project)'는 상대의 인·물적 자산에 직접 물리적인 힘을 가하여 저지·제압·섬멸하는 능력으로 활용하고 있다.

---

44) 제1차 세계대전 시 철조망과 기관총, 참호의 세 가지 요인을 극복하기 위해 등장한 게 영국에서 최초로 만든 전차(Little Willie)였다. 1917년 캉브레 전투(Battle of Cambrai)에 투입한 MK-4 전차 497대는 기관총에 의지하던 독일군을 무한의 공포와 전장 공황(Panic)에 몰아넣었고, 무질서하게 패주(敗走-be routed)하도록 만들었다. 그러나 정작 전차의 효율성을 배가시켜 개발 및 운용한 국가는 독일과 구소련이다(김성진, 『전쟁사와 무기체계론』(2020), pp. 197~202.).

45) '전격전'은 제2차 세계대전 당시 독일군이 전차와 기계화 보병, 항공기와 공수부대를 편조(編造-Task Organization)한 개념으로 기동성을 높이기 위해 만든 전술 교리다. 당시 국가 대중계몽 선전 장관(파울 요제프 괴벨스-Paul Joseph Goebbels, 1897~1945)가 선동(Agitation)하기 위해 만든 용어로 알려졌지만, 실제로는 1939년 9월 1일 독일이 폴란드를 침공하자 9월 5일 미국의 타임스(Times)지가 쓴 기사에 나온 용어다. 구소련에서 창안한 '종심 기동전술(OMG-Operational Maneuver Group)'과 같다고 이해하면 된다. 북한군은 이를 한반도의 지형과 여건에 부합하도록 보완하여 6·25전쟁 간 적용하였으나, 여러 가지 요인으로 인해 실패했다.

①-1-3. '기동(maneuver)'은 필요한 시간과 장소에서 전투력을 발휘하는 데 있다.

①-1-4. '방호(防護-protection 또는 guard)'는 상대의 무력 사용으로 인하여 예상되는 파괴・살상의 위협에서 생존하고 유지하는 능력이다.

여기서 어떻게 싸울 것인지에 대한 근본적인 고민(전략의 선택)이 필요하다. 최초부터 '군사혁신'의 출발점을 어디로 할 것인지에서부터 시작하여야 한다.

예를 들어 전쟁을 수행하는 유형(類型-type)을 살펴보자.[46)] '섬멸전(Annihilation War)'의 최종 상태는 '적의 군사력을 완전히 파괴하는 것'이고, '마비전(Paralysis War)'은 '정치・경제・군사・심리적인 측면 등에서 핵심을 선별하여 전쟁을 수행하는 능력과 의지를 약화'하기 위함이다. '소모전(Attrition War)'은 '장기적으로 진행한다.'라는 의미이고, '기동전(Maneuver War)'은 '단기 결전'의 의미로 얼마나 군사력을 집중할 것인지에 따라 결정된다.

①-2.의 '조직 구조(상부구조)'는 '지휘 통제를 담당하는 의사결정의 주체'로서 필요한 대상이고, ①-3.의 '부대 구조(하부구조)'는 '개별단위부대를 의미하는 설계와 편성 및 임무 수행의 주체'임을 이해한 다음에야 ①-4. '지휘의 성격'에 접근하여야 한다.

일반적 의미로 접근하면, '기술 주도형'인지, '교리 주도형'인지를 먼저 결정한 다음 각 무기의 전투 기능이 최대한 발휘될 수 있게 임무를 부여해야 한다는 의미다.

과학기술의 발전은 의도하던, 의도하지 않았던, 새로운 군사적 능력을 창출한다는 점을 이해하여야 한다. <표 1-10>은 '군사혁신'에 등장하는 '기술 주도형'과 '교리 주도형'의 순서 및 절차를 정리하였다.

46) 김성진, 『군사전략론』(2022), pp. 190~191.

<표 1-10> '군사혁신'에서 '기술주도형'과 '교리 주도형'의 순서 및 절차

구 분	기술 주도형 (Technology-driven)	교리 주도형 (Doctrin-driven)
순서 및 절차	신(新)기술→신무기→신 전투력 체계→신 전투력 운용→신전략·전술→신 부대 구조→새로운 전쟁의 양상	신(新) 전투력 운용개념→신전략·전술→신 군사기술 수요의 등장→신기술→신무기→신 전투력체계→신 부대 구조→새로운 전쟁의 양상

군사혁신은 무기체계나 기술적 측면만을 한정하여 성공적이라고 평가하기는 어렵다. 과학기술이 무엇을 어떻게 발명한 것만으로 군사적 능력이 발휘되는 게 아니라는 현실을 직시(直視)해야 하기 때문이다. 전쟁에서 효과를 발휘하려면, 신기술과 신무기, 신 군사교리가 체계화될 수 있어야 한다.

4.5. '군사혁신'의 3대 성공요소와 특성, 그리고 한계(限界)

'군사혁신'이 성공하기 위해서는 3대 요소가 필요하다. <표 1-11-1>은 리처드 O. 헌들리(Richard O. Hundley)가 주장한 '군사혁신'에 성공하는 데 필요한 3대 요소를 정리하였다.

<표 1-11-1> '군사혁신'을 성공하기 위한 3대 요소

① 새로운 군사체계 개발(Develope a New Military System) ② 새로운 운용교리 발전(Develope a New Doctrine) ③ 조직 편성(Organization Adaptation)

'군사혁신'은 순서를 정하기 어렵거니와 각본대로 진행할 수도 없다. 언제 어디서라도 갑작스레 장애물에 봉착할 수 있다. 이를 극복하지 못하면 실패하기 마련이다. 이러한 시각에서 ①은 새로운 기술을 이용하여 새로운 장치(또는 방책)를 개발함으로써 전투력을 향상하거나, 이전과는 다른 방식으로 임무를 수행할 수 있는 새로운 체계가 필요하다. 이를 바탕으로 하여 ② 새로운 운용개념 및 군사교리를 설정하거나,

③ 조직 편성이 병행하여 발전되어야 한다. <그림 1-5>는 '군사혁신'의 진행 과정을 정리하였다.

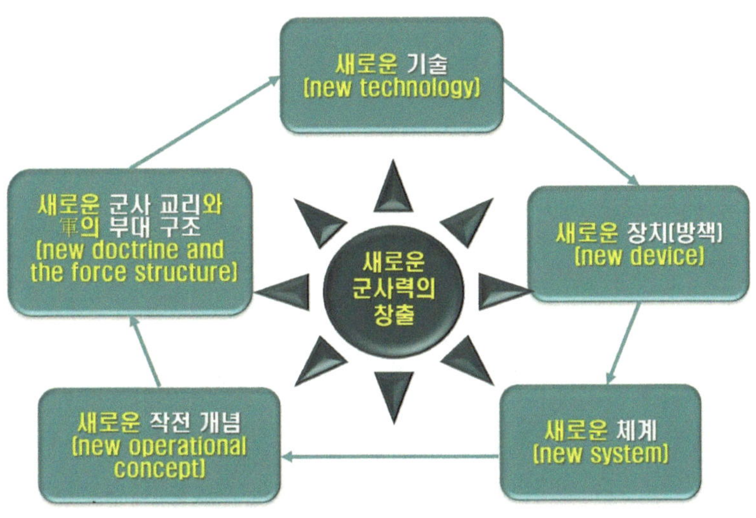

<그림 1-5> '군사혁신'의 진행 과정

여기서 가장 중요한 과정은 '새로운 체계의 개발'→'새로운 군사교리와 부대 구조'→'작전개념과 조직 편성'이다. 왜냐하면, 아무리 새로운 기술과 장치(방책)를 개발하더라도 체계화하지 않은 채 일반적인 기술이나 장치로만 존재한다면, 정작 필요한 군사력의 창출과 발전은 불가능하기 때문이다. 또한, 새로운 체계가 개발되더라도 군사력의 창출과 연계되지 않는다든지, 군사교리의 발전 또는 부대 구조 및 편성과 연계되지 못하면, 연착륙하기 어렵다. 대표적으로 영국이 최초로 전차(Little Willie)를 개발하고도 단순히 보병만 지원하는 운용교리 및 편성으로 한정하였기에 기동력과 충격력이라는 전차의 특성을 제대로 살리지 못했다.[47] 반면에 독일은 제2

차 세계대전 초기부터 전격전 교리를 개발하고 하인츠 W. 구데리안(Heinz Wilhelm Guderian, 1888~1954) 장군이 판저(Panzer=Tank) 사단을 편성 및 운용케 함으로써 프랑스 전역(戰役-Campaign)에서 일찌감치 승리하였음을 되새길 필요가 있다.[48)]

②는 ①의 새로운 군사체계가 제공해주는 정보와 지식의 우위를 기반으로 하여 적의 전략적 · 작전적 · 전술적 중심(Center of Gravity)을 갑작스럽게 동시에 병행(竝行-Parallel)하여 공격함으로써 최소한의 희생으로 물리적 파괴를 달성하기 위함이다. 인공지능(AI)으로 대표되는 제4차 산업혁명을 활용하여 실시간대로 전투력을 조합함으로써 적의 결심은 지연시키고 대응체계는 혼란을 유도하며, 신속한 결심이 가능하게 하는 개념이다.

David A. Deptula(美)

이외에도 제프리 R. 바넷(Jeffery R. Barnett)이 존 A. 와든 Ⅲ세의 이론에 기반한 '병행전(竝行戰-Parallel Warfare)'[49)] 이론을 발전시켰다. 대규모 군대에 의한 '선형전(線型戰)'과 소규모 정예부대로 편성하여 신속한 기동과 목표에 대한 직접 공격을 수행하는 '비선형전(非線型戰-Nonliner Warfare)'[50)], 美 공군의 데이비드 A. 데프튜라(David A. Deptula)의 '효과 중심작전 또는 효과기반작전(Effective Based Operation)'[51)], 美 합참에서 미래의 합동작전 수행개

---

47) 김성진, 『전쟁사와 무기체계론』(2020), pp. 197~198.; 김성진, 『세계전쟁사』(서울: 백산서당, 2021), p. 284.

48) 김성진. 『세계전쟁사』(2021), pp. 311~314.

49) '병행전(竝行戰 또는 竝列戰-Parallel Warfare)'은 '상대방이 효과적으로 대응하지 못하도록 능력을 제거하고, 한순간에 전쟁을 수행하고자 하는 의지를 마비시키기 위해 거의 동시에 전략 · 작전 · 전술 표적에 타격을 가하는 전투 개념'이다(권태영 · 노훈, 『21세기 군사혁신과 미래전』(파주: 법문사, 2008), pp. 182~183.).

50) '비선형전(非線型戰-Nonlinear Warfare)'은 '피 · 아 화기의 사거리, 명중률과 파괴력의 증대, 정보 및 지휘 통제 능력의 발전 등으로 인하여 전장(Battle-field)의 종심(縱深-depth)이 확대되고, 전 · 후방에서 동시에 전투를 시행함으로써 일정한 전선이 없는 상태에서 전개되는 전쟁 양상'이다(정연봉, 『한국의 군사혁신』(서울: 플래닛미디어, 2021), pp. 49~50.).

51) 러시아는 지상군 작전 외에는 공군력을 충분히 활용한 사례가 없다고 봄이 정확하다. 즉, 전략적 공중전을 구상 및 실행하지 않았다고 평가하고 있다. '효과 중심작전 또는 효과기반작전(EBO-Effective Based Operation)'은 '적의 전투력 발휘에 결정적인 역할을 담당하는 핵심체계를 공격하되, 완전히 파괴하는 게 아니라 효과적인 통제가 가능한 수준에서 타격하는 개념'으로 아군의 전투력은 절약하고 적의

념을 체계화한 산물인 '신속 결정적 작전(Rapid Decisive Operation)'[52)]이 존재하고 있다.

2020년 美 육군참모총장(제임스 C. 맥콘빌-James C. McConville)은 '다영역 작전(Multi Domain Operations)'을 발표하면서 이의 개념을 기존의 Kill-Chain에서 벗어나 인공지능(AI)에 의한 시스템을 다양한 표적에 적용하는 Kill-Web 개념의 모자이크 전(戰)을 수행해야 한다고 강조하였다.

James C. McConville(美)

미국이 9 · 11테러로 타격을 받은 충격에 따라 20여 년을 비국가 집단 테러와의 전쟁에 집중한 산물이다. 이때 중국과 러시아 등의 경쟁국들이 제4차 산업혁명의 핵심 기술로 군사력을 발전시키자 美 육군에서 대규모 군사작전을 위해 발전시킨 개념으로 이해하면 된다.[53)]

중심을 형성하는 핵심체계들은 최대한 동시 · 병행적으로 공격하는 전투력 운용방식이다(정연봉, 『한국의 군사혁신』 (2021), pp. 50~51.).

52) '신속 결정적 작전(RDO-Rapid Decisive Operation)'은 '요망되는 정치 · 군사적 목표를 단기간 내에 신속하게 달성하기 위하여 제반(諸般) 지식과 지휘 및 통제, 작전을 통합 운용하여 수행하는 작전개념'으로 한국군의 교리에서는 사용하지 않고 있다(합동군사대학교 합동전투발전부, 『연합 · 합동군사용어사전』 (서울: 합동참모본부, 2014), p. 291.).

53) 2020년 美 육군참모총장 제임스 C. 맥콘빌(James C. McConville, 1959~)은 미래 전장 환경에서 적에게 승리하기 위해서는 단일 영역 작전을 다영역 작전으로 전환하는 <다영역 작전으로의 전환을 통한 미래전의 승리-US Army Multi Domain Transformation Ready to Win in Competition and Conflict> 계획을 추진한다고 발표하였다. 이는 조 R. 바이든 행정부가 3월 8일 발표한 <국가안보전략서 잠정안-Interim National Security Strategy of the United States>에서 미군이 모든 역할을 전담하지 않고 동맹과 파트너십 국가 그리고 뜻을 같이하는 국가와의 협력 등을 통해 중국과 러시아의 군사적 팽창에 대응할 것임을 밝혔다. 다영역 임무군(MDTF)은 1개 여단급 1,800~2,000명 규모로 구성되며, 다연장로켓 포대(HIMARSB)+장거리 극초음속 순항미사일 포대(LRHWB)로 구성한 전략 화력 대대(SFB), 전략 방공대대(ADB)+여단 전투근무 지원대대(BSB)+군사통신 중대(MCC)+군사정보 중대(MIC)+신호 정보중대(SIC)+원거리 탐지센서 중대(ERSEC)+정보 방어 중대(INFO DEF)로 구성한 정보 · 첩보 · 사이버 · 전자전 · 우주대대(I2CEWSB)로 편성하고 있다. 전체적으로는 총 5개의 다영역 임무군을 구성할 예정으로 2개는 인도-태평양 전구(戰區)에, 1개는 유럽-아프리카 전구에, 1개는 북극해에, 1개는 본토에 배치되어 있다.

* '다영역 임무군(MDTF)'은 'Multi Domain Task Force'의 약자다.
* '다연장 로켓부대(HIMARSB)'는 'High Mobility Artillery Rocket System Battery'의 약자다.
* '장거리 극초음속 순항 미사일 포대(LRHWB)'는 'Long Range Hypersonic Weapon Battery'의 약자다.
* '전략 화력 대대(SFB)'는 'Strategic Fire Battalion'의 약자다.
* '전략 방공 대대(ADB)'는 'Air Defense Battalion'의 약자다.

<그림 1-6>은 미군의 '다영역 작전(Multi Domain Operations)' 개념도와 순환주기(Feed-back)다.

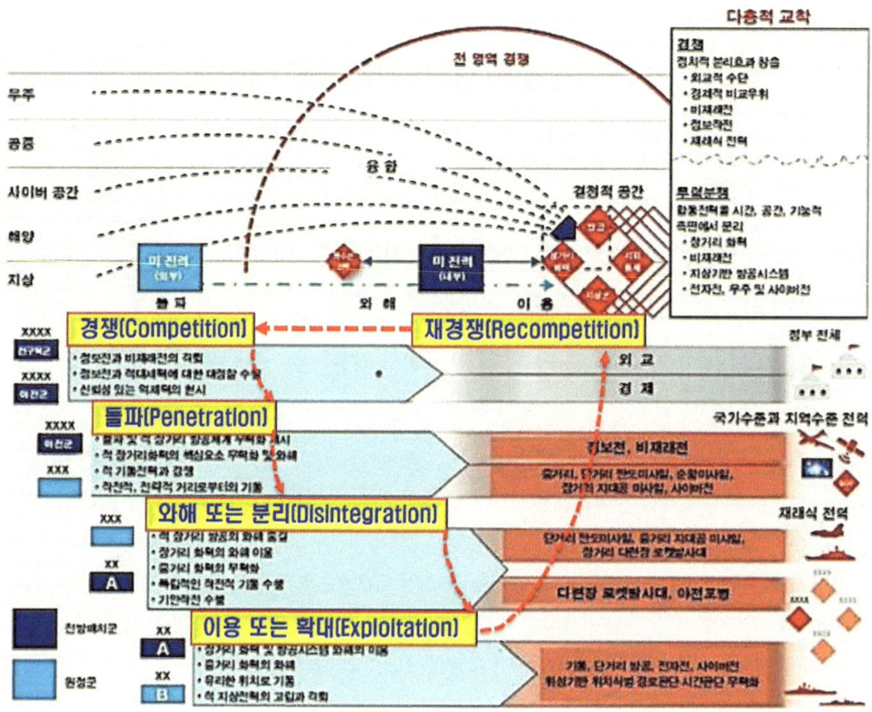

<그림 1-6> 미군이 채택한 '다영역 작전(Multi Domain Operations)'의 개념도와 순환주기(Feed-back)

* '여단 전투근무지원 대대(BSB)'는 'Brigade Support Battalion'의 약자다.
* '군사통신 중대(MCC)'는 'Military Communication Company'의 약자다.
* '군사정보 중대(MIC)'는 'Military Intelligence Company'의 약자다.
* '신호 정보 중대(SIC)'는 'Singal Intelligence Comany'의 약자다.
* '원거리 탐지 센서 중대(ERSEC)'는 'Extended Range Sensoring and Effects Company'의 약자다.
* '정보 방어 중대(INFO DEF)'는 'Informatikon Defense Company'의 약자다.
* '정보・첩보・사이버・전자전・우주 대대(I2CEWSB)'는 'Information, Intelligence, Cyber, Electronic Warfare and Space Battalion'의 약자다.

<표 1-11-2>는 '다영역 작전'을 구현하는데 필요한 3대 조건을 제시하였다.[54)]

<표 1-11-2> 美 육군이 '다영역 작전'을 구현하는데 필요한 3대 조건

②-1. 세밀하게 조율된 부대 태세(Calibrated Force Posture) ②-2. 다영역 작전 수행부대 (Multi-Domain Formations) ②-3. 신속하고 지속적인 능력의 통합 또는 집중(Convergence)

②-1.은 적대 국가와의 경쟁 및 무력분쟁의 단계에서 효과적인 억제와 주도권 확보, 원정군의 원활한 전개를 보장하기 위하여 지역별로 유지해야 할 능력과 태세를 뜻하고 있다.[55)]

②-2.와 ②-3.은 '모든 영역에서 적에게 접근하며 다양하고 복합적인 딜레마 상황을 강요할 수 있는 부대'이다. 이들은 공중강습사단(Air Assault Division)이나, 스트라이크 전투여단(Strike Brigade Combat Team) 등과 같이 독립적인 기동과 교차영역에 대한 화력 운용이 가능하며, 추가적인 군수지원이 없더라도 독립작전을 수행할 수 있는 능력과 역량을 갖추어야 한다.[56)]

③은 새로운 군사체계가 개발되고 운용교리가 정립되면, 이를 실효적으로 움직일 수 있는 조직이 편성되어야 한다. 리처드 O. 헌들리에 의하면, 조직의 편성 및 변화는

---

54) U.S. Army Training and Doctrine Command, *The U. S. Army in Multi-Domain Operations 2028* (Pamphlet 525-3-1, 2018), pp. 17~23.

55) 대표적으로 나토(NATO)에서 러시아가 주도하여 친 러시아 분위기로 형성되어 있는 크림반도를 우크라이나에서 떼어 내기 위하여 위기를 조장함으로써 합병(2014)에 성공한 사례를 들 수 있고, 우크라이나 침공사태(2022)에서 나타나고 있는 작전의 속성과도 같다. 즉, 사이버전과 군사적・비군사적 수단을 혼합하여 분쟁을 점진・단계적으로 발전시키는 하이브리드전과 같은 방식이다. 군사적 포위와 내부 불안 조성, 적대적 동맹 확장 등의 방법으로 전개함으로써 왜곡된 말과 행동이 진실인 것처럼 호도하는 제스츄어를 보내는 한편, 자신의 말이 틀렸다며 화해하려는 듯한 행동을 취하는 등 복합적인 활동에 적절하게 대응할 수 있는 능력과 태세를 의미한다고 이해하면 된다. 다만, 서유럽(西歐)과 러시아의 접근 방식은 다르다. 서유럽은 2006년 이스라엘-헤즈볼라 간 전쟁을 통해 '정규전 또는 비정규전 형태에 한정하지 않고, 군사적 측면보다 정치적 지지와 국제 여론에 영향력을 행사하는 형태'다. 반면에 러시아는 '선전포고 없이 정치・경제・정보 및 비군사적 조치 등을 현지 주민의 저항 잠재력과 결합한 비대칭적 군사행동'이다(김성진, 『전쟁사와 무기체계론』 (2020), pp. 360~373.).

56) 어느 지역(장소)을 불문하고 지휘체계와 연결할 수 있으며, 제병협동과 합동작전이 가능한 능력과 역량을 갖춘 부대로 이해하면 된다(김성진, 『전쟁사와 무기체계론』 (2020), pp. 357~358.).

Little Willie(輕전차, 1915)
Medium A Whippet(重전차, 1916)

군사혁신의 최종단계에 해당한다. 즉, 새로운 군사체계-운용교리-조직 편성이 서로 조화되는 수준에서 제도화가 성공적으로 정착될 수 있는지, 없는지를 결정하는 갈림길이 되기 때문이다.

소결론적으로 영국군은 제1차 세계대전에서 최초로 전차를 개발하였다. 그리고 운용교리를 개발하여 이를 기반으로 하는 수차례의 전투 실험을 통해 전차부대의 위력을 검증하는 2단계 과정을 거쳤다. 그러나 마지막 '조직 편성' 단계에서 완강한 저항에 부딪히며 결국, 실패하였다. 반면에 독일군은 이들의 전차와 교리를 참고하여 전차를 독립부대로 편성하고 기동력과 충격력을 최대한 활용하는 전격전(Blitzkrieg) 개념을 만들었다. 이러한 선택의 결과가 독일에는 승리를, 영국과 프랑스에는 조기(早期)에 참패당하는 수모를 겪게 하였다.[57)]

아르덴느 삼림지대 돌파(전격전, 獨)

57) 제1차 세계대전 초기 영국을 포함한 연합군과 독일군이 서로 강하게 충돌하는 참호전(塹壕戰- trench warfare 또는 진지전-陣地戰)으로 대규모 피해가 발생하였다. 이러한 와중에 영국은 1915년 세계 최초의 전차(Little Willie)를 개발하여 솜(Somme) 전투에 투입하였고, 1930년대 초기까지 전투 실험을 통해 전차의 위력을 증명하였다. 그러나 이러한 성과를 완결짓기 위해서는 조직과 구조를 바꾸는 수준까지 필요했으나, 반대하는 목소리에 눌려 軍 구조와 조직을 새롭게 편성하는 데는 실패하였다(김성진, 『세계전쟁사』 (2021), pp. 282~284, 314~319.).

제 2 절

역사적인 '군사혁신'의 사례

1. 개 요

'군사혁신'과 관련한 지적(知的)·물질적 측면에서의 발전은 '새로운 기술(technology)과 체계(system)'를 중심으로 진행되었다. 그러나 실제 필요한 분야는 새로운 기술과 체계가 가진 잠재성(potential)을 최대한 끌어낼 수 있도록 작전 운용개념과 조직 편성을 만들어낼 수 있는 과제(Agenda)의 식별이다. 이러한 차원에서 군사혁신의 본질을 역사와 지전략적(地戰略的: Geo-Strategic) 맥락에서 되짚어 보는 노력이 매우 중요하다. 이를 위해 전쟁 형태와 양상의 변화 요인은 무엇인지? 우리가 대처해야 할 적은 누구인지? 적들이 운영하는 조직의 특성, 무기 및 무기체계의 형태와 질·양적 수준은 어떠한지? 앞으로의 전쟁 양상과 형태는 어떻게 변화될는지? 등에 관한 군사적 능력과 특성을 이해할 필요가 있다.

인류문명과 과학기술이 급격히 변혁(變革)됨에 따라 무기체계와 작전 운용개념, 조직 편성이 변화하였다. 과거는 상당한 기간이 소요되는 주기(週期)였으나, 점차 단축되고 있다.

자연의 힘에 의존하던 농업문명(Agricultural Civilization) 시대가 기초과학의 발달하며 혁신을 시작하였다. 석탄, 가스, 석유 등 재생할 수 없는 화석연료가 주 에너지원인 산업 문명(Industrial Civilization) 시대에 대량살상무기(WMD)의 개발과 복합과학이 발달하였다. 1956년 이후의 시대는 자동화 무기체계의 발달이었다. 2010년대에 들어서며 인공지능(AI)을 기반으로 하는 초연결 네트워크와 로봇기술, 빅데이터와 모바일의 결・융합(ICBM+AI) 수준[58]이 인간의 한계치를 넘어섰다. 여기에 인공지능을 결합한 과학기술혁명이 통합되며 정보기술(IT) 분야를 발전시켰고, 스텔스기술이 더해진 절대무기 체계가 등장하였다. 과학기술과 인공지능(AI)・정보기술(IT)로의 급속한 전환이 '군사혁신'의 발전을 한껏 견인(牽引-traction)하였다.

전쟁 패러다임의 변화는 기술 요소가 촉매제 역할을 하면서 군사전략과 작전(전술)의 유형(type)과 차원(dimension)[59], 군사조직 및 편성의 형태와 방식을 변화시켰다. 다만, 제2차 세계대전 말기에 등장한 핵무기의 등장은 국제정치와 안보의 역학 구조에 근본적인 변화를 가져왔고, 기존 전쟁의 패러다임과 단절하는 결정적인 계기로 작용하였다.

이번 절(節-Sections)에서는 근대(近代)-19세기-제2차 세계대전-20세기 중엽-21세기-걸프・코소보전을 중심으로 탐구한다.[60]

---

58) 'ICBM'은 'Internet of Things, Cloud, Big Data, Mobile'의 약자다.

59) 김성진, 『군사전략론』 (2022), pp. 199~212.

60) 군사용어를 접할 때면, 혼란스러운 부분에 부딪히게 된다. 바로 '전쟁(戰爭-War)'과 '전(戰-Warfare)', '작전(作戰-Operation)'의 구분이다. Webster 사전에 따르면, '전쟁(戰爭-War)'은 '국가나 정치집단(또는 파벌) 사이에서 군사력을 사용하는 분쟁'이며, 한국군의 『합동참모교범 1-2(군사용어 사전)』에는 '상호 대립하는 2개 이상의 국가 또는 이에 준하는 집단 간에 군사력을 포함하는 각종 수단을 행사하여 자기의 의지를 상대에 강요하는 행위 및 상태'로 정의하고 있다. '전(戰-Warfare)'은 '국가나 정치집단(또는 파벌) 사이에서 군사적 투쟁을 하는 실제적인 행동과정(the process of military struggle)'이다. 'War'는 '자신의 의지를 수단을 통해 강요하는 행위 또는 상태(事件-event)'를 의미하는 데 비해 'Warfare'는 '실제 전투를 수행하는 과정이나 해당하는 전쟁의 양상'이라는 구체적인 의미를 포함하고 있다. 물론 'warfare'라는 용어 자체가 현대에 들어오면서 현대전, 지상전, 상륙전 또는 대잠전, 심리전 등에 합성하면서 전쟁이 수행되는 과정에서 나타나는 하나의 특수한 형태로 보고 있다. '작전(Operation)'은 '어떠한 기능을 수행하는 것과 관련되는 행동에 따른 처리절차 및 방법'을 의미하고 있다. 美 육군은 『야전교범(FM) 100-5(Operation)』에서 '전략적・전술적 차원의 훈련, 행정적인 군사 임무를 수행하는 데 있어서 군사적 행동 및 수행'으로, 한국군(합참)은 '어떠한 전역(戰役-전쟁 또는 대규모 전투)에서 목표를 달성하는데 필요한 전투를 수행하는 과정으로 이동, 보급, 공격, 방어 및 기동 등을 포함'한다고 정의하고 있다. 이러한 내용을 범위와 수준 등의 차원으로 구분하거나, 차별화하기는 어렵기에 본래의 의미보다 포괄적으로 접근하고 있다(김성진, 『군사전략론』 (2022), pp. 37, 49, 181.).

2. 시대별 '군사혁신' 사례 이해

2.1. 근대(近代)의 '군사혁신' 사례

나폴레옹 보나파르트(Napoléon Bonaparte, 1769~1821)가 전쟁영웅으로 등장한 전·후에 나타난 시대적 여건과 정복 전쟁의 과정을 들 수 있다. 이 시기는 사회적·경제적 변화에 따라 수준이 결정되었다. 1760년대부터 시작된 영국의 산업혁명과 프랑스 혁명(1789) 등 새로운 정치·사회적 변혁이 요구되면서 전 국민을 동원하는 총력전 양상과 새로운 군사 패러다임의 결정적인 계기로 작용하였다. <표 1-12>는 나폴레옹 보나파르트가 정복 전쟁을 통해 구현하고자 노력했던 '군사혁신' 분야를 정리하였다.[61)]

<표 1-12> 나폴레옹 보나파르트의 다섯 가지 '군사혁신' 분야

① 시민에게 징집의무를 부과하였다. ② 시민군대와 군단을 상비조직으로 편성 및 운용방식을 일반화하였다. ③ 군단급 규모의 부대가 조직적으로 훈련할 수 있는 체계를 발전시켰다. ④ 군사전략가들과 현장에서 요구되는 포병의 기동성을 강화하였다. ⑤ 대포 등의 장비와 탄약은 산업기술을 활용하여 표준화하였다.

61) 김성진, 『세계전쟁사』 (2021), pp. 87~89, 95~97.

2.2. 19세기 산업 문명 시대의 '군사혁신' 사례

산업 문명 시대는 제국주의 시대와 같은 의미다. 순수과학을 토대로 하되, 이를 응용함으로써 더욱 발전시킨 기계의 시대로 이론적으로는 '과학기술의 진보와 대량살상무기 개발'을 들 수 있다. 이 시기는 산업혁명과 더불어 무기개발에 관한 이론 연구가 촉진된 시대로 과학자들과 산업체가 합심하여 군산(軍產) 협력 시대를 열었다. <표 1-13>은 산업 문명 시대를 4단계로 분류하였다.

<표 1-13> 산업 문명 시대를 4단계로 분류하는 방법[62]

구 분	제1단계	제2단계	제3단계	제4단계
진행 기간	1710~1830년	1831~1870년	1871~1920년	1921~1955년
과학기술의 발달	증기기관, 기차, 자동차, 기뢰, 볼타전지[63], 후장식 소총 등	기관총 · 전차, 어뢰, 다이너마이트, 대형발전기 등	수류탄 · 지뢰, 비행선, 항공모함, 잠수정 등	컴퓨터, T-34 전차, B-17 폭격기, 핵폭탄 등

산업혁명은 과학기술의 비약적인 발전과 인류 생활에 편의를 제공할 수 있게 한 혁신의 아이콘이다. 이 시기는 증기기관의 발달과 함께 무기 및 장비의 기동(이동)을 빠르게 하였고, 전쟁의 양상도 2차원에서 3차원으로 확대하며 지 · 해 · 공중 합동작전 양상을 불러왔다. 무기 혁신과 무연화약의 발명은 원거리에서부터 화기나 폭탄을 투척할 수 있게 변화시켰다. 즉, 무기 중심의 작전이 아니라 다양한 무기체계로 시너지 효과를 창출함으로써 작전계획과 화력 통합의 중요성을 인식하게 하였다.

농업용 장비에 불과하던 트랙터에 화포(火砲)를 결합하여 새롭게 등장한 전차는 그리스 · 로마 시대의 공격무기였던 채리엇(Chariot)[64]을 발전적으로 접목한 산물이었

62) 조용만, 『군사혁신과 현대전쟁』(파주: 글로벌, 2016), pp. 65~90.

63) '볼타전지(volta cell)'는 이탈리아의 생리학자인 루이지 갈바니(Luigi Galvani, 1737~1798)가 전지를 발견한 공로를 기리기 위해 '갈바니 전지(Galvanic cell)'라고도 불린다. 최초의 화학전지로 '아연판과 구리판을 묽은 황산에 넣은 다음 두 금속을 도선(導線)으로 연결하여 전류를 흐르게 만든 장치'이다.

64) 인류가 최초로 개발한 전차는 고대 수메르인들이 사용한 사륜(四輪-네 개의 바퀴) 전차였으나, 점차 이륜(二輪) 전차로 발전하였고, BC 2500년경부터 전투에 투입되었다. 이때 사용한 두 마리의 말이 이끌고

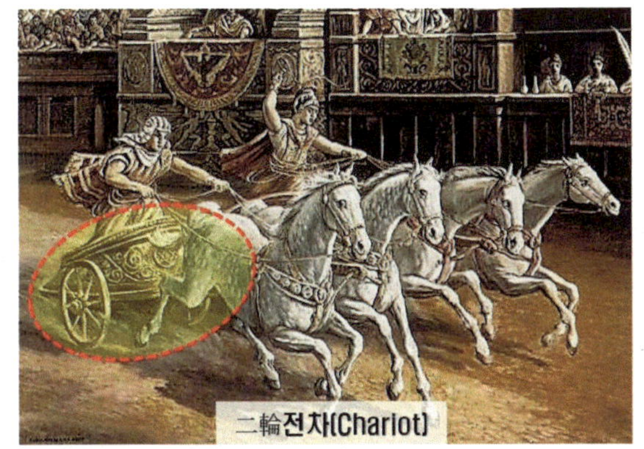
二輪전차(Chariot)

다. 다만, 산업혁명으로 증기기관차(1712), 내연기관(1860)과 자동차 산업이 발달하면서 현대식 전차의 개념이 등장하였다. 자동차의 대량생산은 1900년대에 이루어졌다. 증기기관이 발명된 이후 약 200여 년이 지난 이후였다. 그런데 현대적 개념의 전차를 개발하는 데 걸린 기간은 단지 14년에 불과하였다. 전투기와 폭격기가 전장(battle-field)에 처음 등장한 계기는 공중관측이나, 메시지를 낙하하기 위한 공중통신용 또는 불빛을 이용하는 신호용으로 활용하려는 단순한 목적이었다. 1915년 독일의 공학자인 앤서니 포커(Anthony Fokker, 1890~1939)가 단좌 전투기인 포커 아인데커(Fokker E. Ⅲ Eindecker)를 설계하며 싱크로나이즈 기어(synchronize gear-프로펠러 동조 장치)를 장착하고 공중전을 지배하였다. 24년 후인 1939년 이고리 시코르스키(Igor' Ivanovich Sikorsky, 1889~1972)의 수직 이착륙기(VS-300) 개발은 이전까지 지상군이 집중해오던 전술개념을 송두리째 바꿔놓았다.

Fokker E. Ⅲ Eindecker 단좌 전투기 / Anthony Fokker[獨]

VS-300 / Igor' Ivanovich Sikorsky[美]

해상무기도 혁신적으로 다양하게 발전하였다. 1578년 영국의 윌리엄 본(William Bourne, 1535~1582)이 '아르키메스의 원리-부력(浮力)의 원리'를 이용한 잠수함을 설계하였다. 현대적 의미의 잠수함은 1897년 프랑스의 맥심 로베프(Maxim Laubeur, 1864~1939)가 설계한 나르발(Narval)호와 1898년 아일랜드의 존 P. 홀랜드(John P. Holland, 1841~1914)가 제작한 미국의 홀랜드호였다.

병사 한 명이 탑승하여 전투하게 만든 이륜 전차가 바로 '채리엇(Chariot)'으로 사냥할 때 사용하였다(김성진, 『전쟁사와 무기체계론』(2020), pp. 89~90.).

미국이 1939년 '맨해튼 프로젝트(Manhattan Project, 1942~1945)'65)에 의해 개발한 핵무기는 인류의 공포심을 극대화하였으며, 국가·군사전략과 군사혁신의 개념까지 획기적으로 진화시켰다.

산업 문명의 급속한 발전은 전쟁 양상과 군사 패러다임까지 전환케 하였다. 대표적인 사례가 美 남북전쟁(1861~1865)이다. 지상전에서 혁신을 촉발하는 계기가 된 당시의 북부는 산업화가 상당히 진행된 수준이었으나, 남부는 흑인 노예들이 노역(勞役)을 담당하는 사회였다. 그러나 노동 착취가 극심하여 노예(노동력)들은 다른 지역으로 도망치기 일쑤였고, 면화 농장도 서부로의 이동이 가시화되는 등 혼란스러웠다.66)

남군 총사령관(Robert E. Lee, 1807~1870)은 지역전투에서 매번 승리하였고, 부하들이 신뢰하고 따르는 리더십과 용맹성이 북군 총사령관(Ulysses S. Grant, 1822~1885)보다 높게 평가받았다.67) 그러나 결과적

65) '맨해튼 프로젝트(Manhattan Project)'는 '미국과 영국이 원자탄을 개발하기 위해 구성한 비밀 프로젝트'의 명칭이다(김성진, 『전쟁사와 무기체계론』(2020), p. 220.).

66) 남부의 경우 실제 노예를 부린 계층은 상위 5% 이내의 대부호들이었고, 이들에 비해 백인의 80%를 차지하는 중소 자영 농민들의 반대가 더 극심하였다. 왜냐하면, 이들은 노예를 부리지는 않았으나, 정치적·경제적 측면에서 목화 농사가 지역경제의 중심이었기 때문이다. 1850년대 서부와 남부의 노예 가치를 따져보면, 남부의 총자산 중 1/4 규모는 노예 값이었고, 면화 작물은 이들 노예 가치의 1/10에 불과하였다. 이러한 현실은 남부뿐만 아니라 북부 자본가들도 흑인들을 저임금 공장 노동자로 흡수하려는 이해관계로 인해 노예 폐지를 주장하였다. 1885년 출간된 마크 트웨인(Mark Twain-원래 이름은 새뮤얼 랭혼 클레먼스-Samuel Langhorne Clemens, 1835~1910)의 <허클베리 핀의 모험-he Adventures of Huckleberry Finn>을 읽으면, 당시의 시대상과 사회적 논란의 일부를 이해하기 쉬울 듯싶다.

67) '로버트 E. 리(Robert E. Lee)'는 귀족풍의 장교로서 리치먼드 전투(1865.04.01.)를 통해 영웅으로 등장하였다. 치밀한 작전 계획을 수립하여 승리를 쟁취하였으나, 남부연합의 지속적인 전투근무 지원이 이루어지지 않으며 결국, 전쟁에서 패배하였다. 그러나 그의 인내와 배포는 전쟁이 끝난 후에도 남부인들의

으로 보면, 우직한 성격의 율리시스 S. 그랜트 장군이 지휘하는 북군이 최종적으로 승리하였다. 이유는 증기기관을 이용한 선박·철도·전신(傳信) 수단 등을 사용하여 대규모 병력을 신속하게 이동시켰고, 지속적이며 무제한의 공세 전략을 통해 전장(Battle-field)의 주도권(主導權)을 잡았기 때문이다.

18세기 중반 이후 영국의 산업혁명(Industrial Revolution)이 경제적·사회적 분야에서 구조적으로 대변혁을 일으키며 전례가 없을 정도의 수많은 발명품을 쏟아냈다. 제2차 산업혁명은 대량생산을 일반화시켰고, 통신 분야는 즉각적인 의사소통을 가능하게 하였다. 이러한 기술적 성과는 군사력의 강화에 지대한 공헌을 하였다. 특히 치명적인 파괴·살상력의 증대와 동시에 전장(戰場)을 확장하며 다양한 영역까지 복합적으로 발전하였다.

우상이었다. '율리시스 S. 그랜트(Ulysses S. Grant)'는 서민풍의 장교로 남군의 로버트 E. 리 장군과 대비되는 우직한 성격이었으며, 제18대 대통령을 지냈다. 과도한 인적 비용을 소모하였다고 비판받았지만, 전쟁에서 승리한 다음 남군에 대한 관용으로 북부와 남부를 화해시키는 중요한 계기를 마련하였다. 오늘날 미국이 'Pax Americana'를 마음껏 외칠 수 있는 토대가 이때 마련되었다고 해도 지나친 말이 아니다. 관점을 조금 달리해보자. 실제 로버트 E. 리 장군은 버지니아 군벌(최대의 지역 파벌) 출신으로 인정 주의와 의리가 넘쳐나 사소한 명령 불복종을 개의치 않았고, 평시 과도한 자율권을 부여함으로써 게티즈버그 전투(1863)와 같은 결정적 국면에서 패배하면서 전쟁에서도 패배하였다. 북군의 율리시스 S. 그랜트 장군은 전투 지휘에 뛰어난 지휘관은 아니었다. 당시 에이브러햄 링컨 대통령이 무능한 관료(지휘관)들을 가차 없이 교체하는 와중에 임명되었고, 북부의 전쟁 지속능력을 한껏 활용한 덕분에 승리하였다고 하여도 지나친 말은 아니다(김성진, 『군사전략론』(2022), pp. 203~204.).

2.3. 제2차 세계대전 시대의 '군사혁신' 사례

제1차 세계대전은 화학과 물리학 분야가 획기적으로 발전한 시기였다. 화약 무기를 중심으로 하는 시기였기에 발사 속도와 사거리의 정도에 따라 승패가 갈렸다. 이때 혁신을 이끈 주역이 바로 화학 기술이다. 물리학 이론의 발전은 항공기와 레이더 등을 등장시키는 계기가 되면서 제2차 세계대전 말기에 엄청난 파괴력을 가진 핵무기를 탄생시켰다. <그림 1-7>은 제2차 세계대전 시기의 대표적인 '군사혁신' 과정을 정리하였다.

<그림 1-7> 제2차 세계대전 시기의 대표적인 '군사혁신' 과정

영국과 프랑스에서 전차의 운용 영역을 한정적으로 인식하는 사이에 독일은 충격력과 기동력을 극대화하는 전격전 개념으로 발전시켰다. 여기에다 레이더 기술은 정밀유도무기와 해상무기의 개발로 이어졌다. 1940년 독일은 영국과의 항공전에서 속도와 기동성의 부족으로 패배했지만, 고속 폭격기(Ju-88)를 개발하였고, 야간 및 장거리 전투기, 장거리 정찰기, 뇌격기로 변형 및 발전하였다. 이를 통해 전략폭격 부대를 운영하는 신(新) 군사체계를 확립하였고, 판저(Panzer-戰車) 사단을 독립적으로 운영하며, 항모전단은 입체적 작전이 가능한 환경으로 만들었다. <표 1-14>는 제2차 세계대전 시 프랑스군-독일군의 전쟁 수행개념을 비교하였다.

<표 1-14> 제2차 세계대전 시 프랑스군-독일군 간 전쟁 수행개념 비교

구 분	프랑스군	독일군	비 고
전쟁 개념	진지 방어전의 연장선으로 마지노선 구축 * 참호전(塹壕戰)	속도전+각개격파, 종심(depth) 교리와 전격전 도입 * 기동전+마비전	-
기술/체계	· 전차: 3,400대, 항공기: 700대, 요새사단: 13개	· 전차: 3,200대, 항공기: 3,900대, 판저사단: 10개	6주 만에 독일군 승리
작전 개념	· 전차 화력+장갑을 '방어용'으로 활용	· 전차 기동과 충격력을 중시하여 '공세적 기동 · 마비용'으로 활용	기동전의 우세를 입증
전투 조직	· 마지노선+요새사단 * 전차 · 항공기: 방어용	· 판저사단+항공기(공격용) * 무전기: 주(主)수단	-

독일군은 연합군이 수세적이고 소극적인 방어 우위 사상에 집착하는 사이에 프랑스와 영국이 개발한 항공 기술과 전차 기술을 본떠 공세적인 전략과 작전개념을 창출하였다. 전투 방법과 수단도 구체적으로 조직화하는 등 유연하고 탄력적인 사고로 주도권을 확립함으로써 세계대전 초기에 귀중한 승리를 챙겼다.

2.4. 20세기 중엽(中葉)의 '군사혁신' 사례

재래식 무기들도 나름의 기술적 발전을 추구하였다. 항공기의 추진기관도 프로펠러 방식에서 제트엔진 방식으로 변화시켜 음속(音速-sound velocity) 이상으로 고속 비행을 할 수 있게 되었다. 6 · 25전쟁 시 미군과 구소련군의 제트 전투기는 한반도 상공에서 치열하게 격돌하였다. 해양에서는 핵 추진 항공모함과 잠수함을 투입하여 임무 기간과 범위를 무제한으로 확장하였다. 그러나 재래식 무기들의 수량이 아무리 많고 강력한 파괴력을 지니고 있더라도 핵무기의 엄청난 위력과 비교하기는 어려웠다.

20세기 중엽의 대표적인 '군사혁신'은 재래식 무기가 주도하던 양상이 핵무기의

등장으로 바뀐 데 있다. 기존의 전략사상과 전략 개념, 전쟁 수행방식이 근본적으로 변화된 계기였다. 재래식 무기체계로 수행하던 전쟁 패러다임이 무색하게 되었기 때문이다. 지금까지 이룩하였던 단위기술 위주의 형태에서 체계적인 기술이 개발되면서 다양·종합화의 단계로 진입하며 상상이 현실이 되었다. 정보 문명의 시대에 접어들면서 복합과학 시대가 열린 결과물로 평가할 수 있다.

1957년 10월 4일 구소련이 세계 최초의 우주선(인공위성) 스푸트니크(Sputnik)를 쏘아 올렸다. 이는 미국에 극심한 충격과 공포를 불러왔다.[68] 美 대통령(드와이트 D. 아이젠하워-Dwight D. Eisenhower, 1890~1969)은 곧바로 항공자문위원회(NACA)[69]를 해체한 다음 1년 후인 1958년 7월 29일 우주항공연구개발기관인 항공우주국(NASA-National Aeronautics and Space Administration)을 설립하였다.

전쟁의 영역은 나름의 정치적 목적을 달성하기 위하여 독특한 군사적인 형태를 띠기 마련이다. 이때 특정 군이나, 특정 체계와 연계되어 나타나는 게 일반적인 현상이다. 제1·2차 세계대전까지 나타난 영역은 장갑차를 중심으로 하는 형태, 태평양 전쟁에서 최초로 등장한 항모전(航母戰)의 양상, 지상과 해상에서의 양면 전쟁, 전략폭격으로 정리할 수 있다. 20세기 중엽이 지나면서는 4차원 영역으로 확장되었다. 크게는 전략적·작전적 차원에서 통합이 필요한 정밀 공격(Deliberate Attack)[70]과 장거리 정밀폭격(Long-Range Precision Bomb), 정보체계를 중심으로 하는 정보전(Information Warfare)[71], 주도적 기동(Dominating

68) 김성진, 『국가위기관리론』 (서울: 백산서당, 2021), p. 272.

69) '美 항공자문위원회(NACA)'는 'National Advisory Committee for Aeronautics'의 약자다.

70) '정밀 공격(Deliberate Attack)'은 '잘 편성된 진지를 점령하고 있는 강력한 적 부대에 실시하는 공격작전'을 의미하고 있다(김광석 편저, 『용병 술어 연구』 (고양: 병학사, 1993), pp. 551~552.).

Maneuver)[72], 우주전(Space Warfare)[73]의 네 가지 영역으로 정리할 수 있다. 핵심 키-워드는 '장거리 정밀폭격'과 '정보전'은 적의 자산(資産)을 파괴하고, 상황인식을 혼란하게 하는 데 있으며, '주도적 기동'은 적의 심장부를 단숨에 강타하여 요구에 순종할 수밖에 없도록 만드는 데 있다.

19세기 프랑스는 소형 어뢰정을 이용하여 영국의 무적함대를 무력화하고자 시도하였으나, 성공하지 못했다. 그러나 알프레드 세이어 마한(또는 앨프리드 세이어 머핸-Alfred Thayer Mahan, 1840~1914)[74]이 해양력(Sea Power) 사상을 주창하며 영향력을 급부상시켰다. 이후 1904년 4월 8일 체결된 영-불 간 식민지 문제에 대한 화친협정(Entente Cordiale)을 계기로 양국이 적대관계를 청산하였다.[75]

Alfred Thayer Mahan

그러나 점차 전쟁의 양상과 형태가 입체전쟁으로 전환하면서 핵무기와 기계화 전쟁이 공존하는 시대가 당연시되었다. 특히 핵무기의 등장으로 인하여 수많은 재래식

71) '정보전(Information Warfare)'은 '상호 대립하는 둘 이상의 집단이 정보 전장(The Information Battle-field)에서 주도권을 장악하기 위하여 정보체계를 중심으로 전개하는 투쟁'이다(권영근 편저, 『미래전과 군사혁신』 (서울: 연경문화사, 1999), pp. 42~47.).

72) '주도적 기동(Dominating Maneuver)'은 이전에도 기동이 중요한 요소였지만, 20세기에 들어오면서 소수의 정예군을 필요한 지역과 장소에 신속하게 기동하는 개념이다. '정밀 공격, 정보전, 우주전 개념과 결합하여 결정적 목표로 판단되는 표적을 공격하거나, 적의 심장부를 격파하여 원하는 최종 상태와 목적을 달성하도록 필요한 부대를 적절한 위치(장소)에 배치하는 행위 전반(全般)'을 의미하고 있다(권영근 편저, 『미래전과 군사혁신』 (1999), pp. 47~52.).

73) '우주전(Space Warfare)'은 '우주 공간에서 무기를 사용하여 우주 공간 또는 지상에 있는 표적을 파괴하는 전쟁의 형태'다(권영근 편저, 『미래전과 군사혁신』 (1999), pp. 52~55.).

74) 김성진, 『군사전략론』 (2022), pp. 132~145.

75) 영국과 프랑스는 아프리카 지역에 대한 견해 차이가 있었음에도 화친협약만 체결한다면, 직면한 독일의 위협에서 안전을 보장할 수 있다고 판단하였다. 즉, 프랑스는 타의로, 영국은 스스로 고립상태를 유지하다가 어쩔 수 없는 현실에서 협정을 맺었다. 독일은 프랑스와 영국이 반목하게 노력해오다가 갑작스럽게 화친협정을 맺자 이를 무산시키는 노력이 오히려 협정을 강화하는 우(愚)를 범했다. 이후에도 독일은 제1차 모로코 위기 때 독일-프랑스 간 분쟁을 조정하기 위해 개최된 스페인 알헤시라스 회담(Algeciras Conference, 1906), 제2차 모로코 위기인 아가디르 위기(1911) 때도 전함(戰艦)을 파견하는 등 위협을 가했으나, 양국의 관계는 더욱 강화되었다. 이는 러일전쟁(1904~1905)에서 패배한 러시아를 믿지 못하는 프랑스의 자구책(自求策)이기도 하다.

무기와 각종 군사전략·전술이 쓸모가 없어지는 게 아닌가 하는 우려를 낳았다. 수많은 전차와 화포, 항공모함, 항공기를 동원하더라도 핵무기의 가공한 파괴·살상력에 도저히 맞설 수 없음을 체득하였기 때문이다.

2.5. 21세기의 '군사혁신' 사례

2.5.1. 21세기 군사혁신의 특징

21세기 정보 문명 시대의 '군사혁신'은 제4차 산업혁명에 이르면서 폭과 깊이가 다른 수준으로 접어들었다. 이는 제3차 산업혁명과 현격히 구분되며, 디지털 기술을 바탕으로 하는 물리학과 생명공학 기술 등의 융·복합적 발전이 뒷받침되었다.

이번 세기는 정보·지식 중심의 시대에서 초연결(Hyper-Connectivity)·초지능(Ambient Intelligence)·초융합(Super Poly-merization) 방식을 결합하는 형태로 진행되고 있다.[76] 즉, 어떠한 융·복합적 형태가 되는지에 따라 전장 공간에 대한 주도적 인식과 더불어 방대한 규모의 데이터를 탐지-분석-전송하는 체계로 자리매김할 것이다. 이를 통해 국가 차원의 자산뿐만 아니라 다른 전구(戰區)에 할당된 자산도 언제든 필요한 지역(장소)으로 전환할 수 있는 환경이 마련되고 있다. <표 1-15>는 21세기 '군사혁신'의 특징을 정리하였다.

---

76) '초연결(Hyper-Connectivity)'은 2008년 미국의 IT 컨설팅 회사(Gartner Group)가 처음 사용한 용어로 인간과 인간을 넘어 인간-사물-공간 네트워크가 연결된다는 의미로서 '사람과 사물이 물리적·가상적 공간의 경계가 없는 상태에서 유기적으로 연결 및 소통하며 상호작용하는 만물 인터넷(Hyper-Connectivity)의 인프라'를 뜻하고 있다. '초지능(Ambient Intelligence)'은 사물(事物)이 스스로 학습 및 진화하는 초지능의 정보 사회로 모든 산업 분야에 인공지능(AI)이 도입되고 특정 분야에서는 인간지능을 능가하는 수준의 인공지능이 등장하는 현상을 의미하고 있다. 즉, '빅데이터의 수집·분석이 가능해지고 컴퓨터의 힘은 기하급수적으로 커지며, 인간이 가진 기술 수준보다 더욱 빨라지는 현상'이다. '초융합(Super Polymerization)'은 '초연결 환경이 조성되면서 다른 기술-산업 간 결합을 촉진케 함으로써 새로운 융합이 이루어지는 전반(全般)'을 뜻하고 있다(장진오, "과학기술 발전과 우리의 군사혁신 방향에 대해," 『국방논단』 제1807호 (서울: 한국국방연구원, 2020), p. 3.).

<표 1-15> 21세기 '군사혁신'의 다섯 가지 특징

① 이전의 전쟁이 정보・지식수준에서 승패가 결정되었다면, 제4차 산업혁명의 연장선인 초연결・초지능화가 융・복합적으로 결합하여 승패가 결정된다. ② 첨단 정밀과학기술의 발달에 따라 전장 공간(battle-field space)의 확장 및 중첩 현상은 더욱 심화(深化)되고 있으며, 초정밀 타격체계가 가능한 현실이 되었다. ③ 지・해・공중 공간의 한정된 전쟁 영역이 우주와 사이버 영역으로 확장되면서 전쟁 수준은 중첩되는 현상이 더욱 심화(深化)할 것이다 ④ 첨단 정밀과학기술이 혁신적으로 발달함에 따라 인공지능(AI)을 기반으로 하는 자율 무기체계의 수준은 스텔스기술을 포함하여 더욱 고도화할 것이다. ⑤ 네트워크 중심전(NCW)[77] 효과를 극대화하기 위해 개별 전투원을 고도의 정보화된 지식으로 재무장하는 랜드워리어 시스템(Land Warrior System)[78]이 발전되고 있다.

① 정보화 사회에서 정보・지식이 전쟁의 승패를 결정하는 핵심 키워드였지만, 점차 항공・우주, 정보통신 기술을 기반으로 하는 전장 공간(battle-field space)의 지배적 우위를 확보하기 위한 경쟁으로 가속화되고 있다. 제4차 산업혁명을 대표하는 인공지능(AI)과 자율적인 보호 체계가 아군의 의사결정체계는 보호하되, 적의 의사결정체

77) '네트워크 중심전(Network-Centric Warfare)'은 1990년대 美 국방부의 핵심 군사교리다. 지리적으로 분산되어있는 부대 간에 연결 네트워크를 통한 정보기술을 이용하여 정보 우위를 확보하였다. 성과를 획득하기 위한 네 가지 기본원칙으로는 첫째, 네트워크로 부대를 연결하여 정보의 공유(共有) 수준을 개선하고, 둘째, 정보의 질적 수준을 높여 상황의 인지(認知) 정도까지 공유하며, 셋째, 협동과 동조화(同調化)를 가능하게 함으로써 지휘 통제의 지속성과 속도를 강화하고, 넷째, 임무 효율성을 극적으로 증대하는 데 있다. 다만, 이 용어는 미군이 사용하는 용어일 뿐, 대다수 국가에서 공통으로 사용하는 고유명사가 아님을 이해하여야 한다. 대표적으로 제2차 걸프전(2003)에서 미군의 압도적 우위는 네트워크 중심전의 결과다.

78) '랜드워리어 시스템(Land Warrior System)'은 1980년대부터 미군 보병을 대상으로 하는 프로젝트로서 해군 프로그램으로 진행하다가 2007년 취소되었고, 2008년 재개되었다. 휴대용 무기를 하이테크 장비와 연동하여 보병에게 통신 및 지휘 통제를 제공하는 시스템으로 각개 병사를 완전한 독립부대로 운영하는 개념이다. 한국군은 '워리어 플랫폼(Warrior Platform)'이다. '육군의 워리어(전투원)가 휴대하는 총기, 군복, 장비를 일컫는 체계로 전투・방탄복, 방탄모, 수통, 조준경, 개인화기 등 33종의 신형 전투 피복과 전투 장비로 구성된 육군의 미래 전투체계'다. 2022년까지 적용을 완료할 계획이었지만, 2021년 개최한 세미나(주제: 개인 전투체계, 미래 기술을 만나다)를 통해 3단계의 로드맵을 다시 제시하고 제1단계(2023년) → 제2단계(2025년) → 제3단계(2026년 이후)로 구체화하고 있다(김성진, 『전쟁사와 무기체계론』 (2020), pp. 355~358.).

계는 거부 또는 방해하는 노력을 시도하고 있다. 최근 미군의 모자이크 전(Mosaic Warfare)과 다영역 작전(MDO-Multi Domain Operations)도 이러한 노력의 산물로 이해하면 된다.

② 첨단 정밀과학기술의 발달은 군사력을 운용하는 전장의 물리적인 공간을 더 넓고 더 깊게 확장하였다. 이는 <표 1-16>과 같은 두 가지의 관점에서 바라볼 수 있다.

<표 1-16> 전장의 물리적 공간을 바라보는 두 가지의 관점

②-1. 軍별 전장 공간의 확장으로 인해 중첩되는 현상이 심화(深化)하고 있다. ②-2. 합동성을 강화하는 노력이 새로운 차원으로 진화하며 군별로 구분하기가 모호한 영역이 커지고 있다.

②-1. 육·해·공군의 감시·타격·지휘 통제체계 측면에서 도달할 수 있는 거리와 영역이 획기적으로 증가하면서 각 군 단위의 전장 공간도 동시에 확장 및 중첩되는 현상이 심해졌다. 여기에 해·공군 모두에 해당하는 우주 및 사이버공간이 추가되며, 3차원 양상에서 5차원으로 확장되면서 영역은 모호한 현실이 되었다.

②-2. '합동성 강화'라는 의미는 '육·해·공군의 고유한 능력을 효과적으로 통합하여 상호 취약점을 보완함으로써 승수효과를 도모'하는 데 있다. 미군은 부대 편조(編造)가 자유로운 '다영역 작전 부대'를 편성하였다. 다양한 영역을 서로 교차할 수 있게 하여 빠르고 연속적인 전투력이 발휘될 수 있도록 통합함으로써 교차영역에 대

한 시너지 효과를 창출'하는 개념으로 진화하고 있다. 따라서 군종(軍種)을 구분하는 자체가 무의미해질 가능성이 커지고 있다.

③ 육・해・공군의 전쟁 수준은 지금까지 전략・작전・전술의 세 가지 수준으로 이해되어왔다. 그러나 국가이익 및 국가목표 달성을 위한 감시정찰・타격・지휘 통제체계가 미칠 수 있는 거리와 범위가 획기적으로 증가하고, 장거리 정밀 교전(精密交戰)이 가능해지면서 전쟁 수준도 중첩되고 있다.[79] <그림 1-8>은 나폴레옹 시대-제2차 세계대전-걸프전에서 나타난 전쟁 수준에서 전략・작전・전술이 중첩되는 변화 추세를 정리하였다.

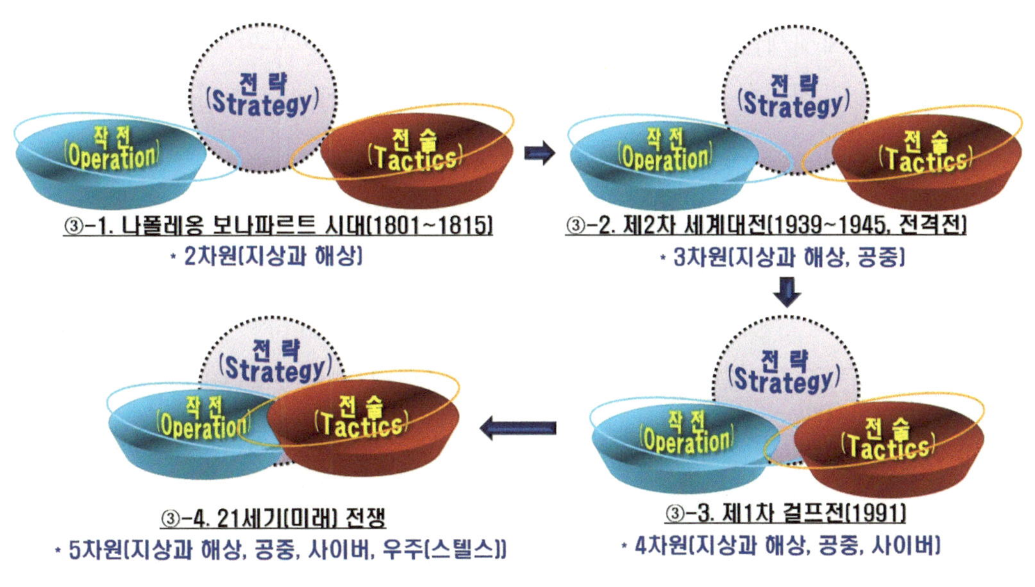

<그림 1-8> 시대별 전쟁 수준과 영역의 변화 추세

③-1. 한 전장에서 작전적・전술적 측면의 승리가 다른 전장에서의 작전적 승리와 연결되지 않았다. 즉, 전체 전쟁에 영향을 미치지 못하고 각기 독립적인 영역으로 거의 완전하게 구분할 수 있었다.

③-2. 독일군의 전격전은 특정한 전역(戰役-Campaign)에서 거둔 전술적 승리가 또

79) 미국은 1970년대부터 정밀교전을 수행하는데 필요한 체계를 주도적으로 개발하였으며, 제1차 걸프전(1991)을 기점(基點)으로 하여 전략과 작전・전술 영역이 중첩되는 현상이 심화하였다.

다른 전역에서의 전술적 승리 또는 차후 작전의 승리에도 유리하게 작용하였다. 이를 통해 상대국의 전쟁 계획을 변경하도록 강요할 수 있었지만, 일부 영역에서는 중첩 현상도 식별하였다.

③-3. 영역별 중첩되는 현상이 이전보다 더 많아졌고, 제1차 걸프전(1991) 시 다국적군이 작전적・전술적으로 승리하면서 이라크군의 작전 계획을 변경하도록 강요할 수 있었다. 이로 인하여 사담 후세인의 전쟁 지도에도 직접 영향을 끼쳤음은 전사(戰史)에서 나타났다. 더욱이 3차원에서 4차원 영역으로 확대되면서 작전적・전술적 영역이 중첩되었다.

③-4. 인공지능(AI)을 기반으로 하는 군사과학기술이 제대 단위의 감시・정찰・타격체계, 지휘 통제체계를 비롯한 관련 능력을 더욱 첨단・고도화시키면서 중첩 현상은 전쟁 수준으로 심화할 것이다. 우주전(Universe Warfare)에다 스텔스기술이 포함됨에 따라 3개 영역 모두에서 중첩되고 있다.

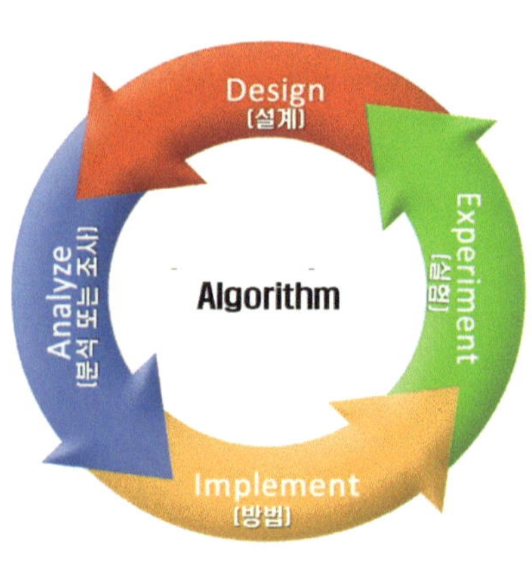

④ 첨단 정밀과학기술의 발달로 인공지능에 기반하는 자율무기 체계의 수준은 가속화될 것이다. 무기체계가 알고리즘(Algorithm)[80)]에 따라 이루어지기 때문이다. 인공지능이 특정 기능을 제한적으로 수행하기에 부분적으로 대체되고 있지만, 범용인공지능(artificial general intelligence)이 상용화되면, 자율무기체계도 한 차원 더 높은 혁신적 변화로 나타날 것이다.

⑤ 랜드워리어(LW-Land Warrior) 시스템은 1990년대 본격적으로 시작된 전장공학

80) '알고리즘(Algorithm)'은 페르시아 수학자인 알콰리즈미(Alkwarizmi, 780~850)의 이름에서 유래된 단어로 '주어진 문제를 논리적으로 해결하는 데 필요한 일련의 절차나 방법, 명령어들의 집합체'로서 '문제를 풀기 위한 계산법'이다. 대표적으로 2016년 바둑계의 이세돌 9단과 대국한 '알파고(Alpha-GO)'의 사례는 인간의 바둑을 그대로 인식하는 게 아니라 바둑판의 상황을 데이터라는 형태로 처리하고, 기계적인 계산 방식을 통해 바둑돌을 놓을 위치를 선택하게 함으로써 승리의 확률을 예측하는 기법이다. 알파고가 혁신적인 능력을 갖출 수 있게 개발한 장치가 '알고리즘'이다. 인공지능은 인간과 비교할 수 없는 계산 지능이 있어 게임 결과에 대한 예측이 가능하기에 초・중반에 공략하지 못하면, 후반에는 패배하게 되어있다.

과 IT 기술을 융합한 미래 보병체계다. 제1차 걸프전(1991)을 통해 보여준 군사과학 기술의 위력이 혁신의 흐름을 추동(推動-impetus)하는 결정적 계기로 작용하였다. 즉, 제4차 산업혁명의 혁신적인 변화로 전장에서 보병이 총알받이에 불과한 역할이 아니라 전략적 수준에서 판단하고 작전적 · 전술적으로 임무를 수행하는 새로운 전투 수행개념인 유닛(Unit-집단 · 조직 · 단위 등)이다. 2008년부터 '넷 워리어(NW-Nett Warrior)'[81]라는 호칭으로 재가동되었으며, 2016년까지의 네트워크 중심전(NCW)[82]에다 핵심 통신 전자장비들이 제공되었다. 이후 발전된 형태인 '퓨처 워리어(FFW-Future Force Warrior)'[83]라는 형태로의 통합(integration)이 추진되고 있다.

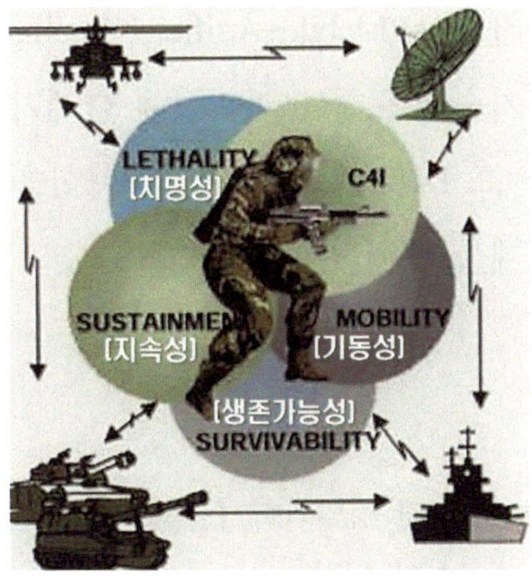

2.5.2. 21세기 군사혁신의 한계

정보화 시대에 시작된 21세기 군사혁신은 제4차 산업혁명을 대표하는 인공지능(AI-Artificial Intelligence)과 사물인터넷(IoT-Internet of Things), 빅데이터(Big Data), 모

---

81) '넷 워리어(Nett Warrior)'의 특징은 첫째, 통합 · 소형 · 경량 · 첨단화이고, 둘째, 보병에게 개별 · 전술단위로 C4I 기능과 연계하며, 셋째, 보병 개개인을 전술단위(Unit)로 완성하는 데 있다.

82) 1998년 美 해군 대학 교장(Arthur K. Cebrowski 제독)이 '네트워크 중심전(NCW-Network Centric Warfare)'이란 '전장의 여러 전투 요소를 연결하여 전장의 상황을 공유함으로써 통합적이고 효율적인 전투력을 만들어내는 개념'이라고 강조하며 시작되었다. 즉, 개별 무기의 성능에만 의존하지 않고 이를 네트워크로 묶어 정보를 공유할 수 있는 하나의 유기적 체계로 구축한다면, 각각의 무기가 더욱 강력한 위력을 발휘할 수 있기 때문이다.

83) '퓨처 워리어(Future Force Warrior)'의 특징은 완전한 경량 · 통합화된 보병 시스템을 갖춘 형태이지만, 초기 시스템의 한계를 극복하지 못한 상태로서 여러 가지의 무리수가 존재하고 있으며, 시스템이 완성되는 시기는 2032년으로 판단하고 있다. 프로젝트의 명칭은 국가에 따라 다르다. 영국은 '피스트(FIST-Future Integrated Soldier Technology)'이며, 프랑스는 '펠린(für Fantassin à équipement et liaisons integrées)'으로 '대(對) 보병 통합 데이터 링크 시스템'이다. 독일은 '아이디즈(IDZ-Infantryman of the future)', 러시아는 '라뜨니크(Ratnik)', 스위스는 '이메스(IMESS-Integriertes Modulares Einsatzsystem Schweizer Soldat)'로 불리고 있다.

바일 AI(Mobile+Artificial Intelligence) 기술이 결합하며 진화를 거듭하고 있다. 다만, 기술 주도형 군사혁신에 한계가 있음은 지금까지의 혁신 과정을 통해 느낄 수 있다. <표 1-17>은 21세기 군사혁신을 추진하는 데 있어서 예상할 수 있는 다섯 가지의 한계를 정리하였다.

<표 1-17> 21세기 군사혁신의 추진 과정에서 예상되는 다섯 가지 한계

① 첨단 정밀과학기술의 발달이라는 외적 요소가 오히려 군사혁신을 소홀하게 만들 가능성이 있다. ② 미처 연구하지 못한 첨단 정밀과학기술의 맹점 또는 한계성에 관한 대비(대응)가 필요하다. ③ '핵심 역량(Core Competency)'이 무엇인지? 에 대한 개념적 정의를 협의(狹義-narrow sense)적 의미로만 접근하고 있다. ④ 강대국이 바라보는 시각으로 '군사혁신'을 정의하다 보니 중견・약소국가의 처지에서 위축될 개연성(probability)이 상당 부분 존재한다. ⑤ 군사혁신을 가능하게 하는 상위(上位) 개념의 전략적 결정 요인에 관한 공동의 연구 노력이 부족하다.

① 근대 산업사회로 진입한 이후 급격히 발달한 대다수 과학기술은 '기술 주도형' 중심이다. 특히 제4차 산업혁명이 군사 부문과의 접목 영역을 날로 확장하고 있기에 기술이 주도하는 현상은 당분간 증가할 전망이다. 그러나 과학 기술력이 열세한 국가는 이를 따라갈 수밖에 없기에 다른 요소를 활용하는 방법을 심도 있게 고민할 필요가 있다. 다시 말해 나폴레옹 보나파르트의 시민군 제도와 상비사단 편성, 하인츠 W. 구데리안의 전격전(Blitzkrieg) 교리, 마오쩌둥의 인민 전쟁 전략, 보 구엔 지압(Vo Nguy n Giap-또는 보 응옌 지압, 1911~2013)의 게릴라 전쟁(Guerrilla Warfare)[84) 등은 기술적 요소보다 조직 편성과 제도의 개선, 전술적 변화 등을 통해 성공했음을 이해하여야 한다.[85)

Vo Nguy n Giap(베)

84) '게릴라(Guerrilla)'는 스페인어인 'Guerra(전쟁)'와 'illa(작은)'의 합성어에서 유래하였다.

② 카를 폰 클라우제비츠는 전쟁의 본질을 '삼위일체'로 주장하며 '합리성(rationality-知性)'과 '우연 · 개연성(Probability & Chance in War)', '폭력성(violence)'으로 함축하였다. 이를 사회적 행위로 표출한 결정체가 '정부-군대-국민'이라는 3요소다. 전쟁이 '불확실성(uncertainty) 또는 모호성(ambiguity)'과 '폭력성', '우연성과 개연성'에서 벗어날 수 없기에 이를 떨쳐내기 위한 과학기술 측면의 노력은 계속되겠지만, 결함을 완전히 제거하기는 거의 불가능에 가깝다.[86] 예를 들면, 정보기술로 적의 내부 상황을 완벽하게 파악했다고 하여 적이 내부적으로 품은 의도까지 파악하기는 어렵다. 대표적인 사례가 칸나이 전투(Battle of Canne 또는 칸네 전투, BC 216)다. 로마의 바로(Varro) 장군은 최후의 결전을 준비하는 과정에서 카르타고의 한니발(Hannibal) 장군이 편성한 전투 배치와 대형을 정확하게 파악하였다. 그러나 외형에 나타난 전투 대형은 분석했으나, 정면에 있는 중앙 지점에 집결된 병력의 형태가 왜! 볼록한지? 에 관한 세부적인 의도를 파악하지는 못했다. 결국, 섬멸당하는 결정적인 패착을 범하였다.[87]

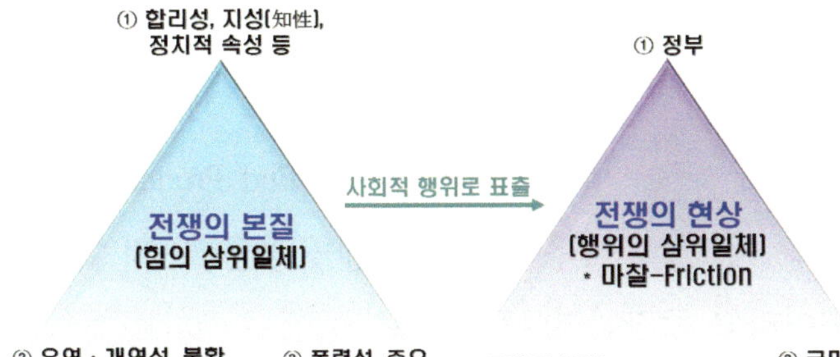

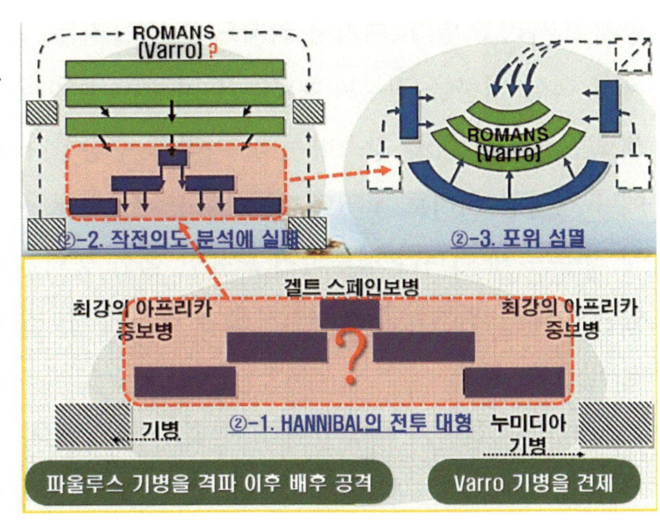

③ 미국 미시간대의 C. K. 프라할라드(C. K. Prahalad, 1914~2010)와 게리 P. 하멜(Gary

85) 김성진, 『군사전략론』(2022), pp. 164~174.

86) 김성진, 『군사전략론』(2022), pp. 82~92.

87) 칸나이 전투와 비견될 수 있는 대표적인 현대전의 사례가 바로 제1차 세계대전 초기에 진행한 탄넨베르크 전투(Battle of Tannenberg, 1914)다. 독일군은 러시아군 지휘관들의 불화를 이용하여 대승을 거두었다(김성진, 『전쟁사와 무기체계론』(2020), pp. 275~277.).

P. Hamel)은 큰 나무를 빗대어 '나무의 몸통과 큰 줄기'는 '핵심 생산품(Core Products)'으로, '작은 가지'는 '사업의 단위(Business Units)'로, '잎과 꽃·과일'은 '최종 생산품(End Products)'으로, 나무에 각종 영양을 공급 및 지탱할 수 있게 해주는 '뿌리'가 '핵심 역량'이라고 주장하였다.88)

C. K. 프라할라드와 게리 P. 하멜의 핵심 역량을 국가·군사 차원으로 확대하여 적용한다면, 상대국과 경쟁해야 할 때 경쟁의 원천이라고 평가할 수 있는 '우수한 기술력과 인적 자원'으로 선정함이 타당하지 않을까 싶다.

④ 강대국이 '군사혁신'을 주도함에 따라 여타의 주변 국가들이 위축될 개연성은 항시 도사리고 있다. 여기서 리처드 O. 헌들리는 '군사혁신'이 '전장을 지배하는 주체자의 핵심 역량을 진부화(陳腐化-obsolescence)89)시키거나, 무용지물로 만들 수 있는 새로운 핵심 역량을 창조하는 것'이라고 주장한다. 그러나 이는 미국과 같은 패권국에나 적합한 의미로 보인다. '군사혁신'은 '지배적인 주체자가 보유한 기술·군사력에 맞추는 게 아니라 경쟁국이 보유한 핵심 능력을 진부화 또는 무용지물로 만들 수 있는 상대적 전투력을 비약적으로 발전시킬 수 있는 일체(一切)'로 정의함이 타당하지 않을까 싶다.

⑤ 대다수 학자가 주장하는 요지(要旨)는 크게 세 가지다. 첫째, 새로운 군사체계의 개발, 둘째, 새로운 운용교리 발전, 셋째, 조직 편성이다. 그러나 이 요소들만으로 무엇이 '군사혁신'을 촉발케 하고, 추동하는지 등에 대한 설명은 제한될 수밖에 없다. 리처드 O. 헌들리는 해결되지 않은 군사적 도전이 군사혁신을 진행하는 각 단계에서

---

88) 랜드연구소의 리처드 O. 헌들리(Richard O. Hundley)는 '군사혁신'을 정의(定意-define)하면서 '핵심 역량'의 의미를 두 사람이 주장한 '뿌리'라는 뜻이 아니라고 해석하였다. '최종 생산품' 또는 '핵심생산품'이라고 인식하는 측면에서 너무 협의적 시각으로 해석한 게 아닌가 싶다.

89) '진부화(陳腐化-obsolescence)'는 경영·경제학 용어로 '고정 자산의 수명이 줄어드는 현상을 뜻하며, 정상적으로 작동할 수 있음에도 불구하고 물건과 서비스, 관행을 더는 유지하지 않거나, 강등시킬 때 발생하는 상태'이다.

창조성을 발휘하게 한다고 주장하고 있다. 따라서 이것만으로 촉발 및 추동(推動-impetus)의 동기(motivation)를 이해하기는 쉽지 않다. 다음의 제1차 걸프전(1991)과 코소보전(1999) 사례를 통해 어느 정도 이해될 수 있지 않나 싶다.

2.5.3. 제1차 걸프 · 코소보전에서 나타난 군사혁신의 한계

<그림 1-9>는 제1차 걸프전(The Gulf War, 1991)[90]과 코소보전(1999)[91]에서의 군사혁신 사례를 정리하였다.

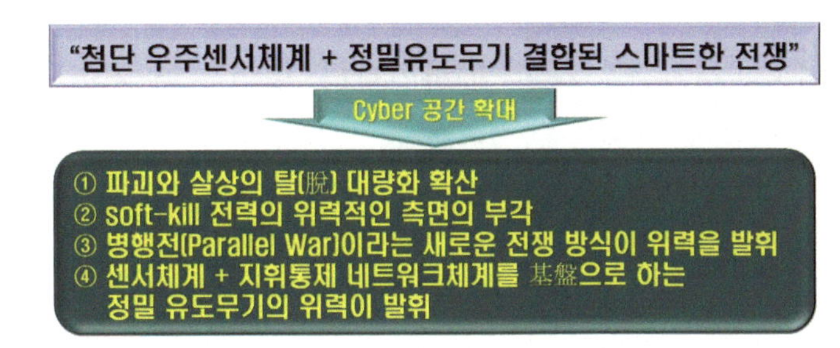

<그림 1-9> 제1차 걸프전과 코소보전에서 나타난 군사혁신 사례

제1차 걸프전과 코소보전은 4차원에서 사이버(Cyber)공간으로 전장을 확대하며 시공간(視空間)을 초월하는 양상이 되었다. 즉, 우주 기반 탐지 센서체계(HBTSS-Hypersonic and Ballistic Tracking Space Sensor)와 정밀유도무기(PGM)를 결합한 스마트 전쟁의 양상이었다.

제1차 걸프전(1991)에서 미국의 조지 W. 부시(George W. Bush, 1946~) 대통령은 이라크의 사담 후세인(Saddam Hussein, 1937~2006) 대통령이 자행한 쿠웨이트에 대한 무력침공을 응징한다며 이라크로 침공하여 혁신적인 성과를 획득했다.

90) '걸프(Gulf)'는 '삼면이 육지에 접해있고, 다른 한 면만 바다와 접해있는 수역'을 의미하는 일반적인 용어로서 '만(灣)'을 의미하고 있다. 현재는 이라크와 이란이 있는 특정 지역을 지칭하고 있으며, '페르시아만'이라고 이해하면 된다.

91) '코소보전(Kosovo War 또는 코소보 충돌)'은 1998년부터 1999년까지 유고슬라비아 연방공화국의 코소보와 알바니아 사이에 일어난 전쟁이다. 결국, 유고슬라비아의 슬로보단 밀로셰비치(Slobodan Milošević, 1941~2006) 대통령은 전쟁범죄자로 재판을 받던 도중에 사망하였다.

① 프로이센의 카를 폰 클라우제비츠(Carl von Clausewitz, 1780~1831)는 『전쟁론-Vom Kriege』에서 주창한 '무게 중심'을 '적의 대규모 병력'에 두고 '적의 병력을 완전히 섬멸'하는 방식이었다. 19세기 이후 산업혁명의 여파로 전쟁 규모가 대형화되었고, 화력에 의한 대규모 살상과 피해의 범위도 커졌다.[92] 그러나 점차 개인의 생명과 인권의 존엄성이 최고의 가치임을 인식하면서 대규모의 피해 발생은 최대한 억제하는 추세다.

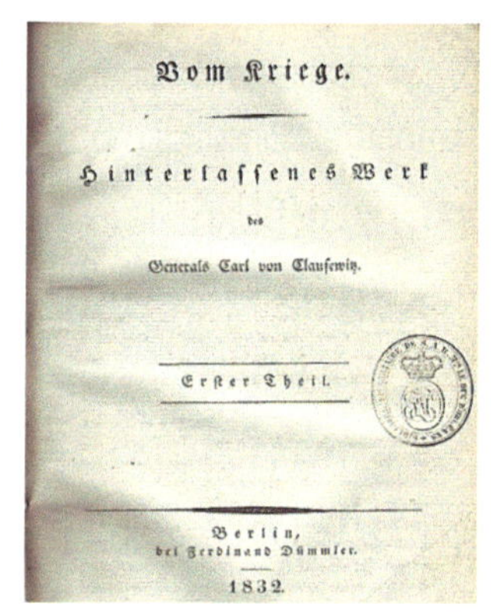
Vom Kriege.

Hinterlassenes Werk

des

Generals Carl von Clausewitz.

Erster Theil.

Berlin,
bei Ferdinand Dümmler.

1832.

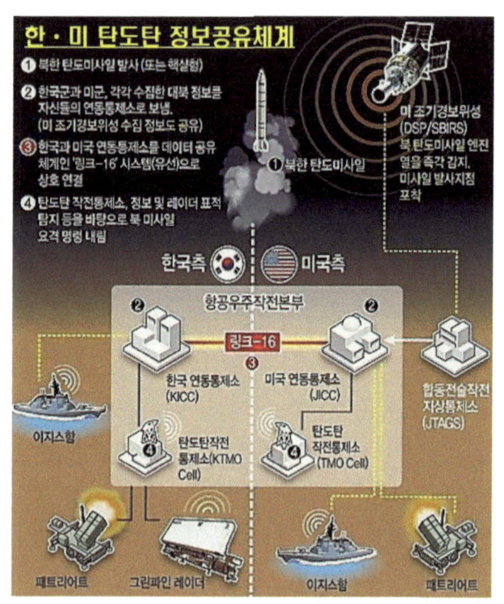

제1차 걸프전(1991)은 대규모 살상에 주력(主力)하기보다 병력을 원거리에 신속하게 투사(投射-projection)하는 능력, 사막 전투를 위한 수송 및 병참 능력을 확보하기 위한 수단과 국가의 경제력, 동원체계 등의 중요성을 인식하는 계기였다. 특히 어떤 지역이라도 전투력을 신속히 투사하는 여부가 승리의 최대 관건이었기에 부대 구조의 경량화에 집중하였다. 이를 위해 다국적군은 피해를 최소화하되, 적의 손실은 최대화하기 위해 모든 수단을 취하였다. 아울러 대중매체를 통해 전쟁 상황을 여과(濾過-filter) 없이 공개하여 지지여론을 조성하고 병사들의 사기(士氣)를 진작시키는 데도 적극적으로 노력하였다.

그러나 '섬멸전(Annihilation War)'에서 '마비전(Paralysis War)' 양상으로 전환하는 계기가 되었다 할지라도 어차피 기관총과 야포에서 전차와 장갑차, 항공기 등으로 수

92) 제1차 세계대전(1914~1918)에서 발생한 인명 피해는 군인 1,000만여 명을 포함하여 총 4,100만여 명의 피해가 발생하였고, 제2차 세계대전(1939~1945)은 군인 1,500만여 명을 포함하여 7,400만여 명의 피해가 발생하는 등 양차(兩次) 세계대전을 통해 총 11,500만여 명의 사상자가 발생하였다. 한편 美 국방정보국(DIA-Defense Intelligence Agency)에 따르면, 제1차 걸프전(1991) 간 이라크에서 발생한 인적 피해는 민간인 피해자 5만여 명을 포함하여 10만여 명이었으며, 다국적군은 전사자 225명을 포함하여 1,297명이었다(김성진, 『세계전쟁사』 (2021), pp. 244, 299.).

단이 변화된 이외는 직접 전투가 진행되었다. 물론 시간 개념이 단축되었다는 점에 주목할 필요는 있다.[93] 이는 첨단 정보자산과 정밀유도무기를 사용한 정보화 전쟁이었기에 가능했다고 평가함이 타당하지 않나 싶다.

② Soft-Kill 전력 사용의 효율성과 위력을 체득하는 계기가 되었다.[94]

③ '병행전(Parallel Warfare)'은 짧은 기간 내에 적의 전쟁 수행능력을 무너뜨리기 위해 시·공간의 제약을 최소화하여 적이 군사력으로 대응하거나, 전투력을 회복할 시간적 여유를 박탈하는 데 있다. 즉, 상대의 대응 능력을 사전에 제거하거나, 전쟁을 수행하겠다는 의지를 마비시키기 위해 전략적·작전적·전술적 표적에 동시다발적으로 타격을 가하는 방식이다.

④ 섬멸전 전략에서 구사하는 기만전술, 우회기동이라는 고전적 전투기술도 정밀

---

93) 제2차 세계대전(1939~1945) 당시 1943년 8월 1일 美 공군 93 폭격단 328중대가 루마니아의 유전·정유시설에 대한 폭격작전이 시행되었다. 바로 '해일작전(Operation Tidal Wave)'으로 독일의 나치가 주도하는 병력에 궤멸적 타격을 가하기 위하여 루마니아 부쿠레슈티(Bucuresti) 북쪽의 플로이에슈티(Ploiesti) 시에 있는 유전·정유시설을 파괴하는 작전 명칭이다. 당시 항공기들은 독일 영토 내의 핵심표적 124개를 공습하는 데 평균 6일이 걸렸다. 제1차 걸프전(1991) 시 다국적군이 바그다드의 핵심표적 148개를 공습할 때 개전 1시간 만에 90개 표적(계획된 표적의 60.8%)의 공습을 종결지었다. 제1차 걸프전(1991)은 6주 만에 종결하였으나, 제2차 걸프전(일명 이라크 자유 작전-Operation Iraqi Freedom, 2003)은 3주 만에 종결하였다.

94) 'Soft-Kill'은 '비파괴에 의한 무력화(無力化)'를 뜻하며, 직접적인 파괴보다 컴퓨터 바이러스 침입, 해킹, 웜 바이러스(Worm Virus), 전자우편 폭탄, 논리 폭탄, 기만(欺瞞), 전자적 교란 등 임의의 체계를 전체 또는 부분적 기능이 마비 및 장애를 일으키게 하는 활동이다. 눈(眼)을 멀게 하거나, 기력을 떨어뜨리는 비치명적인 무기(non lethal weapon)'라고 이해하면 된다. 'Hard-Kill'은 '물리적인 파괴에 의한 무력화'를 뜻하며, 비교적 단순한 운용으로 사망에 이르게 하는 치명적인 무기(lethal weapon) 체계로 치핑(Chipping-컴퓨터 칩에 오작동 유발 기능을 삽입하여 일정한 시간 또는 신호에 따라 손상 및 파괴), 재밍(Jamming), 미생물 무기, 나노 머신(Nano Machine), 전자 폭탄(EMP-Electromagnetic Pulse Bomb), 고출력 마이크로파 폭탄(HPM-High-Power Microwaves Bomb) 등으로 이해하면 된다(김성진, 『전쟁사와 무기체계론』(2020), pp. 194~220, 227~372.).

유도 무기들이 위력을 발휘하는 데 지장을 주는 현상은 없으나, 판단-결심이 지체된다는 단점을 가지고 있다. 따라서 무기체계 중심의 군사혁신과 작전 운용개념, 편조(編組-Task Organization)[95] 부대 운영 등의 혁신과 지휘관의 리더십 역량이 조화롭게 연계될 수 있어야 한다. 이러한 요소들이 서로 통합·연계할 때 비로소 승리를 견인할 수 있다고 하여도 지나치지 않다.[96]

---

95) '편조(編組-Task Organization)'는 '지휘관이 전투 대형을 편성하는 과정에서 한 특정 임무나 과업을 달성하기 위하여 특수하게 계획하는 부대의 구성'이다(김광석 편저, 『용병술어연구』 (고양: 병학사, 1993), p. 671.).

96) 대표적으로 제1차 걸프전을 지휘한 허버트 노먼 슈워츠코프(Herbert Norman Schwarzkopf Jr, 1934~2012) 美 중부사령관을 들 수 있다. 그는 최첨단 정밀유도무기(PGM)를 적절하게 사용함으로써 전쟁의 성과를 극대화하였다. 특히 28개 국가로 구성된 다국적군의 지휘 통제체계가 명확하게 확립되지 않아 상당히 부담스러운 여건이었다. 그러나 다국적 지휘관들의 이해를 부드럽게 구하는 등을 통해 원만하게 화합·결속함으로써 이라크군의 수송기관과 보급로, 군사기지들을 무력화 및 파괴 작전을 완수하였다(김성진, 『세계전쟁사』 (2021), pp. 393~394, 397~407.).

3. 군사과학기술과 정보과학혁명이 전쟁 양상에 끼친 영향

프로이센의 카를 폰 클라우제비츠는 "여러 번 지역전투에서 승리했다고, 적을 일시적으로 초토화(焦土化-scorched-earth)[97]시켰다고, 전쟁에서 승리하는 게 아니다. 전쟁에 승리하려면, 적의 전략적 · 작전적 중심(Center of Gravity)에 대한 공격이 있어야 한다. 이때 중심은 적국의 군대나 수도, 최고지도자(최고 지휘관) 또는 주요 동맹국일 수 있다."라고 강조하였다. 軍의 운영체계가 융 · 복합적으로 급격히 발전하면서 전쟁 양상은 복잡성 · 다양성이 더해지고 있다. 여기서 유념해야 할 지점은 '상대에 우위를 선점할 수 있는 물리적 기동'[98]보다 '주도적 기동'[99]으로 적의 전략적 중심을 직접 공격해야 '국가(군사) 목적'[100]을 달성함과 동시에 적을 철저하게 패퇴시킬 수 있다. 아울러 인공지능(AI)을 포함한 ICBM 등 다수를 연계하는 새로운 체계를 통해 더 큰 능력(파괴력)을 갖출 수 있다. 대표적으로 우주전과 정보전 능력만 결합하여도 전장 공간에 대한 주도적 인식(DBA-Dominant Battle-space Awareness)이 가능하다. 다만, 인식하는 것만으로 적에 관한 정보(Intelligence)를 완전하게 파악할 수 없지만, 현상은 파악할 수 있기에 불필요한 시간을 낭비하지 않는 측면도 있다. 이는 '네트워크 중심전(NCW)'에 기반하고 있음이다. <그림 1-10>은 정보의 종류와 일반적인 정의를 개괄

---

97) '초토화(scorched-earth)'란 의미는 '초목이나 건물 따위가 모두 불에 타면서 잿더미로 뒤덮인 땅으로 변하게 되는'이라는 의미로 황폐해져서 더는 못쓰게 된 상태를 표현하고 있다. 정치적 · 군사적으로 해석하면, '전쟁을 수행하는 데 있어서 적에 유리하게 사용될 수 있는 모든 것을 파괴하는'이란 뜻으로 이해하면 된다.

98) '물리적 기동'은 사격과 체력단련 등을 포함하여 각 개인의 전투 기량을 유지하는 수준에서부터 대대 · 연대급 야외 기동훈련에 이르기까지 병력과 장비 · 물자가 유형적으로 움직이는 상태로 행정적 측면(이동-移動, movement)과 전투적 측면(기동-機動, maneuver)을 포함한 의미로 이해하면 된다.

99) '주도적 기동'은 병력의 우위를 점하는 것보다 정밀 공격, 우주전, 정보 · 사이버 · 심리전 등과 결합한다는 측면에서 병력의 기동과 화력의 결합을 추구하던 기존의 방식에서 벗어난다. 병력의 기동으로 전장(Battle-Field) 우세를 선점하거나, 주도권을 다툴 필요가 없어졌다는 뜻이다. 예를 들면, 미국은 제2차 세계대전의 종결과 6 · 25전쟁이 발발하기 이전부터 구소련의 야심에 대비하기 위해 서유럽지역(독일)에 정책적 · 전략적으로 집중하였고, 대규모 지상군을 투입하였다. 미군이 본토 외부(특정 지역)에 병력을 투사하여 군사력을 구축하고 있을 때를 상정해보자. 美 본토에 구축되어있는 정보 기반체계를 공격한다면, 지원 및 실상 확인에 많은 제한이 따르게 되고, 투입된 미군을 지원하는 데 상당한 제한 사항에 직면할 수밖에 없다.

100) 김성진, 『군사전략론』 (2022), pp. 35, 48~49.

적으로 정리하였다.

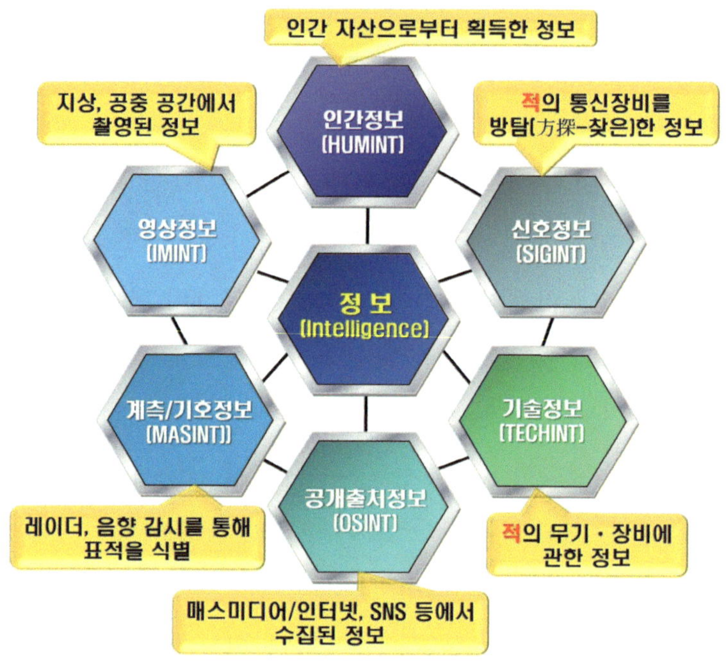

<그림 1-10> 정보의 종류와 일반적 정의

입체적인 분석-판단-결심-전파하는 절차 등을 지휘통제실과 임무 수행자(또는 Team)가 공유할 때 신속한 결심-타격 주기도 동시에 진행할 수 있다.

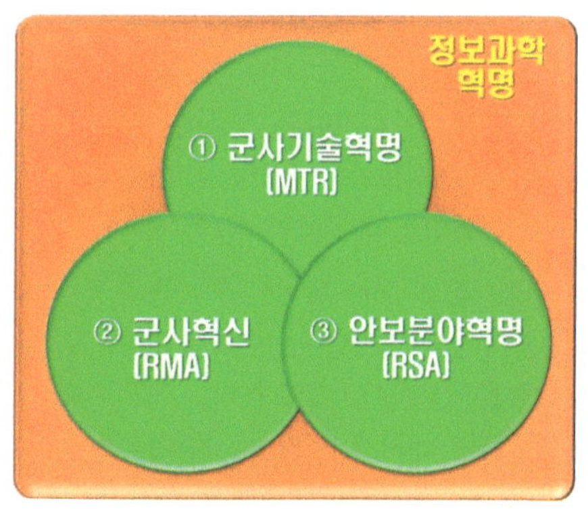

①은 정보통신기술이 기존의 무기체계와 연결되는 세 가지의 경우로서 첫째, 인공위성의 감시와 정찰(ISR), 둘째, 각종 정보를 디지털화하여 처리, 셋째, 정보 데이터의 실시간 전송 및 분배 등과 관련된 새로운 정보통신기술을 개별 무기에 결합 및 적용되는 시스템으로 요약할 수 있다. 대표적으로 제1차 걸프전(1991)과 제2차 걸프전(美-이라크 전쟁, 2003)을 수행하는 과정을 들 수 있다. 인공위성에 기반하여 선정한 핵심 표적을 정밀타격함으로써 조기에 작전이 종결되었음을 이해하여야 한다.

잠깐! 여기서 美 육군의 제32대 참모총장(고든 R. 설리번 –Gordon R. Sullivan, 1991~1995년 재임)이 전장의 성격을 바라보는 세 가지 시각을 먼저 이해할 필요가 있다. 관련 요소들이 어떻게 변화하였는지에 대하여 살펴보자.

Gordon R. Sulivan[美]

구 분	프랑스 혁명~ 나폴레옹 전쟁	美 남북전쟁	제2차 세계대전	걸프전	최근 전쟁
관 측	망원경	전 보	라디오, 무선	근(近) 실시간대	실시간
상황파악	몇 주	몇 일	수 시간	몇 분	지 속
판단/결심	몇 달	몇 주	몇 일	몇 시간	즉 각
소요 주기	계절 단위	±1개월	±1주일	~1일	1시간 이내

* key–word

- 시간: 컴퓨터와 데이터 통신을 매개로 하는 정보기술 시대로 진입하면서 적 항공기를 레이더에 의해 식별하던 방식에서 벗어났다. 센서(Sensor)와 모드(Mode)로 추적-탐지-식별-자동화 타격이 가능해졌다는 의미다. 자동화된 의사결정체계를 통해 실시간으로 정보를 전송할 수 있게 되면서 시간을 단축할 수 있게 되었다.
- 공간: 2차원이었던 전장 공간이 데이터 통신과 인공(정보)위성의 상용화(常用化)에 따라 5차원으로 확장되면서 종・횡과 수직 공간(영역) 모두를 활용할 수 있게 되었다.
- 군사력: 보유하고 있는 병력 규모-기병(騎兵)-화포의 수가 상대적으로 많은 편이 승리하였지만, 점차 정밀유도무기(PGM)와 우주 자산, 지휘 통제체계의 활용, 공격함으로써 상대에 치명적인 피해를 주는 방식으로 전환 및 발전하였다.

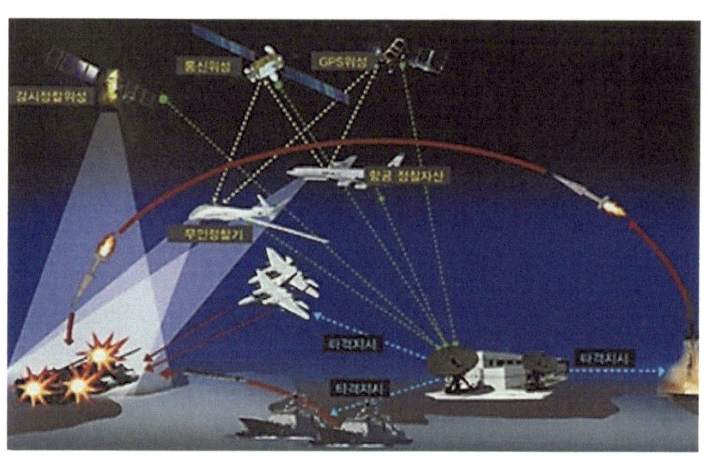

②는 다양한 무기체계를 하나로 묶어 운영하는 통합적 차원의 군사작전 체계에서 나타난다. 여기서 이해해야 할 지점은 기존의 화력과 병력, 무기를 위주로 수행하는 군사작전 형태에서 정보과학기술과 관련 지식에 기반한 융·복합적 차원의 군사작전(Knowledge-based Operation)으로 전환되었다는 점이다.101)

융·복합적 개념을 합동군에 적용한다면, 작전지역별로 적의 강점은 회피하고 약점은 파고들려는 우직지계(迂直之計)를 접목하여야 한다. 아군의 피해는 최소화하되, 적의 피해는 최대화하는 데 필요하기 때문이다. <그림 1-11>은 미군의 전투 개념이 적용된 산물(product)이다. 적의 강력한 전차·기계화부대가 배치되어 있을 때 합동군이 다영역작전을 수행하는 단계 및 절차를 예시(例示)하였다.

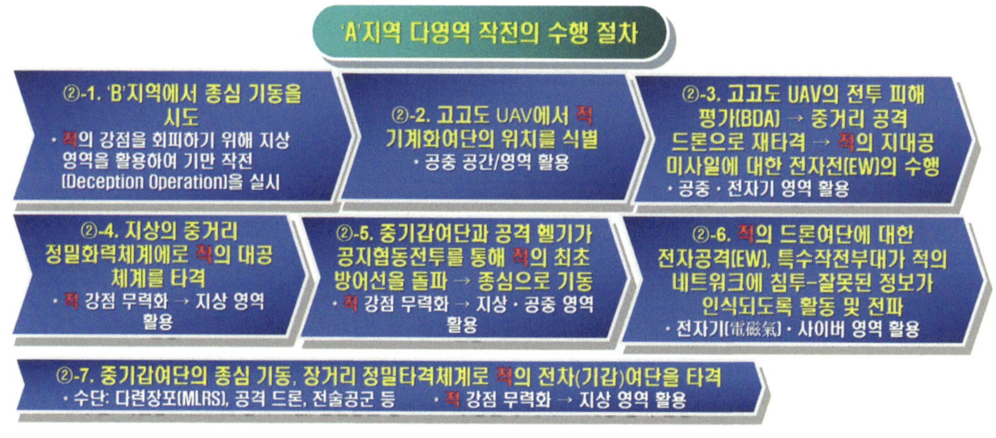

<그림 1-11> 합동군의 다영역작전 수행 단계 및 절차(예시)

101) 전(前) 美 합참의장(William A. Owens 제독)이 주장한 내용은 이 책의 '제1장 4. 4.1. '군사혁신'의 3대 전제 요건'에 제시한 내용을 참고하기 바란다.

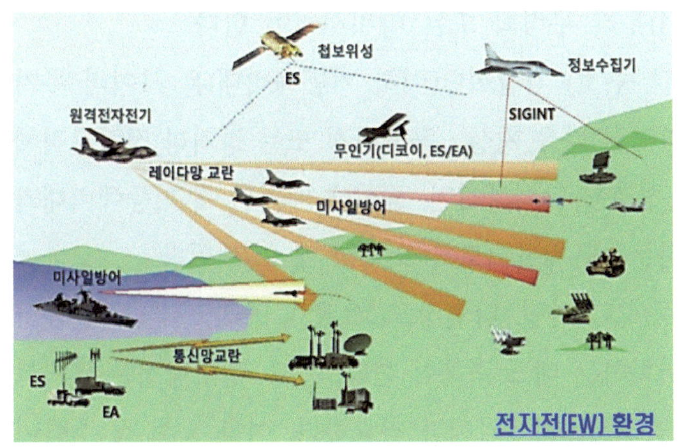

'A(적 주력이 배치)' 지역에서 작전을 수행하는 합동군[102]은 처음에 방어진지 후방 일대에 배치된 적 전차·기계화부대와의 직접 전투는 회피하여 아군의 피해를 최소화해야 한다. 이를 위해 지상부대의 기만 작전(②-1)과 공중 영역에서의 정찰·감시 활동(②-2)으로 적 전차·기계화부대를 계속 자극하여야 한다. 이때 아군이 기만 작전을 수행하는 'B' 지역으로 적의 전차·기계화부대가 돌파를 시도하면, 'A' 지역도 적의 측방공격에 대비하여 위치를 조정하되, 노출되지 않도록 노력하여야 한다. 또한, 적의 전차·기계화부대를 고착시켜 전투력을 발휘하지 못하게 해야 한다. 특히 사전에 적에 대한 대공화망(對空火網)을 구축할 필요가 있다.

적의 지대공미사일로부터 아군의 공중자산을 방호하기 위해 전자전(②-3)을 수행한다.[103] 이를 통해 적의 규모와 위치를 식별할 수 있고, 중거리 정밀타격체계와 연계하여 무력화를 시도할 수 있다. 그러나 최대한 이른 시일 안에 무력화를 완성하도

102) '합동군(Joint Force)'은 '합동 기동부대(Joint Task Force)'와 같은 의미로서 '1개 군 또는 예·배속된 육군과 해군, 해병대, 공군으로 구성되거나, 별도로 2개 군 이상에서 차출된 부대로 구성하는 전투부대'를 의미하고 있다. 특정한 군사적 목표를 달성하기 위하여 정해진 기간에 한시적으로 운용하는 임시부대다. 고고도 UAV, 중·장거리 공격용 드론, 중·장거리 포병, 다련장포(MLRS-multiple launch rocket systems), 사이버·전자전 부대, 중(重) 기갑여단, 공격 헬기부대, 전술공군 등이 '다영역 임무군(MDTF-Multi-Domain Task Force)'으로 편성할 수 있는 부대다(합동군사대학교 합동전투발전부, 『연합·합동군사용어사전』 (2014), p. 588.).

103) '전자전(EW-Electronic Warfare)'은 두 가지로 구분할 수 있다. 첫째, '전자지원(ES-Electronic Support)'은 '스펙트럼의 감시와 위협 경보, 전자공격(EA)의 통제, 방향 및 위치를 탐지하는 활동'으로 여기서 감시는 전자파를 탐지하여 작동하는 장비가 어떤 장비인지를 추적한다. 둘째, '전자공격(EA-Electronic Attack)'의 종류에는 잡음방해 전자파를 방사하는 전자기 재밍(Electromagnetic Jamming), 기만 방해 전자파를 방사하는 전자기기만(Electromagnetic Deception), 고출력의 지향성 전자파를 발생하는 지향성 에너지 무기(Directed Energy), 적 레이다 전자파를 향해 미사일을 유도하는 대방사 미사일(Anti-Radiation Missile), 적외선 미사일에 대응하는 플래어(Flare), 소형 무인기를 이용하여 적의 레이다를 기만하는 디코이(Decoy) 등이 있다(김성진, 『전쟁사와 무기체계론』 (2020), pp. 361~373.).

록 노력하되, 적의 대공체계(②-4)부터 무력화 또는 마비시켜야 한다.

적의 종심(縱深-Depth)에 배치된 중(重) 기갑여단(이하 기동예비대)은 사이버 무기체계(②-5, ②-6) 등으로 위치를 파악한 다음 지상·공중타격 또는 장거리 정밀타격체계로 무력화하여야 한다. 아울러 성과를 달성하려면, 종심에 배치된 적 기동예비대가 아군의 주력부대를 정찰·감시하는 데 제한되도록 노력할 필요가 있다.

적 기동예비대가 종심으로 기동(②-7)하면, 다연장포(MLRS), 공격 드론, 전술공군 등의 장거리 정밀타격체계로 무력화하는 데 노력해야 한다. 이때 적의 강점은 무력화시키되, 확보된 지상·공중 영역을 활용하는 지혜가 필요하다. 이를 통해 적 주력이 버티는 'A' 지역의 방어체계를 붕괴시키거나, 적 기동예비대가 주도적으로 활동하지 못하도록 포위하면 된다.

이처럼 다영역을 넘나들면서 작전을 수행하는 모듈형 부대를 '다영역 임무군(MDTF)'[104)]이라고 부른다. 인공지능에 기반한 융·복합된 첨단 정밀과학기술이 초연결 네트워크와 초정밀 장거리 무기체계를 시·공간 영역에서 이합집산(離合集散)을 가능하게 해줄 것이다.

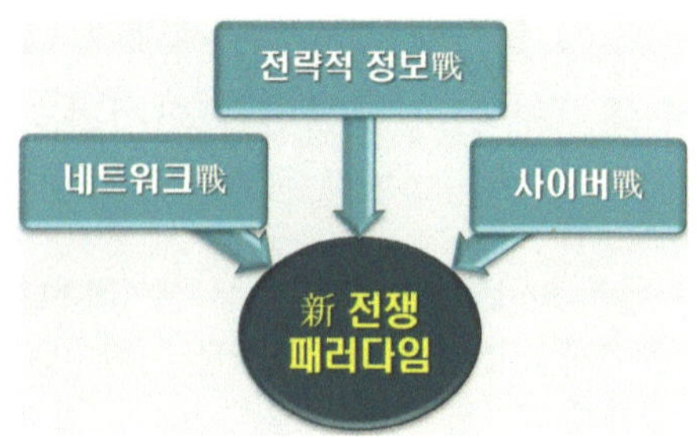

③은 발전된 정보통신기술이 기존 전쟁의 속성(屬性-attribute 또는 property)을 변화시키며 파격적인 변화를 초래하자 '안보 분야 혁명(RSA-Revolution in Security Affairs)'이라는 명칭을 부여하였다.[105)]

104) '다영역 임무군(MDTF)'은 'Multi Domain Task Force'의 약자다.

105) '정보통신기술(ICT-Information & Communications Technology)'은 '정보기술(IT)의 확장형 동의어로서 컴퓨터 네트워크와 밀접하게 연계'되어 있다. 군사적 측면에서 전력(戰力)의 중요한 요소이기에 정보를 수집 및 획득하는 자체가 전쟁의 최종 목표로 존재하게 된다.

제 3 절

논의 및 시사점

한 사회와 다른 한 사회가 전쟁을 치르는 방식은 서로 연관되어있다는 관념적 측면으로 접근한다는 게 정설(定說)이다. 투키디데스는 『펠로폰네소스 전쟁사』에서 스파르타의 왕(Archidamos II, BC 499~457)과 아테네의 장군(Pericles, BC 495~429)은 "군대의 역량(Capability)은 국가의 기질과 깊은 연관성이 있다."라고 강조하였다.[106] 산업혁명을 거듭하는 과정에서 전쟁술(Art of War)의 차원(dimension)과 유형(type)[107]에 대한 혁신적인 변화는 단순히 기술적 측면이나, 교리적 측면으로만 접근하기는 어렵다. 전쟁의 정치적 목표를 달성하려면, 군사적 수단이 동원되어야 한다는 본질적 수준의 함의(含意)를 이해해야 하기 때문이다. <그림 1-12>는 전쟁 방식이 혁신적으로 변화하는 추세를 네 가지 분야로 정리하였다.

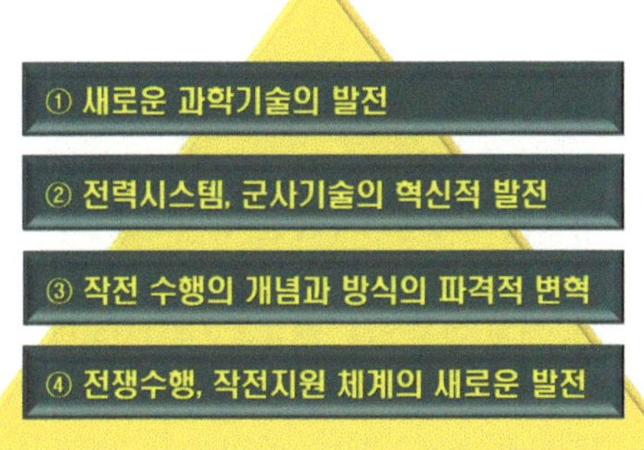

<그림 1-12> 전쟁 방식의 혁신과 변화하는 추세

106) 토머스 G. 맨켄 저, 김수빈 역, 『궁극의 군대-미군은 어떻게 세계 최강의 군대가 되었나』 (서울: 미지북스, 2018), p. 10.

107) 김성진, 『군사전략론』 (2022), pp. 197~210, 211~212.

①은 20세기 말부터 진화하고 있는 군사용 정보수집 활동과 소통기능, 정밀유도무기가 혁신되며 '병력 및 무기의 우위'에서 '정보의 우위'로 전환되었다. 즉, 인공지능(AI)에 기반한 정보통신기술과 항공우주기술, 신물질・신소재 기술, 로봇기술, 초미세기술, 디지털・인터넷 혁명, 나노(Nano)[108]기술, 스텔스기술, 생명공학 기술 등으로 함축할 수 있다.

②는 전장을 가시화하는 능력, 정보 공유를 위한 네트워크, 장거리 정밀 교전 능력, Soft-Kill 능력, 무인 자동화 체계(인공로봇체계), 대량살상무기, 비(非)살상무기, 첨단기동화체계 등으로 함축할 수 있다.

③은 제4세대 전쟁[109]의 형태 및 양상으로 볼 수 있는 정보전, 전자・사이버전, 해커전(Hacker Warfare)[110], 네트워크 중심전, 우주・미사일전, 로봇전, 정밀교전, 병렬(병행)전, 비대칭전 등을 의미하고 있다.

④는 인력의 개발과 운영 부분을 포함한 조직 편성, 군수지원과 방위산업 부문을 망라하고 있다.

1956년 영국의 마이클 로버츠(Michael Roberts, 1908~1996)가 『군사혁명-Military Revolution』에서 처음 '군사혁명(MR)'에 대한 개념을 언급한 이래 군사기술・전략적 측면에서 변혁을 주도하는 중심 용어가 되었다. 1980년대 구소련이 정찰-타격복합체의 발전을 중심으로 인식한 '군사기술혁명(MTR)'은 1990년대에 들어오면서 미국이 '네트워크 중심전(Network Centric Warfare)[111]과 효과기반작전(Effective Based Operation)'을

---

108) '나노(Nano)'는 '난쟁이'를 뜻하는 그리스어에서 유래되었으며, '10^{-9}(10억분의 1)의 매우 작은 크기의 물질'을 뜻하고 있다.

109) '4세대 전쟁'은 정규전과 비정규전, 전・평시의 구분이 어려워지자 '전장(戰場)이나, 전선(戰線)이 없는 공간에서 적의 정치적 의지를 직접 분쇄하기 위한 전쟁'이다. 특히 다양한 수단과 방법을 활용하여 적이 예상할 수 없는 전혀 새로운 전쟁 양상이다. 대표적으로 '사이버 전쟁'을 들 수 있다. 이는 전쟁의 승패가 무기체계나 군사기술이 아닌 '창의적 발상 또는 사고의 전환'이 필요하다는 의미로 이해하면 될 듯싶다. 한편으로는 '하이브리드전(Hybrid Warfare)'이라고도 불리고 있다.

110) '해커(Hacker)'는 컴퓨터 내부의 시스템이나 프로그래밍에 관한 전문지식을 보유한 사람'을 뜻한다. '해커전(Hacker Warfare)'은 '소프트웨어 기술을 이용하여 군사・민간 정보체계의 컴퓨터 프로그램과 데이터베이스를 파괴하거나, 기능 저하, 절취 또는 훼손하는 행위 일체'를 의미하고 있다.

111) '네트워크 중심전(NCW)'은 C4+ISR+PGMs(C4-Command, Control, Communication & Computer+ISR-Intelligence, Surveillance & Reconnaissance+PGM-Precision Guided Munitions)의 복합체계를 갖출 때

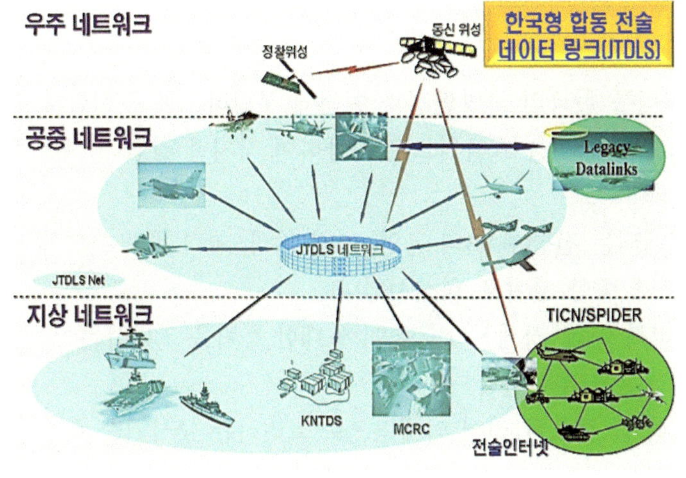

중심으로 하는 '군사 분야 혁명'으로 개념을 발전시켰다. 이후 1993년 미국의 앤드루 W. 마셜이 의회 청문회에서 '군사혁신(RMA)'을 발표하면서 용어가 대체되었다. 이후 '새로운 기술과 체계'를 중심으로 하는 혁신을 끊임없이 추진하고 있다.[112)]

한국의 '군사혁신'은 미국에서 발전시킨 군사혁신의 개념과 이론에 많은 영향을 받았다. 특히 전략 및 예산평가센터(CSBA)[113)] 소장(Andrew F. Krepinevich)의 정의를 채택하고 있다. 이를 통해 새로운 군사기술을 이용한 군사체계와 작전 운용개념의 개발, 조직 편성을 조화롭게 발전시켜 전투 효과가 증폭되는 현상을 포함하여 한반도 주변의 안보환경 및 여건에 부합하도록 발전시키기 위해 노력하고 있다. <표 1-18>은 한국군이 1990년대 말부터 강조하고 있는 '군사혁신'의 기조 여덟 가지를 정리하였다.[114)]

완성했다고 할 수 있다. 한국군도 NCW를 구축하기 위하여 '합동 전술 데이터 링크(JTDLS-Joint Tactical Data Link System)'를 기반으로 하여 추진하고 있다.

112) 2021년 5월 美 국방장관은 무기체계를 포함한 軍 시스템 전반을 네트워크에 연결하는 네트워크 중심전(NCW) 전략을 승계하기 위해 '합동 전(全) 영역 지휘 통제(JADC2-Joint All-Domain Command and Control) 전략'에 서명하였다(김한나, "미군의 합동 전 영역 지휘 통제(JADC2) 전략의 주요 내용과 시사점," 『국방일보』 (2021.02.07.).).

113) '전략예산평가센터(CSBA)'는 'Center for Strategic and Budgetary'의 약자다

114) 한국군의 군사혁신 기조는 1999년 천용택(千容宅) 당시 국방부 장관의 지시로 4월 15일부터 본격적인 활동에 들어간 '국방개혁추진위원회'의 '군사혁신기획단'에서 작성한 국방발전제안서의 내용을 현실에 맞게 수정 및 보완한 내용이다. 2021년 3월부터 국방부 차관을 중심으로 하는 '미래국방 혁신구상 TF'를 구성하고, <국방 비전 2050>을 통해 급변하는 전략 환경과 AI와 무인체계 등을 비롯하여 신속한 군사적 적용방안과 국방역량의 개선을 추진하고 있다(연합뉴스, "국방개혁위원회 출범," 『연합뉴스』 (1998.04.15.).).

<표 1-18> 한국군이 강조하는 '군사혁신'의 여덟 가지 기조(基調)

① 군사혁신의 보편적 개념 및 원리를 한국의 국방환경과 여건에 부합하도록 구현한다.
② 제한된 국방 재원(財源-source of revenue)을 효율적으로 사용하여 작지만 강한 정보·지식 기반의 군사력을 창출한다.
③ 전력 시스템 및 군사기술과 연계되는 전장(戰場)의 운영, 조직 편성, 인력개발, 운영체계 등을 시스템 개념에서 벗어나 종합 분야로 혁신시킨다.
④ 한반도 차원의 전장 공간과 지리적 여건, 경제·기술 분야에 대한 능력을 고려하는 '국지·미니형(mini pattern)' 군사혁신을 추구한다.
⑤ 상용 첨단기술의 '미실현 잠재력'을 중요한 전쟁 억제력으로 고려하는 군사기술 혁신을 추구한다.
⑥ 범정부적 차원의 장기 비전-전략-계획을 연계하여 국가 수준의 자원 절약형 군사혁신 방책(方策-Course of Action)을 발전시킨다.
⑦ 정보·지식사회의 민간 잠재력으로 저비용·고효율의 군사혁신을 추구한다.
⑧ 국방운영에서 유지해야 할 소요는 최소화가 되어야 하며, 군사혁신 소요는 최대한 지원해야 한다.

<표 1-19-1>은 여덟 가지의 기조에 기반하여 국방부 차원에서 정립한 2020년 이전까지의 기본 과업과 중점 추진과제를 정리하였다.

<표 1-19-1> 한국군 '군사혁신'의 기본 과업과 중점 추진과제(~2020년)

기본 과업	중점 추진과제
정보·기술군 기본구조의 설계	① 적정 전력 수준과 병력 규모를 설계
합동·통합 디지털 전장 운영 방책 개발	② 합동성을 강화하는 방책의 설계
정보·지식에 기반하는 전력체계 건설	③ 국방·합동 C4ISR체계 구축 ④ 정밀타격체계(PGMs) 구축 ⑤ 정보전(IW-Information Warfare) 체계의 발전 ⑥ 첨단 핵심 기술의 실용화가 가능한 방책을 개발 ⑦ 연구개발(R&SD) 및 방산 구조의 재설계

기본 과업	중점 추진과제
고지식 · 고기능 인력을 개발	⑧ 선진형 인력 기본구조의 설계 ⑨ 정예 국방인력 개발 방책의 발전
저비용 · 고효율의 국방운영체계 발전	⑩ 정보화를 통한 국방운영 혁신 방책의 발전

<표 1-19-2>는 국방부 차원에서 정립한 2020년 이후의 기본 과업과 중점 추진과제를 정리하였다.

<표 1-19-2> 한국군 군사혁신의 기본 과업과 중점 추진과제(2020년~)

기본 과업	중점 추진과제
국방정책과 군사전략, 미래 작전 수행개념의 발전	① <국방비전 2050> 발간 ② <국방 기본정책서>를 <국방전략서>로 개정 ③ 사이버 · 우주 · 전자전으로 확장된 합동작전 개념의 발전
AI+무인 전투체계의 전력화 기반 구축	④ '국방과학기술위원회' 신설 ⑤ 첨단 기술을 적용한 무인 전투체계의 획득체계를 개선
국방기획관리체계 개선	⑥ '국방과학기술혁신 기본계획'의 반영
국방부 조직 개편	⑦ 무인 체계 전력화를 위해 국방개혁실 역량을 강화 ⑧ 국방개혁실을 전력화 및 연구개발 주체로서의 역할을 부여 ⑨ 국방정책실의 기능과 역할을 강화
미래국방전략혁신과정의 신설	⑩ KAIST에서 국방부 · 합참의 과장급 이상, 관계 기관의 고위 공직자 교육과정을 개설 ⑪ <국방비전 2050> 작성

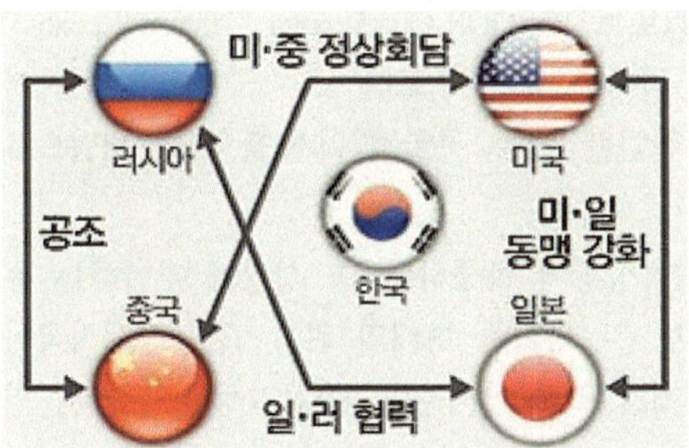

여기에는 한반도의 안보위협과 관련한 내·외부의 환경 및 여건의 복잡성으로 인해 상당한 어려움이 도사리고 있다. 따라서 현실적 고충을 감내해야만 한다. 이는 국가안보의 최후 보루(軍)로서 짊어져야 할 책무(責務)이자 멍에(yoke)일 수 있기에 두 가지 측면은 이해하고 접근할 필요가 있다.

첫째, 현실에 북한의 군사위협이 존재한다는 점이다. 둘째, 주변국이 언제라도 현실 위협으로 나타날 수 있기에 평시부터 준비하고 대응하여야 한다는 점이다.

미국도 2001년 9·11테러가 발생하기 이전까지는 부대와 전력, 병력 구조의 혁신과 변화라는 개념 자체를 전통적 안보위협에 대비하는 '능력기반(capabilities-based) 중심'에 두었다. 그러나 당시 국방장관(로널드 H. 럼즈펠드-Donald H. Rumsfeld, 1932~2021)이 '4년 주기 국방검토보고서(QDR-Quadrennial Defense Review)'[115]를 급작스럽게 바꾸면서까지 '위협기반(Threat-based) 중심'으로 전환하도록 강력하게 추진한 결기를 기억할 필요가 있다.[116]

Donald H. Rumsfeld(美)

"혁신(Innovation)은 묵은 관습과 조직, 방법과 수단을 적절하다고 인식하는 방식으로 새롭게 바꾸면서 시작된다."

115) 미국은 정부 차원에서 매년 1~3월에 4가지 형태의 전략보고서를 발표하고 있다. ① '핵 태세 검토보고서(NPR-Nuclear Posture Review)'는 행정부에서 발간하는 핵과 관련된 보고서로 러시아와 중국의 핵전력 증강과 공세적인 전략을 채택하는 징후에 따라 상응한 대응을 해야 할 것인지, 자유주의 국제질서 유지를 위한 핵 군비통제(軍備統制-Arms Control) 방식을 채택할 것인지에 대한 논란이 핵심이다. ② '국가안보 전략서(NSS-National Security Strategy)'는 1980년대 후반부터 작성하였으며, 다른 보고서를 작성할 때 기준으로 삼는다. 2022년 2월 11일 바이든 행정부의 인도-태평양 전략서를 공개하면서 중국을 미국에 도전할 수 있는 유일한 경쟁국으로 규정하고 우위에 서야 함을 천명한 바 있다. 아울러 기후변화와 COVID-19 등의 감염병을 역내 국가들의 주(主) 위협 요인으로 평가하고 있다. 인도-태평양 지역의 중요성을 강조하기 위한 의도다. ③ '4년 주기 국방 검토보고서(QDR-Quadrennial Defense Review)'는 4년 주기로 작성되는 보고서로 군사혁신의 방향성을 알 수 있는 지표다. ④ '국가 국방전략서(NDS-National Defense Strategy)'는 조 R. 바이든 대통령이 취임한 이후 '통합적 억제'를 핵심 개념으로 하고 있다.

116) '능력기반'은 '다양한 능력을 구비(具備)하고 있다가 특정한 상황이 발생하면, 그 상황에 부합하는 능력들을 조합하여 융통성 있게 대응하는 개념'이고, '위협기반'은 '명확한 형태의 위협 또는 잠재적국이 존재하는 경우에 적용하며, 최적화된 의사결정이 가능한 개념'으로 이해하면 된다(김성진, "한국군의 지향점(Direction Point)은... 능력 중심? 위협 중심?," 『경제포커스』 안보칼럼 (2020.02.02.); 박희락, 『정보화시대 국방개혁의 이론과 실제』 (파주: 법문사, 2008), pp. 71~76.).

강의_1 정보기술(IT)-정보전(IW)-정보작전(IO)의 상관성을 이해합시다.

학습하기 이전(以前)에 요구되는 사항

1. 군사혁신과 정보기술(IT)의 관계를 이해하시오.
   * 정보기술(IT)의 기본 개념과 적용할 수 있는 범위는?
   * 미래 정보기술(IT)이 혁신되는 추이(推移-change)는?
   * 전장(戰場)의 성격을 변화시키는 3대 요소는?
   * 전장(Battle-field) 성격이 정보기술(IT)에 따라 변화한다는 의미는?
2. 정보전(IW)의 기본 개념과 특징을 이해하시오.
   * 정보전을 구성하는 4대 요소는?
   * 정보전을 수행하는 데 있어서의 문제점과 한계는?
3. 네트워크 중심 정보전의 세 가지 형태와 미래의 정보전(IW)에 관하여 이해하시오.
   * 네트워크 체계의 발전과 전장환경의 상관성은?
4. 정보전이 추구할 방향성(directivity)에 대하여 이해하시오.
   * 전력체계의 발전 추세를 네 가지 분야로 정리하면?
     -전장 감시체계, 타격체계, 기동타격체계, 군수지원체계
5. 정보전(IW)과 정보작전(IO)에 대한 기본 개념과 특징, 차이점을 이해하시오.
6. 영화 〈블랙호크다운-Black Hawk Down, 2002〉, 〈론 서바이버-Lone Survivor, 2013〉, 〈잭 라이언: 코드네임 쉐도우-Shadow Recruit, 2014〉, 〈민스미트 작전- Operation Mincement, 2022〉을 시청하시오.

제2장

정보기술(IT)–정보전(IW)–정보작전(IO)의 상관성

제 1 절

개 요

'군사혁신(RMA)'은 과거에 없었던 새로운 용어나 개념이 아니다. 전쟁사를 되짚어 보면, 승리는 시대적 상식을 뛰어넘는 새로운 무기체계와 전략을 앞세운 이들의 전유물이었다. 군대 조직이 제2차 세계대전을 전환점으로 변화가 시작되었다는 의미이기도 하다. 대표적으로는 제1차 걸프전(1991)과 제2차 걸프전(美-이라크 전쟁, 2003)의 사례를 들 수 있다.[1] 반면교사(反面教師)의 측면에서 접근해보면, 제3차 중동전쟁(일명 6일 전쟁, 1967.6.5.~10.)까지는 이스라엘이 일방적으로 승리하였으나, 제4차 중동전쟁(욤 키푸르 전쟁 또는 10월 전쟁, 1973.10.6.~10.26.)은 이전까지의 양상과는 완전히 달랐다. 이스라엘군이 참패당한 결과를 통해 무엇이 문제이고, 무엇이 중요한지를 깨우칠 수 있다.[2] 1990년대를 지나면서 정찰감시 · 무인 항공기 · 레이다 등 지상에만 한정되어 있던 감시체계가 우주 감시체계로 수준이 상승하면서 감지한 표적은 모두 공격이 가능해졌으며, 100% 파괴할 수 있는 수준으로 발전하였다. <표 2-1>은 정보 문명

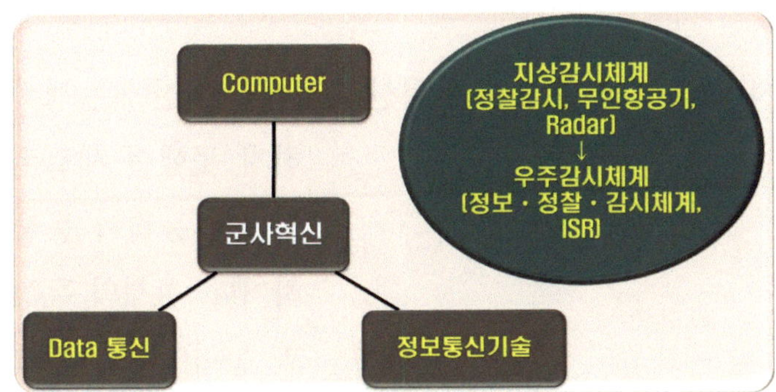

1) 새로 취임한 안와르 엘 사다트(Anwar El Sadat, 1918~1981) 이집트 대통령이 전임대통령과 다른 행보를 보이며 시작되었다. 서방국가에 대한 우호적인 제스츄어(gesture), 아랍 진영의 단결을 도모하고 내부조직은 개혁함과 동시에 이스라엘을 대상으로 하여 하이브리드전(Hybrid Warfare)을 전개하였다. 아울러 군대의 개혁 및 변화, 소련제 신무기 등을 대량 도입하고 치밀한 훈련 등으로 승리의 기반을 일찌감치 구축하였다(김성진, 『세계전쟁사』 (2021), pp. 387~407, 413~433.; 김성진, "우크라이나 사태의 현주소와 국가 안보전략 수립의 지정학적 연관성," 『경제포커스』 안보칼럼 (2022.03.18.).).

2) 이집트군은 소련제 무기인 SA-2/316 지대공미사일로 이스라엘 공군기를, AT-3 대전차미사일로 기갑부대를 격파하는 등 이전까지의 수동유도방식에서 자동유도 방식으로 전환하며 자신감이 가득하던 이스라엘군에게 전장 공황(Panic)과 참패라는 절망감을 안겼다.

시대로의 전환과 군사 조직의 변화 추세를 정리하였다.

<표 2-1> 정보 문명 시대로의 전환과 군사 조직이 변화하는 추세

첫째, 문화적 측면에서 이전까지의 군대가 왕(또는 영주)의 권위를 상징하기 위해 이를 과시하는 의식(儀式)이 중심이었다면, 조직·체계 중심의 과학적·관리적인 틀을 중시하는 조직으로 변화하였다.

둘째, 민간생활과 다른 격리 형태나 고립 방식에서 민간인과의 간격을 좁히는 상호보완적인 공생(共生) 관계로 변화하였다.

셋째, 단순했던 계층적 구조가 복합적으로 좁혀지고 일부만 담당하던 민간 영역이 군대 업무와 직접 관련된 영역(outsourcing)까지 담당하는 환경으로 변화하며 민간 비중이 이전과는 다르게 확대되었다.

넷째, 제2차 세계대전에서 핵무기에 의한 대량파괴와 살상 영역이 확장되면서 인류 전체가 공멸(共滅-collapse)할 수 있음을 체득하였다. 이후부터 이를 예방하기 위해 국제기구 조직, 전략무기 감축, 상비군대의 병력을 축소하는 등의 노력이 시작되었다.

언제나 변화의 과정은 순조롭지 않다. 그러나 기술의 혁신 과정에서 이전에는 생각하지 못했던 새로운 형태의 능력이 등장하거나, 현재의 특성과 능력이 획기적으로 개선되는 현상들이 나타나기도 한다. 최근에는 인공지능(AI)에 기반한 컴퓨터나 데이터 통신, 정보 통신기술이 군사과학을 주도하고 있다. 특히 지구상 어느 곳에도 전송할 수 있는 디지털 통신과 광대역 전송체계의 등장은 제2차 세계대전을 전후하여 등장했던 물리학의 의미와는 다르게 지휘 통제체계의 근간을 흔들었다. 여기에 인공지능(AI)을 결합한 새로운 정밀유도무기(PGM-Precision-Guided Munition)의 출현은 무기체계의 수준을 한 차원 더 높였다. 특히 상상할 수 없는 현상들이 기존의

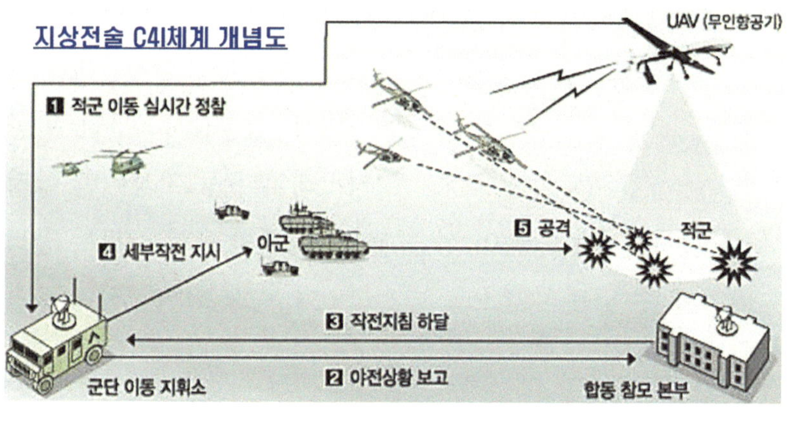

기술을 통해 등장하고 있는 점과 융·복합 단계를 거치며 새로운 차원과 수준에 진입하고 있음을 이해할 필요가 있다.

유념할 지점은 단순하게 새로운 기술만 접목한다고 하여 군사혁신을 이루기는 어렵다는 점에 있다. 업무를 처리하는 형태와 방법, 조직 편성과 구조를 근본적으로 변화시키지 못한다면, 성과는 제한될 수밖에 없다.[3] 따라서 軍의 수행체계에 새로운 정보기술을 접목 및 채택하기 위해서는 작전개념의 변화가 필요하다. 관련 조직의 구조 및 편성은 특정한 분야나 영역에 국한되지 않고 수행방식의 전반이 변화할 때 비로소 효율성과 전투 능력이 획기적으로 발전할 수 있음을 이해할 필요가 있다.

인류 역사상 수없이 많은 전쟁을 치렀지만, 승리하는 밑바탕에는 '정보(Information 또는 Intelligence)'[4]라는 요소가 함께한다는 인식이 필요하다. BC 6세기경 손자(孫子)는 제3 모공편(謀攻篇)에서 '적에 관한 전술을 알아내는 것 즉, 정보활동이 적을 직접 공격하여 패퇴시키는 것보다 중요하다. 현명한 군주와 장수가 항시 적에 승리하고 전공을 세울 수 있음은 적정(敵情)을 먼저 알기 때문이다.'라며 정보의 중요성을 강조하고 있다.[5] 몽골의 칭기즈칸(Genghis Khan)이 대제국을 건설할 수 있었던 결정적인 요인은 적의 위치는 정확히 파악하는 반면에 자신들이 공격하기 이전까지는 그 누구에게도 자신들의 위치가 파악되지 않도록 노력했기 때문이다.[6]

---

3) 예를 들면, 데이터 통신망의 등장과 개인용 컴퓨터가 보급되자 업무의 효율성이 증진되었고, 워드프로세서가 보급되면서 특정한 인원만 작업하다가 의사결정권자들도 대규모의 자료나 문서를 직접 작업할 수 있는 환경이 되었다. 전자메일의 개발은 의사소통을 더욱 원활하게 하였으며, 컴퓨터 통신망의 출현은 업무 처리에 소비되는 비용과 시간을 단축하는 성과를 가져왔다. 그러나 군사혁신의 본질이 업무의 효율성에만 있는 게 아니라는 점을 정확히 이해하여야 한다. 기업에 비유한다면, 정보기술에 의한 혁신의 결과는 '리엔지니어링(reengineering)' 즉, 기업의 '조직 문화를 바꾸고 업무를 재분배하는 과정'을 통해 나타난다는 의미다.

4) 'Information'은 다양한 정보(첩보)를 수집하였으나, 쓸모 있는지, 쓸모없는지를 확인하기 어려운 상태 즉, 갓 모아놓은 초기의 상태를, 'Intelligence'는 '분석(거름망) 과정을 거치면서 유용한 정보로 만들어진 상태'를 의미하고 있다.

5) 원문은 『손자병법』 제3 모공편(謀攻篇)의 '고상병벌모(故上兵伐謀), 기차벌교(其次伐交), 기차벌병(其次伐兵), 기하공성(其下攻城), 공성지법(攻城之法), 위부득이(爲不得已)'이다(노병천, 『도해 손자병법』 (서울: 연경문화사, 2009), p. 82.).

6) 김성진, 『세계전쟁사』 (2021), pp. 159~165, 187, 190~191.

제 2 절

전장(戰場)의 성격과 정보기술(IT)의 상관성

1. 개요

조직이론(1999)은 미래사회인 21세기를 정보화 사회, 정보 문명사회, 창의적 사회, 사이버 사회, 글로벌 사회 등으로 특정하고 있다.[7] 21세기 사회의 핵심 원동력이 정보기술의 획기적 발전에 있다는 인식은 미래학자나 군사연구가들이 궤(軌)를 같이하고 있다. <표 2-2>는 21세기 정보기술의 발전에 대한 전망과 현실적 측면을 세 가지로 정리하였다.

<표 2-2> 21세기 정보기술의 발전 전망과 현실

① 광범위하고 다양한 지역에서 정확하게 수집할 수 있는 정보기술의 수준이 획기적으로 증대할 것이다.
② 컴퓨터 기술의 향상과 정보 네트워크 기술의 혁신적 발전은 네트워크를 기본으로 하는 조직 사회에서 활동할 수 있는 원동력이다.
③ 인공지능(AI)에 기반한 능동형 전자공격 무기체계의 진보(進步) 및 발전에 획기적으로 기여할 수 있다.

①은 군사정보체계 측면에서 정밀한 정보를 수집할 수 있는 기재(器材)와 각종 레이다에 관련된 탐지거리 및 정밀도, 목표에 대한 식별 능력 등이 현저하게 향상된다고 인식한다. 특히, 레이더 상호 간 감지기 및 체계상의 정보를 통합・연동케 함으로써 정확한 정보수집수단으로 기능할 수 있는 기반이 마련될 수 있다고 보았다. 이로써 고정밀도의 정찰위성에 대한 분석 수준을 획기적으로 향상함으로써 지상의 위치 식별체계와 전투 요원이 능동적으로 주・야간에 활동할 수 있는 기능과 장비를 사용

7) 양창삼, 『최신조직이론』 (서울: 법경사, 1999), pp. 34~41.

하여 정확하게 표정(標定)할 수 있게 되었다.

②는 부대가 광범위한 지역에 전개하면서도 탄력적으로 전투를 수행할 수 있다고 보았다. 정보의 공유 범위가 확대되어 지휘관이 정확하고 신속하게 결심・지시를 전파하는 체계를 갖출 수 있어서다. 정보 네트워크의 혁신적 발전은 정보처리-전달-전파 및 배포하는 시간을 단축할 수 있게 하였다. 이를 토대로 정보의 수집과 사용체계를 직접 연계함으로써 실시간대로 전투 상황을 파악 및 명령 하달을 가능케 함으로써 전투력을 집중할 수 있게 만들었다.

③은 컴퓨터 기술과 인공지능에 기반한 과학기술의 발전이 각종 정보활동과 수단을 통합함으로써 성과를 보장받을 여건이 마련된다고 보았다. 네트워크화된 경계 감시・정찰과 지휘・통제・통신(C4ISR)체계를 구축하여 우군 체계는 보호하되, 적의 체계는 방해・저지・파괴할 수 있는 능력(Ability)과 역량(Capability)을 갖출 수 있게 하였다. 이러한 변화가 무기체계의 연동 수준을 획기적으로 격상시켰다.

정보기술의 발전에 대한 전망과 추세 등이 현실에 부합된다는 사실은 정보기술의 발전 및 변화가 군사혁신의 기본 원리와도 일맥상통함을 느낄 수 있다. 다음 문단(paragraph)은 이를 토대로 하여 정보기술의 발전 및 변화에 따라 전장의 성격이 어떻게 변화하는지 탐구한다.

2. 전장(Battle-field)의 성격이 변화하는데 필요한 3요소

2.1. 전장의 변화에 대한 추세

인류 역사가 끊임없는 변화를 추구하여왔음은 잘 알려진 사실이다. 특히 화포와 전차, 항공기, 함정(艦艇)의 성능은 혁신적·획기적으로 발전하였다. 여기서 주목할 점은 무기의 크기가 형태가 작아지거나 커진 사례 등이 많지만, 이는 성능의 질적 수준 향상과 밀접하게 연계되어 있고, 변화 과정도 순탄하지만은 않았다. 형태나 기능의 경우 이전에 볼 수 없었던 전혀 새로운 형태로, 또는 기존의 성능을 획기적으로 개선하였다. 이때 단일 무기체계에 변화가 있는 경우, 부대 구조와 조직 편성 및 운영방식이 수정 및 보완하는 절차가 뒤따랐다. 반면에 다수의 무기체계가 동시에 변화하는 경우, 주변 환경이 변화해야 하기에 군사교리를 끊임없이 개선 및 갱신(更新)하였다.

1950년대 이후의 제3차 산업혁명 이후 정보통신기술이 발달하며 자동화 생산이 가능하였고, 컴퓨터, 인터넷 등의 발달이 큰 역할을 담당하였다. 이전에는 상상조차 하지 못했던 정보통신기술의 출현으로 C4I 체계와 무인 항공기, 레이더와 같은 전장 감시체계 등을 등장시켰다. 2000년대로 들어서며 융·복합적 차원의 '통합 정보·감시·정찰체계(C4ISR)'[8]와 '우주 공간에 위치하는 감시·정찰체계(Surveillance & Reconnaissance)'로 발전하였다. 아울러 지구촌 어디라도 전송이 가능한 디지털 통신망과 광대역 전송체계의 출현은 지휘 통제 개념을 근본적으로 뒤집어 놓았다. 일부 학자들이 최근의 군사혁신 수준을 인간이 가름할 수 있는 마지막 혁신으로 평가하지만, 역사적 측면에서 볼 때 항시 상상하지 못한 대변혁으로 이어져 왔듯이 또 다른

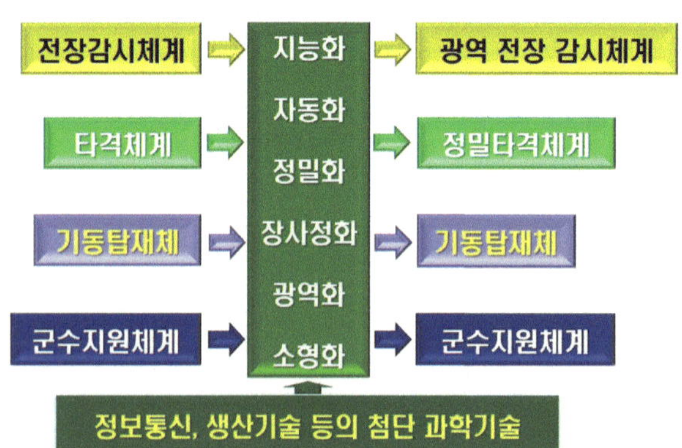

8) '통합 정보·감시·정찰체계(C4ISR)'는 'Command, Control, Communication, Computer, Intelligence, Surveillance & Reconnaissance'의 약자로 '광역 전장 감시체계'로 불린다.

변혁의 세계가 나타날 소지는 다분하다.

2.2. 전장 성격을 변화시키는 정보기술의 3요소

민간기업이 정보기술의 혁신에 성공하는 이유는 조직을 신기술에 부합하도록 변화시키고 업무를 재분배함으로써 가능했다는 측면을 주목할 필요가 있다. 신상품을 개발하고 대박이 나려면, 기존 조직과 현상 유지 및 관행에 정형화된 구성원들만으로 성공할 수 있을는지? 는 조금만 생각하면, 바로 정답을 찾을 수 있다. <그림 2-1>은 정보기술에 의해 전장의 성격이 변화할 수 있는 요소를 세 가지로 정리하였다.

<그림 2-1> 전장의 성격을 변화시키는 정보기술의 3요소

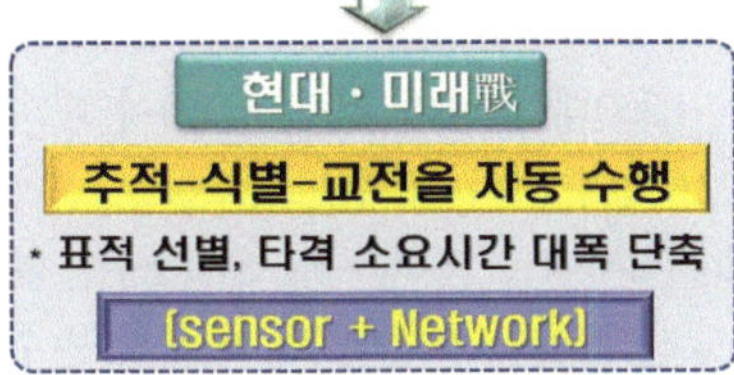

①은 제2차 세계대전만 하더라도 며칠이 걸려야 확인할 수 있었던 전장의 상황과 조치들이 점차 몇 시간 또는 몇 분으로 단축되었다. 당시 영국 공군은 접근하는 적의 항공기를 레이더를 이용하여 식별하는 방식이었다. 그러다가 점차 인간의 능력에 더하여 자동으로 확인-발사하는 특수 모드(mode)를 개발하여 사람이 개입하지 않고 의사결정이 가능한 시스템으로 발전하였다. 이러한 체계의 개선을 통해 표적에 대한 정보의 수집 시간이 단축되었고, 정확한 표적 정보의 식별-시스템에 의한 판단-무기를 발사하는 시간도 크게 단축할 수 있었다.[9] 이는 점차 정보기술과 지휘 통제체계를 결합하여 감시정찰과 공격체계

9) 한국군은 2022년 4월 10일 장거리 지대공 유도무기(L-SAM: Long-range Surface to Air Missile) 레이더 시제품을 공개하며 장사정포 요격체계(Counter Long Range Artillery Intercept System) 개발을 2029년까지 완료하겠다는 방침을 밝혔다. 여기서 'L-SAM'은 '먼 거리에 있는 공중표적을 레이더로 조기 탐지하여 미사일로 정확하게 요격하는 중·상층 방어용 무기'로서 L-SAM 레이더 시제품은 국방과학연구소

가 연계됨으로써 현실이 되었다.

미군은 군사혁신 과정에서 가장 먼저 시간 개념을 단축하였다. 제1차 걸프전(1991)은 정보전과 기만전(欺瞞戰) 등을 포함한 정보기술이 주도하는 결정적인 계기가 되었다. 즉, 정보를 지배하는 자(Information Dominance)가 승리할 수 있음을 일깨워준 전쟁이었다. 주·야간을 가리지 않고 90시간 작전을 지속하면서도 정밀유도무기로 공격하며, 야간에도 주간폭격과 같은 개념으로 공격하는 등 시정(視程)에 방해받지 않고 이라크군을 대패(大敗)시켰다.[10] 야간을 대낮처럼 볼 수 있게 하는 체계(심야 비전 시스템-Night Vision System), 정밀 레이더체계[11] 등 일련의 발전된 정보기술이 작전의 수행을 끊이지 않게 만들면서 승리의 원동력이 되었다. <표 2-3>은 제1차 걸프전(1991)과 제2차 걸프전(2003) 시 정밀유도무기의 명중률을 정리하였다.

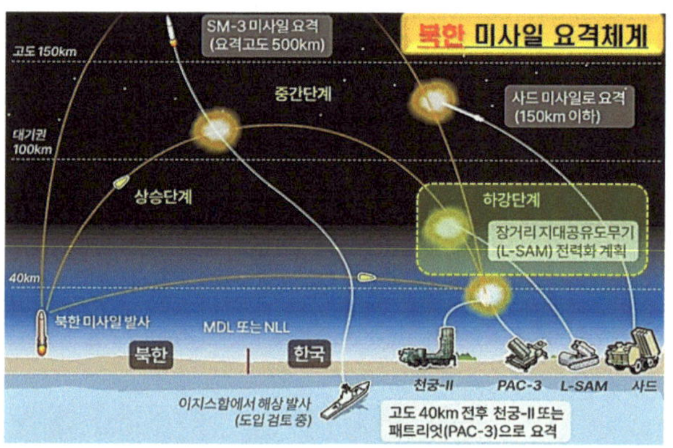

(ADD) 주도로 개발하였다(“베일 벗는 ‘L-SAM’…‘천궁-Ⅱ’보다 4배 멀리 보는 레이더 첫 공개,” 『헤럴드경제』 (2022.04.10.).).

10) 제1차 걸프전(1991) 당시 美 제7군단은 12개 이상의 이라크 사단, 1,300대 이상의 전차, 1,200여 대의 전투 장비, 285문의 야포, 100여 개의 방공망체계를 파괴하였고, 22,000여 명의 포로를 생포하는 전과(戰果)를 거두었다. 당시 미군이 주도하는 다국적군은 위성항법장치(GPS-Global Positioning System)를 활용하여 이라크군의 내부를 샅샅이 꿰뚫고 있었다. 이를 위해 상호 교신은 일일 70만여 회, 메시지 송수신은 일일 15만여 건, 비행 출격은 일일 2,240여 쇼티(sortie-항공기 한 대가 임무를 수행하기 위해 출격한 횟수)를 출격하였다. 당시 미군이 관리하는 주파수만 3.5만여 개에 달하는 등 확실한 정보 우위를 확보함으로써 항공기가 9만여 회 출격하는 동안 무사고를 달성하였다는 점에서 정보기술의 필요성과 중요성을 다시금 인식할 수 있다. 제2차 세계대전 당시 유도무기의 표적 명중률이 7%였는 데 반해 제1차 걸프전 시 정밀유도무기에 의한 표적 명중률은 70%를 상회하였다.

11) 정밀 레이더체계의 하나인 한국 공군의 중앙방공통제소(MCRC-Master Control & Report Center)는 2개소에 설치 및 운영하고 있다. 제1 MCRC는 1985년 오산에, 제2 MCRC는 2003년 대구에 설치하여 민간·군용항공기를 통제하고 있다. 일반적으로 북쪽에서 비행하는 조종사들이 “워치맨-Watchman”이라고 하면, 오산에 있는 제1 MCRC를, 남쪽에서 비행하는 조종사들이 “아카시아-Acasia”라고 하면, 대구에 있는 제2 MCRC를 가리키는 것으로 필요한 비행 정보나 주변의 항공기 정보를 제공하고 있다.

<표 2-3> 제1차 걸프전(1991)과 제2차 걸프전(2003) 시 정밀유도무기 명중률의 변화

구 분	제1차 걸프전(1991)	제2차 걸프전(2003~)
정찰·감시체계 능력	±15%	90% 이상
정밀유도무기 명중률	7%	70%
지상 조건	특수부대원들이 직접 육상으로 침투하여 레이저 빔으로 조준	스마트폰(기상과 무관) * 24개 인공위성+GPS Radio 시스템
토마호크 미사일	288발 * 오차율: 2%(6발 오발)	700여 발 * 오차율: 1%(7발 오발)

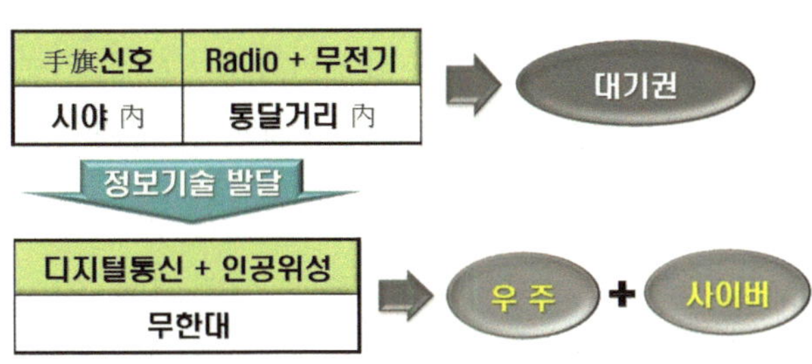

②는 눈에 보이는 거리 이내에서 수기(手旗) 신호에 의지하던 방식이 통달 거리 이내에서 Radio와 무전기로 발전하는 과정을 거쳤지만, 대기권 내에서만 가능하다는 한계가 있었다. 그러나 디지털 통신과 인공위성 등 정보기술의 발달로 전장 공간이 종·횡에서 수직으로도 확장되었다. 즉, 위성항법장치(GPS)에 기반한 데이터 통신과 정보 위성의 등장을 통해 우주(Universe)와 사이버공간(Cyber Space)으로까지 공격 능력이 확장되었다는 의미다.[12)]

③은 '병력 중심'에서 '체계 중심'으로 전환하고 있다. 창조적·혁신적인 사고와 발상의 전환(Paradigm Shift)이 절실히 요구되는 시대라고 하여도 지나치지 않다. <그림 2-2>는 군사력이 병력→체계 중심으로 전환하는 과정을 정리하였다.

12) 제1차 걸프전(1991)에서 다국적군이 일찌감치 공중과 우주 공간을 완벽하게 장악한 상태였기에 위성항법장치(GPS)를 자유롭게 사용할 수 있었고, 활발한 교신 활동이 가능하였다. 적의 활동을 사전에 확인 및 예측할 수 있는 환경과 여건이었기에 통합된 지휘 통제체계와 강력한 공격 능력을 발휘할 수 있었다는 점을 잊지 않아야 한다.

구분	과거 전장(Battle-field)	현대 전장	최근의 정보기술
주요 내용	1개 폭격기 군단 · 6·25전쟁(왜관): 융단폭격	전투기 1대 · 정밀유도무기-PGMs	무인항공기(UAV)
	이동 중인 기계화 부대를 직접 타격	우주 자산을 활용, 격파	첨단장비를 탑재한 무인항공기의 진화(進化) · 軍 첩보의 성격 변화를 초래
	지휘통제체계를 공격	마비전 · 痲痺戰-Paralysis Warfare	정보처리 장비의 성능이 급변(急變)
	우주 위성·감시체계 · 3차원	어떤 공간에서도 적의 위치를 파악 · 5차원	지휘통제 수단 및 방법의 변화 PGMs의 위력 강화

<그림 2-2> 군사력이 병력→체계 중심으로 전환하는 과정

정보기술의 하나인 정찰 장비(무인기)는 베트남 전쟁 때 미군이 활발하게 사용하였다. 당시 미군 정찰기가 임무를 수행하는 과정에서 조종사들의 피해가 너무 커지자 궁여지책으로 내놓은 대안이 AQM-34 무인표적기였다.[13)] 물론 조종사가 직접 확인할 수 없다 보니 실시간대에 상황을 파악하기는 제한되었지만, 별다른 대책을 마련하기도 어려운 여건이었다. 그러나 3,453회를 정찰하는 과정에서 피해율이 4%에 그쳤다는 측면에서 긍정적인 평가를 끌어냈다. 이후 1990년대부터 현대식 무인기인 파이오니어(Pioneer), 프레데터(Predator) 등의 등장으로 전쟁의 흐름이 바뀌면서 병력이 부족했던 미군은 상당한 성과를 거두었다. 특히 제1차 걸프전(1991) 이후 등장한 무인정찰기(Predator)는 무인 항공기의 패러다임을 완전히 뒤바꾼 혁신적인 무기체계로 평가받고 있다.[14)]

13) 1964년부터 미군이 본격적으로 개입한 베트남전쟁에서 美 공군 전투기들이 호치민이 이끄는 월맹군의 SA-2 미사일 공격으로 피해가 커지면서 무인기(AQM-34)를 투입하여 정찰 및 미사일 교란 임무를 수행하였다.

14) 프레데터는 초정밀타격이 가능하고 격추당해도 인명 손실이 없으며, 격추당하기 직전까지 수집된 데이터는 실시간으로 전송되기에 바로 활용할 수 있다. 대당 가격은 한화(韓貨)로 약 47억 원(450만$)이다. F-35A 전투기의 대당 가격이 1,500억~1,700억 원임을 비교하면, 그 가성비를 느낄 수 있다(김성진, 『전

2022년 12월 26일 발생한 북한의 무인기 침투 사건은 한국 사회를 뒤흔드는 뉴스(Issue)가 되었다.[15] 첨단 군사과학기술이 지배하는 전장(Battle-field)으로 철석같이 믿던 현실에 조악한 기술의 북한 무인기가 대한민국의 중심부인 서울과 경기도 지역 일부를 넘나들었다는 사실은 국민적 충격으로 다가왔다. 아울러 국제사회의 추세가 '회색지대 전략(Gray Zone Strategy)'을 구사하는 국가가 점차 늘어나고 있다. 이의 대표적인 국가가 중국임은 일반적인 사실이다.[16] 다양한 안보위협에 즉각 대응할 수 있는 체계의 요구가 더욱 높아지면서 첨단무기와 무인기 사이에 갇힌 현실을 극복해야 하는 과제를 안게 되었다.[17]

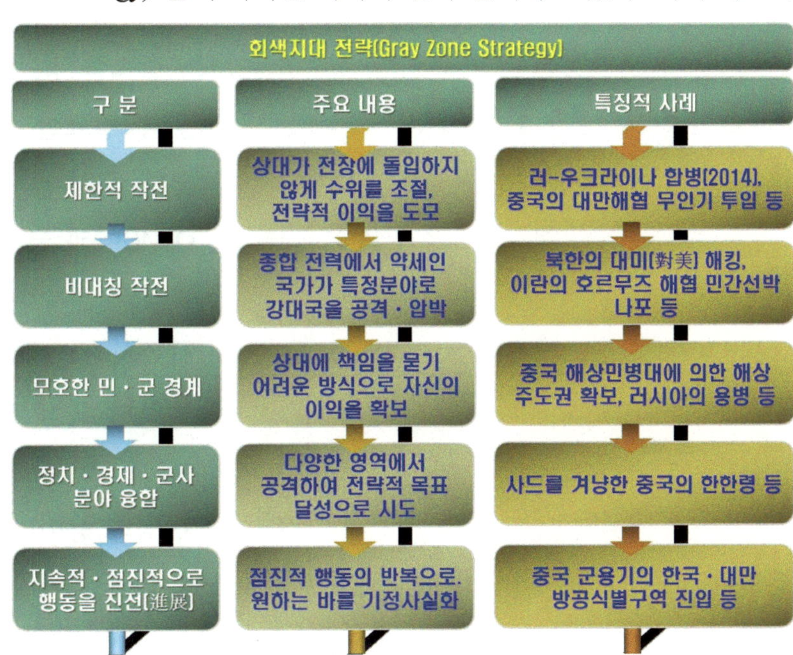

회색지대 전략(Gray Zone Strategy)

구 분	주요 내용	특징적 사례
제한적 작전	상대가 전장에 돌입하지 않게 수위를 조절, 전략적 이익을 도모	러-우크라이나 합병(2014), 중국의 대만해협 무인기 투입 등
비대칭 작전	종합 전력에서 약세인 국가가 특정분야로 강대국을 공격·압박	북한의 대미(對美) 해킹, 이란의 호르무즈 해협 민간선박 나포 등
모호한 민·군 경계	상대에 책임을 묻기 어려운 방식으로 자신의 이익을 확보	중국 해상민병대에 의한 해상 주도권 확보, 러시아의 용병 등
정치·경제·군사 분야 융합	다양한 영역에서 공격하여 전략적 목표 달성으로 시도	사드를 겨냥한 중국의 한한령 등
지속적·점진적으로 행동을 진전(進展)	점진적 행동의 반복으로, 원하는 바를 기정사실화	중국 군용기의 한국·대만 방공식별구역 진입 등

쟁사와 무기체계론』(2020), pp. 314~325.).

15) 박수찬, ""'장난감 아니다"…첨단무기 과시하던 한국군, 조잡한 드론에 영공 뚫렸다." 『세계일보』(2022.12.31.).; 김성진, "우크라이나와 북한 무인기(Drone)의 공격, 한국군의 딜레마," 『국민정책평가신문』 안보칼럼 (2022.12.29.).

16) 김영호, "중국 정찰풍선에 숨겨진 '회색지대' 전략," 『한국일보』(2023.02.18.).; 유상철, "정찰 풍선과 초한전," 『중앙일보』(2023.02.13.).; 박수찬, "풍선·드론 띄워 적국 안보 불안 유발… 저비용·고효율 新도발," 『세계일보』(2023.02.10.).

17) 김성진, "북한 무인기의 침투와 방어 대응 실패, '합동 드론사령부' 창설," 『국민정책평가신문』 안보칼럼 (2023.01.29.).

제 3 절

정보전(IW)의 일반적인 의미와 형태

1. 개요

'정보(Information)'는 접근하는 시각에 따라 다르며, 특정한 데이터로만 작동하는 게 아님을 이해할 필요가 있다. 지휘관(CEO)은 참모가 제공해주는 모든 것을, 정보체계 시스템을 담당하는 엔지니어는 정보체계 내에서 유통되는 모든 것들을, 정보분석가는 필요한 정보(Intelligence)를 생산해 내는 데 필요한 초기 첩보라고 요약할 수 있다. 또한, 국력을 평가할 때 적용하는 DIME[18]과 국가적 수준의 핵심 요소임을 짚고 넘어가야 한다. '정보'는 인간의 사회적・문화적 인식과 이해의 영역에 속하며 이를 조성하는 도구들이 언론, 공보 및 홍보, 전략 커뮤니케이션(SC), 심리 등이다. 여기서 획득되는 공동의 지식과 지혜의 힘이 바로 '정보력(Information Power)'이며, 국민(집단)의 의지를 결집 및 결속하고, 이익을 창출하는데 결정적으로 작동함도 기억할 필요가 있다.

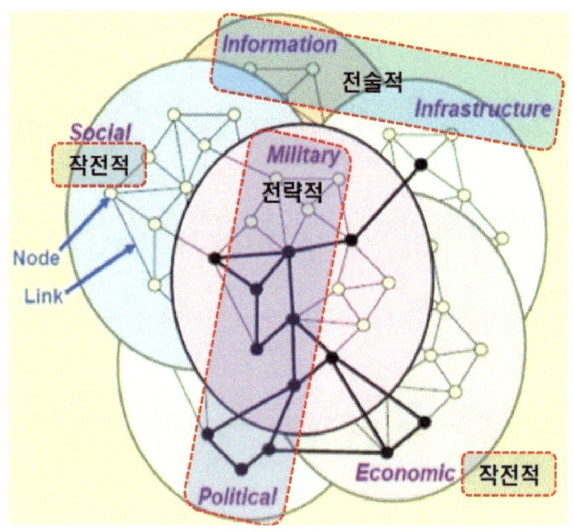

이전까지는 단순히 단위기술 위주였지만, 기술의 체계적인 개발과 다양화・종합화

18) 'DIME'은 'Diplomacy(외교)', 'Information(정보)', 'Military(군사)', 'Economy(경제)'의 약자로 국제사회에서 특정 국가의 행위에 대한 원인을 분석할 때 자주 사용하고 있다. 이를 통해 한 차원 더 구체적인 측면을 분석하는 'PMESII-Policy(정치), Military(군사), Economy(경제), Society(사회), Information(정보), Infrastructure(기반시설)'에 영향을 미치고 있다. 여기서 'DIME'과 'PMESII'는 별도의 개체가 아니라 하나의 복합체라는 점에 주목하여야 한다. 제4차 산업혁명 시대에 접어들면서 이 두 요소는 초연결되고 있다고 이해하면 된다(김성진, "급변사태 시 자유화 지역 민군작전의 실효성 증대방안 고찰," 『군사논단』 제92호 (서울: 한국군사학회, 2017), pp. 78~90.).).

된 상상의 세계가 현실이 되면서 '정보 문명 시대'[19]의 전투원은 정보공간을 제어한다는 차원을 뛰어넘었다. 정보공간을 주도적으로 지배할 수 있어야 한다는 의미다. 이 시기는 무기개발 기술이 체계화되면서 다른 요소와도 통합·복합적으로 운용하는 시스템을 갖추고, 인공지능(AI)과 자동화된 무기체계, 스텔스기술이 전장을 지배하게 되었다. 1956년 이후를 정보화시대라고 평가한 이후 50여 년이 지나면서 군사 과학기술과 무기체계의 발전 속도는 지금까지와는 또 다른 영역(공간)으로 급속히 옮겨가고 있다.

아군이 정보기술을 효율적으로 활용함으로써 '시간'과 '공간', '군사력' 측면에서 상당한 이점을 얻을 수 있는 반면에 적군은 이러한 이점(利點)을 갖지 못하게 만드는 요인으로 활용할 수 있다. 특히 상대국의 장거리 정밀 공격체계가 사용되지 못하도록 전장 공간을 왜곡(현혹)하는데 사용될 것이다. 이를 위해 상대의 정보체계를 공격하여 상황 판단-결심-조치에 걸리는 시간은 지체시키고, 정밀유도무기는 사용하지 못하게 하여 재래식 전투력에만 의존하도록 할 것이다.

'에메르트의 법칙(Law of Emmert)'[20] 측면에서 살펴보자. 적을 관찰하여 상황을 파악한 다음 판단-결심 과정을 통해 적군의 반응은 지연시키되, 아군의 반응속도는 개

19) '정보 문명 시대'라 함은 '인류가 지금까지 이룩했던 단위기술 중심의 발전 수준을 뛰어넘어 체계적인 기술의 개발과 다양·종합·복합·융합적 노력을 통한 복합과학기술로 상상의 세계를 현실화시키는 단계로 돌입한 문명 시대'라는 의미다. 제4차 산업혁명의 대표적 브랜드인 인공지능(AI)에 기반한 자동화 무기체계를 아우르는 의미로 이해하면 좋을 듯싶다(김성진, 『세계전쟁사』 (2021), p. 76.; 김성진, 『전쟁사와 무기체계론』 (2020), pp. 43~45.; 조용만, 『군사혁신과 현대전쟁』 (2016), pp. 25~26, 90~102.).).

20) '에메르트의 법칙(Law of Emmert)'은 고정되어있는 도형(圖形)을 바라보거나, 전등을 바라보다 다른 벽을 바라보게 되면, 잔상(殘像-after image)이 나타나는 데 두 배 거리에서 바라보면, 잔상도 두 배의 크기로 보인다는 뜻으로 '눈에 보이는 잔상(殘像)의 크기는 눈에서 투사하는 면까지의 거리에 정비례한다는 법칙'이다.

선하는 데 있다. 즉 '적의 정보체계에 부정적인 영향력을 행사함으로써 적은 위축되게 하되, 아군의 정보우위(優位)는 확보'하는 데 있다. 이를 통해 국가·군사전략의 성과도 보장되는 환경을 조성할 수 있게 하여 정보와 정보체계를 유지 및 보호하는데 필요한 제반 행동이다.

에메르트의 법칙(Law of Emmert)

소결론적으로 '정보전(IW)'은 비폭력수단이라고 할 수 있는 오(誤-misinformation)정보와 위(僞-허위조작-disinformation) 정보를 이용하여 선전·선동(Propaganda & Agitation)하거나, 위협을 가함으로써 상대의 의지를 제거하는 데 중점을 둔 전쟁이다.[21] 최근 언론에 등장하는 하이브리드전(Hybrid Warfare)을 수행하는 과정에서 나타나는 위협(threats)의 한 종류로도 볼 수 있다.[22]

오[誤]·위[僞]정보-양치기 소년과 늑대

21) '위(僞-disinformation 또는 허위조작) 정보'는 '속이려는 의도가 있는 잘못된 오정보(disinformation)로서 허위(false)와 해를 끼치려는 의도(intent to harm)가 동시에 들어있는 정보'이다. 미국의 정보전은 물리적인 정보통신기술체계 위주로 접근하였지만, 중국은 심리적 효과에 중점을 두고 접근하고 있기에 정보전의 최종 목적을 고려할 때 중국식 접근사고가 더 부합되지 않나 싶다. 대표적으로 중국 마오쩌둥(Mao Tsetung, 1893~1976)의 인민전쟁, 베트남 호치민(Ho Chi Minh, 1890~1969)의 해방전쟁을 떠올리면 이해가 쉬울 듯하다(김성진, 『군사전략론』 (2022), pp. 170~174.; 김성진, 『세계전쟁사』 (2021), pp. 349~350.).

22) '하이브리드전(Hybrid Warfare)'은 '회색전(Grey Zone Warfare)'으로도 불린다. '정치·외교·경제·군사적 수단 모두를 사용하여 국가와 비국가 행위자가 수행하는 복합적인 전쟁의 한 형태'이다. 정치적 측면에서 러시아의 미국 대선 개입(2016), 경제 측면에서 중국의 미국기업에 대한 해킹 또는 정보 탈취, 군사적 측면에서 韓·美의 유사시에 대비한 작전계획 등과 국가·군사기밀 해킹(2016)을 비롯하여 테러집단에 의한 조직원 모집, 프로파간다(Propaganda) 등에 대한 전파 및 교육을 포함할 수 있다.

2. 정보전(IW)의 일반적 의미와 속성, 유형과 특징

2.1. 정보전의 의미와 속성(attribute)

'정보전(Information Warfare)'은 바라보는 시각에 따라 의미와 개념이 달라질 수 있다. 軍은 정보체계에 국한되는 협의의 용병 개념으로 인식하여 '자국의 정보 및 정보체계를 보호하고 적의 정보 및 정보체계를 교란·파괴하는 국가 총력전 차원의 개념'으로 강조하고 있다. 그러나 심리적 측면을 지향하는 광의의 전략 개념으로도 보고 있음을 이해할 필요가 있다. 따라서 일반적인 의미로 보면, '자기 정보의 유효성을 보장하고 상대의 정보는 조작하여 사기를 꺾는 것'이다.[23] 이를 종합하면, 적의 정보는 오염 및 파괴하여 정상적인 작동이 되지 못하게 하는 동시에 아군의 정보를 보호하기 위한 제반 활동으로 '적이 군사력, 시간, 공간의 이점을 갖지 못하게 하는 활동'이라고 정리할 수 있다.

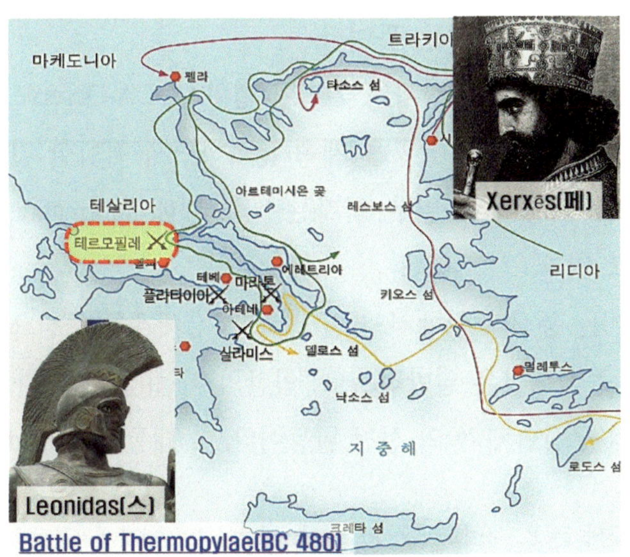

Battle of Thermopylae(BC 480)

'정보전'은 고대 그리스-페르시아 간 진행된 테르모필레 전투(Battle of Thermopylae, BC 480)[24]에서부터 시작하여 페르시아 크세르크세스(Xerxēs, BC 516~465) 왕의 협박 전술, 중국 마오쩌둥의 인민전쟁(人民戰爭)에 이르기까지 다양하게 사용되어왔다.

전쟁을 수행하는 형태나 방식 중에 '정보전'이라고 별도의 의미를 부여함은 전쟁을 지원하는 수단으로만 인식되던 제한적인 관념에서 벗어나 전쟁

23) 미국에서는 제1차 걸프전(1991) 간 '정보전' 용어를 공식적으로 사용하면서 '정보통신기술(ICT-Information & Communication Technology)을 보호하고 공격하는 개념'으로 정립하였다(DoD, Directive TS3600.1 Information Warfare (Washington: JCS, 1992).).

24) 제러드 버틀러(Gerard Butler)가 주연한 영화 <300> (2007)을 보면 이해가 쉬울 듯하다.

에 승리하는 데 중요한 역할을 담당한다는 의미다. 특히 정보통신기술의 발달로 영역은 우주, 사이버, 시·공간 등으로 계속 확장하고 있다.

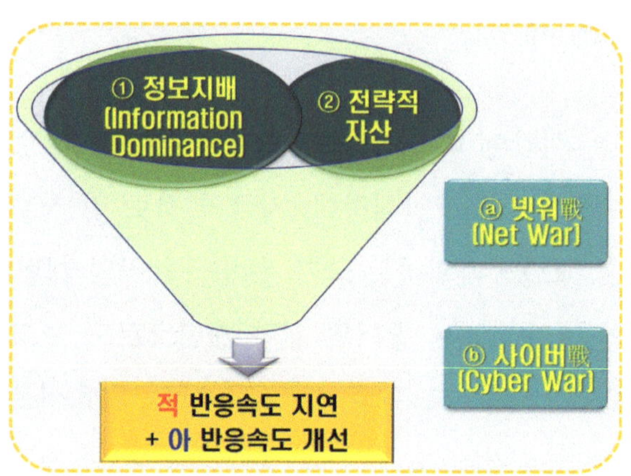

①은 적의 의사결정체계는 크게 확대하여 판단과 결심을 최대한 지연시키되, 아군의 의사결정 주기는 단축하기 위함이다. 대표적으로 제1차 걸프전(1991) 당시 이라크군의 정보·선전·지휘 통제와 관련한 영역 등을 동시에 타격한 사례를 들 수 있다. 다국적군이 이라크의 바그다드와 전선(戰線) 사이에 연결되어있던 지상(地上)의 모든 통신회선을 모조리 차단하는 작전을 수행하였다. 이는 정보작전(IO)을 성공적으로 수행한 결과로 평가받고 있다. 다시 말해 후세인과 이라크군 최고 지휘부가 다국적군이 도청할 수 있는 주파수로만 교신(交信-contact)할 수밖에 없게끔 강요하는 데 성공했다는 뜻이다.

②는 상황을 관찰한 다음 조치에 이르는 '관찰-상황파악-판단-행위(OODA-Observe, Orient, Decision, Action)'[25]의 차원이다. 즉, 현재 상황을 계속 분석하면서 적합한 결정이 될 수 있도록 수준을 향상하기 위함이다. 일부 학자는 '정보지배-Information Dominance)'에 포함된다고 주장하고 있다.

정보전을 의미하는 ①+②외에도 ⓐ는 통신망 상에서의 전쟁 즉, 통신체계를 중심으로 수행하는 전쟁의 형태가 있으며, 공격대상은 일반적으로 '인간의 마음(심리)'이다. 이는 IS(Islamic State-이슬람 극단주의 무장단체)[26]의 선전 활동이나, 美 대통령(Donald

25) '우다 루프(OODA Loop) 모델'은 美 공군의 존 R. 보이드(John R. Boyd) 대령이 1950년대 6·25전쟁 간 경험한 공중전투에서 수행하던 내용을 토대로 하여 만든 의사결정 모델로서 전투기 조종사들이 주어진 상황에서 빠르게 반응할 수 있게 하려고 고안하였다(관련 내용은 이 책의 제3장 제3절 3.을 참고하기 바란다.).

26) 서방은 IS를 폄하(貶下)하려고 '다에시(Daesh)'로 표현한다. 그러나 IS 내부에서는 '짓밟는다'라는 아랍어 '다사(Daasha)'와 발음이 비슷하기에 이러한 용어를 사용하거나, 표현하지 않는다(김성진, "비전통적 안보위협과 테러 대응체계의 실효성 고찰: 법령과 제도, 대응 기능을 중심으로," 『군사논단』 제105호(서울: 한국군사학회, 2021), p. 257.).

J. Trump)과 북한의 김정은 간 독설(毒舌-venomous remark) 등을 이러한 형태라고 할 수 있다. 국가 외 집단(단체)인 그린피스, 국제사면위원회(Amnesty International), IS 등이 컴퓨터를 이용하여 진행하는 정보전, 북한이 민간 항공기를 대상으로 하는 전파교란 행위와 전산망 해킹, 사이버사령부 댓글 조사 TF에 의한 감청 의혹사건(2013) 등도 모두 같은 범위에 포함할 수 있다.[27)]

ⓑ는 정보전(Information Warfare)과 넷 워(Net War)를 작전적 차원에서 확장한 형태다. 대표적으로 제1차 걸프전 당시 다국적군이 이라크군의 지휘 통제체계를 교란(攪亂)함으로써 내부의 혼란을 부추긴 사례를 들 수 있다.

2.2. 정보전(IW)의 영역과 구성요소

2.2.1. 정보전(IW)의 영역

정보 문명 시대의 전쟁 양상은 상대국이 보유하고 있는 정보의 수집-처리-저장-분배 및 전파 능력을 말살함으로써 군사력 수준 자체를 산업화시대의 수준으로 격하하고자 노력하는 데 있다. 즉, 상대국이 강점(强點)을 갖지 못하게 하는 데 최종 목적을 둔다. 정보를 통해 토마호크를 비롯한 크루즈(순항) 미사일 등의 정밀유도무기를 상대국이 사용하지 못하게 되면, 어쩔 수 없이 산업화시대의 전차, 함정, 항공기와 같은 재래식 무기에 의존할 수밖에 없게 된다.

Martin C. Libicki[美]

美 국방대학 국가전략연구소의 마틴 C. 리비키(Martin C. Libicki)는 처음으로 정보전의 유형을 7가지로 분류했으나, 뒤이은 캐서린 A. 테오하리(Catherine A. Theohary)는 세 가지 영역으로 분류하였다.[28)] <그림 2-3>은 정보체계의 세 가지 영역을 정리하였다.

27) 양낙규, "사이버사령부 댓글 조사결과 22일 1차 발표," 『아시아경제』 (2013.10.18.).

28) Martin A. Libicki, *What is Information Warfare?* (Washington: NDU, 1995), P. 7.; Catherine A. Teohary, Information Warfare: Issue for Congress," *CRS Report-R45142* (Washington: Congressional Research Service, Maech 5, 2018), pp. 13~15.

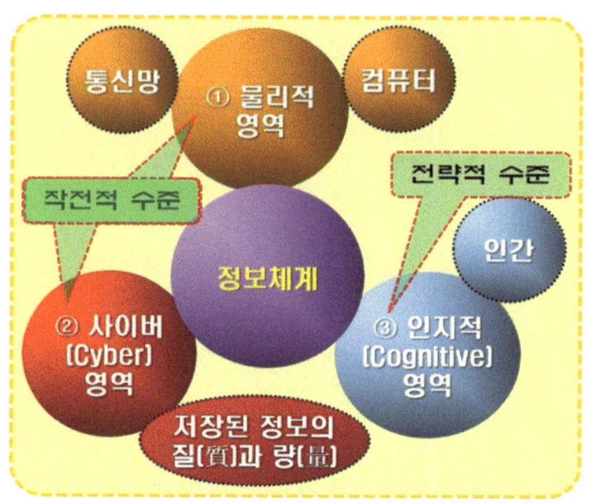

<그림 2-3> 정보체계의 세 가지 영역

이를 언급한 취지는 상대의 정보 능력 중 취약한 부분을 찾아 공격해야 하기 때문으로 이 영역을 공격하는 게 중요해서다.

①의 '물리적 영역'은 실제 존재하는 C2 체계와 인프라를 포함하고 있으며, 재래식 폭탄으로 공격할 수 있다.

②의 '사이버 영역'은 네트워크와 체계의 영역으로 전문 해커(Hacker)를 이용하여 상대의 공격을 무력화시킴과 동시에 활동의 자유를 확보할 수 있다. ①~②는 작전적 수준[29]으로 이해하면 된다.

③의 '인지적(cognitive) 영역'은 인간의 심리에 기반한 기만작전(欺瞞作戰-Deception Operation)과 심리전(Psychological Warfare 또는 Warfare Psywar) 등으로 공격할 수 있다. '전략적 수준'[30]으로 이해하면 된다.

일부 학자는 "상대의 정보체계를 공격하는 행위는 이전 시대의 전쟁에서도 항시 존재했기에 전혀 새로울 게 없다."라고 주장하고 있다. 이러한 논리는 프랑스 혁명전

29) '작전적 수준'은 '적의 전투 의지를 약화하고, 군사작전 여건을 조성'한다는 의미로서 방법적 측면(What)에서 보면, 적의 위협을 평가하고, 적의 방공망과 C2, 병참선 등에 영향력을 행사하며, 아군의 활동과 기능을 보호하는 등 작전 목표 달성을 지원하는 수준이라고 이해하면 된다.

30) '전략적 수준'은 '국가급 정보와 의사결정체계를 무력화시켜 내부 분열을 도모'한다는 의미로서 방법적 측면(What)에서 보면, 적의 능력을 평가하고, 적의 PMESII(Political, Military, Economic, Social, Infrastructure, Information) 전반에 영향력을 행사하며, 국가목표 달성을 지원하는 수준이라고 이해하면 된다(김성진, "급변사태 시 자유화 지역 민군작전의 실효성 증대방안 고찰," (2017), pp. 64, 79~90.).

쟁과 나폴레옹 전쟁(1792~1815) 당시 공간의 중요성을 인식하거나, 美 남북전쟁(American Civil War, 1861~1865)에서 전장공간 통제의 중요성을 인식한 사실, 유도미사일은 무인 항공기에 불과하고, 핵무기는 재래식 폭탄에 비교할 때 파괴력이 강한 폭발물에 불과하다는 의미다. 다만, 급변하는 현실을 고려하지 않고 있기에 의미를 부여하기는 어렵다. 다시 말해 전장에서 정보와 정보체계의 의존도는 높아질 수밖에 없기에 이들의 지원 없이 전쟁을 수행하기는 어렵다. '정보환경(Information Environment)'의 가치와 새로운 환경이 조성되고 있는 이유도 이와 같다고 이해하면 된다.[31]

2.2.2. 정보전(IW)의 구성요소

<그림 2-4>는 정보전에 필요한 구성요소를 네 가지로 정리하였다.

<그림 2-4> 정보전을 수행하는 데 필요한 네 가지 구성요소

31) 1990년 美 합참의장(David E. Jeremiah, 1934~2013)은 "정보의 역할, 그리고 정보를 이용해 달성할 수 있는 지식의 위력을 제대로 이해하는 사람이 지구를 지배하게 될 것이다."라고 주장하였다(권영근 편저, 『군사혁신과 미래전』 (1999) , pp. 112~113.).

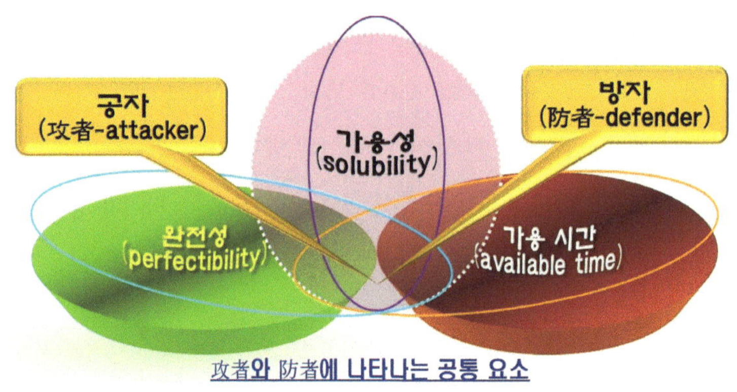

攻者와 防者에 나타나는 공통 요소

①은 인간에 대한 '교환가치'와 '운영가치'를 지니고 있다.[32] 이때 행위자(player)의 참여도와 관심 정도, 능력에 따라 가치도 각기 다르게 나타난다. 일반적으로는 양측 행위자에게서 나타나는 가용성, 완전성, 가용시간에 따라 결정되고 있다.

②는 어떠한 방법과 형태를 불문하고 두 행위자가 있다. 특정한 정보에 대한 공격을 감행하는 공격행위자(attacker, 이하 공자-攻者)[33]와 공격에 대응하는 방어행위자(defender, 이하 방자-防者)다.

Zero-Sum Game

③은 특정한 정보자산을 타격・이용함으로써 가치를 증진케 하거나, 상대적으로 감소시키는 행위를 목적으로 한다. 이를 통해 공자는 이득을 얻으려고 하지만, 방자가 손실을 보도록 시도할 것이다. 여기서 유념해야 할 사항은 반드시 제로섬(Zero Sum Game) 형태가 되지 않는다는 점이다.[34] 즉, 공자가 이득을 본다고 하여 반드시 방자가 손해를 볼 수밖에 없다는 의미가 아님을 이해하여야 한다. 공세적인 정보전은 수세(방어)적인 정보전과 비교할 때 상대적으로 비용이 적게 든다. 그러나 특정한 정보자산에 대하여 공격할 가치가 있는지에 대한 판단 즉, 공격에 들어가는

32) '교환가치'는 '어떤 사람이 정보를 위해 기꺼이 지급하고자 하는 것'으로 시장(市場)의 원리에 따라 계량화된다. '운영가치'는 '정보자산이 운용되는 데서 도출되는 것'으로 계량화 또는 비 계량화될 수 있다.

33) '공격행위자'는 조직 내부의 구성원 즉, 현재 또는 과거의 구성원, 계약업자, 내부 정보에 접근할 수 있는 다수자를 비롯하여 해커, 범죄자, 각 정부, 테러리스트' 등이 될 수 있다. 이들 중 내부자는 가장 큰 위협으로 외국 정부(또는 다른 기업), 경쟁집단, 정보 브로커, 범죄조직들과 연계가 있을 개연성이 크다.

34) 김성진, 『군사혁상론』 (서울: 백산서당, 2020), pp. 56~57.

비용을 면밀하게 검토하여야 한다. ③은 ①에 대한 공자의 진행 형태가 감소하는 결과로 나타나고, 방자는 가용성·완전성이 감소하는 현상으로 나타난다. 따라서 공자의 가용성을 높이기 위하여 간첩 활동 또는 첩보전을 이용한 비밀의 획득, 상대 정보를 강탈, 상대에게 덮어씌우기, 사기(詐欺-trickery), 신분 절도, 물리적 절도, 이미지 관리 등을 시도하게 된다.

④는 공자에게는 가용성이 커지도록, 방자에게는 가용성·완전성을 감소시키려는 공격으로 ①을 방호하기 위함이다. 이때 필요한 비용이 예상되는 손실보다 작아야 가능하다는 점에 주목할 필요가 있다. 다만, 모든 손실을 회피할 수 있는 방어는 없기에 비용 측면에서는 비효과적이다. 이는 특정한 행위자, 행위자의 범주, 운용되는 정보전의 방법과 달성하는 결과에 따라 달라질 수 있기에 위협을 판단한다는 자체가 대단히 어렵다. 형태는 방호(Protection), 억제(Inhibition), 징후와 경고(Sign & Warning), 탐지(Detection), 긴급사태 준비, 대응으로 정리할 수 있다.

2.3. 정보전(IW)의 유형과 특징

2.3.1. 정보전(IW)의 유형

정보전은 다양하게 분류되고 있기에 학계에서 주류로 평가받는 마틴 C. 리비키(Martin C. Libicki) 박사의 정의를 중심으로 설명하였다. "정보전은 현재의 군사력을 중심으로 하는 C4I 시스템이나 정보시스템에 국한된 공격과 방어, 주요 기반시설인 정보시스템에 대한 공격을 포함하는 사이버 테러와 사이버공간까지 확장된 광범위한 개념으로 발전하고 있다."라고 주장하고 있다.[35] <표 2-4>는 그가 주장하는 정보전의 유형을 중심으로 정리하였다.

<표 2-4> 마틴 C. 리비키의 '정보전' 유형과 기본 개념

구 분	유 형	기본 개념
군사 부문	지휘통제전 (C2W-Command & Control Warfare)	•적 지휘부의 의사결정 및 지휘수단을 무력화 * 제1차 걸프전(1991) 시 이라크의 지휘 통제체계를 파괴
	전자전 (EW-Electronic Warfare)	•적의 전자통신 성능을 저하시키거나 감소 * 레이더 재머(Jammer), 전자방해, 채프(Chaff) 등[36]
	군사정보 기반전 (IBW-Intelligence Based Warfare)	•군사정보 수집, 처리, 전파에 사용되는 전장 감시체계 공격과 방어 * AWACS, JSTARS 등의 전장감시체계
民·軍 중첩 부문	심리전 (PSYOPS-Psychological Warfare)	•적의 민간인, 병사, 주요 지휘관에 대한 심리조작 * 방송을 통한 전투참가 반대 여론을 형성, 선무(宣撫)방송[37]
	해커전 (HW-Hacker Warfare)	•컴퓨터의 보안취약점을 이용하여 컴퓨터, 네트워크, 데이터 등을 공격 * 유고의 미국, NATO에 대한 조직적 해킹 시도
	사이버전 (CW-Cyber Warfare)	•사이버 공간에서 가상인간 사이의 분쟁 * 컴퓨터 바이러스, 웜 등을 공격하는 정보테러
민간 부문	경제정보전 (EIW-Economic Information Warfare)	•정보전과 경제전을 결합하여 정보를 봉쇄 * 美 NSA[38]에 의한 유럽 및 일본 기업의 이메일 도청

2.3.2. 정보전(IW)의 특징

현대전쟁은 과거의 전쟁 양상처럼 장비와 병력의 우세로 승리를 꾀하던 산업 시대의 시각만으로 해석하기는 어렵기에 패러다임의 변화가 요구되고 있다. 따라서 정보

35) Martin C. Libiki, *What is Information Warfare?* (1995), 7.; 캐서린 태오하리(Catherine A. Theohary)는 정보전(IW)을 전략적 수준으로, 정보작전(IO)을 작전적 수준으로 분류하는 등 다양하지만, 여기서는 제외하였다.

36) '재머(Jammer)'는 '전파방해장치'이고, '채프(Chaff)'는 '공중에 살포하여 적의 미사일 공격을 회피하는 방식'이다(김성진, 『전쟁사와 무기체계론』 (2020), pp. 362~363.).

37) 김성진, "급변사태 시 자유화 지역 민군작전의 실효성 증대방안 고찰," (2017), pp. 78~91.

38) 'NSA(국가안보국)'는 'National Security Agency'의 약자다.

전과 관련 분야를 논의할 때도 국가 전체 즉, 정치·외교를 비롯하여 軍과 민간 분야 모두를 망라하여야 설명할 수 있다. <표 2-5>는 정보전(IW)의 특징을 정리하였다.

<표 2-5> 정보전(IW)의 특징

특 징	결 과
•전쟁 수행 비용이 저렴하다.	•잠재적인 적의 범위가 확대된다.
•사이버 공간에서는 전통적인 경계 영역이 불분명하다.	•공격자, 공격을 당하는 자, 대응책임자의 식별이 곤란하다.
•사이버 공간에서는 지각 능력을 조작하기가 용이(容易)하다.	•실제와 조작을 구별하기가 불가능하다.
•새로운 전략첩보를 수집 및 분석하는 방법이 필요하다.	•잠재적인 적과 적의 의도 및 능력을 파악하기는 어렵다.
•사이버 공간에서의 정보전 공격을 다른 사건과 구분할 수 있는 적절한 전술 경보체계 및 공격을 평가하는 방법이 존재하지 않는다.	•적이 공격하는 여부, 공격자는 누구인지, 공격방법은 무엇인지를 식별하는 게 어렵다.
•별도의 전선(戰線)이 존재하지 않는다.	•후방(後方)도 공격대상이기에 방어해야 하는 대상이 많아졌다.

정보전은 고립된 활동을 하는 데 두지 않으며 인간의 활동에 따라 나타나는 갈등 상황과 깊이 연관되어있다. 개인의 행위 영역은 흥미와 호기심, 재미로 하는 해킹, 시스템에서 게임 놀이하는 정도로 가볍게 침투하는 행위라고 볼 수 있다. 범죄 영역은 특정한 이득의 획득을 목적으로 하는 범법행위를, 권리 영역은 개인의 프라이버시를 다루게 된다. 국가안보 또는 군사 영역에서는 국가 차원에서 벌어지는 정보·첩보전, 군사분쟁 또는 전쟁, 테러 등을 다루고 있다.

3. 네트워크를 중심으로 하는 정보전(IW)의 일반적인 형태

3.1. 개요

'정보전'은 러시아가 하이브리드전(Hybrid Warfare)을 수행할 때 항시 같이 움직이고 있다.[39] 특히 사이버공간에서 벌이는 여론 선동과 조작의 주요 수단으로 활용하면서 더욱 정교해졌다고 봄이 타당하다. 과학기술이 발달하며 더욱 정보에 접근하기가 쉬워졌고, 개발에 필요한 소요 비용도 비교적 저렴한 데다 불특정 다수에 접근하기가 쉽다는 측면에서 상당히 효율적인 전략이다.

적이 보유하고 있는 정보와 지휘 통제체계-의사결정체계를 중심으로 진행하기에 첩보작전과 정보전(Information Warfare)의 의미는 차이가 있음을 이해하고 접근할 필요가 있다.[40] 제1차 걸프전(1991)이 기만과 정보전을 최대한 활용했던 전쟁이었음을 기억할 필요가 있다.

마지막 부분에서 정보전(IW-Information Warfare)과 정보작전(IO-Information Operation)의 적용 범위와 차이점을 이해하기 쉽게 비교하였다.

---

39) 2022년 러시아가 우크라이나를 침공하기 위해 반군 세력들에 대한 가짜 뉴스와 음모론을 퍼뜨려 사회 혼란을 의도적으로 조장하고, 우크라이나 내부에 있는 러시아 소수 민족의 독립운동을 부추기는 행위 등으로 이해하면 된다. 2016년 미국 대선 당시 여론 조작을 통해 힐러리 R. 클린턴(Hillary R. Clinton)이 패배하도록 유도한 선거 여론 조작 활동 등도 들 수 있다. '회색지대 전략'과 같은 의미로 이해하면 된다.

40) '첩보작전'을 이해하려면, 제2차 세계대전을 끝낸 실화를 바탕으로 하는 영화 《민스미트 작전-Operation Mincemeat(2022)》을, '정보전'에 관해서는 1980년대 구소련이 MIG-31 신형전투기를 제작한다는 정보를 입수하는 줄거리의 《파이어폭스-Firefox(1982)》를 시청하기 바란다.

3.2. 정보전(IW)의 일반적인 형태와 수행방식

<그림 2-5>는 네트워크 중심의 정보전(IW) 형태를 정리하였다.

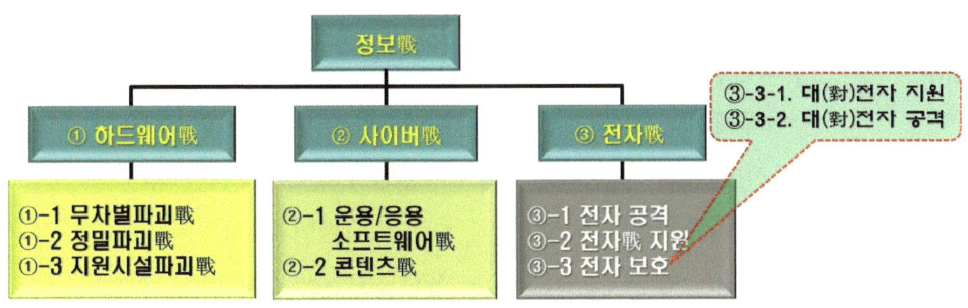

<그림 2-5> 네트워크 중심의 정보전(IW) 형태

①은 '네트워크를 구성하는 하드웨어 중 물리적 공격에 취약한 장비와 부품을 식별한 다음 해당하는 네트워크를 원천적으로 파괴하는 전투 활동'이다. <표 2-6>은 하드웨어 전(Hardware Warfare)을 수행하는 종류와 일반적 정의 및 개념을 정리하였다.

<표 2-6> 하드웨어戰의 종류와 일반적 정의 및 개념

구 분	종 류	정의 및 개념
①-1	무차별 파괴전	• 재래식 무기를 이용하여 네트워크를 구성하는 장비와 연결된 레이더, 컴퓨터, D/B, 전송 선로, 지원 장비를 원천적으로 파괴하는 활동
①-2	정밀 파괴전	• 광역 전장 감시체계를 이용하여 전탐(電探)기지, 지휘부 등에 설치된 레이더, 네트워크를 구성하는 핵심 장비를 선별적으로 파괴하는 활동
①-3	지원시설 파괴전	• 네트워크를 지원하는 시설 즉, 발전소, 송전탑, 냉방기 등 핵심적인 원천시설 또는 체계를 작동하지 못하게 파괴하는 활동

②는 '네트워크가 이동하는 정보의 운용, 응용 소프트웨어 프로그램을 적극적으로 파괴 및 왜곡하는 등을 통해 정보 사용을 보장하는 활동'이다. 이때 <표 2-7>은 군사 영역에서 예상되는 주요 표적을 정리하였다.

<표 2-7> 군사 영역에서 예상되는 주요 표적

구 분	종 류	주요 표적
고(高) 가치	감시정찰자산	항공・위성, 해상・대공 감시자산
	전장 관리 정보체계	지휘 통제체계, 중앙방공통제소, 전장관리망 등
	자원관리 정보체계	국방인사정보체계, 국방물자정보체계 등
중(中) 가치	공격체계	지・해상, 공중 등의 공격체계
	방어체계	방공망, 미사일 방어체계
저(低) 가치	전산・통신 인프라	유선망, 전술 통신망 등
	공개 웹사이트	홈페이지, SNS
	개인 소유의 정보체계	블로그(Blog), 홈페이지, SNS

현대전쟁은 정보 전쟁이기에 핵심 의사결정 지원체계인 'C4ISR'이 중요하게 작용한다. <표 2-8>은 사이버전(Cyber Warfare)의 종류와 일반적 정의와 개념을 정리하였다.

<표 2-8> 사이버전(Cyber Warfare)의 종류와 일반적 정의 및 개념

구 분	종 류	일반적인 정의 및 개념
②-1	운용 및 응용 소프트웨어전	•네트워크를 기반으로 하는 운용 및 응용 소프트웨어를 왜곡하거나, 파괴함으로써 네트워크에 연결되어있는 광역 전장(Multi-Battle-field) 감시체계, 정밀타격체계, 컴퓨터 등의 단말기로부터 생성된 정보의 흐름을 마비 또는 지연시키는 활동
②-2	콘텐츠전	•네트워크나 단말기 체계로 전달되는 정보를 의도적으로 왜곡 및 파괴하는 활동

②-2는 軍에서 운용하는 네트워크나 단말기 체계는 일반이 사용하는 민간 체계와 분리되어있다. 독립적으로 운용하기에 외부의 적이 내부에 접근하기가 상당히 제한된다. 그러나 내부 동조(협력)자의 도움으로 내부에 접근할 수 있다면, 예상하는 이상으로 접근 및 파괴하기는 더 쉬울 수 있다.[41)]

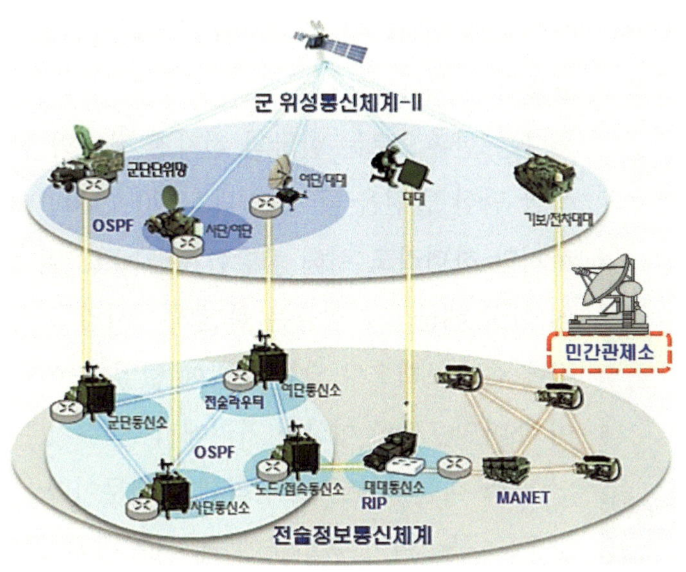

③은 '전파를 탐지하여 행동 징후, 제원, 위치를 식별한 다음 이를 마비 또는 무력화시키는 제반 활동'이다. 특히, 전자무기체계의 효율적인 운용을 보장하는 활동 등을 포함한다고 이해하면 된다.

<표 2-9>는 전자전(Electronic Warfare)의 종류와 일반적 정의 및 개념을 정리하였다.

<표 2-9> 전자전(Electronic Warfare)의 종류와 일반적 정의 및 개념

구 분	종 류	정의 및 개념
③-1	전자공격 (Electronic Attack)[42]	•적의 지능·자동화 네트워크, 센서체계를 교란·마비시킴으로써 인원, 장비, 시설을 대상으로 전자기 및 지향성 에너지(에너지빔)를 사용하는 활동 * 통신망, 레이더, 각종 센서 등을 대상으로 하는 재밍(jamming), 전자방해 공격(ECM-Electronic Counter Measures)을 통해 레이더 성능을 저하 또는 무력화하는 공격방법과 대응책
③-2	전자전 지원 (Electronic Warfare Support Measures)	•군사통신에서 공격에 필요한 위험 인식이나 장기 운영 계획을 세우기 위해 전자기 에너지를 방사(放射-emission)하는 출처를 탐지-차단-확인-파악-기록 및 분석하는 활동
③-3	전자보호 (Electronic Protection)	•적의 전자공격(EA)으로부터 아군의 전자시설을 보호하는 활동 * 대전자 지원(Anti Electronic Support): 우군에 관한 첩보 수집 능력을 최소한으로 억제하는 활동 * 대전자 공격(Anti Electronic Attack): 우군의 전자장비가 적으로부터 방해 및 기만당할 때 피해를 최소화하고 기능은 최대로 유지하기 위한 활동

41) 정빛나, "北 해커, SNS⋅비트코인으로 장교 매수…'전장망' 통째로 뚫릴뻔(종합)," 『연합뉴스』(2022.04.28.).

이외에도 방사 통제(放射 統制-EMCON)[43], 전자전(EW) 용 주파수를 이용한 전투 회피, 전자적인 방법 및 절차 등으로 분포되어 있다.

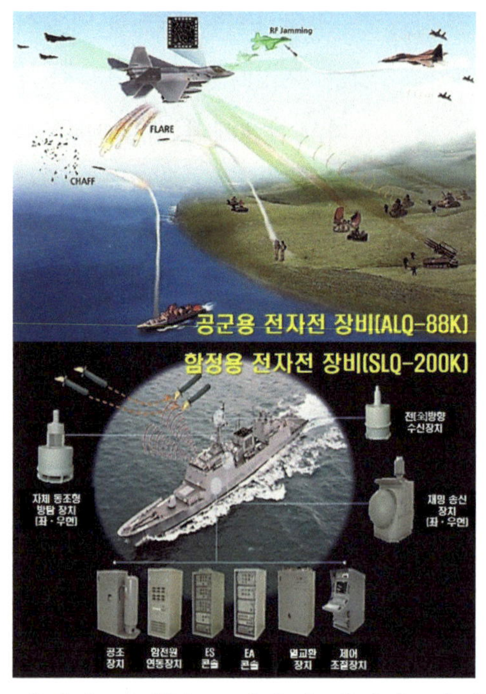

다른 한편으로는 한국의 전자전 장비의 괄목할 만한 발전을 들 수 있다. 1970~1980년대까지만 하더라도 서해 북방한계선(NLL) 일대의 한국 해군 초계함들은 북한의 미사일 고속정에 속수무책으로 당할 수밖에 없었다. 이들이 48마일(77km) 이상의 거리에서 쏠 수 있는 '스틱스 대함미사일'을 장착했기 때문이다.[44] 공군도 구소련이 북한군에 제공한 대공미사일로 제공권을 확보하기 어려웠다. 특히 1970년대 이전까지는 자체적으로 조립 및 생산하였다. 이로 인해 미국으로부터 북한군의 미사일 등을 재밍(Jamming)하여 회피할 수 있는 전자전 장비를 도입하려 했지만, 어려웠다. 이후 국산화에 노력하며 2010년대 말 국방과학연구소(ADD)가 전자전 장비의 국산화에 성공하면서 상황이 역전되었다. 바로 KF-21 시제기가 시험비행을 할 때 탑재한 '통합전자전체계(EW Suite)'다.[45]

---

42) 김성진, 『전쟁사와 무기체계론』(2020), pp. 361~366.

43) '방사 통제(EMCON-Emission Control)'는 '작전보안을 위해 전자기, 음향 방사체 또는 기타 방사체를 선택적으로 조정하여 사용하는 활동'이다. 적이 탐지 장치를 이용하여 진행하는 추적은 최소화하고, 아군의 지휘 통제능력은 최고의 상태를 유지하되, 아군 체계 간의 상호 간섭은 최소화하는 등 군사적 측면에서 기만계획을 이행하는 데 있다.

44) 해군은 1970년대 후반에 국산기술이 없었기에 외국산 장비를 기반으로 개량한 함정용 재밍 장비(ULQ-11/12K)를 완성하였으나, 작전환경에 부합하지 않았다. 이후 1980년대 후반에 국내에서'SLQ-200(별칭 SONATA)'을 개발하는 데 성공했다. 2022년~2036년까지는 '함정용 전자장비-Ⅱ'를 개발하고 있다.

45) 1970년대 초기 미국에서 구매한 F-4 팬텀 전투기는 원래 전자전 장비가 탑재되어 있지만, 미국이 최상급 기밀기술이라는 이유로 한국엔 판매하지 않았기에 미국산을 국산기술로 개량한 전자전 장비(ALQ-88K)를 탑재할 수밖에 없었다. 이후 1990년대 초에 우리 기술로 업그레이드한 전자전 장비(ALQ-88AK)를 F-16 전투기에 탑재하였다. 2000년대 들어와 개발한 완성품이 'ALQ-200'으로 KF-16 전투기와 RF-4C 항공기에 탑재하였고, 최근 KF-21 시제기에도 탑재되었다(민병권, "北 떨게 한 'K-전자방패' ..韓, 40년 만에 세계 7대 전자전 강국 도약," 『서울경제』(2022.08.13.).).

4. 정보전(IW)의 방향성(directivity)

4.1. 네트워크 중심의 정보전(IW)이 추구할 방향

최근의 전쟁 양상은 적을 공격하는 체계에 더하여 적의 공격에 대비하는 체계도 중요한 영역이 되었다. 공격용에 한정하지 않고 공격・방어의 양수겸장(兩數兼將)이 필요하다는 의미다. 다만, 한국적 현실에서 북한이 핵무기로 위협하고 있지만, 이에 대응할 무기체계는 재래식 무기 외에는 별다른 대응책을 찾기 어려운 측면이 있다.

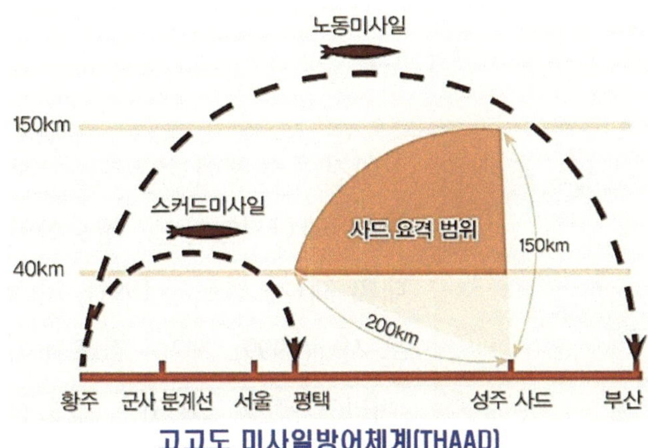

고고도 미사일방어체계(THAAD)

한국은 2016년 사드(THAAD-Terminal High Altitude Area Defense)를 배치하였으나, 아직 정상 가동은 되지 않고 있다.[46] 이후 중국의 경제보복은 논외(論外)로 하더라도 북한의 무기체계와 비교할 때 제한적 영역에만 대응할 수밖에 없는 한계가 존재한다. 핵미사일과 대륙간탄도미사일(ICBM), 준중거리탄도미사일(MRBM), 잠수함 발사 탄도미사일(SLBM)[47] 등을 비롯한 각종 탄도미사일, 대량살상무기(WMD) 등의 위협에 대응하기는 상당한 제한이 있다. '정보전' 자체가 적이 아군을 관측하지 못하게 하되, 아군이 통제 및 보호받지 못한다면, 엄청난 '아킬레스건'이 될 수밖에 없다는 사실을 이해해야 한다. <그림 2-6>은 앞으로 정보전이 추구하여야 할 방향성(directivity)을 정

---

46) '사드(THAAD-Terminal High Altitude Area Defense)'는 美 록히드마틴사(Lockheed Martin Corporation)의 제품이며 미사일 요격체계 중의 하나로서 '고고도 미사일방어체계'로 번역하고 있다. 단거리 및 중거리 탄도미사일이 발사되면, 레이더와 인공위성 등을 통해 수신한 정보를 토대로 하는데 40~150km의 고도에 들어왔을 때 요격 미사일로 직접 파괴하는 방식이다(김지헌, "한중, 샹그릴라서 국방장관회담 열기로…북핵·사드 논의할 듯(종합)," 『연합뉴스』 (2022.06.02.).).

47) '대륙간탄도미사일(ICBM)'은 'Intercontinental Ballistic Missile', '준중거리탄도미사일(MRBM)'은 'Medium-range ballistic missile', '잠수함 발사 탄도미사일(SLBM)'은 'Submarine-Launched Ballistic Missile'의 약자다.

리하였다.

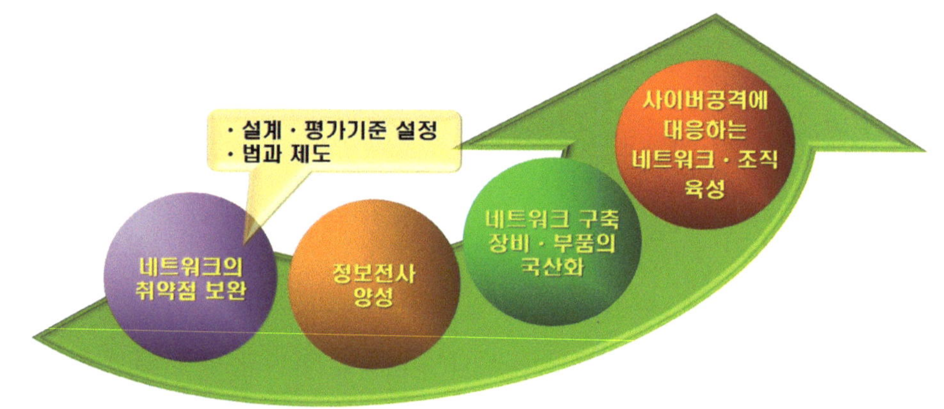

<그림 2-6> 정보전이 추구할 방향성(directivity)

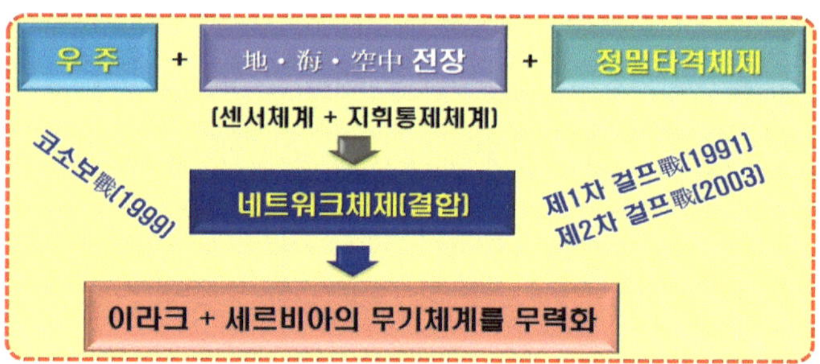

이전의 전쟁이 주로 군사 분야에 국한되었다면, 정보화시대의 제1차 걸프전(1991), 코소보 사태(1999), 제2차 걸프전(美-이라크 전쟁, 2003)은 정보전의 필요성과 중요성을 체득한 계기였다. 최근의 전쟁 양상은 軍은 물론 국가의 주요 기반 자체가 대상이 되며 자연스럽게 전장(Battle-field)은 확대되었고, 이전까지는 볼 수 없던 민간기업과 개인까지 직접 관련되어있다. 따라서 사이버전으로 한정하던 범주에서 벗어나 국가안보 차원에서 접근해야 하는 시대가 되었다. 즉, 급격한 과학기술의 발전과 시대 변화에 따라 '데이터 보안' 위주에서 컴퓨터와 네트워크를 보호하는 '사이버 보안'의 영역은 확장되었고, 이러한 개념이 다시 '정보전'으로 발전하였음을 이해할 필요가 있다.

코소보 사태(1999) 당시 NATO군이 세르비아를 공습할 때 세르비아에 있는 해커

(Hacker)들이 집단으로 반발하며 NATO와 백악관, 美 국방성의 웹사이트(Web Site), 미군의 전산망 등에 침투하여 컴퓨터 바이러스에 감염된 파일을 첨부한 상당한 양(量)의 전자우편(Electronic Mail), 전자우편 폭탄(Mail Bomb), 해킹(Hacking) 등을 감행함으로써 웹사이트가 상당 시간 마비되는 사태가 발생하였다.[48)]

4.2. 네트워크 중심으로 하는 미래 정보전(IW) 양상

<그림 2-7>은 네트워크 중심의 미래 정보전 양상을 정리하였다.

<그림 2-7> 네트워크 중심의 미래 정보전 양상

①은 항공기의 발명으로 인간이 도달하지 못할 영역이 거의 사라졌다고 봐야 한다.[49)] 이후에도 제1차 걸프전(1991)과 제2차 걸프전(2003)까지는 물리적 공간을 지배하는 차원으로 볼 수 있다.[50)]

---

48) 역사적으로 최초의 사이버전(Cyber Warfare)은 1999년의 코소보 사태다. 당시 NATO군의 공중폭격에 반발한 세르비아 해커들이 NATO 군사령부 홈페이지를 공격했다. 이후 사이버전은 전쟁을 보조하는 차원에서 벗어나 핵심 수단으로 급부상하였다. 미군도 유고의 슬로보단 밀로셰비치(Slobodan Milosevic, 1941~2006) 대통령을 대상으로 하는 사이버 공격으로 군사작전을 마비시키고, 전력(電力)과 교통체계 등을 교란(攪亂-disturbance)하는 계획을 심도 있게 검토하였다. 그러나 결과적으로 보면, 법적·윤리적 차원에 문제가 있어 채택하지 않았다. 이후 2010년 미국이 이란의 핵 개발을 지연시키기 위해 악성코드인 스턱스넷(Stuxnet-원격 감시 제어 시스템 내부의 제어 소프트웨어에 침투하여 전체 시스템을 마비)으로 공격함으로써 이란의 핵 개발 프로그램이 최초의 계획보다 2년여 정도 지연시켰다.

49) 1905년 세계 최초의 실용 비행기인 플라이어(Flyer) 3호가 완성되었다(김성진, 『전쟁사와 무기체계론』(2020), p. 305.).

50) 김성진, 『세계전쟁사』(2021), pp. 433~434.; 김성진, 『군사전략론』(2022), pp. 312~313.

②는 군사용 정보의 수집 및 통신 기능을 수행하는 정보자산들이 가장 광범위하게 운용되는 공간이다. 구소련이 발사한 최초의 인공위성(스푸트니크-Sputnik)은 우주(Universe)가 인간이 범접할 수 없는 대상이 아니라 새로운 개척의 대상으로 바뀌게 하였다.[51] 여기서 우주 공간은 항공기와 지상(地上)의 방공전력, 기상 변화에 의한 악천후 위협 등에서 벗어난 '절대 안전지역'으로 평가할 수 있다. 실제 활용은 정보수집 기능인 고해상도의 영상정보, 정찰위성, 군용통신 중계를 담당하는 통신위성 등을 대표적으로 들 수 있다. 제1차 걸프전(1991) 당시 GPS 항법 위성체계를 사용하였다. 아울러 지상에 배치된 광대역 레이더, 대형 광학망원경, 2008년 미국에서 군사위성(인공위성)을 무력화 및 파괴할 수 있는 위성 공격무기(Anti-SATellite)의 실용화가 완성되었다.

③은 1760년대 영국에서 산업혁명이 시작된 이래 기계화·산업화시대-정보화 시대-정보 문명 시대로 진입하였다. 1969년 美 국방성은 컴퓨터 통신망(ARPANET)을 민간 용도로 공개하였다. 초기는 단순한 문자나 메시지 전달에 한정되었으나, 정보 용량은 급속히 증대하였다. 점차 인터넷이 일상생활에 없으면 안 될 존재가 되었지만, 또 다른 위협으로 등장했다. 국가안보가 위협받게 되면서 국가(단체)와 개인을 불문하고 가상공간(Cyber Space)에 대한 무형 공격으로 물리적 피해가 점차 증대되었다. 즉, 사이버전(Cyber Warfare)의 수준으로 확장되었다는 의미

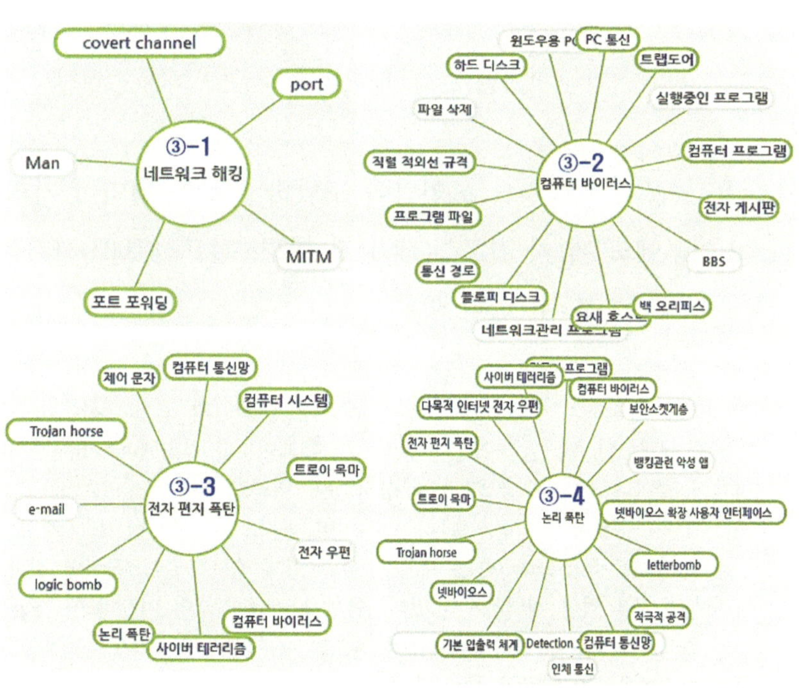

51) 김성진, 『군사혁상론』 (2020), p. 266.

다.[52)]

사이버공간을 이용하는 목적은 적의 컴퓨터나 전산망 내부 자료의 파괴, 왜곡, 접근차단, 탈취, 업무속도의 저하, 처리절차의 조작 및 변경, 이와 연결되는 통신체계 및 유형 자산의 운용을 마비시키는 데 있다는 점에 유념하여야 한다. 정보전이 이전과 다르게 컴퓨터와 유・무선 통신 등의 네트워크를 전장과 연계하고 있음을 이해할 필요가 있다.

4.3. 정보전(IW)의 현실적 한계와 의문점

<표 2-10>은 정보전(IW)이 직면하고 있는 현실적 한계와 의문점을 정리하였다.

<표 2-10> 정보전(IW)의 현실적 한계와 의문점

① 정보전을 수행함으로써 국가의 전략목표와 군사적 목표 달성이 가능한 것인지? ② 정보전이 국가기간망-민간망-군사정보시스템-정보 네트워크에 영향을 미칠 수 있는지? ③ 정보전이 군사작전에 유리하도록 심리적 측면에 영향을 끼칠 수 있는지? ④ 특정 국가(집단)가 주도하는 정보 공격이 상대국가(집단)에 어느 정도 영향을 미칠 수 있는지?

①은 과학기술의 발달로 물리・입체적 공간으로까지 활동 영역을 확장하였지만, 의도하는 대로 인명(人命)을 살상할 수 있는 수준까지 도달한 것은 아니기에 효과성과 파괴력에는 한계가 존재한다.[53)]

---

52) '사이버전(Cyber Warfare)'의 대표적 수단으로는 ③-1. 통신망에 침투하여 공격하는 해킹(Hacking)', ③-2. 상대 컴퓨터의 저장매체를 악성 프로그램으로 감염시켜 자료를 삭제하거나, 기기를 작동하지 못하게 만드는 '컴퓨터 바이러스(Computer Virus)', ③-3. '전자편지 폭탄(Mail Bomb)', ③-4. 미리 조건을 지정하여 해당 컴퓨터와 통신망을 마비시키는 '논리 폭탄(Logic Bomb)'이 있다(김종하・김재엽 공저, 『군사혁신(RMA)과 한국군』(2008), pp. 135~136.; 전명훈, "우크라 정부 전산망에 파괴 명령만 기다리는 악성코드," 『연합뉴스』(2022.01.17.) 등).: 관련 내용을 이해하려면, 브루스 윌리스(Bruce Willis)가 주연한 영화 <다이하드 4.0-Live Free or Die Hard(2007)>을 시청하면 좋을 듯싶다.

53) 제2차 세계대전 당시 독일과 미국을 비롯한 연합군은 전략폭격을 감행하여 상대국의 저항 의지를 무

대(對) 우크라이나 전략폭격(2022)

②에서 군사정보시스템은 민간과는 분리된 별도의 운영체계를 사용하고 있다. 따라서 민간의 대규모 공세가 있더라도 군사정보시스템 전체에 미치는 영향은 제한적이라는 시각이 우세하다. 그러나 최근 한국군 현역 대위가 북한 해커에 포섭되어 군(軍)이 독립적으로 사용하는 '합동 지휘 통제체계(KJCCS-Korean Joint Command & Control System)'54) 자료를 외부로 유출하려다 적발된 사건(2022)에서 느낄 수 있듯이 軍 내부의 동조자에 의해 감당하지 못할 결과로 이어질 수 있다는 점을 고민할 필요가 있다.

③은 장병들이 동요할 수 있겠지만, 군사작전에 영향을 미치기는 어렵다. 軍의 특성을 고려할 때 심리적 위축이나 불안감을 조성하여 군사목표를 변경 및 조정하기엔 다소 무리가 있지 않나 싶다.

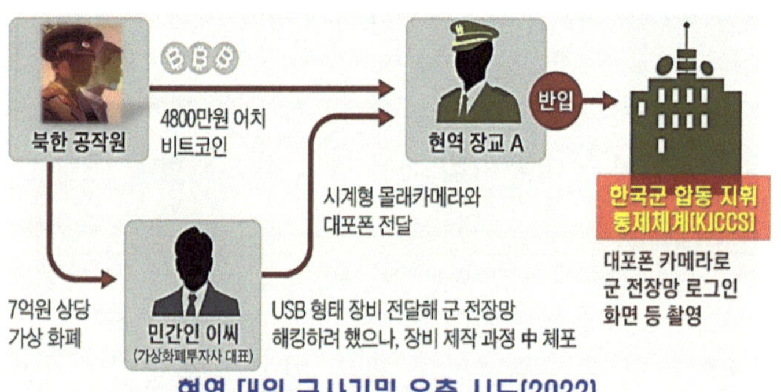

현역 대위 군사기밀 유출 시도(2022)

④는 사이버 테러나 정보 공격을 통해 국가의 정치적 신뢰도가 추락할 수 있다는 시각이 많다. 다시 말해 국민을 심리적 불안과 공황(Panic)에 이르게 하여 일시적인 경

너뜨리고자 시도하였다. 그러나 전쟁을 종결시키거나, 상대국가의 의지를 꺾지는 못했다. 2022년 2월 24일 러시아의 블라디미르 푸틴(Vladimir Vladimirovich Putin, 1952~) 대통령은 우크라이나를 침공하면, 곧장 무너질 거라는 예상과 다르게 강력한 저항 의지와 항거(抗拒-resistance)에 부딪혔다. 4월이 지나면서 하루 1,000여 개의 군사시설에 폭격하였지만, 우크라이나 국민의 의지가 더욱 다져지는 역(逆) 현상이 나타나고 있다(김서원, "러군, 오데사 공항 폭격…정유시설 폭격에 우크라군 연료 부족," 『중앙일보』 (2022.05.01.); 김유민, "푸틴, 하루 1000곳 넘게 폭격…美 "핵무기 사용 가능성" 경고," 『서울신문』 (2022.04.21.) 등).

54) '합동 지휘 통제체계(KJCCS)'는 한국군의 내부 통신망으로 전시(戰時)에 작전을 지시하거나, 군사보안이 요구되는 비밀을 송·수신할 때 사용하는 수단이며, '전장망(戰場網)'으로 불린다. 일반적으로 알려진 인트라넷(Intranet)은 '국방망'으로 軍 내부의 구성원들이 사용하는 컴퓨터망이다.

제적 손실을 발생시킬 수 있으나, 대규모 인명 피해로 연계될 가능성은 쉽지 않다. 다만, 유비쿼터스(Ubiquitous) 환경[55]이 된다면, 사이버전도 가공할 만한 파괴력을 동반할 수 있기에 관련 기능과 영역에 대한 심도 있는 이해와 고민이 필요한 부분이다.

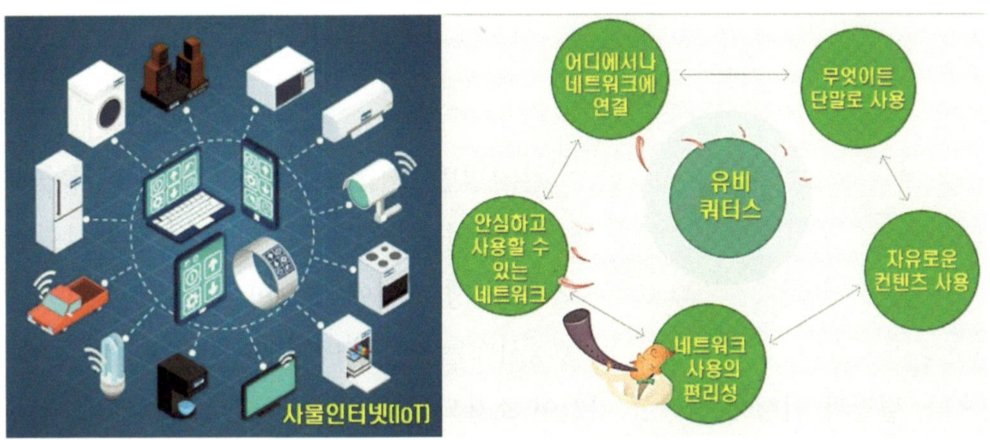

55) '유비쿼터스(Ubiquitous) 환경'은 라틴어인 'ubiquitarius'에서 유래한 단어로 '동시에 어디에나 존재하는' 이라는 뜻을 지니고 있다. 2000년대 이전까지는 '스마트폰의 환경'으로, 최근은 제4차 산업혁명의 대표적 산물인 '사물인터넷(IoT)'으로 이해하면 될 듯싶다. 다만, '사물인터넷'이 '특정한 사물에 각종 센서와 통신 기능이 내장된 인터넷으로 사람의 개입을 최소화하며 사물끼리 소통하게 만든 산물'이라는 좁은 개념으로 본다면, '유비쿼터스'는 시간과 장소에 구애받지 않고 다양한 정보통신서비스를 활용할 수 있는 환경으로 '여러 기기(器機)나 사물에 컴퓨터와 정보통신기술을 통합하여 언제, 어디서나 소통할 수 있는 환경'을 의미하는 조금 더 넓은 개념이다.

제 4 절

정보작전(IO)의 개념과 일반적인 의미 이해

1. 개요

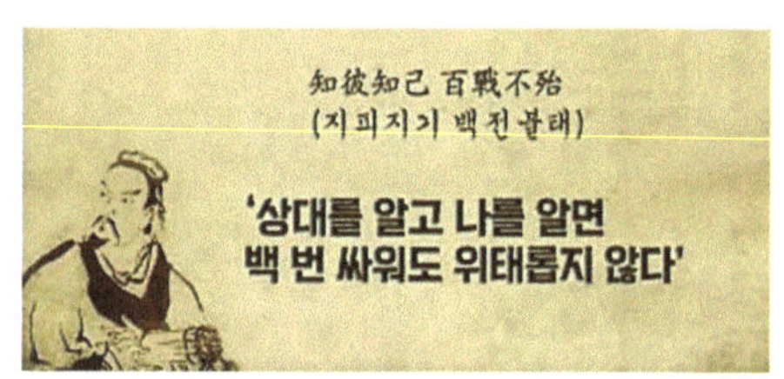

『손자병법』 제3(모공-謀攻)편의 '지피지기(知彼知己), 백전불태(百戰不殆)'라는 내용과 같이 '정보'는 전쟁 승리에 중요한 역할을 담당했다.[56] 농경시대는 인간 자산을 활용하여 정보를 수집하였으나, 결정과 시행에 상당한 기간이 소요되었다. 최근 들면서 실시간대 파악과 바로 활용할 수 있는 시대가 되었다.

'정보작전(IO-Information Operations)'은 정보화와 정보 문명 시대를 근간으로 하고 있으며, 美 야전 교범『FM 100-6(Information Operation)』에서 처음으로 정보작전(IO)은 '모든 가용한 우군 정보체계의 지원을 받는 가운데 효과적인 정보, 지휘 및 통제, 지휘 통제전(Command Control Warfare)을 통해 이루어지며, 모든 영역에서 군사작전으로 수행된다.'라고 제시하고 있다.[57] 이후 여러 과정을 거치면서 美 합참의 정보작전 교리(Joint Pub 3-13, 1998)가 발간되어 정보작전과 정보전의 개념이 명확히 구분되었다.[58] 美 국방부는

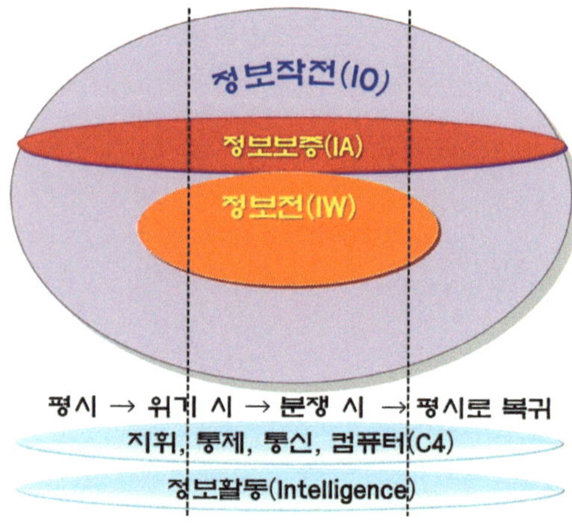

---

56) 노병천, 『도해 손자병법』 (2009), p. 91.

57) Department of Army, 『FM 100-6(Information Operations)』 (Department of Army, 1996), pp. 1-13~2-2.

58) 과학기술과 더불어 점차 복잡해진 정보체계가 기동, 군수, C4I 체계 등과 함께 전통적인 전투 수행 원리의 하나로 통합되었다. 개선된 기능과 상호운용성, 효율·편리성 때문이지만, 취약점을 감수하며 사용되고 있다는 양면성을 잊지 않아야 한다. 즉, 양날의 검과 같다는 의미로 전투 요소를 보호하지만, 상대적으로 보호되지 못한 정보 및 정보체계를 적들도 이용할 기회를 가질 수 있기에 취약할 수 있다.

'정보 우위를 달성하기 위하여 적의 정보, 정보처리, 정보체계, 컴퓨터 기반 네트워크에 영향력을 행사하고 자국이 보유한 같은 능력을 보호하는 제반 활동'으로, 美 합참은 '특정한 적에 대하여 특정한 목표를 달성 및 조장하기 위해 위기 또는 분쟁 시에 수행하는 활동'으로 정의하고 있다.

한국군은 정보 우위를 달성하기 위해 포괄적이고 전반적인 국가 총력전 수준의 개념으로 인식하고 있다. '군사 및 비군사 분야의 정보와 정보체계 영역을 비롯하여 정보 우위를 달성하기 위해 자국의 정보 및 정보체계는 보호하고 상대국의 정보체계는 교란 및 파괴하기 위한 광범위한 제반 활동'으로 정의하고 있다. 즉, 전투에서 승리하는 데 필요한 정보를 획득・유지하고, 적은 관련 정보를 획득하지 못하도록 하는 노력의 하나로 이해하면 된다.

정보기술(IT)의 발달로 인해 패러다임이 '산업화'에서 '정보화'로 변화하면서 무기체계도 소총, 전차, 함정, 항공기 중심에서 정보통신 기술, 컴퓨터, 정밀유도무기, 무인 항공기(UAV-Unmanned Aerial Vehicle)[59], 비살상무기로 첨단・정밀화되었다.[60]

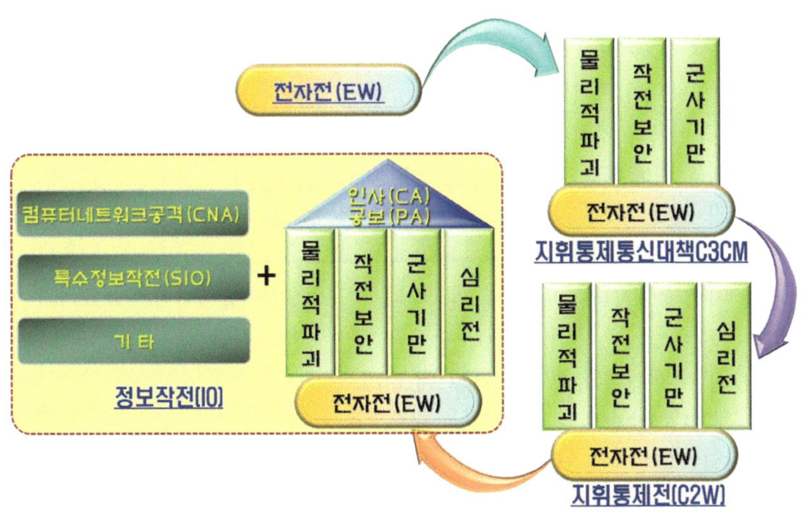

전쟁의 양상도 참호전-전격전-기동전 등 일정한 패턴으로 전환하다가 정보전(IW)과 더불어 정보작전(IO)이 주된 양상으로 자리매김하는 추세다.[61] 즉, 전장에서의 정보

59) 김성진, 『전쟁사와 무기체계론』(2020), pp. 314~325.

60) '정보전은' 제2차 걸프전(2003)에서 다국적군 사령관(Herbert N. Schwarzkopf Jr, 1934~2012)이 지휘하는 과정에서 전방의 관측 상황을 실시간대에 확인하여 작전계획에 반영할 수 있었다(장민석, "강 건너던 러軍 전멸시킨 건, 우크라 '우버 기술'이었다," 『조선일보』(2022.05.15.).).; 관련 내용은 영화 <엔젤 해즈 폴른-Angel Has Fallen(2019)> 또는 <코드 네임 제로니모-Code Name Geronimo(2012)>를 시청하면 이해가 다소 쉬울 듯싶다

61) '정보작전(IO)'과 '정보전(IW)', '정보기술(IT)' 용어는 사용과정에서 뜻이 혼란스러울 수 있기에 간략하게

보호 및 거부, 이용할 때 효율성을 높이기 위하여 단순하게 시작된 '전자전(EW-Electronic Warfare)'[62] 형식에서 점차 '지휘 통제 통신대책(C3CM-Command Control & Communication, Countermeasures)'[63]으로 발전되었다가 '지휘 통제전(C2W-Command & Control Warfare)'[64]의 형태로 전환하였다. 이후 첨단 정밀교전의 필요성이 증대하면서 영역 전체를 통합할 수 있는 정보작전(IO)으로 확대되었다고 이해하면 된다.[65]

정리하자. '정보전'은 '정보작전'의 하위개념이며, '정보기술'은 '정보작전'을 수행하는 데 필요한 기본 도구로 이해하면 된다(Joint Pub 3-13, 『Joint Doctrine for Information Operations』 (Washington D.C.: Joint Chiefs of Staff, 2014), pp. xi, 78.; 합동군사대학교 합동전투발전부, 『정보작전(미 합동 교범 3-13 번역본)』 (대전: 국군인쇄창, 2016), pp. ix.; 배달형, 『정보작전의 이해』 (서울: 한국국방연구원, 2003), pp. 43~44.).

62) '전자전(EW)'은 '전자기 스펙트럼(주파수 또는 파장)을 통제하거나 적을 공격하기 위하여 전자기 '지향성 에너지 무기'의 사용을 포함하는 군사 활동'을 의미하고 있다. 여기서 '지향성 에너지 무기'는 '적의 장비, 시설, 인원을 손상하거나, 파괴하기 위한 직접적인 수단으로 지향성 에너지(DE-Directed Energy)로 운용되는 무기체계'를 뜻하는 용어다. 여기서 '지향성 에너지'는 '원자, 원자 구성 입자, 집중 전자에너지 빔 생성과 관련된 기술'이다.

63) '지휘 통제 통신대책(C3CM)'은 '아군의 지휘 통제와 지휘 통신체계는 보호하되, 적의 첩보 획득은 거부하고, 지휘 통제 및 통신능력을 저하 또는 파괴하는 군사 활동'이다. 적의 전투 능력은 최소화하되, 아군의 전투 능력은 극대화하기 위해 정보의 지원으로 이루어지는 작전보안, 군사 기만, 전자전 및 물리적 파괴 등을 통합한 제반 활동이다.

64) '지휘 통제전(C2W)'은 '적의 지휘 통제능력은 약화 및 파괴하되, 아군의 지휘 통제체계는 보호하기 위한 군사 활동'이다.

65) 전쟁사 측면에서 '정보작전(IO)'의 혁신적인 변화는 크게 네 가지 단계로 구분할 수 있다. 제1단계는 영국에서 시작된 산업혁명(18세기)의 산물이다. 정보작전을 수행하는 방식과 수단은 달랐지만, 고대 전쟁부터 존재하였다. 따라서 산업혁명 이후에 시작하였다는 의미가 아니라 이때부터 유럽국가를 중심으로 하여 기술혁명의 수단이 한 층 더 발전되었다. 제2단계는 미국이 전투에 승리하였으나, 전쟁에서 패배하게 만든 베트남전쟁(1963~1973)이다. 이전까지는 작전적·전술적 수준에 머물렀으나, 민간 요소를 포함하는 전략적 수준으로 확대할 수밖에 없다는 교훈을 습득했기 때문이다. 즉, 기동과 화력의 우세만으로는 전쟁에서 승리할 수 없음을 인식함에 따라 전략적 정보작전에 전자전과 심리전, 민사·공보작전 등을 추가하였다. 제3단계는 아프간 전쟁(2001)과 제2차 걸프전(2003)을 진행하며 적에 의한 테러 및 공격으로부터 우군을 보호함은 물론 피해당한 민간인, 테러분자의 협박에 이용당할 수밖에 없는 노약자나 어린아이 등은 보호하되, 이들에 섞여 있는 적을 상대해야 하는 치밀한 고도의 작전 기법을 요구받았다. 즉, 인권 개념이 포함된 비살상 위주의 정보작전으로 변화하는 계기가 되었다. 마지막 단계는 최근 시기로 봐야 하지 않나 싶다. 미국과 중국을 중심으로 전개되는 새로운 패권경쟁 구도와 갈등, 전통적·비전통적 안보위협의 뷰카(VUCA-변동성(Volatility), 불확실성(Uncertainty), 복잡성(Complexity), 모호성(Ambiguity)) 시대에 깊숙이 침잠(sink)되어 정보작전의 영역이 확장되었고, 인공지능(AI)과 스텔스기술을 추가로 접목하는 등의 혁신적 변화에 들어섰기 때문이다.

잠재 표적은 군사목표와 작전개념, 정보수집 활동을 심층적으로 분석한 결과에 따라 결정되며, 크게 네 가지로 구분할 수 있다. ①은 민간(일반)·군사·사회·문화적 리더십을 대상으로 하게 된다. ②는 C4I 체계, 군수·작전 등의 군사적 기반구조를 포함하고 있다. ③은 통신·수송, 에너지, 금융, 생산시설 등 제반 민간에 기반을 둔 시설을 망라한다. ④는 포병·전차, 함정, 항공기, 방공, 정밀유도무기 등을 포함하고 있다.

정보작전(IO)은 전(全) 영역에 걸쳐 전(全) 방위적으로 수행되고 있다. 정보활동의 지원을 받으며 피·아 정보, 정보에 기반한 프로세스(Process), 정보체계의 핵심 요소와 함께 데이터베이스의 내용과 현황을 분석하는 역할과 기능을 담당한다. 분석 및 결정에 따라 성공 여부가 확정되므로 설계-통합-정보활동 지원 및 지휘 통제하는 작용과 공세·방어적 능력(활동) 등에 대한 통합 노력이 필요하다.[66] <그림 2-8>은 정보작전(IO)의 시기와 범위, 노력의 양적(量的) 수준을 정리하였다.

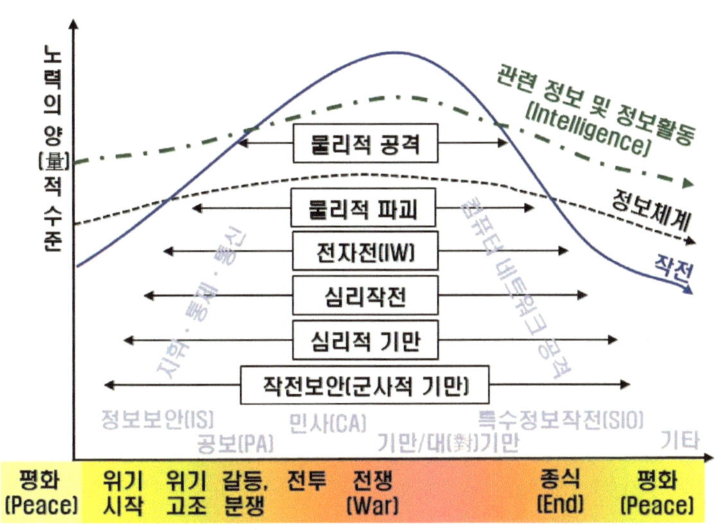

<그림 2-8> 정보작전(IO)의 사용 시기 및 범위와 노력의 양적(量的) 수준

66) '공세적 정보작전'으로 적의 핵심 표적군 가운데 하나라도 정확하게 표적화할 수 있다면, 성공을 보장받을 수 있다. 이때 위협의 본질을 이해하면, 적과의 정보작전(IO)에서도 아군을 방어(보호)할 수 있다.

C4 활동과 정보활동[67]을 기반으로 하는 정보보증(IA)[68], 민사(CA)[69], 공보(PA)[70], 정보보안(IS-Information Security)[71] 등이 복합적으로 진행되는 상태에서 갈등과 분쟁이 고조되기 마련이다. 이때 전자전, 물리적 공격 및 파괴 등을 비롯한 정보작전 활동이나 능력 등을 사용한다. 서로 타협하지 못하면, 전쟁으로 진전(進展-escalate)된다. 전쟁이 종식된 다음에도 전자전과 물리적 공격 및 파괴 활동은 감소하지만, 이외의 정보 활동들은 그대로 지속(持續-sustain)되기 마련이다.

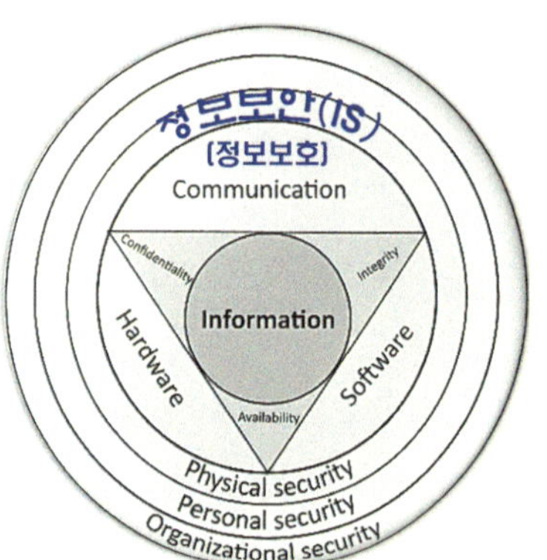

---

67) '정보작전'과 '정보활동', '정보활동 지원'은 개념과 의미가 조금씩 다르다. '정보활동'은 '연구-개발-획득 및 작전의 지원과 정보작전의 목표를 달성하기 위해 요구되는 배열(配列-array)을 적시에 정확하고 적절하게, 충분하게 충족시키는 활동'이다. '정보활동 지원'은 '정보작전을 기획-실행-평가하는데 필요한 결정적인 기반 활동'이다.

68) '정보보증(情報保證-Information Assurance)'은 '정보와 정보체계를 보호하고 방어하는 정보작전(IO)의 한 분야로 정보체계에 보호-탐지-대응할 수 있는 능력을 설치하여 자체 복구 능력을 갖춤으로써 이용・통합・비밀성과 인증(認證), 부인 거부(否認 拒否) 등을 보장하기 위함이다.

69) '민사(民事-Civil Affairs)'는 '군부대가 점령 또는 주둔하고 있는 지역에서 그 지역의 민간당국 및 주민과의 관계에 필요한 군사 활동 전반(全般)'을 의미하고 있다. 해당 요원들은 행정・경제・대중(大衆) 문제・언어학 등을 비롯하여 각국의 문화 등을 다양하게 경험한 전문가들로 구성되며, 복잡한 정보환경 내에서 핵심조직-개인들 간에 상호 교류하는 능력이 성과를 결정짓게 한다.

70) '공보(公報-Public Affairs)'는 사회적 리더십, 새로운 미디어의 등장, 각종 네트워크의 증가와 맞물려 '공공의 목적을 위하여 정부와 지자체 등 공공기관이 주체가 되어 일반 국민에게 언론매체, 관보(官報) 등의 다양한 수단으로 특정 사안을 알리는 활동 전반(全般)'을 의미하고 있다. 'PI-Public Information'으로 사용되기도 하며, 내・외부 인원 모두에게 정보의 적절한 흐름을 모색하기 위함으로 정책 또는 법적 제한 사항을 안보 중심으로 통합하는 데 있다.

71) '정보보안(IS-Information Security 또는 Infosec)'은 '정보보호'로 불리며, '정보를 다양한 위협으로부터 보호하는 일체'를 뜻하고 있다. 정보수집-가공-저장-검색-송・수신 도중에 야기될 수 있는 정보의 훼손이나 변조, 유출 등을 방지하기 위한 관리・기술적 차원의 방법을 뜻하고 있다. 그러나 완전한 성과를 달성하기가 제한되어 외부적으로 필요성에 대한 의구심이 생길 수 있지만, 복합적인 대책을 동시에 사용할 경우 위험 수준이 대폭 줄어들 수 있다.

2. 정보작전(IO)의 환경과 종류

2.1. 정보작전(IO)의 활동 환경

정보작전은 전장에 흩어져있는 병력과 무기체계의 효과를 집중시키고 적절한 형태의 정보 흐름을 보장하기 위해서는 정보작전에 세 가지의 노력이 필요하다.[72] 승리를 쟁취하려면, 전투력을 극대화하는 '정보'가 필요해서다. 미군은 진즉부터 '전장 정보전(Battlefield Information Warfare)'에서 우위를 확보하는 여부가 승리의 핵심 요체임을 깨우쳤다. 이때 '정보지배(Information Dominance)'의 여부가 핵심이기에 주요한 군사목표의 하나로 설정하고 있다. <표 2-11>은 정보작전의 원활한 흐름을 보장하기 위한 세 가지의 노력을 정리하였다.

<표 2-11> 정보작전(IO)의 원활한 흐름을 위한 세 가지 노력

① 상・하-수평적 제대 간 정보체계가 적시에 연결되어야 하기에 작전과 정보작전의 타이밍이 잘 조절되어야 한다. ② 자료를 수집-전송-처리-통합-의사결정-행위하는 주기가 정상적으로 신속하게 진행되어야 한다. ③ 다양한 방식과 수단을 이용하여 적에게 유리한 정보체계는 원활하지 못하도록 오염활동을 전개하여야 한다.

②는 존 R. 보이드(John R. Boyd)의 '우다 루프(OODA Loop) 모델[73]에서 출발하고 있으며, 전장에서 주도권을 확립하기 위한 맥락으로 이해하면 된다. 관찰-상황파악-의사결정(결심)-행위를 반복하되, 주기가 상대보다 빠를수록 상대는 뒤늦게 대응할 수밖에 없기에 결국 '멘탈의 붕괴(mental collapsing)'로 이어진다.

---

72) 미군은 2005년 도널드 H. 럼즈펠드(Donald H. Rumsfeld, 1932~2021) 국방장관이 재직하면서 획기적으로 발전시켰으며, 11월 펜타곤에서 공식문서로 한・미 연합사령부에 지시하였다.

73) 'OODA 주기'는 '관찰(Observe)-상황파악(Orient)-의사결정(Decide)-행위(Act)'의 약자로 주창자의 이름을 본떠 '보이드 주기(Boyd Cycle) 또는 오다 루프(OODA Loop) 모델(주기)'로 불린다.; 관련 내용은 이 책의 제3장 제3절 3. 존 R. 보이드의 마비 전략사상과 '오다 루프(OODA Loop) 모델'을 참고하기 바란다.

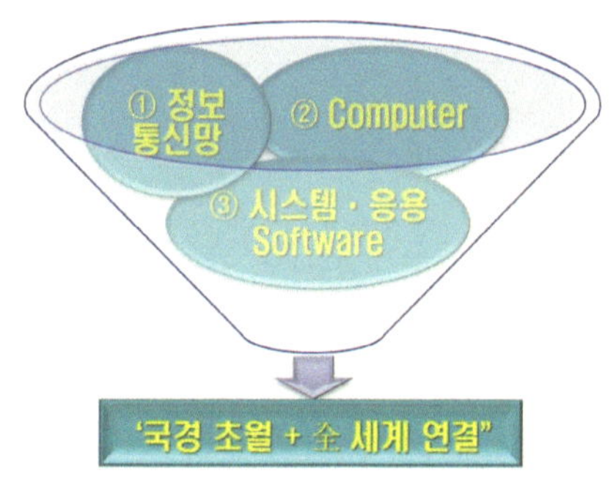

정보작전이 활동하는 환경은 ① 정보통신망, ② 컴퓨터(Computer=Hardware), ③ 시스템 · 응용 소프트웨어(Software)로 특정한 국가나, 軍 내부를 포함하여 범세계적인 정보 환경과 연계 및 구축되어있다.[74] 즉, 컴퓨터와 데이터 통신을 중심으로 하는 정보기술이 발전하면서 실시간대에 작전지역의 대다수 상황이 전달된다. 軍의 정보환경은 피 · 아 간 특정한 군사작전에 영향을 미치는 군사 · 비군사용 정보체계(조직)로 이루어져 있다. 그러나 전체로 보면, 범세계적인 정보환경의 내부에 존재한다는 인식이 필요하다.

2.2. 정보작전(IO)의 종류

정보작전(IO)은 다양한 작전영역에서 우위를 확보하기 위해 정보를 효과적으로 수집-처리-사용할 수 있도록 軍 정보환경 내부에서 진행하고 있다. 적의 정보와 판단능력으로도 눈치채지 못하게 하는 등 교묘하게 이용하는 방식이지만, 적의 능력을 사용하지 못하게 하는 데 있다. <그림 2-9>는 정보작전(IO)의 종류를 정리하였다.

<그림 2-9> 정보작전(IO)의 종류

①은 공세적인 성격의 수행방식으로 급변하는 전장 환경에서 우위를 확보하려면, 다량의 정보가 필요하다. 정보기술이 계속 발전함에 따라 취약점이 높아졌기 때문이

74) 여기서 '세계적인 정보환경'은 '軍 또는 국가가 통제할 수 없는 위치에서 정보를 수집 · 처리하여 전세계인에게 정보를 배포하는 사람 · 조직 · 체계'를 의미하고 있다(Department of Army, 『FM 100-6(Information Operations)』 (1996), pp. 1-13~2-2.).

다. 따라서 적의 지휘 통제능력을 저하 및 파괴함으로써 적은 올바른 정보를 사용하지 못하게 하되, 아군의 지휘 통제능력은 확보하기 위해서다. 이를 위한 수단이 기만(欺瞞-deception), 심리작전(PO), 전자전(EW), 작전보안(OS), 물리적 파괴(Physical Destruction)[75] 등이라고 이해하면 된다.

②・③은 현대의 대다수 군사작전이 대중매체의 감시 아래 수행되므로 국내외에 보도되는 뉴스 등은 대중의 인식에 지대한 영향력을 끼치게 된다.

2.3. 정보작전(IO)의 구분

<그림 2-10>은 정보작전(IO)을 '공세적 정보작전(Offensive IO)'과 '방어적 정보작전(Defensive IO)'으로 구분할 수 있다.

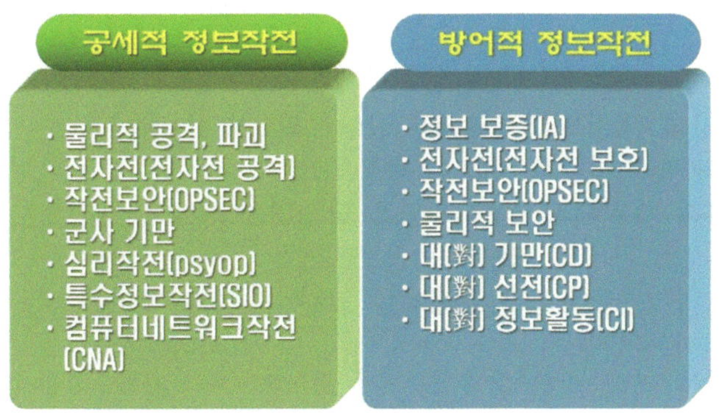

<그림 2-10> 정보작전(IO)의 두 가지 구분

'공세적'은 '적의 의사결정권자에게 영향을 주거나, 특정 목표를 달성 또는 진척시키기 위해 정보활동을 지원받으며 자신에게 부여되었거나, 지원받는 능력과 활동을 통합・사용'한다는 의미이다. '방어적'은 '정보・정보체계를 보호 및 방어하기 위해 정책, 절차, 작전, 인력・기술을 통합 및 조정'한다는 의미로 사용하고 있다.

---

75) '물리적 파괴(物理的 破壞)'는 '전투력을 사용하여 적 부대와 장비 및 물자, 시설 등이 일시적 또는 영구적으로 기능을 발휘하지 못하게 피해를 주는 것, 기능을 발휘하지 못하게 만드는 상태'를 의미하고 있다.

제 5 절

논의 및 시사점

정보전은 공개된 정보원의 활동, 심리전에 대한 인식과 관리 기법(Skill), 내부 동조자와 접촉, 각종 신호(Signal)에 대한 포착, 컴퓨터에 대한 각종 공격·방어기법 등에 따라 결과가 달라진다. 일반적으로 보면, 비폭력수단인 오(誤)·위(僞) 정보를 이용한 선전 및 위협으로 상대의 의지를 제거하는 위주로 진행하고 있다. 군사적 측면에서는 물리적 손상 및 파괴에 방점을 찍고 있으며, 심리적 영역에까지 영향을 끼치고 있다. <표 2-12>는 정보전(IW)과 정보작전(IO)의 정의를 비교하였다.

<표 2-12> 정보전(IW)과 정보작전(IO)의 정의

구 분		정보전(IW)의 정의	정보작전(IO)의 정의
美국방성 훈령		"우리의 정보와 정보체계는 방어하되, 적 정보와 정보체계에 영향을 주려는 행동들"	-
합참	한국	•군사적 차원에서 정보 우위를 달성하기 위해 자국의 정보 및 정보체계는 보호하고, 상대국 정보체계는 교란·파괴하는 활동	•군사적 차원에서 정보 우위를 달성하기 위해 아군의 정보 및 정보체계, C4I 체계를 교란 및 파괴하는 일련의 군사작전
	미국	•특정한 적에 대한 목표를 달성 및 진척시키기 위해 위기 또는 분쟁 시에 수행하는 정보작전	•전·평시, 아군의 정보·정보체계는 방어, 적의 정보·정보체계에 영향력을 행사하려는 활동
육군	한국	-	-
	미국	•정보 우위를 달성하기 위해 적의 정보 및 정보처리, 정보체계 및 컴퓨터 네트워크에 영향력을 행사하는 한편 자국의 능력은 확보하기 위한 제반 활동	•군사정보환경(MIE)[76] 내에서 이루어지는 모든 군사작전의 이점을 획득하려고 정보를 수집·처리하는 활동을 확대·보호하는 지속적인 군사작전
공군	한국	-	-
	미국	•적의 정보기능은 거부, 이용, 파괴하되, 적의 행동에 대한 자국(自國)의 정보기능과 능력은 보호·이용하는 제반 활동	-

천안함 폭침(2010) 사태에 국가적·군사적 차원의 정보판단 및 분석-대응한 결과가 긍정적인 호응을 얻지 못했다. 이는 국민(구성원)의 신뢰를 얻지 못해 실패할 수밖에 없는 구조였던 데다 유연하고 탄력적인 대응을 하지 못해서다. 현대사회의 분쟁은 독단적인 사고나 한 가지 대안(對案)만으로 문제를 해결하기는 어려운 환경이다. 특히 정보전은 고립된 활동이 아니다. 인간의 활동과 국가·군사 영역에서 나타나는 갈등 및 분쟁 상황과 밀접하게 연계되어 있다. <표 2-13>은 정보전(IW)과 정보작전(IO)이 적용되는 범위와 차이점을 비교하였다.

<표 2-134> 정보전(IW)과 정보작전(IO)의 적용 범위와 차이점

구 분		정보전(IW)의 범위	정보작전(IO)의 범위
합참	한국	•대전략(Grand Strategic) 차원의 정보 우위를 달성하기 위한 군사·비군사 분야 정보체계(포괄적 개념)	•심리전, 군사기만, 작전보안, 전자전, 물리적 공격을 포함하는 지휘 통제전과 민사·공보작전
	미국	•위기 또는 분쟁 시 전장 공간 내에서 진행되는 제반 정보작전	•전·평시 수행되는 정보작전으로 전시는 전략·작전·전술적 수준의 정보작전을 진행
육군	한국	-	-
	미국	•분쟁 중 정보 우위를 달성하기 위해 취하는 제반 활동	•지상 구성군사령관을 위해 정보전 정책을 집행하는 활동

한국군은 美 육군의 정의 및 개념, 적용 범위와 궤(軌-trend)를 같이한다. 그러나 한반도 환경과 여건에 부합하는 고유의 군사교리(軍事敎理-Military Doctrine)와 개념이 명확하게 정립되지 않는 현실에서 관련 분야에 대한 변화 및 발전이 필요하다.

"'만약에!'를 고민하지 말고 '어떻게 할 것인가?'에 집중해야 한다."

76) '군사정보환경(MIE)'은 'Military Information Environment)'의 약자로 '특정 군사작전의 지휘 또는 지휘를 가능하게 하고 이에 영향을 주는 인원과 조직, 체계'를 의미하고 있다.

강의_II ‘군사혁신’과 ‘항공력(Air Power)’의 상관성을 이해합시다.

학습하기 이전(以前)에 요구되는 사항

1. 군사혁신과 항공력의 관계를 이해하시오.
   * 동력 항공기(1903)의 출현으로 변화된 전장 환경이란?
   * 시 · 공간의 한계를 뛰어넘은 최초의 전천후 전력은?
   * 항공력의 효용성과 분란전의 관계는?
   * 전장(戰場)의 성격을 변화시키는 3대 요소는?
2. 전략적 마비 이론의 의미와 특징을 이해하시오.
   * 전략적 마비에 필요한 네 가지 요소는?
3. 현대 항공전략의 혁신 이론을 이해하시오.
   * 존 보이드(John Boyd, 美)의 ‘OODA 주기’ 이론이란?
   * 존 A. 와든(John A. Warden Ⅲ, 美)의 동심원(Five Ring) 이론이란?
   * 휴 트렌차드(Hugh Trenchard, 英)의 항공이론은?
   * 빌리 미첼(Billy Mitchell, 美)의 항공전략 사상의 핵심은?
4. 존 보이드와 존 A. 와든의 사상의 차이점을 이해하시오.
   * 마비의 중심, 관점, 중점은?
5. 병행전(Parallei Warfare)의 기본 개념과 특징을 이해하시오.
   * 제퍼리 R. 쿠퍼(Jeffery R. Cooper) 이론의 특징은?
   * 병행전의 장?단점과 무력화시키는 방법은?
6. 영화 〈공군대전략-Battle of Britain, 1969〉, 〈멤피스 벨-Memphis Bells, 1990〉, 〈라파예트-Flyboys, 2006〉을 시청하시오.

제3장

'군사혁신'과 '항공력'의 상관성

제1절 개요

제2절 전쟁의 본질적 형태와 항공력의 관계

제3절 '전략적 마비'와 항공사상의 상관성

제4절 '병행전(Parallel Wafare)'과 항공사상과의 상관성

제5절 논의 및 시사점

제 1 절

개 요

전쟁은 인류문명이 시작된 이래 과학기술의 혁신과 함께 수행하는 방식과 수단도 발전하였다. 과학기술의 혁신적인 발달은 상상을 초월하는 혁신적인 수단들을 등장시켰다. 이제 정밀하지 못한 전쟁 즉, 공격할 때 부수적인 피해를 유발(誘發)하는 형태의 전쟁은 정치적으로 용납되지 않기에 고가치(핵심) 표적만 골라 파괴하기 위해 표적을 선정하는 과정이 더욱 신중해지고 있다. 이에 따라 병력 집중도가 높았던 기존의 전쟁 방식은 크게 변화하였고, 첨단화된 정밀유도무기로 원거리에서 타격할 수 있는 능력을 갖추어야 한다. 이는 상대의 '전략적 중심(Center of Gravity)'을 공격하는 형태로 전환된 전장의 현실에서 느낄 수 있다.

미국은 치명적인 살상 무기 대신에 비치명적인 비살상 무기를 이용하여 원하는 성과를 획득할 수 있는 대표적인 국가다. 이들이 대량파괴에 집착하지 않고도 정치 · 경제 · 사회 · 심리적 여건을 인위적으로 만들어 군사적 목표의 대부분을 달성하고 있음을 진중하게 고민하고 학습할 대목이다.

급변하는 국제 환경 속에서 한국이 국가이익을 도모하기 위해서는 새로운 형태의 군사적 방식과 수단, 활용 개념(Employment Concepts)을 고민할 필요가 있다. 군사작전은 국가의 최고 정치지도자가 의도하는 국가이익과 보위(保衛)를 위한 정치적 판단에 따라 설정한 목표를 달성하여야 한다. 그러나 어느 국가를 불문하고 무한정으로 대가를 지급하기는 어려운 현실이기에 전쟁과 정치적 목표가 무엇인지를 분명히 제시할 필요가 있다.

이때 정치적 · 물리적 환경과 조화를 이루며 목표를 달성할 수 있는 최적의 방식과 수단 즉, 전쟁의 양상을 바꾸는 핵심 전력으로 평가받는 분야가 '항공력(Air Power)'이다. 초기 항공력의 등장과 역할은 제한적이었기에 정치적인 목적을 달성하는 데 영향력이 크지 않은 주변 요소로 취급했으나, 점차 지배적인 요소로 자리매김하였다.

이는 첨단전쟁으로 평가받는 제1차 걸프전(1991)과 제2차 걸프전(美-이라크 전쟁, 2003)을 통해 효과성을 의심할 여지가 없어졌다.

1903년 라이트 형제(Wilbur Wright, Orville Wright)[1)]가 최초로 동력 항공기(Wright Flyer)를 발명했지만, 전쟁의 양상과 환경이 근본적으로 변화할 것을 예측하지는 못했다. 그러나 이로 인해 2차원에 머물던 전장 환경이 3차원으로 변화하며 전쟁의 양상과 수행방식 및 수단을 크게 변화시켰다. 항공전략 이론에 기반한 과학기술의 발전과 전쟁을 통하여 수많은 시행착오를 거친 노력의 결과다. 항공전략 이론과 과학기술이 한층 더 발전한 요인은 '상관성(interrelationship)'이다. 프랑스의 항공산업에 뒤처져 위축되어있던 미국과 주변의 강대국이 항공전략 및 교리를 끊임없이 연구한 결과, 초기 항공전략가들의 수준과 영역을 넘어서는 경지에 도달하였다.

'군사혁신'에서 '항공력' 분야는 전략적 마비와 병행전을 같이 포함하여 이해할 필요가 있기에 이번 장(章-Chapter)은 전쟁의 본질적인 형태-전략적 마비(Strategic Paralysis)와 관련한 부분을 간략하게 이해하는 과정을 거치고자 한다. 그리고 존 R. 보이드(John R. Boyd)의 'OODA 주기 이론(이하 '우다루프(OODA Loop) 모델')'과 존 A. 와든 Ⅲ세(John A. Warden Ⅲ)의 '동심원(Five Ring) 이론'-'병행전(竝行戰-Parallel Warfare)'을 같이 탐구하기로 한다.

1) 형인 윌버 라이트(Wilbur Wright, 1867~1912)와 동생 오빌 라이트(Orville Wright, 1871~1948)는 1903년 12월 17일 세계 최초로 인간이 조종할 수 있는 공기보다 무거운 항공기를 동력 비행하는 데 성공하였다. 1905년 최초로 고정익 항공기를 제작하였는데, 모든 고정익 항공기의 기본적인 조종 방식으로 평가받고 있다.

제 2 절

전쟁의 본질적 형태와 항공력의 관계

전쟁은 고대부터 최근에 이르기까지 네 가지의 형태를 벗어나기 어렵다. 각종 전쟁의 형태는 여기에서 파생된다고 이해하면 된다. <그림 3-1>은 전쟁의 본질적인 형태를 크게 네 가지로 정리하였다.

<그림 3-1> 전쟁의 본질적인 네 가지 형태

①은 군사적 측면을 중심으로 접근하는 시각으로서 의도하는 최종 상태는 '적 부대의 완전 격멸(殲滅-annihilation)'이다. 북한군이 사용하는 '유생역량(有生力量)의 소멸' 개념과도 유사하다고 이해하면 된다.[2)]

---

2) 북한군의 '유생역량 소멸' 전술은 러시아가 구소련 시절부터 사용하던 기본 군사교리다. 이는 2022년 2월 러시아의 우크라이나 침공사태에서 보여주는 전략·전술과 같다고 이해하면 된다. 우크라이나 사태를 바라보는 미국과 러시아가 군사적 목표를 대하는 시각에 확연히 차이가 있음은 여기에서 출발한다. 미국은 카를 폰 클라우제비츠의 '섬멸전' 사상을 따르기에 작전 중심(Center of Gravity)을 '지역(area=키이우)'으로 보는 것이고, 러시아는 '유생역량(마리우폴과 돈바스 지역 등의 아조프부대=우크라이나 主力軍)'에 두고 있다. 따라서 우크라이나 사태에 관한 분석과 전망이 국가나 학자에 따라 다를 수밖에 없다. 과거 동양에서 최초로 서방을 정복한 몽골의 칭기즈칸(Genghis Khan, ?~1227)이 지휘한 몽골군은

프로이센의 카를 폰 클라우제비츠(Carl von Clausewitz, 1780~183)가 "결정적인 전투를 통해 상대국가의 군대를 격멸시킬 필요가 있다."라고 하며 섬멸전 사상이 등장하였다. 그러나 초기에는 '압도적으로 우세한 전력을 보유'할 수 있어야만 성립이 가능한 환경이었다. 존 A. 와든 Ⅲ세(John A. Warden Ⅲ)는 "적의 중심에 해당하는 부분을 식별한 다음 이를 무력화할 수 있다면, 신속하게 전쟁을 종결할 수 있다."라고 주장하였음도 유사한 맥락이다. 현대사회로 들어오면서 정밀유도무기와 첨단 감시・정찰체계, 지휘・통제체계, 항공력을 결합하는 단계로 발전하였고, 이제는 '전략적 마비(Strategic Paralysis)로 전쟁을 신속하게 종결'하는 수준에 도달하였다.

②는 상대국가 간 전투력이 엇비슷하여 기동과 전투를 반복하는 형태로 장기간에 걸쳐 진행하는 형태다.[3)]

독일의 에리히 폰 팔켄하인(Erich von Falkenhayn, 1861~1922)은 "참호전 즉, 지구전을 통해 프랑스인들의 피를 마지막 한 방울까지 마르게 해야 한다."라고 주장하였다. 그는 군사력 수준이 대등한 국가 간에 전쟁이 진행되므로 오랜 기간이 소요된다는 전제 아래 끊임없는 기동과 전투로 적을 격멸해야 한다고 인식하였다. 이에 기반하여 1극은 전투, 다른 1극은 기동에 두는 전략을 채택했다. 제1차 세계대전 초기 참모총장으로 재직하며, 철도에 의한 병력 수송과 군수품 공급체계를 발전시켰음도 같은 맥락이다.[4)]

다른 국가를 정복하였으나, 운용할 수 있는 병력의 규모에 한계가 있었다. 자기 민족 이외는 믿지 못했기에 나타난 현상이다. 이에 따라 의도적으로 정복한 국가들의 심리적 공포를 극대화함으로써 아예 반기(反旗)나, 반심(叛心)을 품지 못하게 유생역량을 말살시키는 전략으로 일관하였다. 이는 구소련(러시아)의 기본 교리로서 북한군이 도입한 군사교리와도 연계되어 있다(김성진, 『세계전쟁사』 (2021), pp. 163~164.; 김성진, "6・25전쟁 제72주년과 정치・군사적 측면에서 바라본 '작전 중심(Center of Gravity)'의 간극," 『국민정책평가신문』 (2022.06.03.).).

3) 김성진, 『군사전략론』 (2022), p. 105.; 『세계전쟁사』 (2021), p. 87.; 김성진, 『전쟁사와 무기체계론』 (2020), pp. 191~194.

4) 김성진, 『군사전략론』 (2022), pp. 207~208.; 『세계전쟁사』 (2021), pp. 337~340.; 김성진, 『전쟁사와 무기체계론』 (2020), pp. 199~200.

③은 '전략적 마비(Strategic Paralysis)'로 불리며, 정치 · 경제 · 외교 · 사회 등의 제 분야와 군사적 측면을 같이 포함하는 개념으로 전쟁을 수행하는 의지를 약화 또는 제거하는 데 방점을 찍고 있다.5)

독일 철도망[1880]

대표적으로 제2차 세계대전 시 독일의 하인츠 W. 구데리안(Heinz W. Guderian)에 의해 수행된 '전격전(Blitzkrieg)'을 들 수 있다. 상대의 치명적인 급소에 해당하는 핵심목표를 선정하여 공격함으로써 적을 무력화하는 제3의 전략이다. 정교한 화살을 이용하여 의도한 부위에 정확히 명중시켜 적의 아킬레스건을 파괴하는 개념으로 이해하면 된다. 제1차 걸프전(1991) 당시 존 A. 와든 Ⅲ세(John A. Warden Ⅲ)의 동심원(Five Ring) 이론으로 적의 지휘 통제체계를 우선으로 파괴하는 방법이 '전략적 마비'였다. 이때 필요한 핵심 수단이 '항공력(Air Power)'이다.

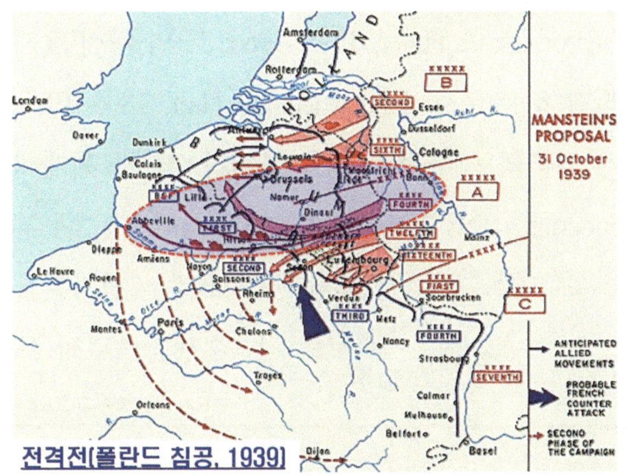

전격전[폴란드 침공, 1939]

④는 전쟁을 수행할 때 일반적으로 채택하는 전형적인 방법과 수단이기에 생략하기로 한다.6)

---

5) '전략적 마비'에 관한 대표적인 사상가로는 존 프레드릭 C. 풀러(John Frederick C. Fuller, 1878~1966, 英)와 바실 헨리 리델하트(Basil Henry Liddell Hart, 1895~1970, 英)를 들 수 있다(김성진, 『군사전략론』(2022), pp. 100~107, 108~117.).

6) '기동전(Maneuver warfare)'은 참호전 또는 진지전과는 반대의 개념으로 병력을 빠르게 움직이게 하여 전쟁에서 주도권을 갖는 전술로 '적을 물리적으로 파괴하지 않고 빠르게 기동하여 심리적 마비를 달성함으로써 최소한의 전투로 결정적 승리를 달성하는 전투 방식'이다. 고대부터 최근에 이르기까지 군대의 기본전술이라고 이해하면 된다. 대표적으로 제2차 세계대전 초기에 하인츠 W. 구데리안(Heinz W. Guderian, 1888~1954) 장군이 수행한 '전격전(Blitzkrieg)'을 들 수 있다(김성진, 『군사전략론』(2022), pp. 104~105.; 『세계전쟁사』(2021), pp. 307, 311~314.).

제 3 절

'전략적 마비'와 항공력의 상관성

1. 개 요

18세기 영국에서 시작된 산업혁명은 과학기술의 획기적인 발전과 더불어 군사 분야에 혁신적인 발전을 가져왔다. 이때 '기동전(機動戰-Maneuver warfare)' 개념이 등장한 결정적 계기가 존 프레드릭 C. 풀러(John Frederick C. Fuller, 1878~1966, 英)의 마비전(기계화 전투) 이론이다. 이후 바실 헨리 리델 하트(Basil Henry Liddell Hart, 1895~1970, 英)가 간접접근전략으로 전격전(Blitzkrieg) 이론의 선구적 역할을 하였다. 제2차 세계대전 당시 하인츠 W. 구데리안(Heinz W. Guderian, 1888~1954, 獨)이 판저(Panzer-전차) 부대로 전격전을 수행함으로써 프랑스와 영국군의 심리적 마비를 초래한 결과와도 맥락이 같다고 이해하면 된다.[7] 이는 제2차 걸프전(美-이라크 전쟁, 2003)을 통해서도 그 존재 가치와 의미를 여실하게 보여주었다.

휴 M. 트렌차드(Hugh M. Trenchard, 1873～1956, 英)는 영국 공군의 창시자로서 전략

7) 존 프레드릭 C. 풀러는 근대적인 작전개념으로 평가받는 'Plan 1919(전차부대의 기동전 운용을 위한 계획안)'를 최초로 구상하면서 "조직의 통제는 두뇌 즉, 상대 軍의 두뇌를 마비시키면, 몸이 정지할 수밖에 없기에 두뇌를 겨냥한 전쟁을 수행해야 한다."라고 주창하였다. 바실 헨리 리델하트는 "항공력으로 상대국가의 지휘 통제체계를 이른 시간 이내에 마비시킬 수 있으며, 이를 위해 격멸(擊滅)보다 마비를 통해 적을 무장해제 하여야 한다."라고 주창하였다. 이러한 성과를 달성하기 위한 핵심 수단이 탱크(전차 또는 판저)와 항공력이라고 판단한 것이다(김성진, 『군사전략론』(2022), pp. 99~103, 108~117, 207.; 김성진, 『세계전쟁사』(2021), pp. 337~339.).

폭격이 평시의 정치적 기술이자 핵심 요소라고 주창하였다. 특히 "항공력의 전략적 목표는 전쟁을 시작함과 동시에 적의 무기생산시설을 파괴하고, 모든 통신・수송체계를 중지케 하는 데 있다."라고 강조하였다.[8] 즉, 적의 '주요 중심부(Vital Center)'에 대한 마비 공격은 방어하는 지상군・공군에 대한 타격보다 더 큰 성과를 얻을 수 있는 반면에 공자(攻者-Attacker)는 최소한의 피해를 얻을 수 있기에 승리를 위한 최선이라고 보았다.

윌리엄 렌드럼 미첼(William Lendrum Mitchell 또는 Billy Mitchell, 1879~1936, 美)은 육군소속이었지만, 항공기의 군사적 가치를 중요하게 인식하여 공군의 토대를 마련하였다. "항공력으로 상대의 신경 조직을 공격하면, 마비를 달성할 수 있기에 진정으로 공격할 대상은 지상군이 아니라 적의 심장부다."라고 주장하였다. 이는 폭격기(Bombers)가 전함(戰艦-Battleships)을 격침할 수 있다는 인식에서 비롯되었다. 이들 전략사상가는 영국과 미국의 항공전략 사상을 형성하는 데 지대한 영향을 끼쳤다. 존 R. 보이드는 'OODA 주기 모델(OODA Loop=존 보이드 주기)'에 기반하여 6・25전쟁 간 공중전을 연구한 결과 어떠한 상황에서도 선제(先制-기선을 제압하는 차원에서 먼저) 관측-판단-결심-행동이 반복하게 됨을 식별했다.

8) 휴 M. 트렌차드(Hugh M. Trenchard)의 '전략폭격 이론'은 현대의 '전략억제' 개념을 형성하는 데 기여하였고, 핵무기 시대에도 보편적인 진리로 수용되었다. 이는 항공력의 능력과 역할을 정확하게 인식하였기에 가능했고, 공군을 통해 그 가능성을 실천하였기에 이루어졌다고 봄이 타당하다.

2. 현대적 의미에서 '전략적 마비'를 달성하기 위한 4대 요건

200여 년 이전까지만 하더라도 국제사회에서 시간은 통일되지 않은 채 마을(도시)마다 제각각이었다. 철도가 등장하며 상황은 완전히 바뀌었다. 어디서든 시간이 같아야 기차가 언제 오는지 알 수 있었기 때문이다. 전쟁에서 항공기의 등장은 인류 최초의 시간이 철도에 의해 변화된 사건과 같이 두 번째 변화를 맞이했다. 당시의 전쟁 양상은 국경이 서로 맞닿아 있는 국경 근처에서 발생하였기에 '땅따먹기'와 같았다. 이때 항공기가 등장하면서 전선(戰線)의 경계를 무의미하게 만들었다.

항공전략사상가 중 대표적 이론가로 평가받는 이탈리아의 줄리오 두헤(Giulio Douhet, 1869~1930)는 참혹하고 결론이 없는 2차원의 전쟁을 빨리 끝내는 방법이 항공기라고 주창하면서 3차원의 시대를 열었다. 그는 "승리의 여신은 전쟁의 성격 변화를 예견한 사람들에게 미소짓지만, 가만히 앉아서 지켜만 보다가 변화가 일어난 다음에야 대처하는 사람에게는 아무것도 주지 않는다."라고 강조하였다. 곧장 적의 중심부인 공장과 산업시설을 파괴하여 적국의 경제를 무너뜨리면, 전쟁을 더는 지속할 수 없을 것으로 판단해서다. 즉, 후방지역에서 마음 놓고 있는 적들을 마비시킴으로써 승리를 앞당길 수 있다는 전략적 관점으로 전쟁을 바라보았다.

전략적 마비(Strategic Paralysis)는 제1차 세계대전의 참상을 겪은 두 명의 전략사상가에 의해 정립되었다. 존 프레드릭 C. 풀러(John Frederick C. Fuller)는 "군(軍)에 물리적 힘을 생성하는 원천이 조직이며, 이를 통제하는 주체가 두뇌다. 따라서 상대의 두뇌에 해당하는 부분을 마비시킬 수 있다면, 이들의 몸은 멈출 수밖에 없다."라고 강조하였다. 바실 헨리 리델하트(Basil Henry Liddell Hart)는 "극적으로 승리를 쟁취한다고 할지라도 아군의 출혈(出血-피해)이 심하다면, 승리는 아무 의미가 없다."라는 인식으로 마비 논리를 강조하였다.

현대적 의미에서 전략적 마비의 개념을 재해석한 인물은 존 R. 보이드(John R. Boyd)와 존 A. 와든 Ⅲ세(John A. Warden Ⅲ)다. 초기 사상가들이 적국의 산업시설을 중심으로 마비시켜야 한다고 주장하였다면, 이들은 적의 지휘·통제체계를 전략적으로 마비시킴으로써 승리를 획득할 수 있다고 보았다. <그림 3-2>는 시대적 변화 및 과학기술의 발달에 따른 '전략적 마비'의 개념과 특징적인 변화 단계를 정리하였다.

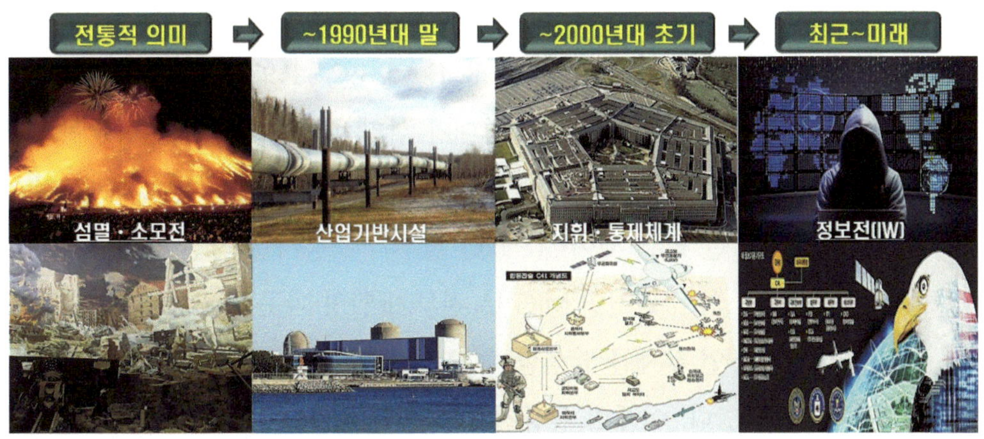

<그림 3-2> 시대적 변화 및 과학기술이 발달에 따른 '전략적 마비'의 개념과 특징적 변화 단계

'전략적 마비'는 시대와 과학기술의 혁신에 따라 의미와 개념은 달랐다. 전통적인 의미가 '섬멸전 또는 소모전'이었다면, 제2차 세계대전 이후부터 1990년대 말까지는 '산업기반'을, 2000년대 초반까지는 '지휘·통제체계'를, 최근과 미래는 '정보'가 된다는 점에서다. 존 R. 보이드(John R. Boyd)와 존 A. 와든 Ⅲ세(John A. Warden Ⅲ)는 '지휘·통제체계'의 중요성에 주목한 인물이다.

3. 존 R. 보이드(John R. Boyd)의 전략적 마비 사상과 '우다 루프(OODA Loop) 모델'

3.1. 존 R. 보이드의 전략적 마비 사상

John R. Boyd[英]

존 R. 보이드(John R. Boyd, 1927~1997)는 공군 조종사로 30여 년을 근무하였다. 상대가 심리적 측면에서 대응하지 못하게 빠른 속도로 전개하는 심리적 마비를 강조하였다. 6·25전쟁 때는 F-86 세이버(Sabre) 전투기 조종사로 참전하여 당시 구소련의 주력기인 MIG-15 전투기(일명 파곳-Pagot)를 상대로 일방적인 우세를 달성할 수 있는 논리를 발전시켰으며, '40초 보이드'라는 최고의 찬사를 받았다. 이때의 공중전 경험을 통해 '신속한 기동 능력'의 효율성을 통찰(洞察-insight)하였다. 이후 공중전 시 기동과 대응 기동을 체계화하는 『Aerial Attack Study-공중 공격 연구』를 집필하였다. 동력 기동이론을 바탕으로 하는 기본 개념은 美 공군 조종사들의 바이블로 평가받고 있다.9)

F-86 Sabre 전투기[美]

MIG-15 파곳(Pagot) 전투기[1949~, 蘇]

그는 "기습적이고 위협을 줄 수 있는 전략적·작전적 차원의 상황을 선도하는 것으로 적 지휘부의 정신과 의지를 분쇄하는 데 목적이 있다."라고 주장하며 적보다 신속한 작전 수행이 필요함을 강조하였다. 즉, 전시(戰時)에 작전을 수행하는 목적이 "불확실한 상황에서 적에게 심리적·정신적으로 대응할 수 있는 시간적인 여유를 주지 않아야 무기력화시킬 수 있다."라고 보았다. "전쟁은 기계나 영토로 하는 게 아니라 인간이 수행하는 주체다. 따라서 인간

---

9) 전술적 차원의 항공기동에 대한 개념은 분쟁에 대한 일반이론으로 정립되었다. 분쟁이론은 물리적·공간적 차원이 아니라 심리적·시간적 차원의 방법을 중요시한다. 1976년에 발간된 논문 "Destruction & Creation-파괴와 창조"에서 시작되어 "A Discourse on Winning & Losing-승리와 패배에 대한 담론"으로 발전하였다.

의 심리와 정신을 먼저 이해한 상태에서 '우다 루프(OODA Loop) 모델'에 접근해야 한다. 전쟁의 승리는 여기서부터 시작된다."라고 강조하였다. 그는 '적보다 빠르게 작전을 진행'해야 한다는데 방점을 찍고 있다.

3.2. 존 R. 보이드의 '우다 루프(OODA Loop) 모델'

6·25전쟁 간 미국의 F-86 세이버 전투기 조종사로서 구소련의 주력기인 MIG-15 전투기와의 공중전에서 어떻게 일방적인 우세를 달성할 수 있었는지에 대한 과정을 분석한 산물이 '우다 루프(OODA Loop) 모델'로서 '의사결정 순환과정 모델 또는 판단-결심 주기'라고 요약할 수 있다. 즉, '판단-결심 주기'가 진행되는 과정에서 누가 가장 빨리 판단하고 결심하는지에 따라서 승패가 결정된다고 보았다.10)

존 R. 보이드는 미군이 이를 선제적으로 채택함으로써 압도적인 승리를 가져올 수 있다고 주창하였다. 이는 반 크레펠드의 "고대부터 지금에 이르기까지 지휘의 본질은 변함이 없지만, 지휘 방법과 수단은 끊임없이 바뀌고 있다."라는 말을 깊게 음미해 볼 필요가 있다.

<그림 3-3>은 존 R. 보이드의 '우다 루프(OODA Loop) 모델'이 진행되는 절차 및 단

10) 미국을 비롯한 정보화 선진국들은 정보체계를 기반으로 하는 합동작전을 위한 체계를 채택하고 있으며, 한국군도 지휘 통제체계(C4ISR)에 접목하였다.

계를 정리하였다.

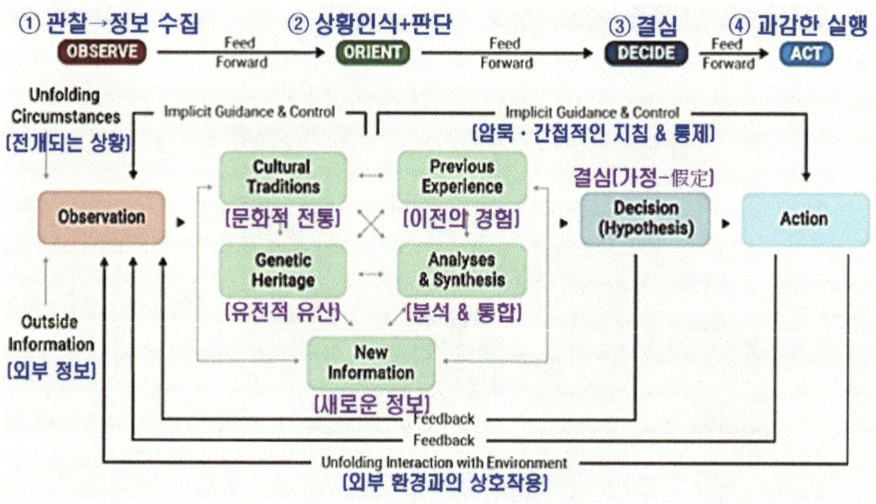

<그림 3-3> 존 R. 보이드의 '우다 루프(OODA Loop) 모델' 진행절차

유념해야 할 사실은 '공중전 5단계'와 '우다 루프(OODA Loop) 모델'의 의미 및 절차가 같지 않다는 점이다. '공중전 5단계'[11]는 교전하는 과정에서 구체적인 행동이 나타나는 데 반해 '우다 루프(OODA Loop) 모델'은 판단과 결심을 진행하는 절차임을 이해하면 된다.

①단계는 적(enemy)보다 우위를 점하기 위해 경쟁적으로 실시하는 관찰 단계(Competed Observation) 즉, '전장 감시-정보수집 단계'로 적의 발견을 포함하여 주변의 관련 정보를 객관적으로 수집하는 데 있다.

②단계는 주변 정보를 수집하는 과정에서 유리한지, 불리한지에 대한 상황을 판단하는 데 있다. 즉, '정보의 융합-상황 및 위협 평가를 포함하여 분석 및 판단하는 단

11) '공중전'은 정해진 시간과 장소에 동시에 집결하여 심판의 신호에 따라 진행하는 스포츠 경기가 아니기에 조종사는 적의 저항을 저지하기 위해 전투를 벌이고 종결해야 하는 과정을 자신이 스스로 제어해야 한다. 이때 성공적인 전투를 위한 단계를 다섯 가지로 나눌 수 있다. ① 적보다 먼저 '발견', ② 발견한 목표물에 대하여 유리하게 전투를 끌어갈 수 있는 장소 또는 지점으로 '접근', ③ 접근 및 적에게 기습을 당한 이후에 곧바로 이어지는 '교전', ④ 적의 전투기보다 유리한 위치를 점하거나 유지하기 위해서나, 적의 추격을 따돌리기 위한 '기동', ⑤ 상황이 허락하지 않거나, 임무 수행상 꼭 필요한 경우가 아닐 경우는 적 전투기와의 공중전에서 최대한 '이탈'한다는 절차를 5단계로 이해하면 된다.

계'다. 일반적인 의미에서 사태 인식과 판단은 ①과 ②를 합쳤다고 이해하면 된다.

③단계는 해당 전투기가 바로 교전할 것인지, 현장에서 이탈할 것인지, 적기를 유인할 것인지 등을 어떻게 행동할 것인지에 대한 결정을 하는 데 있다. 즉, '지휘 결심-작전계획을 수립하는 단계'다.

④단계는 결심한 다음에 행동하는 과감한 실천이다. 즉, '임무를 지시-통제하는 단계'다. 이때 행동(Action)은 공격이나 교전(combat), 교전 이탈 등을 포함하여 사전에 결정된 다양한 내용을 포함하는 데 있다.

여기서 전술적 행동은 ②과 ③이 통합적으로 진행된 절차다. 자신이 결심하지 않은 행동을 하고 있다면, 이는 적의 의도에 말려 수동적으로 대응하고 있다는 점을 재빨리 인식하여야 한다. 이러한 환경에서 빨리 벗어나지 못하면, 적이 유리하게 될 것이다. 이때는 현재 상황을 다시 파악하여 새로운 결심과 행동이 필요하다. 자신의 의지에 따라 결심하고 행동해야 승기를 잡을 수 있지만, 상대의 결심에 따라간다면, 패배는 불을 보듯 뻔함을 인식할 필요가 있다.

유념해야 할 사항은 '우다 루프(OODA Loop) 모델'을 적용하는 시간과 경계가 명확하지 않다는 점이다. 자신도 구분할 수 없을 정도로 짧은 시간에 이루어지거나, 순간 또는 동시에 이루어지기 때문이다. 더욱이 한 번의 과정으로 끝나는 게 아니라 전투하는 모든 과정에서 부분적 또는 무한정으로 반복되어야 한다.

'우다 루프(OODA Loop) 모델'은 대다수 국가에서 채택하고 있지만, 국가의 형태나 유형에 따른 차이는 별로 드러나지 않는다. 즉, 공산・독재국가도 수준과 절차 측면에서 유사하게 진행하며 특별히 구분되거나, 차이를 느낄만한 절차 등은 찾기 어렵다. 다만, 독재국가가 의사를 결정하는 과정에서 독단적・독선적인 사례가 자유민주주의 국가보다 조금 더 많이 존재한다는 점을 차이점이라고 할 수 있다.[12] 대표적으

12) 영국과 프랑스는 처음부터 독일이 항공기를 사용하는 목적과 달랐다. 독일군은 영국 본토의 주요시설에 대해 폭격한다는 단순한 목적으로 시작하였으나, 이를 위해 수많은 호위 전투기들의 피해가 발생하며 사기(士氣)는 땅에 떨어졌다. 영국은 본토를 지키기 위해 전투기 조종사들 각자가 능동적으로 전투에 임했다. 이들은 전투기가 파괴되어도 살아남은 조종사가 다시 다른 전투기를 타고 전투를 수행하였다. 당시 영국은 한 달에 500대의 전투기를 생산할 수 있었고, 독일은 절반에도 미치지 못하는 230대에 불과하였다. 즉, 시작할 때부터 이미 승패는 결정되어 있었다.

로 제2차 세계대전 당시 독일의 아돌프 히틀러(Adolf Hitler, 1889~1945) 수상이 제2인자인 헤르만 W. 괴링(Hermann W. Gëring, 1893~1946)과의 대화와 결론을 들 수 있다. “승리할 수 있다.”라는 호언장담에 끌린 히틀러가 영국에 대한 폭격계획(일명 바다사자 작전-Operation Sea Lion)을 승인하였다. 그러나 전략적·작전적 판단 및 평가 절차를 정상적으로 진행하지 않았고, 제공권·제해권은 장악의 필요성을 느끼지 못했으며, 전문가들의 의견 등을 수렴하지 않으면서 결국 작전 수행에 실패하는 어리석음(愚)을 범하였다.

3.3. 현대적 의미의 전략적 마비 달성을 위한 4대 요건

존 R. 보이드는 승리하려면, 상대의 ‘의사결정 주기’ 내부에 들어가서 그곳에 머무는 시점에서부터 출발할 수 있을 때 승기(勝機)를 잡을 수 있다고 보았다. 이는 두 가지 방법이 가능하다면, 목표를 달성할 수 있다는 인식이 깔려있다. 첫째, 주도권을 장악함으로써 각 대응 기능 간의 조화로 마찰을 최소화하여야 한다. 아군이 의사를 결정하는 시간을 줄이고, 집약과 집중하는 노력이 요구된다. 둘째, 적의 심리적 측면과 시·공간에 침투하여 정신적·인지적·물리적 조건들을 먼저 와해시켜야 한다. 적의 의사결정 주기(Cycle)를 최대한 늦추어 ‘우다 루프(OODA Loop) 과정’ 전반을 완전히 무너뜨려야 한다.

그는 공군에 한정하지 않고 다양한 분야에 접목하였으며, 육군도 이를 ‘먼저 보고, 먼저 이해하고, 먼저 행동을 취함으로써 상대보다 유리하게 전투를 종결한다는 전투 수행개념'으로 만들었다. <표 3-1>은 그가 주장한 전략적 마비를 달성하는 데 필요한 4대 요건을 정리하였다.

<표 3-1> 존 R. 보이드(John R. Boyd)의 전략적 마비를 위한 4대 요건

① 공격할 표적을 올바르게 선정할 수 있는 능력을 보유하여야 한다.
② 스텔스기술, 정밀 유도무기, 크루즈 미사일 등 강력한 위력과 GPS 기술 등을 보유하여야 한다.
③ 표적을 중심으로 하는 영공(領空)에 대한 통제능력을 보유하여야 한다.
④ 항공력으로 공격할만한 표적이 상대국에 존재하여야 한다.

유념할 사항은 이러한 판단과 결심 과정에서 상대보다 빠른 속도를 통한 심리적 위축을 달성할 수 있을 때 전략적 마비를 달성할 수 있다는 점이다.[13] 이에 관한 본질적인 의미를 이해할 수 있어야 상대국가를 전략적 수준에서 마비시킬 수 있다.

여기서 이전의 사상가들이 주창한 전략적 마비와 두 전략사상가가 주창한 그것은 근본적으로 다른 의미에서 출발하고 있다. 즉, 인명을 중시하는 비살상이라는 특성과 군사력을 경제적으로 사용한다는 측면에서 뚜렷하게 구분할 수 있어야 한다. 물론 이 마저도 항공기의 발명이 가져온 군사혁신에 기반하고 있음을 이해할 필요가 있다.

13) '전략적 마비(Strategic Paralysis)'는 '모든 표적의 가치(價値)가 같지 않다.'라는 점부터 이해하여야 한다. 특히 항공자산은 고가의 장비이기에 가능한 핵심표적에 집중해야 투자 대 효과를 높일 수 있다. 이에 따라 방대하며 신뢰성(信賴性-credibility)이 있고, 적시적·구체적인 세부 첩보(정보)가 필요하다.

4. 존 A. 와든 Ⅲ세(John A. Warden Ⅲ)의 전략적 마비 사상과 '동심원(Five Strategic Rings) 모델'

4.1. 존 A. 와든 Ⅲ세의 전략적 마비 사상

존 R. 보이드(John R. Boyd)는 '심리적 마비'를 중심으로 주창했던 반면에 존 A. 와든 Ⅲ세는 '물리적 마비'에 초점을 맞추고 있다. 그는 제1차 걸프전(1991) 당시 수행하였던 '사막의 폭풍 작전(Operation Desert Storm)' 간 연합군의 항공력 운용을 기획하는 과정에서 4단계 전역(戰域-War Campaign)14)을 구체화하였다. 이때 그가 출간한 『The Air Campaign-항공전역(1988)』이 토대가 되었다. 적의 중심에 도달하는 수단으로 항공력이 유일하기에 항공력의 주도적인 역할이 필요하다는 인식에 기반하고 있으며, '물리적 파괴'를 통해 의도한 목적을 달성할 수 있다고 보았다.

상황) 제1차 걸프전(1991)의 양상을 이전과 이후로 구별할 수 있는 새로운 변화 요인은 무엇인지 이해하는 시간을 가져보자.

① 기술(Technology)	② 기획(Planning)	③ 훈련(Training)
④ 상호운용성(Interoperability)		

* key-word

-① 신무기체계와 관련 기술이 실전(實戰)에 적용되었다. 이를 통해 정밀 유도무기(PGM)와 F-117 스텔스 전투기의 결합은 '저비용 고효율' 효과를 발생시켰다. 특히

---

14) 제1단계(1.17.~23.)는 '전략폭격', 제2단계(1.24.~26.)는 '공군 및 방공조직 제압・파괴', 제3단계(1.27.~2.24.)는 '지상군 직접 공격', 제4단계(2.24.~2.8.)는 '지상공격 지원'으로 요약할 수 있다. 결과적으로 군사전문가들의 예상과 다르게 미군은 150여 명의 인명 피해만 발생하였다. 미국은 이라크군을 쿠웨이트 국경에서 퇴각시키고, 수십만 명의 포로를 획득하는 등의 전과를 올리며 정치적 목표를 완벽하게 달성하였다.

C4ISR 체계는 정밀 유도무기가 위력을 발휘할 수 있도록 표적의 위치 식별을 통해 위력을 발휘하였다.

-② 작전을 기획할 때 중요한 요소는 '목표의 설정'이다. 조지 부시 대통령은 '이라크군을 쿠웨이트에서 철수시키고, 지역 안전을 위협하는 후세인의 능력을 제거'하도록 명확하게 제시하였다. 즉, 작전 기획은 달성을 원하는 것과 적이 방해하는 요소가 무엇인가를 식별하는 데서부터 출발한다. 적의 저항을 제압하는데 필요한 일체를 적시(適時), 적소(適所)에 배치 및 유지해야 하는 군수기획도 컴퓨터를 이용한 전쟁 기획 체계를 통해 통합임무명령서(ITO)를 하달 및 시행하였다. 이는 작전・군수기획을 조화롭게 함으로써 구현할 수 있었다.

-③ 전투에서의 승리에 빼놓을 수 없는 키-워드가 '강도 높은 실전적인 훈련'이다. 다국적군은 장비의 운용능력과 지식을 체계적으로 학습했다. 반면에 이라크군은 전투를 수행하고자 하는 의지와 용기는 높았지만, 관련 장비를 조작하는 훈련 노력은 부족하여 제대로 된 성능 발휘를 할 수 없었다.

-④ 다국적군의 강점은 이라크군에 비해 자연스럽게 연합작전을 할 수 있는 능력을 보유한 데서부터 차이가 발생하였다. 사막의 폭풍 작전(Operation Desert Shield. 1.17.~2.28.) 목적을 달성하기 위하여 실시한 사막의 방패 작전(Operation Desert Shield, 8.2.~1991.1.17.)에 따른 연합훈련은 상호운용 능력을 배양하는 데 결정적인 계기가 되었다.[15] 특히 항공력 투입계획은 구체적으로 정밀하게 마련하였다. 이를 통해 인명을 살상하지 않더라도 승리할 수 있다는 인식의 변화를 가져오게 되었다.

15) '사막의 폭풍 작전'은 지상전에 관한 작전 명칭이고, '사막의 방패 작전'은 사우디아라비아를 방어하며 미군의 군사시설을 설치하는 데 관한 작전 명칭이다(김성진, 『세계전쟁사』 (2021), pp. 400~404.; 조용만, 『군사혁신과 현대전쟁』 (2016), pp. 315~321.).

그는 현대전쟁의 본질을 카를 폰 클라우제비츠(Carl von Clausewitz)가 주장하는 적의 군사력을 파괴하는 데 두고, '결전 추구=섬멸전(Annihilation War)'이 아니라 '나의 의지를 적이 수용하도록 강요'하는 데 있다고 인식하였다. 따라서 제1차 걸프전(1991) 당시에 항공전략을 수립할 때 세 가지의 관점으로 접근하였다.

①은 군사 행위를 통해 얻고자 하는 정치적 목표를 정확히 이해해야 하고, ②는 적의 전략적 · 작전적 중심을 식별하고, 병행하여 공격하도록 5개의 전략적 동심원에 근거한 이론을 적용해야 한다. ③은 정치적 목표에서 적이 순응할 수 있도록 최상의 군사전략을 결정하고자 노력하였다.

4.2. 존 A. 와든 Ⅲ세의 '5개 전략 동심원(Five Strategic Rings) 모델'

존 A. 와든 Ⅲ세의 '5개 전략 동심원(Five Strategic Rings) 모델'의 핵심은 전략을 수립할 때 최우선적인 관심이 '적의 Leadership(지휘부+지휘 · 통제체계)'에 있으며, 여기에 집중해야 함을 강조하였다. <그림 3-4>는 그의 '5개 전략 동심원(Five Strategic Rings) 모델'을 정리하였다.

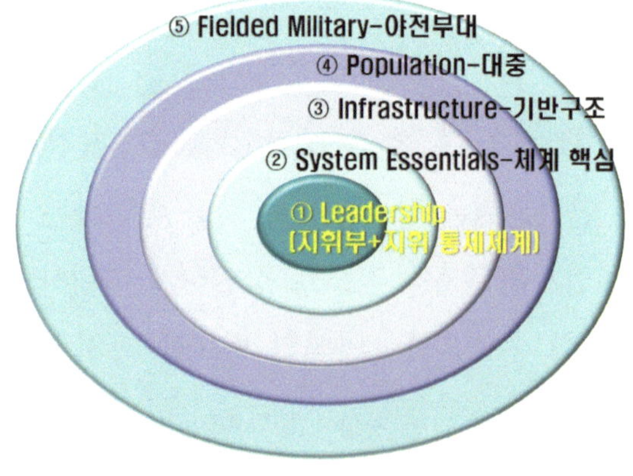

<그림 3-4> 존 A. 와든 Ⅲ세(John A. Warden Ⅲ)의 '5개 전략 동심원모델'

①은 국가 시스템을 지휘하는 핵심적인 요소로 '정부(군사지휘부)와 지휘 · 통제체계'다. '전략 · 작전의 중심(Center of Gravity)'이기에 파괴될 경우 동심원의 기능은 정지되어 전체 시스템에 상당한 영향을 끼치게 된다. 제2차 세계대전 당시 일본(大本營)은 미군의 '⑤ 야전 부대'만 공격하였지만, 미국과 연합군은 독일과 일본의 5개 동심원 모두를 표적으로 하여 취약점들을 공격하였다. ②는 국가 시스템의 구성요소를 모두 연결하고 있으며, 하나의 형태를 다른 형태의 에너지로 전환하는 식량과 전기 등을 포함한 에너지, 금융 · 통신 시스템을, ③은 사회기반시설 모두를 포함하고 있으며, 도로 · 공항(항만) · 산업시설 등 국가에서 실질적으로 작동할 수 있는 기능 전반을 의미하는 것으로서 사람의 근육이나 뼈로 이해하면 된다. ④는 전투 요원을 제외한 일반적인 의미로 개인의 경우는 세포조직을, 국가 차원에서는 국민으로 이해하면 된다. ⑤는 외부공격으로부터 체계를 보호하는 역할로서 사람에 대입하면, 백혈구라고 할 수 있으며, 전장에 배치된 전투 요원들을 뜻한다. 국가 차원에서는 군대와 경찰 또는 소방관 등이라고 이해하면 된다. <표 3-2>는 존 A. 와든 Ⅲ세의 '5개 전략 동심원 모델'의 유형별 의미를 정리하였다.

<표 3-2> 존 A. 와든 Ⅲ세가 주창하는 '5개 전략 동심원 모델'의 유형별 의미

구 분	인 간	국 가	민간조직(기업체)
① Leadership (지휘부+지휘 · 통제체계)	두뇌, 눈, 신경	정부, 통신망, 안보	수뇌부(임원진)
② System Essentials (체계 핵심)	식량(음식), 산소	에너지, 식량, 금융 시스템	입 · 출력에 관한 필수 기능
③ Infrastructure (기반구조)	혈관, 근육, 뼈	도로, 비행장, 공장(기반시설)	도로, 비행(해상)로 (판매, 마케팅)
④ Population(대중-大衆)	세포	국민	고용인(노동자)
⑤ Fielded Military (야전 부대)	백혈구	군대, 경찰, 소방	현장 기술(작업)자

4.3. 전략적 마비 달성에 따른 이점(利點)과 예상된 문제점

전쟁의 목적은 정치・경제・군사적 분야에서 적에게 생각하는 이상으로 대가를 치르게 한다든지, 전략적 차원(수준)에서 마비를 강제함으로써 활동 자체를 불가능하도록 만드는 데 있다. 대표적으로 제1차 걸프전(1991) 당시 미국이 주도하는 다국적군이 이라크를 공격 간 '병행전(竝行戰-Parallel Warfare)' 방식을 채택함으로써 짧은 기간 내에 이라크군의 지휘부를 심리적・물리적으로 마비시킨 전례(戰例)를 들 수 있다.[16]

존 A. 와든 Ⅲ세는 적의 전략적・작전적 중심이 아군의 입장을 수용할 수밖에 없게 하려고 항공전략을 기획하면서 '5개 전략 동심원 모델'을 개발하였다. 적에게 끼칠 아군의 영향력을 결정하는 요소가 승리에 매우 중요함을 인식해서다. 이를 위해 아군의 능력에 따라 적의 전략적・작전적 중심을 공격하는 시점(대상)을 결정되어야 한다고 판단했다. <표 3-3>은 다섯 가지의 이점을 정리하였다.

<표 3-3> '5개 전략 동심원 모델'의 다섯 가지 이점(利點)

① 상호의존적 체계구조를 보이며, 각각의 고리가 몇 가지의 특징적인 임무를 수행하되, 서로가 연관성을 가지고 있다. 즉, 목표지향적인 사고를 가능하게 한다.
② 각자의 링(Ring)마다 상대적 중심(重心)의 중요성이 내포(內包-intention)되어 있다.
③ 변화를 불러올 수 있는 대상이 지휘부(Leadership)이기에 모든 에너지가 집중된 지휘부의 심리를 변화시키는 데 초점을 맞춰야 한다.
④ 적 군사력을 파괴하기보다 적이 자신들의 입장을 깨닫게 해야 한다. 직접 전투는 최종 수단에 불과할 뿐 최대의 시간과 노력, 상당한 에너지가 소모되는 일이다.
⑤ 내부에서부터 외부로 진행되어야 한다.

---

16) '병행전(Parallel Warfare)'은 존 A. 와든 Ⅲ세가 도입한 개념으로 '병렬전(竝列戰)'으로 불리며, '동시 통합전'의 의미와 같다고 이해하면 된다, 적의 다양한 전략적・작전적 중심을 동시에 공격하여 마비시키기 위한 목적으로 수행하는 데 '적의 중심(重心)을 동시에 공격하여 인명과 자원의 피해는 최소화하면서 전쟁 목표를 달성하고 최단 시간 내에 전쟁을 종결'시키기 위함이다. 즉, 중심이 어디인지를 정확하게 식별한 다음 정밀하게 병렬적인 공격으로 전체를 순식간에 마비 및 무력화시키는 개념이다(John R. Pardo Jr, "Parallel Warfare, Its Nature and Application," Challenge and Response (Air University Press, Maxwell AFB, 1994), p. 277.).

다섯 가지 이점에 대한 개념적 이해는 전술적 수준이 아닌 전략적 수준에서 접근함이 매우 중요하다. 제2차 걸프전(美-이라크 전쟁, 2003) 간 다국적군 사령관(노먼 슈워츠코프-Herbert Norman Schwarzkopf Jr., 1934~)이 판단했던 우선적인 과제(Agenda)가 이라크라는 국가 전체였다. 즉, 쿠웨이트를 점령한 군대만을 바라보는 근시안적 관점이 아니었음을 이해할 필요가 있다.

유념할 사항은 중앙의 '① 지휘부+지휘・통제체계(Leadership)'를 타격해야 한다는 점이다. 전략 환경이나, 작전 여건이 지휘부를 목표로 선정하기 어렵더라도 항시 적의 지휘부를 타격하는 데 노력해야 한다. 적의 '⑤ 야전부대(Fielded Military)'를 직접 공격하기보다 지휘부와 관련되는 연결고리를 찾아낸 시점에 '동시 통합전(統合戰)'[17] 개념을 적용함으로써 전쟁 수행 의지를 차단(파괴)하는 게 더욱 효과적이라는 점도 인식해야 한다. <표 3-4>는 현실적인 문제점을 정리하였다.

<표 3-4> 존 A. 와든 Ⅲ세 이론의 여섯 가지 문제점

① 다수의 표적으로 동시에 공격할 때 발생하는 비현실적 측면을 고려하지 않았다. ② 결정적인 전투의 진행을 지체하거나, 변화할 수 있는 요인을 고려하지 않았다. ③ 생명력을 가진 유기체와 그 시스템에 의한 투쟁 본능을 무시하고 있다. ④ 우발적인 상황이 전개됨으로 인해 전쟁의 종결을 확신하기가 곤란하다. ⑤ 항공임무명령서(ATO-Air Tasking Order)[18]와 합동작전 체계의 시행 간 오류가 없다고 판단하는 시행착오를 간과하고 있다. ⑥ 기상 이변이나 외부요인으로 인하여 적이 휴식을 취하거나, 심리적으로 여유를 회복할 수 있음을 간과하였다.

17) '동시 통합전(統合戰)' 능력은 비약적으로 향상되고 있다. 제2차 세계대전 당시 美 제8공군은 1942~1943년까지 1년간 124개의 표적에 대한 공격이 가능하였다. 제1차 걸프전(1991)에서는 1일 단위 148개 표적에 대한 공격이 가능했고, 코소보 전쟁(1999)에서는 폭격기 1대가 16개의 표적을 공격하였다. 즉, 폭격기가 100대라면, 1,600개 표적을 타격할 수 있었다. 미래전에서는 1시간 이내에 1,500여 개의 표적을 동시 타격한다는 게 정설(定說)임을 이해해야 한다.

18) '항공임무명령서(ATO)'는 '공군 작전사령관(공군 구성군사령관)이 발행하는 작전명령'으로 비행 임무와 임무 항공기 등에 관한 사항 및 공역 통제, 통제방책과 제한 조치 등에 관한 모든 사항을 포함하고 있

①은 산업화 또는 산업화과정에 있는 국가는 가능하지만, 산업화가 진전되지 않은 국가는 효과를 달성하기 어려우며, 테러집단일 경우 더더욱 제한되기 마련이다. 특히 '적 시스템의 무력화 또는 마비'라고 하지만, 말살(抹殺=섬멸-殲滅)을 목표로 하고 있음을 부정하기는 어렵다.

②는 불충분한 정보로 인하여 긴급한 상황의 전개와 표적 우선순위를 재배정해야 하는 등의 변화 요인이 간과되었다. 따라서 결정적 전투에서 승리할 기회가 상실될 우려가 커질 수 있다.

③은 생명력이 있는 유기체는 생존을 위해 격렬한 투쟁 본능을 가지고 있다. 따라서 미리 작성된 항공력 우선순위대로 계획된 표적만 타격한다면, 오류가 발생할 확률은 더욱 커질 수 있다.

Saddam Hussein 체포(2003.12.13.)

④는 핵심체계가 파괴되어 지휘 통제기능이 먹히지 않을 경우, 막가파식의 과도하고 무모한 행위가 나올 가능성이 커진다. 이라크의 사담 후세인(Saddam Hussein, 1937~2006) 군대는 괴멸되었으나, 다른 국가의 경우, 이와는 다른 양상으로 전개될 가능성을 무시할 수 없다.

⑤는 국민 여론에 따라 상식을 벗어난 극단적인 투쟁 방식으로 변화될 수 있다.

⑥은 기상 이변(異變)이나 예측하지 못한 외부요인으로 인해 공격은 하지 못하게 되어 적이 휴식으로 회복 및 심리적인 여유를 갖게 된다는 상황을 상정해놓지 않고 있다. 따라서 예상되는 문제점을 개선에 노력하거나, 대응책을 마련하지 않는다면, 목표(전략적 마비)를 달성하기는 난감할 수 있다.

다. 평시(平時)에 발간하는 '기계획 항공임무명령서(Pre-ATO)'와 전시(戰時)에 일일 단위로 발간하는 '일일 항공임무명령서(ATO)'가 있다(합동참모본부, 『합동 · 연합작전 군사용어사전』(2014), P. 605.).

5. 존 R. 보이드와 존 A. 와든 Ⅲ세가 주창하는 전략적 마비 사상의 차이점 비교

<그림 3-5>는 존 R. 보이드와 존 A. 와든 Ⅲ세의 전략적 마비 사상의 차이점을 비교하여 정리하였다.

구 분	John R. Boyd	John A. Warden Ⅲ
마비중심	과정(속도) + 심리적 마비	첨단기술을 통한 전략・작전적 우위
관 점	유동적・위협적 상황 조성	전략・작전적 요충지에 대한 병행공격
중 점	지휘통제체계 와해	5개의 상호 의존적 체계 공격
마비 형태	심리적 마비	물리적 파괴를 통한 마비

<그림 3-5> 존 R. 보이드와 존 A. 와든 Ⅲ세의 전략적 마비 사상의 차이점 비교

유념할 지점은 이들의 전략적 마비는 각자 독립적으로 수행하여 성과를 획득할 수 있는 별도의 분야나 차원이 아니라는 점이다. 상호보완적인 관계가 조성될 때 효율성을 극대화할 수 있으며, '지휘 통제전(指揮統制戰-Command & Control Warfare)'[19] 개념을 적용할 때 전략적 마비의 목표도 다소 수월하게 달성할 수 있다.

19) '지휘 통제전(指揮統制戰)'은 '적의 지휘 통제능력을 약화 또는 파괴함으로써 아군의 지휘 통제체계를 보호하기 위해 수행하는 군사 활동'이다. 적의 우군에 대한 정보 획득은 차단하되, 정보의 지원을 받으면서 물리적 파괴와 전자전, 군사 기만, 작전보안, 심리전을 통합하여 이용한다. 즉, 하나의 전략으로서 치명적・비치명적 수단을 시의적절하게 상호보완적으로 운용할 수 있을 때 전투력의 상승효과를 기대할 수 있다.

제 4 절

'병행전(Parallel Warfare)'과 항공력의 상관성

1. 개 요

'병행전(竝行戰-Parallel Warfare)'은 존 A. 와든 Ⅲ세가 도입한 개념으로 제1차 걸프전(1991) 당시 이전에 볼 수 없던 수천 회에 걸친 항공력으로 이라크를 무력화시킨 현상은 이후 일반화되었다. 아울러 제2차 걸프전(美-이라크 전쟁, 2003)은 일반인들에게까지 "전쟁의 양상이 바뀌었네!"라고 느끼게 한 전쟁이었다. 무기의 질적 수준이 극심했다지만, 미군 25만여 명이 이라크군 40만여 명과의 전투에서 700여 명만의 사상자를 내고 압도적으로 승리한 결과는 군사(軍事-Military Affairs)에 관해 무관심한 이들마저 전율할 수밖에 없게 만들었다.

미군의 '병행전(Parallel Warfare)'은 거의 동시에 진행되는 작전으로서 '상대의 효과적인 대응 능력을 제거하여 일시에 상대의 전쟁 수행 의지를 마비시키기 위함이다. 전략적・작전적・전술적 표적을 거의 같은 시간대에 타격하는 군사 활동'으로 이해하면 된다.[20] '5개 전략 동심원 이론'의 수단과 같지만, 방법에는 다소 차이가 있다. <그림 3-6>은 기존의 전쟁 수행방식과 현대적 의미에서 바라보는 전쟁 수행방식이다.

<그림 3-6> 기존과 현대적 의미에서 바라보는 전쟁 수행방식

20) '병행전(竝行戰)'은 '병렬전-竝列戰 또는 초강력전쟁-Hyper War'이라고 불리고 있다. 일반적으로 전략적 목표는 '적국의 수도, 보급시설, 방공관제소와 주요 방공망, 지휘・통제시설'이며, 작전・전술 목표는 전선(戰線)에 배치된 '야전부대'다.

전제군주(王) 시대는 왕궁(城)을 방어하는 군사력(부대)을 완전히 격파하고도 내부에서 생활하는 다수의 백성(주민)을 뚫기 이전까지는 전제군주(王)를 아예 공격할 수 없었다. 제2차 세계대전 당시에도 연합군은 독일 내부에 있는 다수의 표적에 대한 공격을 병행하고자 노력하였다. 그러나 잠수함 제작 공장, 정유소, 비행장, 철도망 또는 특정한 도시로 한정되었음은 일반적인 사실이다.

그러나 현대 과학기술의 혁신과 더불어 정보 문명 시대로 진입하며 동심원 전체나, 독립된 원(圓) 나름의 중심(重心)에 대하여 이해하였다. 즉, 다수 표적을 동시에 공격한다면, 승패(勝敗)에 영향을 끼칠 수 있음을 알게 되었다. 5개의 링(Ring) 중에서 각자의 링마다 통합 또는 별도의 중심(Center of Gravity)이 있기에 여러 개의 중심을 거의 동시다발(多發)로 타격하여 각자의 링을 붕괴시킨다고 이해하면 된다. 즉, 이전의 전쟁 방식이 '순차적(Sequential War)'으로 진행되었다면, 현대전쟁은 '병행전(Parallel Warfare)'으로 진행하고 있다.

2. 제프리 R. 쿠퍼(Jeffery R. Cooper)의 병행전에 관한 이해

2.1. 제프리 R. 쿠퍼의 병행전 사상

Jeffery R. Cooper(美)

'병행전(Parallel Warfare)'이 추구하는 목표는 적의 체계가 유기적으로 작동할 수 없도록 표적을 선정, 식별 및 파괴[21] 함으로써 다수 표적에 심대한 피해를 발생하게 하여 그 체계를 회복할 수 없게끔 말살하거나, 무력화된 상태로 종식(終熄-end)시키는 데 있다.

유념할 사항은 선정된 목표를 타격·파괴한다는 의미가 목표를 달성하기 위한 수단에 불과하다는 점이다. 초기는 항공력을 유일한 공격수단으로 인식했지만, 정보 문명 시대로 들어서며 등장한 정밀 유도무기(PGM)와 스마트 폭탄은 조금 더 확장된 의미로 해석할 수 있다. 그는 "정보기술을 기반으로 하는 정밀 유도무기와 인공위성 등 첨단 감시체계의 출현에 따라 일관성 있게 작전을 수행할 수 있다."라고 강조하였다. <표 3-5>는 그의 병행전에 대한 역할을 크게 세 가지로 정리하였다.

<표 3-5> 제프리 R. 쿠퍼(Jeffery R. Cooper)의 병행전에 대한 역할 인식

① 정보는 모든 원(圓-Ring)을 통해 유통되고, 그 원들을 결속시키는 역할을 진행한다.
② 적에게 주는 모든 메시지는 무기라는 수단과 방법을 통해 전달하게 된다.
③ 정보는 항공력과 정밀 유도무기(PGM), 인공위성, 항공모함, 대륙간탄도미사일 (ICBM) 등을 통해 적의 지휘부로 전달된다.

21) '유기적'은 생물체와 같이 조직과 구성요소 등이 서로 긴밀하게 연관되어 떼어 내기가 어렵다는 의미이고, '선정된 목표를 타격 또는 파괴'는 목표를 달성하기 위한 수단에 불과하다는 특성과 제한적이라는 의미다.

2.2. 제프리 R. 쿠퍼의 공격 시기를 판단하는 요소 및 방식

<그림 3-7>은 제프리 R. 쿠퍼의 공격 시기를 판단하는 요소 및 방식을 정리하였다.

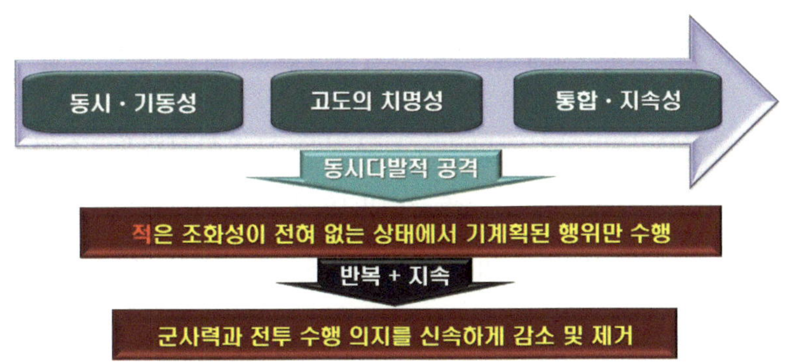

<그림 3-7> 제프리 R. 쿠퍼의 공격 시기 판단 요소 및 진행 방법

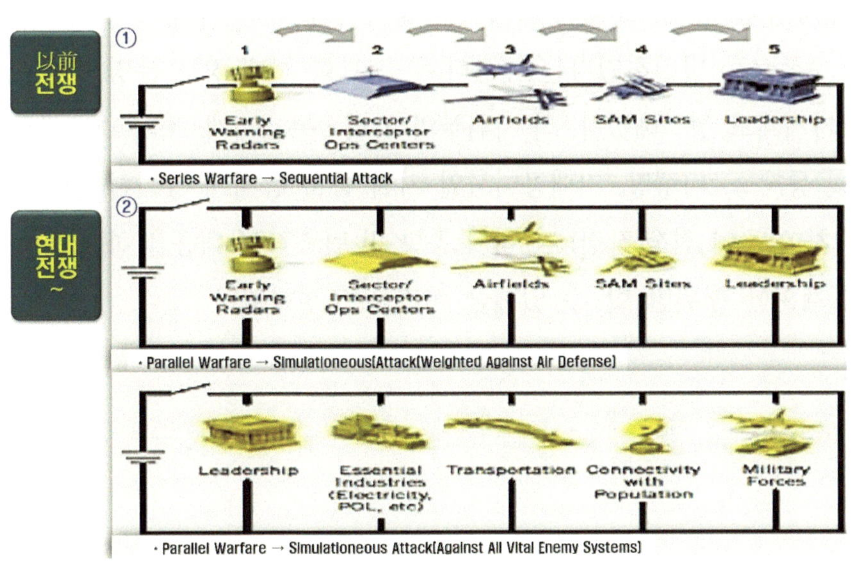

먼저 이해해야 할 사항은 이러한 형태로 공격하는 시기를 판단 및 수행하는 방법 등이 새로운 이론은 아니라는 점이다. 카를 폰 클라우제비츠의 섬멸전 사상 이후 적의 중심(重心)을 식별하고 격멸하는 논리는 끊임없이 발전되어 왔다. 이를 통해 동시적 · 통합적으로 공격하는 방식은 이전부터 추구해 온 하나의 목표였다고 해도 지나침이 없다.

①의 대표적인 사례는 제2차 세계대전 당시 연합군이 하나의 표적을 타격할 때 A-26 폭격기(승무원 12명) 한 대당 9발의 폭탄을 탑재할 수 있는 1,000대의 폭격기를

A-26 폭격기(제2차 세계대전期, 美)

동원하였다. 그러나 임무를 완수한 폭격기가 재정비 및 무장하는 데 1~2주가 걸렸다. 이로 인해 독일군의 핵심표적이 파괴되었음에도 수리 및 재가동할 수 있게 시간을 지연시켜주는 역할을 하였다. 6·25전쟁(1950~1953)과 베트남전쟁(1963~1973), 그리고 제1차 걸프전(1991)까지는 하나의 표적을 무력화시키고, 다음 표적을 무력화시키는 '순차적 전쟁(Series Warfare 또는 연속전쟁-Sequential Warfare)'의 방식을 채택하였다. 다만, 적이 알고도 미처 대응하지 못하게끔 적의 종심(縱深-depth) 지역으로 기동함에도 고도의 치명성을 유지한 채 끊임없이 작전을 수행하도록 하였다. 작전적 차원에서 적의 지휘·통제 능력을 제압하기 위한 목적 때문이다.

②는 코소보 전쟁(1999) 당시 1대의 폭격기로 16개 표적에 대한 무력화가 가능했다. 즉, '병행 전투 수행방식'을 통해 100대의 폭격기가 출격하면, 1,600개의 표적을 동시에 타격이 가능한 수준으로 발전하였다는 얘기다.[22] 정보화 시대-정보 문명 시대가 되면서 무기 및 무기체계도 정밀해졌다. 적 지휘부와 지휘·통제체계, 조기 경보시스템, 지역 방공망 및 통제소, 비행장, 지대공미사일 기지 등을 동시에 강력히 타격할 수 있게 되었다. 점차 아군이 전쟁(작전) 간 적이 통합 및 탄력적인 대응을 하지 못하게 함으로써 적이 계획한 행위만 할 수 있게끔 여건을 조성하였다.

22) 사람에 비유하면, 일반적인 상처가 한 군데 생긴 경우 생명의 위험을 느끼지 않을 수 있지만 10개의 상처가 순차적으로 생기면, 충격은 커져도 치료가 가능한 수준으로 볼 수 있다. 그러나 1,600군데에 동시에 상처가 생기게 되면, 심각한 위험의 순간이 올 수 있다. 따라서 국가도 다수의 표적이 거의 동시에 타격을 입을 경우, 정상적인 기능을 발휘하지 못함은 당연하다.

3. 병행전의 장·단점과 실효성을 발휘하기 위한 요건

3.1. '병행전(Parallel Warfare)'의 장·단점 이해

<표 3-6>은 '병행전(Parallel Warfare)'의 장·단점을 정리하였다.

<표 3-6> '병행전(Parallel Warfare)'의 장·단점

구 분	주요 내용
장 점	① 산업화한 국가의 전쟁 수행능력을 신속하게 격감하거나, 이를 강요할 수 있다. ② 재래식 무기를 사용함으로써 외부로부터의 제약이 적고 전후(戰後) 복구가 용이하다.
단 점	③ 산업국가 또는 산업화과정에 있는 국가 이외에는 적용하는 데 한계가 있다. ④ 정상국가가 아닌 IS 등의 테러집단에 적용하기는 제한된다.

①은 제1차 걸프전(1999)에서 존 A. 와든 Ⅲ세가 주도하는 항공력이 다수의 핵심표적을 동시다발적으로 공격했을 때 해당국의 잠재력을 현저히 떨어뜨리는 현상이 나타났다. 이는 참전 조종사의 "폭격하는 임무가 한 곳에 묶여 있는 양 떼들을 공격하는 것처럼 쉬웠다."라는 증언에 고스란히 녹아있다.

②는 재래식 무기 위주로 사용함으로써 국제적 제약을 피해갈 수 있는 효과와 더불어 사용하기도 쉽다. 전후(戰後-the postwar period)에 진행하는 복구 활동도 같은 맥락이기에 효율적으로 평가할 수 있다.

③과 ④는 제한되는 국가의 형태를 포함하고 있다.

미국은 이러한 이론을 적용하기 위해 수십 년에 걸쳐 막대한 예산을 투자하였다. 그러함에도 결론은 강대국이 대상이 되면, 과연 병행전이 효과를 볼 수 있는지는 의문이다.

3.2. '병행전(Parallel Warfare)'이 실효성을 발휘하기 위한 요건

'병행전'은 <표 3-7>과 같은 현실적 문제를 짚고 넘어가야 한다.

<표 3-7> '병행전(Parallel Warfare)'에 나타나는 현실적 문제

- 항공력과 정밀 유도무기(PGM)를 중심으로 수행하고 있다.
- 각 군(軍)의 영역에서 자신이 속한 군(自軍)의 영역을 더 많이 확보하려는 욕구를 무시할 수 없다.
- 전쟁에서 나타나는 인간적인 감정(emotion)과 열정(ardor)에 대한 역할 인식이 다소 미흡하다.
- 인간적인 요소와 우연적 요소가 마찰을 일으킬 수 있다는 인식이 미흡하다.

이러한 현실적인 문제를 이해하고 난 다음에야 비로소 실효성을 발휘할 수 있으며, <표 3-8>과 같이 네 가지로 정리할 수 있다.

<표 3-8> '병행전(Parallel Warfare)'의 실효성을 발휘하는 방법

- 신속한 사태(상황) 파악과 동시에 올바른 표적 식별 능력을 갖춘다.
- 선정한 표적은 오차(誤差)가 없는 상태에서 정확하게 공격할 수 있는 능력을 갖춘다.
- 피・아를 정확하게 구분할 수 있는 능력을 구비한다.
- 상당한 규모의 자원을 계속 투자할 수 있어야 한다.

4. 병행전을 무력화(無力化)시키는 방법

<그림 3-8>은 '병행전(Parallel Warfare)'을 무력화시키는 방법을 정리하였다.

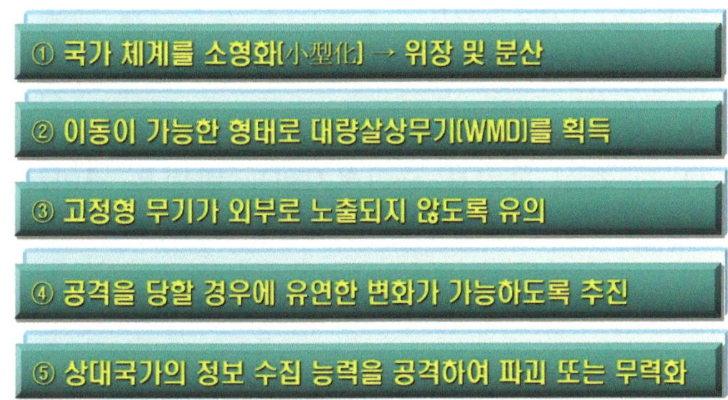

<그림 3-8> '병행전(Parallel Warfare)'을 무력화시키는 방법

①은 <표 3-9>를 통해 적이 민간인 및 관련 시설에 대하여 공격한다는 부담을 갖도록 최대한 주입하는 역할을 한다.

<표 3-9> 국가 체계를 소형화하여 위장 분산하는 방법

- 공격받을 경우, 국제 및 국민 여론을 자극하거나, 유도가 가능하게끔 표적을 민간지역 전체에 광범위하게 분산시킨다.
- 주요 시스템은 위장하되, 규모를 최대한 축소한다.
- 시스템 전반을 이동이 가능한 형태로 유지한다.
- 무기 생산, 지휘·통신체계, 비행장 시설을 민간 시설로 만들어 이용한다.
- 외국인이 거주(居住)하게 하고, 관광 활동을 장려한다.

②는 확인 및 규명하기 불가능한 표적은 대부분 공격이 불가능하기에 <표 3-10>을 통해 보유하는 자체만으로도 국가의 위상을 제고시키는 역할을 한다.

<표 3-10> 이동이 가능한 형태로 대량살상무기(WMD)를 획득하는 방법

• 대량살상무기(WMD) 운반체계를 보유하는 자체가 위협이다. * 핵무기 시설은 노출하고, 생화학무기를 생산하는 시설은 비노출 • 대량살상무기(WMD)는 민간지역에 분산하여 배치한다. * 민간시설 내부에 군사시설을 설치

③~⑤는 <표 3-11>과 같이 추가로 무력화시키는 방법을 정리하였다.

<표 3-11> 추가로 무력화시키는 방법

• 고정형 무기는 노출되지 않도록 유의한다. * 무기는 지하에 저장하되, 깊을수록 좋으며, 노출될 수 있는 표적은 사전에 위장 하거나 흔적을 제거(사례: 북한군의 지하 저장시설) • 공격받을 때를 대비하여 적응-변화-회생할 수 있게 대비한다. * 사전에 변화 및 회생(回生)할 수 있도록 방법을 강구 -사례1) 발전소 공격 시 즉각 전원을 차단하여 적의 피해평가를 거부 -사례2) 상대국가의 여론을 무력화 또는 파괴 공작을 시도 • 상대국가의 정보 능력을 공격한다. * 전쟁을 개시하기 이전에 요인 암살 등에 관한 적 정보를 먼저 공격 * 전쟁 발발 시 사이버전(Cyber Warfare)을 수행

제 5 절

논의 및 시사점

세상에 존재하는 어떠한 이론이나 사상도 무조건 옳거나, 무조건 그르지 않음은 당연하다. 존 R. 보이드(John R. Boyd)와 존 A. 와든 Ⅲ세(John A. Warden Ⅲ)의 전략적 마비는 상호보완적으로 작용하고 있다.

존 R. 보이드는 '심리적 마비'에 충실하였다. 즉, 전시 행동의 목적을 긴박하고 불확실성이 난무하는 전장에서 적이 정신적으로 적절하게 대응할 시간적인 여유를 갖지 못하게 함으로써 적을 무력화하는 데 초점을 맞추고 있다.

존 A. 와든 Ⅲ세는 '물리적 마비'에 충실하였다. 즉, 적을 하나의 체계로 인식하여 모든 전략적 목표를 5개 구성요소로 구분하였다. 그리고 각각의 동심원이 별도의 중심을 가지기에 병행 공격을 통해 부분적으로 전략적 마비를 달성함과 동시에 핵심인 지휘・통제체계(Leadership)에 견딜 수 없는 심리적 압박을 가하는 데 초점을 맞추고 있다.

정리하면, 존 R. 보이드가 적이 대응할 수 없도록 유동적이고 위협적인 상황을 조성하여 적의 지휘・통제체계를 와해하는 데 있다면, 존 A. 와든 Ⅲ세는 상호의존적 체계에 초점을 맞춰 공격함으로써 알면서도 미처 대응하지 못하게 하는 데 방점을 찍고 있다. 이들은 항공력을 조직-준비-적용하는 데 필요한 최선의 방책들을 제시하고 있다고 보면 된다. 다만, 제한적인 부분이 있다. 존 A. 와든 Ⅲ세의 '5개 전략 동심원 모델'은 산업화 또는 산업화과정에 있는 국가 이외의 유형에 적용하기가 어렵다는 점이다. 테러집단과 반란조직을 상대할 때 시스템을 나눌 수 있겠지만, 각각의 역할을 구분하기가 쉽지 않은 현실을 유념할 필요가 있다.[23)]

---

23) 대표적으로 테러집단 또는 반란조직을 포함하는 비국가 집단, 전쟁 양상의 한 부분으로 평가받는 대(對)테러전이나, 대(對) 반란전 같은 경우를 들 수 있다. 여기서 존 R. 보이드와 존 A. 와든 Ⅲ세가 주장하는 항공력이 기여할 여지는 극히 적다.

존 A. 와든 Ⅲ세의 '5개 전략 동심원 모델'과 연계되는 제프리 R. 쿠퍼(Jeffery R. Cooper)의 병행전(Parallel Warfare)이 산업화를 달성한 국가를 상대로 할 때 이들의 전쟁 수행능력을 빠른 기간 내에 격감시킬 수 있다는 점은 분명하다.[24] 병행전이 효과를 얻기 위해서는 신속한 상황의 파악, 피・아를 정확히 인식할 수 있는 능력, 확인된 표적을 정확하게 공격할 수 있는 능력 등이 필요하다. 이때 상대국가의 핵심표적을 병행하여 공격하려면, 상당한 규모의 예산과 자원 투자가 요구된다는 점을 인식하여야 한다.

제1차 걸프전(1991) 당시 다국적군이 이라크의 표적을 동시에 공격하였다고 하지만, 엄격하게 지적하자면, 순차적인 공격(Sequential Attack)으로 진행되었다고 봄이 타당하다. 미국이 당시 병행전과 같은 개념인 '단일 통합작전 계획'을 수립할 수밖에 없었던 이유를 되새겨보면, 구소련과 맹렬하게 대립했던 냉전기라는 환경 때문이었음을 이해할 필요가 있다. <표 3-12>는 존 R. 보이드-존 A. 와든 Ⅲ세-제프리 R. 쿠퍼의 특징을 비교하였다.

<표 3-12> 존 R. 보이드-존 A. 와든 Ⅲ세-제프리 R. 쿠퍼의 특징 비교

구 분	존 R. 보이드	존 A. 와든 Ⅲ세	제프리 R. 쿠퍼
마비 중심/형태	속도+심리적 마비	물리적 파괴	항공력을 중심으로 하는 파괴
관 점	유동적・위협적 상황	전략적・작전적 요충지 병행 공격	전략적・작전적・전술적 표적을 동시 타격
중 점	지휘・통제체계를 와해	상호의존적 체계를 공격	대응 능력을 제거

소결론적으로 미국이 제1차 걸프전(1991) 당시 막대한 예산을 쏟아부으면서도 '단일 통합작전계획'을 구상하고 추진한 이면(裏面)을 들여다보면, 구소련과의 대결에서

24) 제1차 걸프전(1991) 당시 미군은 공중우세를 달성했기에 이라크 내에 있는 핵심표적을 동시다발적으로 공격할 수 있었다. 이로 인해 이라크는 묶여 있는 양(羊) 떼와 같이 옴짝달싹하지 못하는 처지에 놓이게 되었다고 이해하면 된다.

무조건 승리하여 유럽의 주도권을 확보해야 한다는 절대적인 전제(前提)가 필요해서다. 이로 인해 엄청난 규모의 예산 투입이 필요했지만, 당시 여건에서 이들의 혁신적 이론과 사상을 받아들일 수밖에 없었다는 점은 유념할 필요가 있다.

지금까지 전략적 마비를 수행하는 주(主)수단인 항공력 사상을 중심으로 탐구하였다. 항공력을 전략적 마비의 중심 수단이라고 주창하는 관련 이론들이 적을 심리적·물리적으로 마비시킴으로써 전쟁의 수행과 승리에 상당한 도움이 되었음이 사실이다. 그러나 전쟁에 대비하거나, 전쟁을 수행하는 전체적인 차원으로 평가하기보다 다른 군종(軍種)에 비해 상대적으로 조금 더 많은 자원을 확보하기 위한 적극적인 노력의 한 분야로 이해함도 필요하다.

강의_Ⅲ ‘군사혁신’과 ‘지휘 · 통제체계-C4I’의 상관성을 이해합시다.

학습하기 이전(以前)에 요구되는 사항

1. 군사혁신과 지휘 · 통제체계와의 관계를 이해하시오.
   * 지휘 · 통제체계(C4I)의 정의와 개념은?
   * 신(新)기술과 정보기술의 접목에서 나타나는 변화는?
   * 계층적 구조와 네트워크 구조의 차이점은?
   * 지휘 · 통제체계(C4I)에 있어서 산업화시대 이전 · 이후, 1990년대-정보화시대의 차이점은?
2. 정보화 · 정보 문명 시대-미래전에서 지휘 · 통제체계에 관한 특징을 이해하시오.
   * 미래전 지휘 · 통제체계(C4I)의 두 가지 특징은?
   * 미래전 조직 모델의 네 가지 특성은?
   * 미군의 지휘 통제의 특징과 성향은?
   * 지휘 통제조직을 편성할 때 고려할 네 가지 사항은?
3. 합동전략과 연계하는 지휘 · 통제와 지휘체계의 차이점을 이해하시오.
   * 합동전략의 두 가지 구비요건은?
   * 합동전략과 지휘체계에 있어서 각 군(軍)간 특수성이 존재한다는 의미는?
   * KNTDS(해군)와 MCRC(공군) 연결 구성도의 공통점은?
4. 1990년대 이전 · 이후의 합동작전을 이해하시오.
   * 체계를 통합한다는 의미와 기본 개념은?

제4장

‘군사혁신’과 ‘지휘 · 통제체계(C4I)’의 상관성

제1절 개요

제2절 지휘 통제체계(C4I)의 일반적 정의 및 개념

제3절 정보 문명 시대와 지휘 통제(C4I)의 관계

제4절 합동전략(Joint Strategy)과 지휘 통제(C4I)의 관계

제5절 논의 및 시사점

제 1 절

개 요

북한군과의 교전이 벌어지고 있는 전투 지역 상황을 ① 주요 지휘관과 참모들이 지휘·통제센터의 대형화면을 통해 전방 상황을 주시하고 있다. 일부는 휴대한 노트북과 컴퓨터를 통해 피·아 간 위치와 이동현황, 교전에 따른 피해평가(BDA)[1]와 화력 등과 관련된 정보를 가지고 상황 판단 및 대응을 진행한다. 이때 ② 적의 전차부대가 아군 쪽으로 기동하고 있다는 내용이 전방지역에서 보고되었다. 이 첩보는 ③~④ 합참 지휘 통제본부로 접수되어 곧바로 ⑤ 적에 대한 무력화 지시가 떨어지기 무섭게 ⑥ 공격헬기와 ⑦ 전투기가 출동 및 집중공격하여 지시된 과업을 완수하였다. 지휘·통제·통신·컴퓨터와 정보를 연계하는 합동 C4I 체계가 작동함으로써 통합전투력을 극대화한 결과다.

현대전쟁 즉, 디지털 전쟁의 중심에는 모든 군사자원을 전산화하여 네트워크로 연결함으로써 전쟁을 효과적으로 수행하도록 한 '통합 전장 관리 체계'가 바로 '통합 전술 지휘체계(또는 지휘·통제·통신·컴퓨터 및 정보체계-C4I: Command, Control, Communication, Computer, Intelligence)'다.[2] 여기에 작전 수행의 효율성을 담보하기

---

1) '전투피해평가(BDA)'는 'Bomb Damage Assessment'의 약자로 '살상 또는 비살상 무기를 사용한 결과에 대하여 피해를 판단하는 체계로 물리적 피해평가(1단계)-기능적 피해평가(2단계)-표적체계평가(3단계)로 진행한다(합동참모본부 『합동·연합작전 군사용어사전』 (2014), p. 445.).

2) 'C4I 체계'는 '자동화된 정보 또는 정보체계를 운용하여 C4(지휘·통제·통신·컴퓨터) 체계와 I(정보) 체계를 유기적으로 연동·통합시킴으로써 지휘관이 부대를 계획하고, 지휘 및 통제할 수 있도록 지원하는 체계'를 뜻하며, 뉴스에 등장하는 '한국군 합동지휘통제체계(KJCCS-Korean Joint Command &

위하여 '감시와 정찰(SR-Surveillance and Reconnaissance)'을 결합하고 있다.

지휘・통제체계는 인간조직뿐만 아니라 사회의 과학기술 역량과도 밀접하게 연관되는 주제(agenda)다. 현대의 경제이론과 마찬가지로 많은 객체가 서로 영향력을 미치는 가운데 진행이 된다. 대표적으로 '국가가 운용되는 정치적 형태'를 비롯하여 '가용한 정보기술', '각 군이 운용 중인 무기 및 무기체계의 유형', '전략과 작전(전술)', '부대 구조 및 편성', '인력 구성 및 수행체계', '교육 훈련 및 교육 진행 체계' 등이 軍의 지휘・통제체계에 영향을 미치며 유형에 따라 영향을 받고 있다. 유념할 사항은 각 軍에서 바라보는 관점이 각기 다르다는 점을 기억해야 한다.

육군은 '지휘(command)는 상관의 뜻과 의지를 구성원에게 주입하는 과정이고, 통제(control)는 상관의 뜻과 의지에 반(反)하는 구성원의 행위를 규명하고 교정하는 데 있다.'라고 인식하기에 통제 자체가 구성원의 행동에 바람직하지 않은 요소가 포함되어 있음을 전제하고 있다.[3] 즉, 지휘는 명령, 지시, 강요하는 의미가 있으며, 통제는 기준을 정한 다음 거기에 따르도록 한다는 의미가 짙다.

마틴 반 크레벨드(Martin van Creveld)는 『보급전의 역사-Supplying War』에서 "지휘의 속성은 영원하며 본질에 변함이 없지만, 수단은 끊임없이 바뀌고 있다."라고 주장하였다.[4] 즉, 지휘하는 수단을 조직과 절차, 기술적 측면에서 접근하고 있다.

존 R. 보이드는 지휘와 통제하는 과정을 관찰-상황인식+판단-결심-과감한 실행이라는 '우다루프(OODA Loop) 모델'로 정립하였고, 이를 통해 정보의 수집과 의사결정 주기는 동시에 진행되어야 한다고 보았다. 즉, 정보수집 주기와 의사결정 주기가 적절한 균형을 이룰 때 작전을 신속하게 추진할 수 있다는 시각이다. 그러나 공군은 운영 및 통제할 체계의 수가 워낙 많기에 데이

Control System)'는 C4I 체계에서 가장 상위(上位)의 체계라고 이해하면 된다(합동참모본부, 『합동・연합작전 군사용어사전』 (2014), p. 503.; 이석종, "군 수사당국, 군 전산망 해킹 지원한 육군 대위 구속기소" 『아시아투데이』 (2022.04.28.).).

3) 美 육군도 한국 육군과 같이 통제가 지휘에 예속된 개념으로 보고 있다. 전장(Battle-field)에서 전략적・전술적 차원의 수십만 객체를 일관성 있게 유지할 필요가 있어서다.

4) Martin Van Creveld, 『Command in War』 (Cambridge: Harvard University, 1985), p. 9.

터에 기반할 수밖에 없다. 따라서 특성에 부합하는 '중앙집권적 지휘-분권적 통제-분권적 임무 수행'이 가능한 방향으로 접근할 때 성과를 달성할 수 있다.

소결론적으로 지휘 통제체계는 군사교리, 작전개념, 조직 편성 및 운영개념에 근거하여 싸우는 방법과 절차 및 규정을 자동화한 체계로 이해하면 된다.

'군사혁신'에서 지휘 통제 분야는 각 군의 작전환경과 성향에 따라 적용하는 개념과 범주가 다르다. 따라서 이번 장(章-Chapter)은 지휘 통제체계의 일반적 정의 및 개념-정보 문명 시대의 지휘 통제체계를 비롯하여 합동전략이 실효성을 가지려면, 지휘 통제체계가 어떻게 구축되어야 할 것인지를 탐구하고자 한다.

제 2 절

지휘 통제체계(C4I)의 일반적 정의 및 개념

1. 지휘 통제체계(C4I)의 일반적인 정의

그리스의 헤로도토스(Herodotus, BC 484~BC 425년경)가 『역사(Historiae)-페르시아 전쟁사』를 쓴 이래 장수(지휘관)들은 항시 '전장의 상황을 파악하고 조치 및 대응하는 데 고심'하였다. 이때 두 가지의 난제에 부딪혔는데, 첫째, 정보의 수집과정, 둘째, 의사결정으로 이는 현대사회도 마찬가지다.

1980년대 이전까지 軍은 컴퓨터와 데이터 통신이 접목되지 않은 환경이었기에 중앙집권적 통제 방식과 계층적 구조를 결합하는 형태로 정보수집과 의사결정 문제를 해결하였다.

古代 지휘 (command) 통제 (control) 제1 · 2차 세계대전

먼저, '지휘 · 통제'는 '지휘관이 부대의 임무를 달성하기 위해 예 · 배속 전력에 대한 권한을 행사하고 지시를 하달하는 행위의 전반(全般)'을 뜻하고 있다. 짚고 넘어갈 전제(前提)는 과거부터 현대에 이르기까지 '지휘'는 '사람을 중심'으로, '통제'는 '기계와 연계'되어있다는 점이다.

미 합참은 '통제는 지휘에 예속(隷屬-Assign)'되어있다고 명시하였으며, 미 육군은 '지휘'란 '상관의 뜻과 의지를 부하에게 주입하기 위해 지시하는 과정'으로, '통제'는 '상관의 뜻과 의지에 위배(違背)되는 부하의 행위를 규명(糾明)하여 교정(矯正)하는 과정'[5)]이라고 명시하고 있다. <그림 4-1>은 산업화시대 이전(以前)과 이후(以後)의 지휘 통제 방식이 변화한 과정을 정리하였다.

---

5) '위배(違背)'는 '법이나 약속 따위를 어기거나, 준수하지 않는 행위'를, '규명(糾明)'은 '사실의 원인 또는 진상을 캐고 따지어 밝혀내는 행위'를, '교정(矯正)'은 '틀어지거나, 잘못된 것을 바로잡아서 고치는 행위'이다.

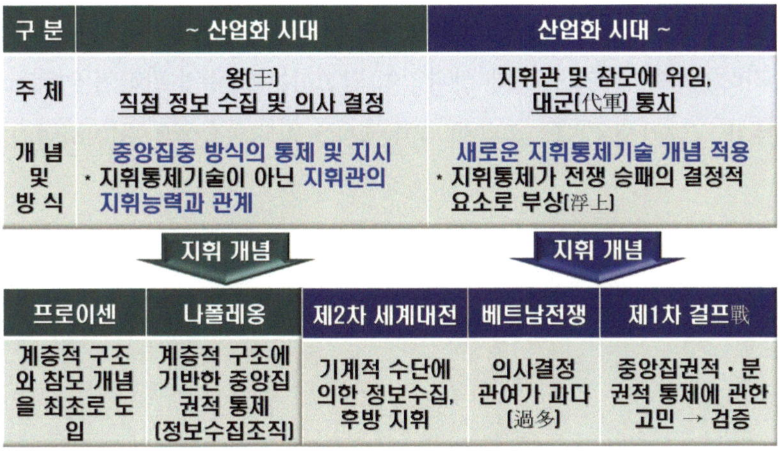

구 분	~ 산업화 시대	산업화 시대 ~
주 체	왕[王] 직접 정보 수집 및 의사 결정	지휘관 및 참모에 위임, 대군[代軍] 통치
개 념 및 방 식	중앙집중 방식의 통제 및 지시 · 지휘통제기술이 아닌 지휘관의 지휘능력과 관계	새로운 지휘통제기술 개념 적용 · 지휘통제가 전쟁 승패의 결정적 요소로 부상[浮上]

지휘 개념　　　　지휘 개념

프로이센	나폴레옹	제2차 세계대전	베트남전쟁	제1차 걸프戰
계층적 구조와 참모 개념을 최초로 도입	계층적 구조에 기반한 중앙집권적 통제 (정보수집조직)	기계적 수단에 의한 정보수집, 후방 지휘	의사결정 관여가 과다 [過多]	중앙집권적 · 분권적 통제에 관한 고민 → 검증

<그림 4-1> 산업화시대 이전(以前) · 이후(以後)의 지휘 통제 방식[6)]

산업화시대 이전까지는 단계별 전장 상황의 파악과 의사결정을 왕(군주)이 직접 했기에 중앙집권적 통제로 계층적 구조가 강화되었다. 그러나 산업화시대 이후는 다양한 계통으로 정보를 수집하고 의사결정도 위임할 수 있었기에 분권적 통제와 네트워크 구조로 발전하였다. <표 4-1>은 과학기술이 발전하며 지휘 통제의 개념과 특징이 변화되어온 과정이다.

<표 4-1> 시대별 지휘 통제의 개념과 특징

구 분	~산업화시대	산업화시대~	정보화 · 정보 문명 시대[7)]~
주 체	왕(君主 또는 지휘관)	지휘관	지휘관+조직 · 체계
통제 방식	단 순	상대적으로 복잡	중앙집권 · 분권화
통제 범위	한정(限定-limited)	원격 통제	무한(無限-unlimited)
의사 결정	중앙집권적	계층적 구조, 참모제도	지휘관+조직 · 체계
대표적 인물(기능)	알렉산더, 나폴레옹 보나파르트	프로이센 군대	계층적 구조, 네트워크 구조
특 징 (취약점)	지휘관의 성향에 따라 승패(勝敗) 좌우	하급지휘관에 대한 간섭이 강화	전력화(±5년) 완성과 동시에 노후화 또는 구형 모델로 전락

6) '프로이센(Preussen)'은 독일식 발음이고, 우리가 일반적으로 '프러시아(Prussia)'라고 부르는 명칭은 영어식 발음이다. 최근 해당 국가의 원어(原語)로 부르는 추세이기에 '프로이센'으로 통일하였다.

잠깐! 여기서 미국의 국방비가 2013~2018년까지는 주춤했다가 2019년부터 다시 증가하였지만, 예산 규모와 상관없이 발전하는 이유에 관하여 이해하는 시간을 가져보자. 〈그림 4-2〉는 미국의 국방예산(2010~2022)을 정리하였다.

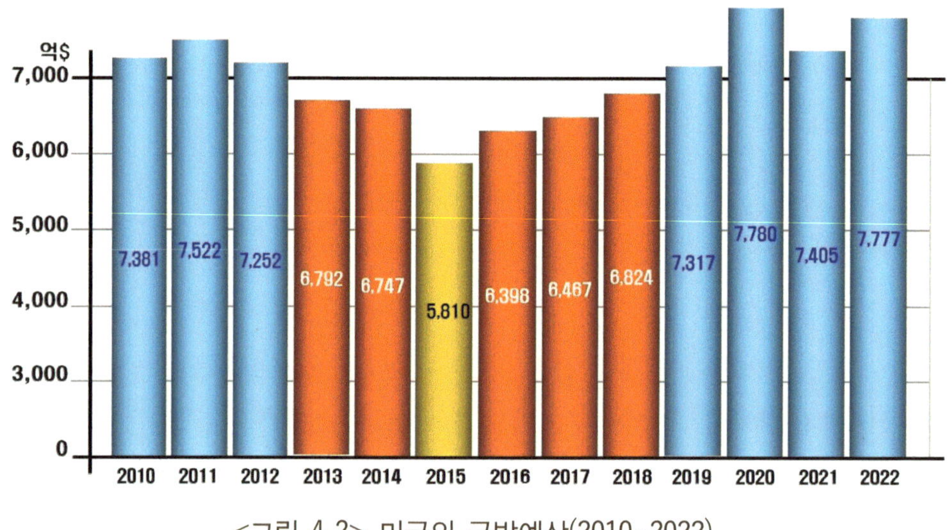

<그림 4-2> 미국의 국방예산(2010~2022)

* key-word

- 재래식 군사력 위주의 단순한 혁신보다 감시 · 지휘 통제 · 정밀 유도무기 체계 등을 연계한 '복합체계로 구성된 체계(System of System)'를 추구한다.
- 냉전 시대(Cold War Era)부터 '합동 감시 및 목표 공격 레이더 체계(JSTARS)'[8], '공중 조기 경보통제체계(AEWACS)'[9], '감시와 정찰기능을 포함한 지휘 통제체

---

7) '정보화 시대(Information Age)'는 '정보로 가공된 지식과 자료 따위가 사회 구조나 습관, 인간의 가치관 등에 큰 영향을 미치는 시대'이고, '정보 문명 시대'는 '복합과학의 시대'라고도 하며, '인류가 이룩한 단위기술 중심의 발전이 체계적인 기술 개발과 다양화 · 종합화된 상상의 세계를 현실화시킨 문명 시대'로서 대표적인 사례로 인공지능과 자동화 무기를 들 수 있다(조용만, 『군사혁신과 현대전쟁』 (2016), p. 90.).

8) '합동 감시 표적 공격 레이더체계(조인트 스타즈-JSTARS)'는 'Joint Surveillance and Target Attack Radar System'의 약자다. 1985년 9월부터 개발되었으며, 1988년 12월 22일 E-8A기가 처음 비행하였다. '美 육 · 공군이 E8 조기 경보기에 탑재한 레이더를 이용하여 지상의 전략 · 전술 목표에 대한 영상을 획득한 다음 이를 지상의 모듈(GSM-Ground Station Module)에 전송하여 정보를 획득하는 데 사용하는 목표 감시+공격 레이더 시스템'이다.

계(C4ISR)'[10], '정밀 유도무기(PGM)의[11] 개발' 등에 대한 혁신적인 투자가 결실을 거뒀기 때문이다.[12]

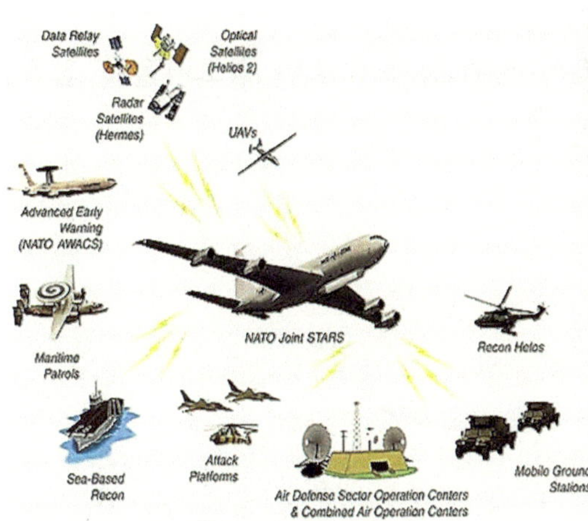

9) '공중 조기 경보 통제 체계(AEWACS=AWACS)'는 'Airborne (Early) Warning and Control System'의 약자다. '전구(戰區) 항공 통제체계(TACS-Theater Airspace Control System)의 공중 통제부서나 체계 혹은 항공기에 탐지 레이더 및 각종 통신장비, 항법 보조 장치, 컴퓨터 등을 탑재하고 작전 요원이 탑승하여 공중감시, 조기 경보, 방공 관제 임무를 수행하는 체계'다(김성진, 『세계전쟁사』 (2020), pp. 405~407.).

10) 'C4ISR'은 'Command, Control, Communications, Computers, Intelligence, Surveillance and Reconnaissance'의 약자다. 군사작전을 효과적으로 수행하기 위해 C4I에 감시와 정찰기능을 결합한 용어로 적을 먼저 보고 먼저 공격할 수 있도록 하였다.

11) '정밀 유도무기(PGM)'는 'Precision-Guided Munition'의 약자로 '스마트 무기(Smart Weapon)'로 불린다. '목표에서 반사되는 전자기파를 감지기로 탐지하거나, 유도 명령을 통해 표적까지 정확하게 유도하는 탄약으로서 점 표적을 파괴하고, 원하지 않는 부수적인 피해를 최소화하기 위하여 개발된 탄약'이다(김성진, 『전쟁사와 무기체계론』 (2020), p. 59.).

12) 김성진, 『군사전략론』 (2022), p. 32.; 김성진, 『전쟁사와 무기체계론』 (2020), pp. 252~273.

2. 지휘 통제(C4I)와 정보기술의 상관성 이해

2.1. 지휘 통제 개념의 발전과 구조

<그림 4-3>은 과학기술이 발전하면서 지휘 통제 구조와 정보기술을 접목함으로써 효용성을 증대한 과정을 정리하였다.

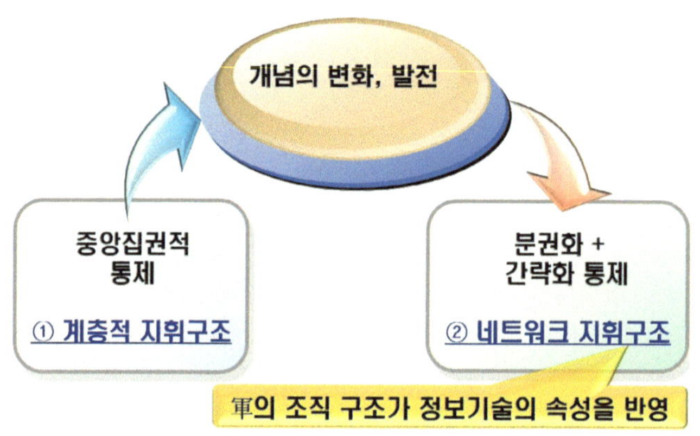

<그림 4-3> 지휘 통제 구조와 정보기술의 접목으로 효용성을 증대한 과정

2.1.1. 중앙집권적 통제인 계층적 지휘구조의 본질

①은 산업화시대 즉, 1990년대 이전까지 적용한 軍의 통제 방식을 뜻한다. 오스트레일리아의 조지 E. 오르(George E. Orr, 1896~1972)는 "계층적 지휘구조에서는 모든 군사력 운영이 단일 지휘관에 의해 관장되어야 한다. 주요 지휘본부와 전투사령부 등을 비롯한 단위부대(하급제대)는 최고 지휘부(최고 지휘관)의 명령에 따라 정확하고도 표준화된 방식으로 반응해야 하며, 군사력 통제에 필요한 자료는 최고 지휘관에 보고하여야 한다. 계층적 지휘구조에서는 모든 전투가 중앙집권적으로 관리된다."라고 강조하였다.[13)]

여기서 지휘관이 이용할 수 있는 정보기술과 계층적 지휘구조에 따라 통신망을 유

13) George E. Orr, Combat Operation C3I: Fundamentals and Interactions (Air University Press, 1983), pp. 87~88.

통하게 하고, 이를 통해 통제의 폭을 확장함을 이해할 필요가 있다.

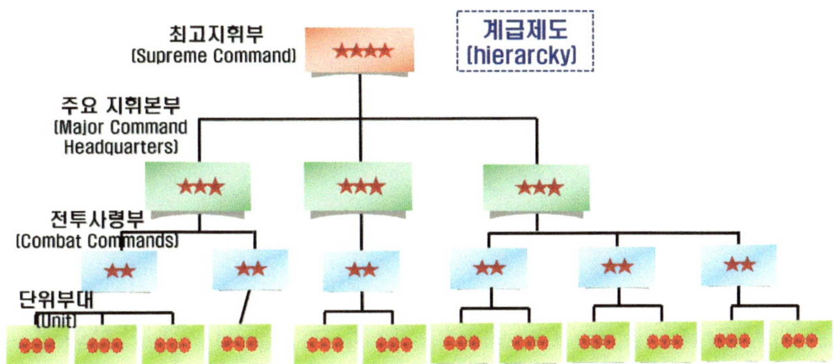

2.1.2. 계층적 지휘구조의 취약점과 보완점

<표 4-2>는 계층적 지휘구조가 가진 취약점과 보완점을 정리하였다.

<표 4-2> 계층적 지휘구조의 취약점과 보완점

구 분	주요 내용
취약점	①-1. 정보 흐름을 계층마다 통제하기에 효과적인 활용이 어렵다. ①-2. 각 조직의 최고 지휘계층이 모든 의사결정을 통제한다.
보완점	①-3. 하급제대가 능동적인 창조성과 자발성을 가질 수 있도록 무조건 계층적으로 통제하기보다 필요한 분야는 분권적 통제가 가능하도록 여건을 조성해야 한다.

잠깐! 여기서 계층적 지휘구조를 보완할 수 있는 사례에 관하여 알아보자.

사례1) 美 남북전쟁(1861~1865) 당시 북군 총사령관(Ulysses S. Grant, 1822~1885)이 승리할 수 있었던 요인은 하급지휘관들에 기본지침만 제시하고 세부 사항은 전장(Battle-field)에 있는 그들이 나름대로 판단 및 지휘할 수 있도록 독단활용이 가능했기 때문이다.[14)]

14) 김성진, 『군사협상론』 (2020), pp. 184~186.

사례2) 제1차 걸프전(1991) 당시 다국적군 사령관(Herbert Norman Schwarzkopf Jr., 1934~2012)은 독립전쟁 당시 율리시스 S. 그랜트가 행동한 그대로 적용하였다. "구성원들을 신뢰하였더니 구성군(Component Forces) 사이에 자연스레 신뢰가 조성되었다. ~진심으로 합동작전을 원한다면, 그들이 임무를 수행하고자 할 때 일일이 간섭하지 말아야 한다." 라는 그의 말은 깊이 새겨야 할 대목이다.[15)]

마틴 반 크레벨드(Martin van Creveld)의 "단일 지휘관에 의한 '지휘의 통합(Unity of Command)'도 중요하지만, 특정한 지휘관이 전지전능하기는 불가능하다. 따라서 지휘하는 군사력의 규모가 증대되고 군종(軍種)별 특성이 날로 복잡하게 변화하기에 지휘의 분권화는 매우 절실한 주제다."라는 주장을 되새길 필요가 있다.[16)]

2.1.3. 분권 · 간략화 통제 중심의 네트워크 지휘구조

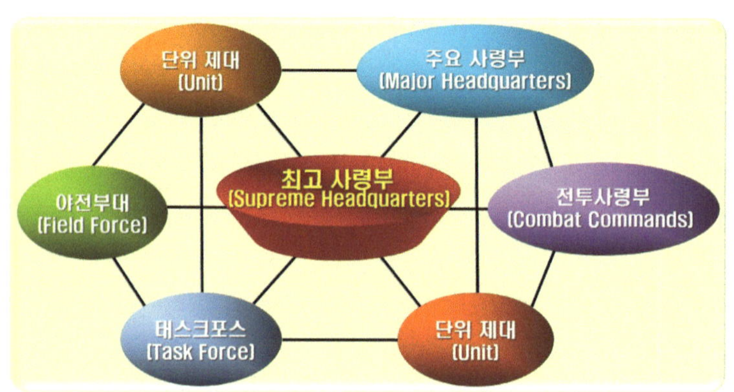

②의 정보수집은 분권적으로 수행할 수 있으며, 모든 계층에 있는 지휘관들은 다양한 정보를 수집할 수 있게 된다. 따라서 최고 지휘관은 인위적 · 독단적으로 정보의 흐름을 통제하기보다 다른 하급지휘관들과 정보를 공유하는 구조이기에 모든 계층이 확실한 믿음을 가지고 거의 같은 시간대에 의사를 결정할 수 있다. 즉, 하급지휘관들이 서로 협조하여 문제를 해결할 수 있다는 의미다. 이를 통해 개개의 단위 제대에서부터 다양한 정보를 생성하고 이를 공유할 수 있다.[17)]

15) 김성진, 『세계전쟁사』 (2021), pp. 394, 404~407.

16) Joint Pub 1, 『Joint Warfare of the Armed Forces of the United States』 (1995), III-9.

17) 유념할 사항은 최고사령부(최고 지휘관)의 역할을 명확히 전달할 필요가 있다. 즉, 상급 지휘관의 의도

정보를 공유하게 되면, 시스템 전체가 뭔지 모르게 불확실한 우려 등이 급격하게 감소하고, 하급제대 차원의 의사결정을 지원할 수 있다.

2.1.4. 네트워크 지휘구조의 취약점과 보완점

<표 4-3>은 네트워크 지휘구조가 가진 취약점과 보완점을 정리하였다.

<표 4-3> 네트워크 지휘구조의 취약점과 보완점

구 분	주요 내용
취약점	정보를 공유하는 환경은 이상적이지만, 전투하는 과정마다 매번 중요한 결정을 신속하게 내려야 하는 지휘관의 위치에서는 최상이 아닐 수 있다
보완점	정보수집을 할 때는 공유(共有) 및 협조가 필요하지만, 의사결정을 할 때는 최대한 단순화하여야 한다.

유념할 사항은 기업경영자(CEO)와는 다르게 군사지휘관은 생사(生死)를 좌우하는 환경에서 빠르고 올바른 의사결정 여부에 따라 승패(勝敗)가 좌우되는 사례가 허다하다. 따라서 상급 지휘관과 전장(戰場)에 있는 작전 지휘관(요원) 간에 지휘계층을 줄이면 줄일수록 의사결정은 수월해진다. 이때 상급 지휘관이 의도하는 범위 내에서 모든 작전 지휘관(제대)들이 융통성·창의성·독자성을 발휘할 수 있도록 하는 게 이상적인 지휘구조다. 최상의 조합은 '네트워크 조직의 특성인 정보의 공유와 계층적 지휘구조의 중간계층을 단순화시키고 의사결정 과정을 적절하게 결합한 지휘구조'의 형태다.

를 2단계 하급지휘관들까지는 명확하게 이해하고 있어야 한다. 모든 하급제대가 2단계 상급 지휘관이 의도하는 바에 따라 움직여야 하고, 상급 지휘관은 하급지휘관들이 최종 상태(End-state)에 도달할 수 있도록 노력을 집중할 수 있는 여건을 조성해 주어야 한다.

제 3 절

정보 문명 시대와 지휘 통제(C4I)의 관계

1. 미래전(Future Warfare)의 특징

<그림 4-4>는 미래전(Future Warfare)의 특징을 정리하였다.

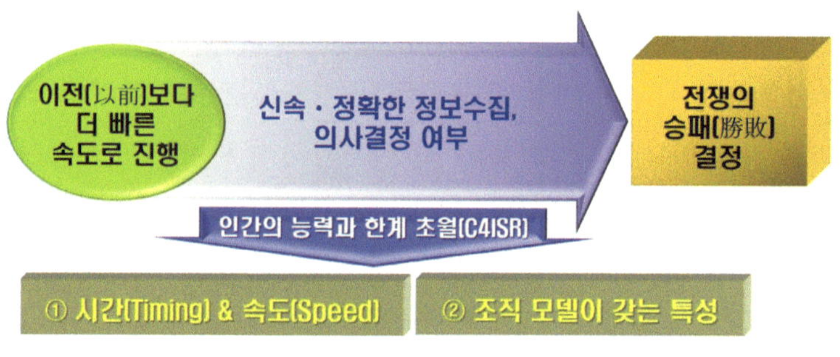

<그림 4-4> 미래전(Future Warfare)의 특징

1990년대 이전까지만 하더라도 적 항공기가 레이더에 포착되면, 비행단에서 비상(scramble)을 발령하고 출격을 지시하여 교전 및 격추하는 단계로 진행하였다. 그러나 제1차 걸프전을 계기로 단계 및 절차가 발전하였다. 자동감지체계가 작동하면 자동으로 출격하고 자동 교전과 격추 단계로 들어가도록 만들어진 'C4ISR'은 인간의 능력과 한계를 초월하였다. 여기에 정밀 유도무기(PGM)와 자동 격추 시스템 등의 사격처리 시스템은 ① 시간(Timing)과 속도(Speed), ② 조직 모델이 갖는 특성을 어떻게 효과적으로 사용할 것인지를 고민하는 환경을 조성하였다.

①은 과학기술과 정보기술의 복합적 발전과 함께 전장에서 시간 개념을 크게 단축하는 효과를 가져왔다. 이를 존 R. 보이드는 '의사결정 주기=우다 루프(OODA Loop) 모델'로 개발하였다. 시간(Timing)과 속도(Speed)가 단축되며 작전개념, 조직 구조와 지휘 통제에 상당한 영향을 미쳤다.

②는 급변하는 상황에서 적보다 신속하게 대응할 수 있는 지휘관이 전장(Battle-field)의 흐름을 주도할 수 있다는 인식이다. 이러한 환경이 조성될 수 있던 배경에는 '합동 감시 표적 레이더 체계(JSTARS)', '공중 조기 경보 통제 체계(AWACS)', '전술 정보 통신체계(TICN)'[18) 등의 첨단 정보수집 능력과 신속한 전파가 가능한 데이터 통신체계가 뒷받침되었기 때문이다. <그림 4-5>는 미래전(Future Warfare)의 조직 모델이 가지는 특징을 정리하였다.

<그림 4-5> 미래전(Future Warfare)의 조직 모델의 특징

<표 4-4>는 조금 더 구체적으로 이해할 수 있게 정리하였다.

<표 4-4> 미래전(Future Warfare) 조직 모델의 통제 방식별 주요 특징

모 델	통제방식	주요 특징
① 중앙집권 통제	최고 지휘관이 직접 정보를 수집 및 통제	•중앙집권 통제로 융통성이 부족하다. •최고 지휘관의 의도를 달성하는 과정에서 불확실성이 최소화될 수 있다.
② 분권적 통제	하급지휘관에 최대한 위임	•지휘관 판단 간 불확실성이 존재한다. •하급 지휘관의 독자적인 행동 폭이 확대된다. * 신속한 작전을 전개, 능동적인 대처가 가능

18) '전술 정보 통신체계(TICN)'는 'Tactical Information Communication Network'의 약자다. 1990년대 초기 지상군의 '군단급 이하 이동 전술 통신체계(SPIDER-ROK Army Corps & Below Mobile Tactical Switching System)'가 도입되었으나, 속도가 너무 느렸다. 이후 아날로그 대신 디지털 방식으로 통합하여 고속 및 유·무선 데이터 전송을 지원하는 '전술 정보 통신체계(TICN)'로 발전하였다. 이로써 다양한 전장 정보를 적시 적소에 실시간으로 전달함으로써 정확한 지휘 통제와 의사결정을 할 수 있는 시스템으로 발전하였다. 물론 현재 미군이 사용하는 GIG(Global Information Grid) 체계와 같이 우주 요소까지 지원하기 위해서는 많은 발전이 필요하다(윤경용, "체계통신망 통합·무인화… 軍 전력 극대화 공헌," 『국방일보』 (2022.06.20.).; 김성진, 『전쟁사와 무기체계론』 (2020), p. 250.).

모 델	통제방식	주요 특징
③ 계층적 지휘구조	최고 지휘관이 직접 의사결정	•최고 지휘관이 군사력을 직접 관장하되, 오판(misjudgment)의 확률도 상대적으로 커진다. •상향식 보고체계가 고착(固着)될 수 있다. * 최고 지휘관의 지시에 따라 정확하게 표준적으로 반응함으로써 융통성이 결여 •모든 전투를 중앙에서 통제 및 관리한다.
④ 네트워크 지휘구조	하급지휘관이 독자적 통제	•하급 지휘관들 상호 간에 협력하여 상황을 해결한다. •정보수집을 분권화(decentralization)한다. •단위부대에서 독자 정보를 생성 및 공유한다.

①의 軍에서 중앙집권적 통제 방식을 선호하는 배경(이유)은 지휘관이 직접 정보를 수집함으로써 최대한 전장 상황의 불확실성을 줄일 수 있기 때문이다. 다만, 미래전에서는 최고(상급) 지휘관이 주도하여 불확실성을 줄이는 노력도 중요하지만, 하급지휘관이 융통성을 발휘하며 판단 및 결심할 수 있는 여건을 부여함도 중요하다. 따라서 불확실성을 완전하게 제거하는 고도의 효율적인 지휘 통제기구를 창안하는 방안(중앙집권적 통제)과 불확실성을 일부 감수해야 한다는 인식(분권적 통제)의 정도를 결합할 필요가 있다. 이에 따라 <육군 비전 2050>에서 지능형 지휘 결심체계(Intelligent C2 System)로의 방향성을 제시하고 있다.[19)]

소결론적으로 지휘 통제 방식은 네트워크 지휘구조에 의한 정보의 공유(共有)가 필요하다. 여기에 분권화 및 간략한 계층적 지휘구조에서 실시하는 의사결정의 장점이 결합될 때 시너지효과가 날 수 있다.

19) '지능형 지휘결심 체계(Intelligent C2 System)'는 'C4I 체계에 인공지능(AI)을 추가하여 지휘소와 전투원에게 정보 제공-상황 분석-방책 추천 등을 제시하는 체계'다(육군미래혁신연구센터, <육군 비전 2050> (2019.12.10.), pp. 151~152.).

잠깐! 여기서 미군의 지휘 통제 성향을 각 軍 단위로 구분하여 이해하는 시간을 가져보자.

① 분권적 지휘통제 + ② 중앙집권 · 분권적 지휘통제

* key-word

①은 육 · 해군, 해병대가 선호하는 방식이다.

①-1. 육군 『FM 100-5(Operation)』는 "~최하급 부대에서 의사를 분권적으로 결정함이 필요하다."라고 제시하고 있다. 즉, 기선을 제압하려면, 최하급 부대에서 분권적으로 의사를 결정하여야 한다. 전투 상황에서 즉각 대처하기 위한 실효성 측면이 중요하기 때문이다. 육군과 해병대의 경우는 전장 상황이 급변하기에 적과 불시에 조우(遭遇)할 수 있다는 점을 항시 잊지 말아야 한다.[20]

①-2. 『해군교리서-Naval Doctrine Publication』는 "~하급지휘관들이 기회를 최대한 활용할 수 있도록 권한의 분산이 필요하다."라고 제시하고 있다. 속도(Tempo)를 위해 의사결정을 하는 시간을 단축해야 한다는 의미다. 즉, 작전을 신속하게 진행하려면, 하급지휘관들이 최대한 주어진 기회를 활용할 수 있도록 권한의 분산이 필요하다고 보았다. 대표적으로 서해 북방한계선(NLL-Northern Limit Line) 도발(제1연평해전-1999, 제2연평해전-2002) 및 연평도 포격 도발(2010) 당시 교전수칙을 적용한 사례를 들 수 있다.

①-3. 『해병대 교리서(Marine Corps Doctrine Publication)』는 "~Tempo란 행동의 진행속도를 의미하여 이를 빠르게 하여 주도권을 잡을 수 있기에 ~분권적으로 지휘할 필요가 있다."라고 제시하고 있다. 대표적으로 제2차 세계대전 초기에 독일군은 주공을 다수 지역에서 운영하여 승기(勝機)를 획득한 사례를 들 수 있다.[21]

20) 1993년 소말리아의 수도인 모가디슈(Mogadishu)에서 발생한 실화를 엮은 영화 《블랙호크다운-Black Hawk Down(2002)》을 보면, 이해하기가 쉬울 듯하다.

②는 공군이 선호하는 방식이다. 『공군 교리서-Air Force Doctrine Document-』는 "~ 속도, 항속거리, 융통성, 정밀성, 치명적인 효과를 발휘하기 위해서는 중앙통제가 필요하다."라고 제시하고 있다. 대표적으로 공군 작전사령관이 작성하는 기본지침인 '항공임무명령서(ATO-Air Tasking Order)'[22]를 들 수 있다. 다만, 발행한 이후에도 임무를 수행할 때까지의 몇 시간 사이에 ±20%가 변경되고 있으며, 항시 변동 요소가 존재한다는 점을 이해할 필요가 있다.

21) 김성진, 『군사전략론』 (2022), pp. 283~288.; 김성진, 『세계전쟁사』 (2021), pp. 303~314.

22) '항공임무명령서(ATO-Air Tasking Order)'는 공군 작전사령관(또는 공군 구성군사령관)이 전구(戰區) 작전을 수행하는 의도를 구체적으로 밝힌 작전 수행지침과 목표가 포함되어 있다.

2. 지휘 통제(C4I) 조직을 편성 간 효율성을 위해 고려하여야 할 사항

<표 4-5>는 지휘 통제(C4I) 조직을 편성 시 고려할 사항을 항목별로 정리하였다.

<표 4-5> 지휘 통제(C4I) 조직을 편성 간 고려할 사항

① 지휘 계선(係線)에 대하여 짧고 간명하게 정의함으로써 누가, 무엇을 담당하고 있는지를 명확하게 이해할 수 있도록 편성 및 조직하여야 한다. ② 정보는 계층적으로만 통제할 경우 효과가 감소하기에 모든 제대의 지휘계통이 공유할 수 있는 네트워크 지휘구조로 조직하여야 한다. ③ 지휘계통은 원활한 의사결정이 가능하도록 계통별로 관여할 수 있는 구조를 최대한 단순하게 편성하여야 한다. ④ 정보화 · 정보 문명 시대의 전쟁에 대응하려면, 단순히 중앙집권적 통제와 분권적 통제에 고착되어서는 안 된다. 중앙집권적 지휘구조가 필요하지만, 동시에 분권적 임무 수행이 가능하도록 전환하여야 한다.

일반적으로 '지휘 통제'는 '기획(Planning)[23], 조직, 지시 · 조정을 비롯하여 통제를 포함하는 개념'이다.[24] 따라서 지휘란 조직의 변화 및 기술의 발전과 무관하다는 본질을 먼저 이해할 필요가 있다. 특히 정보를 공유할 수 있을 때 불확실성과 섣부른 판단 및 평가 비율을 감소시킬 수 있다. 의사결정 시간도 절약할 수 있다는 측면과 작전의 진행속도가 그만큼 빨라지게 된다는 점을 충분히 인식하여야 한다.

---

23) 김성진, 『군사전략론』 (2022), pp. 320~322.

24) '지휘 통제(Command & Control)'는 '지휘관이 부여된 임무를 완수하기 위해 부대 작전을 계획 및 지시, 조정, 통제하는 일체로서 인원, 시설 · 장비, 정보관리 및 절차 등을 통해 수행되는 연속과정'이다(합동참모본부, 『합동 · 연합작전 군사용어사전』 (2014), p. 502.).

제 4 절

합동전략(Joint Strategy)과 지휘 통제(C4I)의 관계

1. 개 요

현대의 군사혁신은 인공지능(AI)에 기반하는 컴퓨터, 데이터 통신 등의 정보기술(IT)을 중심으로 이루어진다. 1990년대 말까지는 감히 상상하지 못했던 우주 공간(Universe Space)을 포함하는 '정찰 · 감시체계(Reconnaissance & Surveillance)', 무인항공기와 레이더 등을 포함하는 '감지체계(Sensor System)'[25] 등이 융 · 복합적으로 발달하였다. 이를 통해 '정보 · 정찰 · 감시체계(ISR-Intelligence, Surveillance & Reconnaissance)'와 '정밀 유도무기(PGM)'가 유기적으로 결합하여 'C4ISR+PGM'이 등장하였다. 즉, 감지된 것은 모두 공격이 가능하게 되었으며, 공격한 표적을 100% 파괴할 수 있는 새로운 환경이 조성되었다는 의미다.

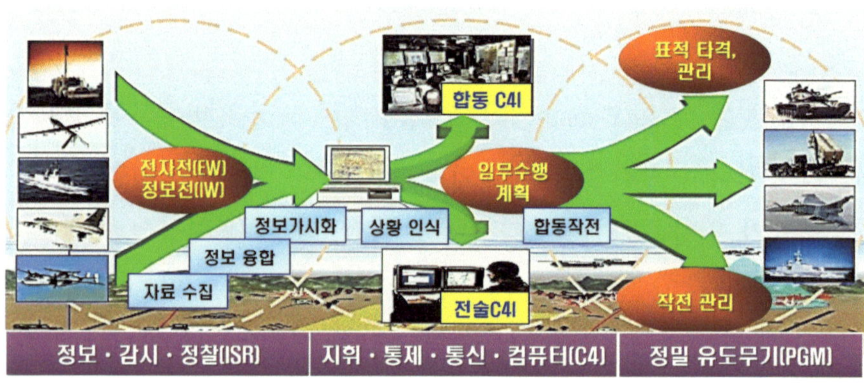

'지휘 통제체계(C4I)'란 '임무 수행을 위해 할당된 군사력을 지휘관의 주어진 권한과 지시를 행사하는 과정에 도움을 주는 체계'로서 정부와 군사조직뿐만 아니라 해당국가(사회)의 기술 역량과 밀접하게 연계되어 있다. 마틴 반 크레벨드(Martin van Creveld)는 "군에서 지휘 통제가 수행되는 과정에 '국가의 정치유형과 형태', '가용한

25) '감지체계(感知體系)'는 감시 · 정찰 분야에 속하며, '지형지물과 군사 표적의 유무, 다른 자연적 · 인공적 물체와 해당하는 표적 및 물체로부터의 에너지 방출과 반사(反射)를 탐지하여 제시하는 체계'이다.

정보기술(IT)', '사용하는 무기(Weapon)의 유형', '채택한 전략 · 작전(전술)', '군사 조직 편성 및 구조', '인력 운영체계', '교육 훈련체계' 등이 모두 이러한 과정에 영향을 미치게 되며, 지휘 통제의 유형에 따라 영향을 받고 있다."라며 주장하고 있다.[26)]

현대전쟁은 단일 軍보다 육 · 해 · 공군 가운데 2개 軍 이상으로 합동작전을 수행하는 게 일반적이다. 이는 각 군의 지휘 통제체계가 서로 통합할 때 합동전력의 장점이 발휘될 수 있음을 전제(前提)하고 있다.

데이터 통신과 컴퓨터의 급격한 발전은 군사혁신을 자연스레 유발하고 있으며 전투력의 격차가 기하급수적으로 벌어지게 만든 주역이다. 제1차 걸프전(1991) 당시 美 국방장관(William J. Perry, 1927~)은 "이라크는 8년여에 걸친 이란과의 전쟁 경험, 보유하고 있는 무기 측면에서 볼 때 세계 4위의 군사 강국이었다. 그러나 미국을 중심으로 한 동맹국의 전투력과 실제 격차는 1000배 이상으로 차이가 났을 것이다. 미군의 첨단 지휘 통제시스템, 스텔스기 및 크루즈 미사일과 같은 방공제압 수단과 정밀유도무기 등을 보유하였기 때문이다."라고 언급한 바 있다.[27)] 미국이 자부하는 산물들이 바로 정보기술의 성과라고 할 수 있다.

이들의 발전 속도가 너무 빨라 걸프전 당시 1시간 이상 걸려야 전송이 가능했던

---

26) Martin van Creveld, *"Command in War?,"* (Cambridge: Harvard University Press, 1985), p. 261.

27) William J. Perry, *"Desert Storm and Deterrence,"* Foreign Affairs 70, no. 4 (1991), pp. 66~82.

자료는 2000년대에 들어서며 1/3 이내로 줄었다. 따라서 전투력의 격차가 엄청나게 벌어지고 있는 현실에서 보유한 병력 규모와 무기의 양(量)이 어느 정도인지는 큰 의미가 없다.

2. 합동작전(Joint Operation)의 변천과정 이해

2.1. 제1차 걸프전(1991) 이전까지의 합동작전(Joint Operation)

인류사에서 상호운용성(相互運用性-interoperability)[28]이 보장되는 대표적인 개체는 인간이다. 언어를 사용하여 서로 자유롭게 의사를 표현하거나, 교환할 수 있어서다. 제2차 세계대전 이전까지 진행하던 합동작전은 인간 자체 또는 음성 통신 수단만을 개체로 활용하였다. 그러나 이후부터는 컴퓨터를 이용한 정보통신 매체가 등장하며 합동작전을 수행하는 방식과 수단이 완전히 바뀌었다.

1980년대 말까지 전쟁이나, 전쟁 연습을 할 때면, 관련 참모들이 지휘관을 보좌하였다. 이때 관련 지식은 모두 개인의 기억이나 수첩 또는 컴퓨터에 메모식으로 정리하는 수준이었다. 그러나 컴퓨터를 이용하면서부터 자료를 저장하고 이를 근거로 하여 지휘관의 의사결정을 체계적으로 지원할 수 있게 되면서 지휘·통제 방식이 바뀌었다. <표 4-6>은 1990년대 이전까지 수행하던 합동작전의 기본원칙을 정리하였다.

<표 4-6> 1990년대 이전까지 수행하던 합동작전의 기본원칙

① 통신장비들이 같은 주파수 대역을 사용하면 병목현상이 발생하여 교신은 불가능하기에 임무와 목적에 따라 '전자장 스펙트럼'을 적절하게 배분하여 서로 다른 주파수 대역을 사용할 수 있게 한다. ② 통신 요원들은 '기능적 측면에서의 망(Functional Network)' 즉, 화력지원 망이나, 필수 통신장비를 휴대한 연락장교를 상호 파견한다.

개개의 구성군(構成軍-Component)[29]이 서로 간섭을 받지 않는 범위 내에서 통신할

28) '상호운용성(interoperability)'은 '무기나 무기체계에 관한 이용 측면에서 바라본 조작의 호환성(互換性-compatibility)'이다. 다시 말해 체계 및 장비뿐만 아니라 교리·절차·훈련을 망라하는 개념으로 작전 요구 기준에 근거하여 실시간 또는 실시간대에 음성·데이터 및 화상(畵像) 정보를 서로 주고받을 수 있는 능력이라고 이해하면 된다.

29) '구성군(Component Forces)'은 2개 군 이상이 합동작전 부대를 편성하여 합동작전을 수행할 경우, '합동군 사령관으로부터 위임받은 작전 통제와 임무 할당(배당), 예하 지휘관들 간에 협조 지시, 부대를 조

수 있도록 주파수 대역과 통신망을 별도로 할당하게 하였다. 이는 합동전략(작전)을 기획하는 단계에서 가장 핵심적인 요소로써 각 구성군을 연결해주는 공통의 통신 채널을 설정할 수 있다.

2.2. 제1차 걸프전(1991) 이후의 합동작전(Joint Operation)

제1차 걸프전에서 미국은 육·해·공군, 해병대를 비롯하여 동맹군이 보유한 모든 항공기를 통합하여 운영하였다. 그 수단이 '항공임무명령서(ATO-Air Tasking Order)'다. 당시 각 軍과 동맹군이 운영하는 통신망 간 상호운용성이 전혀 없었기 때문으로 美 공군이 가지고 있는 통신망을 통해서만 ATO 전송이 가능하였다. 이를 해소하기 위한 프로젝트가 '체계 통합'이라는 논제(agenda)였다. 다만, 이는 태생적 본질이 다른 각 軍의 체계를 상급제대가 통일하여 사용한다는 의미가 아님을 분명히 할 필요가 있다. 즉, 각 軍 체계를 독립적으로 구축하되, 이를 기반으로 하여 상급체계는 통합하여 구축한다는 뜻이다.[30)]

1990년대부터 컴퓨터를 이용한 C4I 체계를 발전시켜 지휘 통제 방식의 획기적인 변화와 발전을 도모하였다. 각 軍 체계를 소프트웨어적으로 통합한 다음 합참체계를 구축함으로써 합동작전 측면에서 각 軍-합참과의 관계가 충족될 수 있도록 연결한다는 의미로 이해하면 된다.

잠깐! 여기서 美 합참의 C4I 체계 구축 간 J-6는 어떠한 역할을 하는지에 대하여 알아보자.

> "합참 J-6(C4I 참모부 포함)의 지휘 통제체계는 획득과정에서 간접 역할만 담당하여 권한이 제한적이다. 각 軍 요원과의 선린 관계 유지 및 구상단계에서부터 상호운용성을 고려하여 개발되도록 하는 데 있기 때문이다."

직할 수 있는 권한을 가진 부대'다. '구성군사령관(Component Commander)'은 합동군 사령관(합참의장)이 임명하고 책임을 부여한다.

30) 여기서 '통합(Integration)'이란 상호 관계는 고려하지만, 각기 독립적으로 설계한 체계를 기반으로 새로운 체계를 만든다는 의미다.

3. '합동전략(Joint Strategy)'과 지휘 통제(C4I)의 상관성

3.1. '합동전략'의 일반적 정의 및 개념

육·해·공군은 지상과 바다, 하늘이라는 완전히 다른 전장 환경에서 작전을 수행하기에 전쟁(전투)에 적용하는 군사이론과 수행하는 방식이 각기 다르다. <그림 4-6>은 합동전략의 일반적 정의와 개념을 이해하기 쉽게 정리하였다.

<그림 4-6> 합동전략의 일반적 정의와 개념

①은 육군에서 적용하였으며, 보병, 포병, 항공, 기갑 등의 전투병과를 결정적이라고 판단한 시간과 공간에 전력을 집중하는 방식으로서 작전적 차원에서 '통합(integration)'하는 형태로 볼 수 있다.[31)]

②는 해군이, ③은 공군이 각자의 상황과 여건에 맞도록 변형하여 수행하고 있다.

여기서 ①~③ 전체가 '합동전략(Joint Strategy)'이다. 그러나 합동 전쟁이라고 하여 별도의 조직체가 수행하는 건 아니다. 육·해·공군을 필요한 시간과 장소(지역)에

31) 특정한 군종(軍種)이 병과 또는 다양한 직능을 결합하여 작전을 수행하는 방식을 '통합(Integration)'이라고 한다. 예를 들면, 육군 내부에서 다수의 병과(兵科-보병, 포병, 공병, 기갑 등을 지칭)를 결합하여 작전을 수행한다는 의미다. 그러나 타군(他軍) 간에 작전을 결합할 때 즉, 육군 작전에 해군이 함포 사격으로 지원하는 경우에는 '통합작전'이라고 하지 않고 '상호 협조에 의한 작전(Cooperation Operation-협조된 작전)'이라고 한다. 영어로 예를 들면, 작전환경이 다른 다수의 軍을 특정한 지휘관이 통제하는 경우에 '통합(unified)'이라고 하지만, 스펠링이 다르다. 한국어로는 같은 의미의 '통합'이라고 해석하지만, 특정한 軍 내부에서 결합할 때 사용하는 '통합(integration)'과는 의미가 다르다. 따라서 각 軍은 이를 통합이라고 하지 않고 '합동(unified)'이라는 용어를 사용하고 있음을 이해하여야 한다.

교대 또는 같이 투입한다는 의미다. 따라서 특정한 軍 내부의 기능들을 통합(integration)하기보다 더 큰 영역인 각 軍 즉, '육·해·공군을 통합(unified)해주는 전략의 총칭'이라는 의미가 더 크다. 따라서 '합동전략'을 각 軍의 통합체로 인식할 수

있지만, 통합군사령관(또는 합동군 사령관-Unified Commander=합참의장)이 요구하는 내용과 특정한 軍의 교리(인식 또는 관점)가 다를 경우 어려움에 직면할 수 있다. 예를 들면, 지상군(육군 또는 해병대)이 상륙하는 해안지역에 공군에게 근접항공지원(CAS-Close Air Support)을 요청했으나, 공군이 조건에 맞지 않거나, 여건상 어렵다고 평가하며 투입하지 않겠다고 결정하는 경우다.[32)]

3.2. 합동전략(Joint Strategy)으로서 갖춰야 할 구비요건과 각 군종(軍種)의 특수성에 관한 이해

3.2.1. 합동전략이 갖춰야 할 두 가지 구비요건

카를 폰 클라우제비츠(Carl von Clausewitz, 1780~1831)는 <전쟁론>에서 "군사적 천재는 하나의 자질만으로 전쟁에 절대적인 영향력을 행사하도록 내버려 두지 않는다. 다양한 세력을 조화할 수 있는 능력으로서 때로는 일부에서 강한 영향력을 강요할 수도 있겠지만, 상호 대립하지 않도록 하는 능력이 있어야 한다."라고 강조하였다. <표 4-7>은 합동전략이 갖춰야 할 구비요건을 정리하였다.

32) 육군의 전투이론은 보병과 포병, 기갑 등과 같은 전투병과를 결합하여 결정적인 시간과 장소에 전력을 집중하는 것으로 작전적 측면에서는 통합(integration)이라고 한다. 그러나 육·해·공군이 같은 이론을 적용하는 게 아니기에 자원의 효율적인 활용과 전투 효과를 극대화한다는 측면에서 바라보면, 같은 통합이라는 단어이지만 'integration'이 아닌 'unified'로 이해하면 될 듯싶다.

<표 4-7> 합동전략이 갖춰야 할 두 가지의 구비요건

① 시각이 다양하지만, 매우 엄격한 조건을 충족할 수 있어야 한다. ② 모든 기준을 포용할 수 있는 신축성과 실제적인 지침 제공이 가능하도록 세부적으로 되어있어야 한다.

①은 분쟁의 형태와 시간, 장소에 구애받거나, 어떠한 제약에도 불구하고 다양한 방식으로 적용할 수 있어야 한다. 즉, 육·해·공군의 모든 군사전략을 개념적으로 통합 및 수용할 수 있어야 한다.

②는 각 軍의 개념적 차이와 관점을 하나로 결속해야 하며, 필요한 장점은 다른 軍이 수용할 수 있어야 한다. 즉, 자기 軍의 입장만 고집하기보다 승수효과가 나타나도록 구체적이어야 한다.

3.2.2. 합동전략과 군종(軍種) 간 지휘 관계에 대한 특수성

<그림 4-7>은 군종 간 지휘 관계에 대한 특수성을 정리하였다.

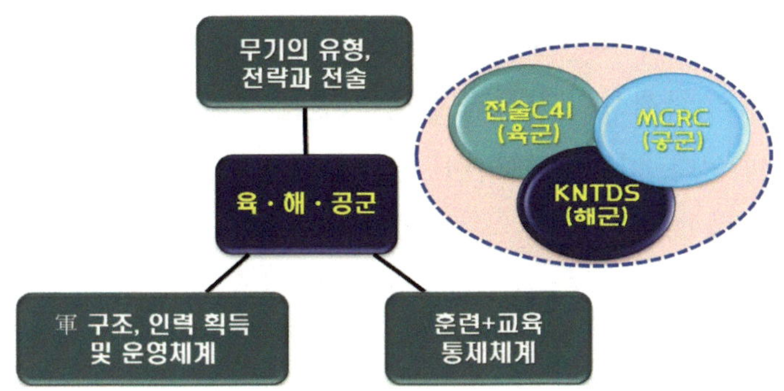

<그림 4-7> 군종(軍種) 간 지휘 관계에 대한 특수성

예를 들면, 육군은 지상 전술 이론에 따라 모든 전투병과를 통합(integration)할 수 있다. 조금 더 확대하면, 육·해·공군을 통합(unified)할 수 있는 합동전략에 관한 이론이 존재한다면, 통합된 단일 지휘 통제체계로 모든 군종(軍種)을 지휘할 수 있겠지

만, 미군도 이러한 이론은 없다. 한국 합참에서 통제하기 쉽게 한 가지의 지휘 통제체계(C4I 체계) 사업으로 진행하지 않고 각 軍이 별도로 C4I 사업으로 진행하고 있음도 이러한 연유에서다. 미군이 각 軍의 C4I 체계를 기반으로 하여 상호 공유할 사항을 통합하는 방향으로 구축하고 있는 이유와도 같다.

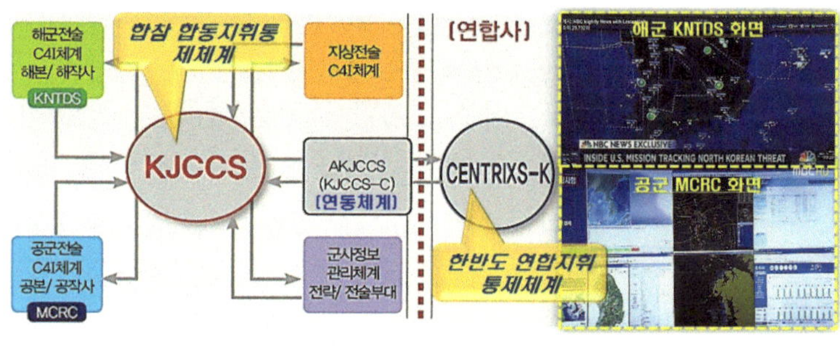

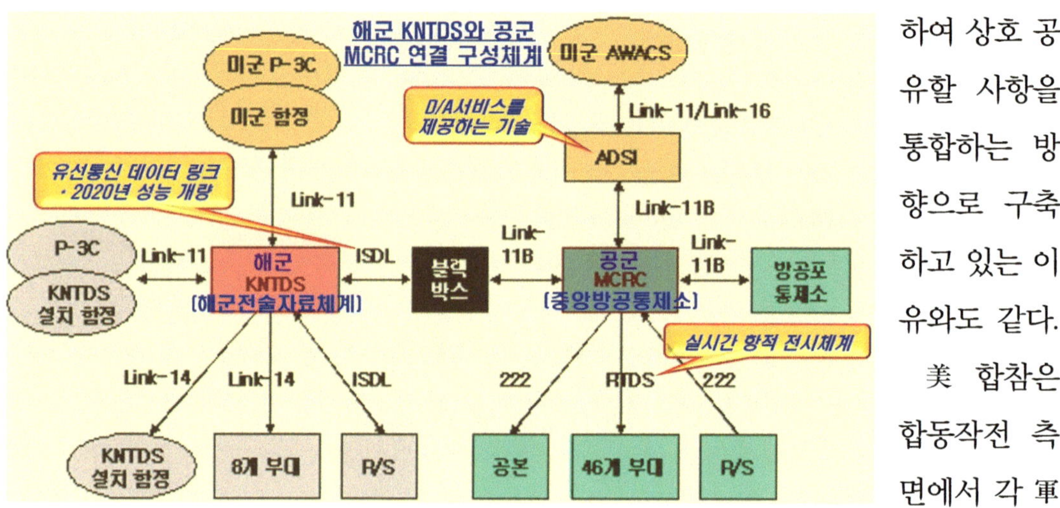

美 합참은 합동작전 측면에서 각 軍의 장점을 통합하기 위해 데이터와 운영 환경(Operating Environments)의 표준화에 노력하고 있다. 최근의 국제사회 갈등과 분쟁 국면을 살펴보아도 2개 軍 이상이 통합하여 대처할 수밖에 없다. 따라서 다양한 지휘 통제체계 간 상호운용성(interoperability)이 보장되어야 한다.[33)]

33) 해군의 'ISDL'은 'Inter Site Data Link'의 약자로 '유선통신 데이터 링크'를 뜻한다. 공군의 'RTDS'는 'Realtime Track Display System'의 약자로 '실시간 항적(航跡) 전시체계'를 뜻한다.

제 5 절

논의 및 시사점

한국군이 효과적인 합동작전을 수행하려면, 감시·정찰·정보에 관한 공통의 인식이 필요하다. 따라서 합참에서 실시간대의 전술 정보를 공유하기 위하여 합동 전술 데이터 링크 체계(JTDLS-Joint Tactical Data Link System)를 발전시키고 있다. 이를 통해 다양한 정보체계를 통합하여 합동작전(전략)을 효과적으로 수행하기 위함이다.

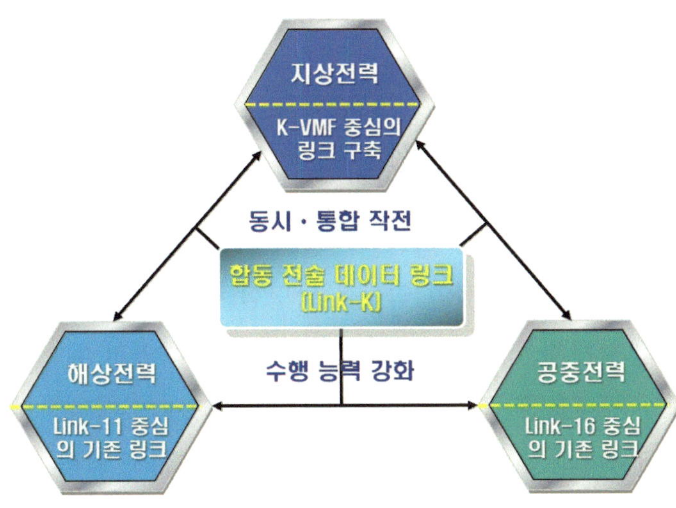

유념할 사항은 각 軍이 운용하는 제도 및 절차적 특징이 무시된 채 제도·절차, 세부 항목의 명칭을 변경 또는 변형하는 사례가 발생하기 쉽다는 점을 간과하면 안 된다. 각 軍에서 수십 년에 걸쳐 사용하고 있는 '코드(code) 명칭'을 변경하는 소요가 발생하기 때문이다. 따라서 이를 무시하기는 거의 불가능하다.

미군의 사례를 살펴보자. 합참에서 다수의 전문가가 몇 년에 걸쳐 필요한 분야와 관련 용어를 통일하기 위해 작업을 진행하였으나, 성과가 거의 없었다. 각 軍이 가진 고유의 특성을 뛰어넘는 무언가를 개발하기는 결코 쉬운 과제가 아니기 때문이다.

육·해·공군에서 명칭 변경 문제를 심각하게 받아들이는 이유는 간단하다. 사람의 이름을 바꾸려면, 법원에 가서 결정문을 받아야 하고, 이후에도 시·군·구·읍·면·동에서 변경하는 절차를 거쳐야 한다. 이처럼 사람의 경우에는 찾아다니는 수고와 이동 소요 및 비용 등에 한정되기에 다소 간단할지 모르겠다. 하지만, 사람이 아닌 컴퓨터의 경우는 전혀 다른 노력과 비용이 요구된다. 육군의 전투화 코드명을 A1이라고 가정해보자. 수십 년간 사용해온 A1은 각종 컴퓨터의 소프트웨어와 여러 분야(항목)의 D/B에 기록되어 있다. 이와 관련된 기록을 모두 바꿔야 한다면, 노력과 비용이 엄청나지 않을까 싶다. 실제 군수 관련 코드는 60만여 종류가 넘는다. 이러한 관점에서 합참이 지휘 통제체계를 일방적으로 통합하지 않고 각 軍의 지휘 통제체계를 연동 및 연계하는 수준으로 노력하고 있다.

오늘날의 작전환경은 지상과 해상, 공중, 우주, 사이버 공간으로 다양하게 확장되고 있다. 여기에 각 軍은 고유한 전문성을 갖추고 있다. 따라서 이러한 강점을 최대한 살리는 방향으로 지휘 통제체계의 발전이 진행되어야 한다. 미군은 각 軍이 별도의 지휘 통제체계를 운영하다가 2개 軍 이상의 협동(협력)이 필요하면, 즉각 통합・연계할 수 있다. 전략・작전적 측면에서 임무를 수행하는데 더 전문성을 갖추었다고 판단된 軍이 전체의 지휘 통제체계를 유지하고 있음을 눈여겨봐야 한다. 특히 정보 분야는 특정 軍에서 독점하기 어려우며, 공통의 자산임을 이해하여야 한다.

제1차 걸프전(1991)은 정보기술에 의한 군사혁신을 최초로 선보인 전쟁이다. 대중매체를 통해서도 중계되었지만, 항공력이 결정적인 역할을 담당할 수 있었던 요인은 인공위성과 센서체계, 첨단 지휘 통제체계, 정밀유도무기 등을 잘 활용하였기 때문이다. 특히, 첨단 정보체계에 기반한 정보화 군대(미군+다국적군)와 항공기・전차・함정을 주축으로 하는 산업화군대(이라크군)의 대결이었기 때문임을 되새겨야 한다. 한 가지 짚고 넘어갈 부분이 있다. 지휘 통제체계는 적의 정보와 아군 측의 정보를 기반으로 해야 한다. 따라서 지휘 통제체계를 논하려면, 이들 정보를 생산-판단-결정-전파하는데 필요한 체계 구축이 선행되어야 한다는 기본 개념을 잊지 않아야 한다.

"산업화군대와 정보화군대 간의 전투 격차는 장기(將棋)로 치면, 눈을 감고 두거나, 한 번에 몇 수 앞을 내다보는 것과 같다."

강의_Ⅳ 주요 국가의 군사혁신 사례를 이해합시다.

학습하기 이전(以前)에 요구되는 사항

1. 미국의 국방조직과 편성을 이해하시오.
   * 軍의 구조와 계급체계는?
   * 군사혁신(RMA)이 필요한 배경과 세 가지의 이유는?
   * 군사혁신(RMA)의 일반적인 개념과 다섯 가지 핵심부문은?
   * 군사혁신(RMA)의 아홉 가지 핵심분야는?
   * 국방정책 목표(2001~2006)가 변화한 배경은?
2. 프랑스의 국방조직과 편성을 이해하시오.
   * 軍의 구조와 계급체계는?
   * 국가전략과 국방개혁을 추진하는 핵심은?
   * 국방개혁의 제1~4단계를 간략하게 요약한다면?
   * 국방개혁의 다섯 가지 추진 방향은?
   * 1997~2015년까지 진행된 새로운 軍 모델 네 가지는?
3. 중국의 인민해방군 조직과 편성을 이해하시오.
   * 軍의 구조와 계급체계는?
   * '중국특색 군사변혁'의 의미와 배경은?
   * 군사혁신에서 여섯 가지의 중점 추진 분야는?

제5장

주요 국가의 군사혁신 사례

제 1 절

개 요

인류 역사는 잘 대비하는 특정한 국가 및 지역에 따라 참담한 고통을, 때로는 엄청난 영광을 주면서 값진 교훈을 남기고 있다. '역사를 잊은 민족에게 미래는 없다.'라는 문장을 그 증거로 들 수 있다.

20세기는 과학기술의 선진화를 통해 군사전략(작전)이 획기적으로 발전한 시기로서 한마디로 '군사혁신(RMA)의 시대'라고 정의할 수 있다. 이때 관련 과학기술을 가장 먼저 개발 및 활용한 국가가 군사 분야에서 유리한 위치를 선점(先占-prior occupation)하여 군사적 영향력을 발휘 및 유지할 수 있었음은 알려진 사실이다. 따라서 대표적으로 세계 군사력 1위의 미국과 3위인 중국, 그리고 7위인 프랑스의 군사혁신 사례를 탐구하기로 하다. 일본은 정식군대가 아니라는 점, 러시아는 최근 우크라이나 침공사태(2022)에서 나타나듯이 버블(bubble) 현상 등을 고려하여 제외하였다.

미국은 한·미 군사동맹의 당사국으로서 강력한 패권국이자 군사혁신(또는 국방개혁)의 모범국으로 평가할 수 있다. 유럽국가인 프랑스는 해양을 포함한 대륙 국가로서 한반도의 주변 환경과 유사하기에 채택하였다. 가장 빈번한 분쟁의 중심지역에 있는 국가로서 그들이 추진한 '국방개혁(DR-Defense Reform)'은 상당히 인상적이다. 중국은 대한민국과 같이 자유민주주의 국가는 아니지만, 한반도와는 지정학·지경학적으로 밀접하게 연계되어 있으며, 정치·경제·군사적 측면에서 배제하기 어려운 국가이기에 이들의 '중국 특색 군사변혁(이하 군사변혁)'도 포함하였다.

제 2 절

미국의 '군사혁신(RMA)' 사례

1. '군사혁신(RMA)'을 추진하게 된 배경[1)]

잠깐! 본격적인 탐구에 들어가기에 앞서 미국의 군사혁신이 가지고 있는 근본적인 의미와 영역에 대하여 알아보자.

"양적(量的)인 성장을 넘어 질적(質的) 수준으로까지 발전시키는 데 두었다."
* MTR(군사기술혁명) < **RMA(군사혁신)** < RSA(안보분야 혁명)

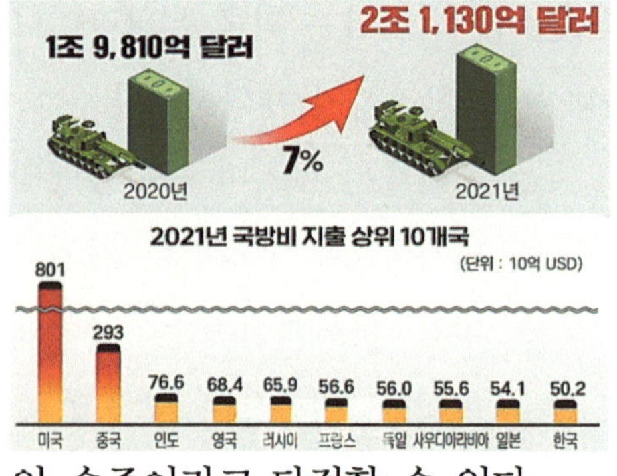

미국은 1990년대 이후 경제적・군사적으로 세계에서 유일한 초강대국이다. 세계 군사비의 지출 규모가 2~10위에 있는 다른 상위 9개 국가의 군사비 전체를 합치더라도 미국보다 예산 규모가 작아서다.[2)] 이러한 측면에서 병력의 규모와 무기의 양(量)적 차원을 뛰어넘는 독보적인 수준이라고 단정할 수 있다.

이들은 제1차 걸프전(1991)과 코소보 전쟁(1999) 시 NATO의 세르비아 공습, 아프가니스탄 전쟁(2001), 제2차 걸프전(美-이라크 전쟁, 2003) 등에서 활약한 각종 첨단무

---

1) 미국은 본질과 내용에 접근하는 관점에 따라 '전략혁신(Force Revolution)' 또는 '국방혁신(Defense Revolution)' 등으로 혼용되어 있지만, 목적상 '군사혁신'으로 통일하고자 한다(박희락, 『정보화시대 국방개혁의 이론과 실제』(2008), pp. 79~80.).

2) 밀리터리(military) 계열의 인터넷 커뮤니티에서 사용되는 은어(隱語)가 '천조국'이다. 누구도 따라올 수 없다는 의미에서 '천조(天朝-천자가 이끄는 조정)'라는 뜻이지만, 국방예산의 규모가 환화(韓貨)로 환산하여 '천조(千兆)'가 넘는다는 의미를 담고 있다.

기와 다양한 전략·전술을 구사하며 세계 최강의 군사력을 갖추었다고 인정받으며 제2의 전성기를 구가하는 결정적인 계기로 작용하였다.

유념할 사항은 이러한 결과가 단순한 실적에 의한 산물이 아니라는 점이다. 베트남 전쟁(1955~1975)에서의 참담한 패전 이후 좌절하지 않고 1980~1990년대까지 정보통신 기술을 주도하며 끊임없이 발전시켜온 군사혁신의 결과다. 현실에 안주(安住)하지 않고 첨단 과학기술과 정보통신 기술에 기반하여 이전과는 질적으로 또 다른 軍 구조와 국방 운영체계를 구축하는 '군사혁신(RMA)'을 실천하고 있다. <표 5-1>은 미국이 군사혁신(RMA) 초기에 필요하다고 판단한 세 가지 배경과 이유를 정리하였다.

<표 5-1> 군사혁신(RMA)이 필요하다고 판단한 세 가지 배경과 이유

① 냉전이 종식된 이후, 평화배당금의 향유에 따라 발전이 지체되고 있는 군사적 문제점을 교정(矯正)이 필요하다.
② 예상되는 새로운 위협에 대비할 수 있는 무언가를 위한 진단과 처방이 필요하다.
③ 첨단 과학기술의 이점을 군사기술에 적극적으로 접목하여 미군의 강점(强點)으로 확보할 필요가 있다.

①은 크게 세 가지로 요약할 수 있다. 먼저, ①-1. 동·서독의 통일과 구소련의 해체로 인해 즉각 출동부대가 대비태세를 유지하려면, 나머지 부대들의 준비태세와 관련된 예산들은 희생되어야 하는 현실에 부딪혔다. ①-2. 고가치 전문가를 끌어들일 수 있는 여건이 악화하면서 우수 인재 확보율이 떨어졌다. ①-3. 새로운 무기체계의 발전과 예산 획득이 어려워지자 임무 수행의 질적 수준이 저하되고, 노후화된 무기체계의 운영유지비에 대한 부담도 가중(加重)되었다. 즉, 국방 기반태세 전반이 노후화되었다는 의미다.

②는 국가 차원에서 새로운 시각과 새로운 방식으로 대비할 수 있는 방위 요소의 확보가 필요하였다. 이는 'the unknown(알 수 없는), the uncertain(불명확한), the unexpected(예기치 못한)' 즉, 안보위협이 테러 또는 사이버 공격, 대량살상무기(WMD) 등과 미사일을 결합하는 다양한 유형과 형태로 확대된다고 판단하였다.

③은 미국이 보유하고 있는 군사과학기술의 결정적 우위를 유지할 필요성이 대두되었기에 이에 기반한 비대칭적 이점(利點-advantage)을 가져야 한다고 판단하였다.

소결론적으로 세계에서 유일한 초강대국의 지위로 'Pax Americana'를 지속하려면, 새로운 시각과 방식으로의 대비가 긴요(緊要-importance)하다는 절실함이 있었다.

2. '군사혁신(RMA)'의 전제 조건과 추구(追求) 방향

<그림 5-1>은 '군사혁신(RMA)'의 전제 조건과 이를 추구하는 방향을 정리하였다.

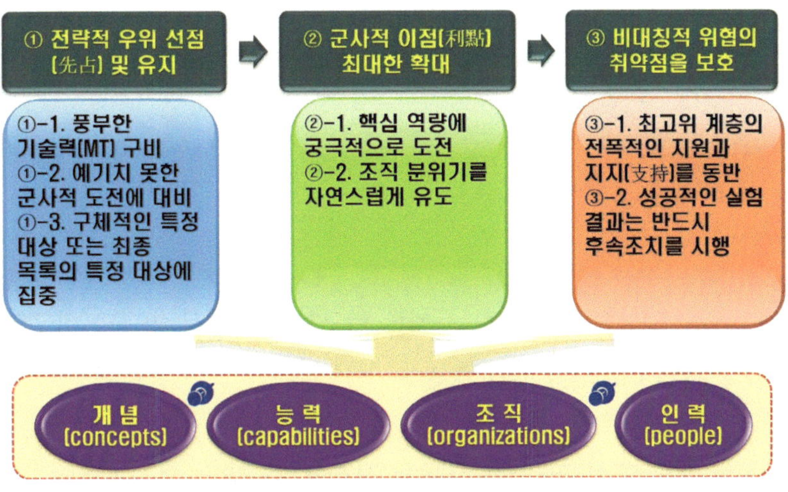

<그림 5-1> 미국의 '군사혁신(RMA)' 전제 조건과 추구 방향

미국은 늘 그래왔듯이 세계 평화와 국가 안정에 필요한 ① 전략적 우위의 선점(先占)과 이를 유지하는데 두었다. 특히 ①-3.을 통해 적이 이라크인지, IS 인지를 명확하게 구분하였다. ② 군사적 이점은 최대한 확대하되, 자연스럽게 분위기를 유도하였다. ③ 비대칭적 취약점을 보호할 수 있는 방식으로 가닥을 잡았다. 여기에 전략 개념과 능력, 조직, 인력을 결합하는 방식을 추가하였다. 이들은 실험이 끝나면, 무조건 '후속조치'를 진행하였다. 즉, 군사력 경쟁과 협력적 변화를 형성해가는 과정으로 인식하고 실천하는 데 역점을 두었다는 의미다.

이들은 아프가니스탄전쟁(2001)과 제2차 걸프전(2003)을 통해 새로운 무기와 장비, 군사작전 개념과 군사교리, 새로운 부대 구조를 적용하여 검증한 결과에 따라 강력하게 추진하였다. 유념할 사항은 군사혁신은 외형적인 국력 과시가 아니라는 점이다. 하드웨어가 아니라 소프트웨어가 주도한다는 점에도 주목할 필요가 있다. 놀라운 대목은 軍 구조에 국한하지 않고 국방체제 전반을 대상으로 끊임없이 진행하며 항시 명확하게 수준과 차원을 결정한 이후에 진행하고 있다는 사실을 잊지 않아야 한다.

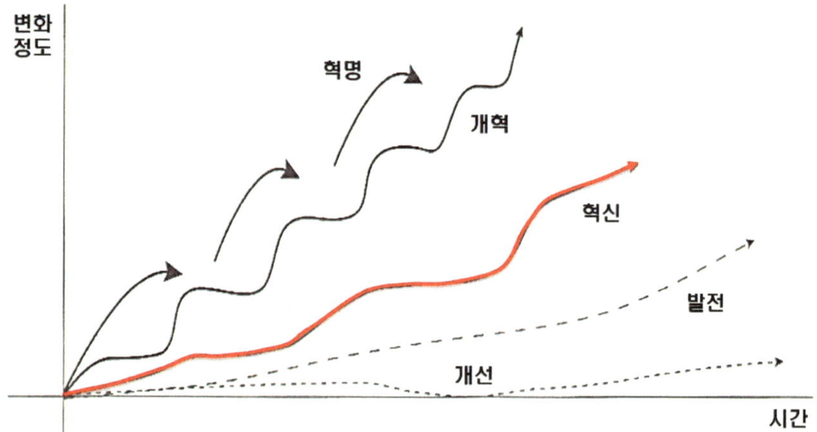

잠깐! 주요 국가의 군사혁신 사례를 탐구하기에 앞서 미국과 한국의 군사혁신에 대한 본질을 이해하고 넘어가자.

① 미국: 잘못된 것도 개선 및 변화를 통해 성장할 수 있다.
② 한국: 잘못된 것은 무조건 뒤바꿔야 한다는 사고(思考)에 빠져 있다.

* key–word: 지정학적 환경과 문화적 인식의 차이에서 발생

- 미국의 절대 안보(Absolute Security-제1・2차 세계대전): Zero-sum 게임으로 인식하였다.[3] 자국의 군사력을 충분히 건설하여 전쟁을 억제하고, 발발 시 무조건 승리하는 개념이다.
- 미국의 공통 안보(Common Security-제2차 세계대전~냉전기): Non Zero-sum 게임으로 인식하였다. 군사력을 건설하되, 대립이 아닌 대화와 제한적으로 협력하는 개념이다.

3) ‘Zero-sum 게임’이란 ‘분배적 협상’ 또는 ‘win-lose 협상’ 또는 ‘1.0 협상’으로 불린다(김성진, 『군사협상론』(2020), pp. 56~57.).

3. '군사혁신(2001~2005) 목표'에 대한 차이점 이해

3.1. 관련 용어에 대한 인식과 본질

'군사혁신'이란 용어를 먼저 이해할 필요가 있다. 사용하는 용어의 위치와 순서에 따라 상당한 차이가 발생하기 때문이다. 2001년 9월 30일 국방부가 의회에 보고한 『4년 주기 국방검토 보고서(QDR-Quadrennial Defense Review, 이하 QDR로 표기)』[4]의 '국방정책 목표에서(Defense Policy Goals)'라는 용어가 처음 나타났다. 2005년도는 '전략목표를 달성하는 방법'이라는 용어로 혁신의 목표를 제시하였다. <그림 5-2>는 미국의 2001년 QDR과 2005년 국방전략의 차이점을 비교하였다.

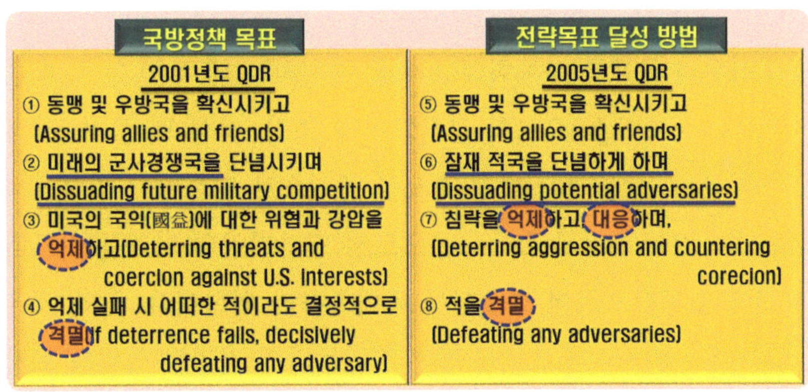

<그림 5-2> 2001년 QDR과 2005년 국방전략의 차이점 비교

②의 '미래의 군사 경쟁국'과 ⑥의 '잠재적국은 혁신적인 작전 수행개념을 통해 완성한 능력과 조직으로 미국의 월등한 군사력(Military Power)을 과시하는 데 방점을 두었다. 미국과 경쟁할 엄두조차 내지 못하도록 하는 게 전쟁(전투)에서 승리하는 것보다 낫다는 논리에 기반하고 있다.[5] <표 5-2>는 미국의 '2001 QDR의 작전적 목표'를 정리하였다.[6]

---

4) 『QDR』의 목적은 상위문서인 『국가안보전략보고서(National Security Strategy)』, 『국방전략보고서(National Defense Strategy)』 등과 함께 미국의 중·장기 안보·국방전략을 가늠할 수 있는 핵심 보고서로 향후 20년에 걸친 국방전략을 결정 및 국방프로그램을 설정하는 데 있다.

5) DoD, Quadrennial Defense Review (Washington D.C.: DoD, 2001), p. 11.: DoD, *The National Defense*

<표 5-2> 2001 QDR의 '작전적 목표'

① 주요 작전기지(본토, 해외전력, 동맹국, 우방국)를 보호하고, 화생방, 고폭(高爆) 무기, 투발 수단을 격파한다.
② 공격받을 경우, 정보체계는 보장하면서 효과적인 정보작전(IO)을 수행한다.[7]
③ 접근 거부(Anti-access) 및 지역 거부(Area-Denial) 환경에서 미군을 투입 및 유지하되, 적의 접근은 거부하며, 적이 지역거부를 시도하면 격파한다.
④ 모든 기후와 지형에서 다양한 사거리에 있는 주요 이동·고정표적에 대하여 공중·지상전력을 보완 및 결합함으로써 대규모 정밀타격을 기반으로 하는 지속 감시-추적-신속한 교전을 통해 적의 성역(sacred precincts)화 시도를 거부한다.
⑤ 우주체계와 지원시설의 능력과 생존성의 향상을 도모한다.
⑥ 합동작전 상황도를 포함하는 상호운용성을 구비하고 합동 차원의 C4ISR 체계와 능력을 개발하기 위한 정보기술과 혁신적인 개념을 적용한다.

이들은 군사혁신의 목표를 구체화하고 이를 구현하는 데 두었다. ①과 ③은 전투를 수행하는 방법(How we fight)으로서 군사교리와 조직, 시설 및 물자, 리더십과 교육훈련, 인적 자원 분야 등에 관한 발전 소요를 중심으로 도출하고 있다. ②와 ④는 업무를 수행하는 방식(How we do business)으로서 민간기업의 사례를 적극적으로 반영하여 군사혁신에 접목함으로써 효율성을 극대화하기 위함이다. ⑤와 ⑥은 협력하는 방법(How we work with others)으로서 정부 기관들과의 긴밀한 협력을 보장하고 우방국들과의 협조 및 지원을 구체적으로 적시(摘示)하고 있다.

군사혁신의 범위나 추진 순서는 기간을 적용하는 정도에 따라 변화하고 있다. 2005년 이후부터 '절대 안보(Common Security)'가 '공통안보(Common Security)' 개념으로 전환되면서다.[8]

Strategy of the United States of America (Washington D.C.: DoD, 2005), pp, 7~8.

6) DoD, Quadrennial Defense Review (Washington D.C.: DoD, Sep 30, 2001), p. 30.

7) '정보작전(IO)'은 'Information Operation'의 약자다. '적과 잠재적인 적의 의사결정 과정에 영향을 주어 분열, 매수, 유용(流用-useful: 허가 없이 돌려서 쓰다), 아군의 의사결정 과정은 보호하는 제반 활동'이다. 다른 작전과 연계된 정보 관련 능력을 통합하는 노력을 통해 목적을 달성할 수 있다(합동참모본부, 『합동·연합작전 군사용어사전』 (2014), p. 456.).; 한국군은 2006년도에 3군사령부에서 처음 도입하였다.

8) DoD, *The National Defense Strategy of the United States of America* (2005), p. 18.

3.2. 2001 QDR과 2006 QDR의 차이점 비교

<표 5-3>은 2001 QDR과 2006 QDR의 차이점을 정리하였다.

<표 5-3> 2001 QDR과 2006 QDR의 차이점

구 분		2001 QDR	2006 QDR
문제 인식		평시와 같은 작전속도	전시(戰時)와 같은 위기·긴박감
국제 환경		합리적 예측이 가능	뷰카(VUCA)의 양상
위협	형태	편중된 단일 사태(상황)	다수의 복합적 양상
	원천	민족국가	비국가 행위자, 분권화된 네트워크
전쟁 대상		적대 국가	안전지대(전쟁 관계에 있지 않은 나라)
억제 방법		'단순형'	'맞춤형' * 불량국가와 테러 네트워크, 유사 경쟁자 등
첩보 수집		각 軍 중심	합동정보작전센터 운영
대응	목적	위기 대응	미래 기반 조성
	시기	사후 대응	사전 예방(행동)
	체계	수직적 구조 및 절차	수평적 통합
기획 유형		위협에 기반 (threat-based approach)	능력에 기반 (capabilities-based approach)
군사력의 초점		제도적 차원의 대규모 군수지원	강력한 전투 수행능력
작전	개념	각 軍 단위	다수의 비정규·비대칭전
	중점	재래식 작전	합동·연합작전(기동화된 원정 작전)
	수단	총포, 전차, 함정, 항공기 규모를 강조	지식과 시의적절하게 행동에 옮길 수 있는 정보
접근 방식		국방부가 독자적으로 해결	합동 자산관리체계 * 정부 부처 간에 협력적 접근

2006 QDR은 비전통·비대칭적인 도전에 대처하기 위하여 국방전략의 4대 우선순위를 설정하였다.9) 이에 따라 본토 방어 책임을 더 잘 규정하고, 테러와의 전쟁 및

9) ① 테러 네트워크가 수행하는 무력·사상전투의 양상을 격퇴하기 위한 능력 확보, ② 본토에 대한 심층 방위(방어)력을 강화, ③ 전략적 기로(岐路)에 서 있는 국가들이 미국과 동맹국과의 협력 및 안보이익을 선택할 기반 조성, ④ 적대 국가 및 비국가 행위자의 대량살상무기(WMD)를 획득 또는 예방하는

비정규전 활동을 더 강화하며, 정상적인 상태에서의 전력(戰力) 수요와 여러 해에 걸친 파동(wave)적 활동을 구분하기 위해 정교하게 다듬었다. 이때부터 복합적인 전략 환경에 부응하기 위해 현역과 예비군, 민간인, 계약자를 망라하는 '총체 전력(Total Forces)' 개념을 강조하였다.[10] 여기에 우선순위를 명확히 하려고 3대 목표 영역을 설정하였다. 바로 ① 본토 방어, ② 대테러 및 비정규전, ③ 재래식 전투다. 평상시와 격동기로 더 세분화하여 필요한 대응 능력을 갖추고자 하였다. <표 5-4>는 3대 목표 영역과 시기별 대응 능력을 정리하였다.

<표 5-4> 3대 목표 영역과 시기별 대응 능력(2006 QDR)

구 분	평상 시	격동기 시
본토 방어	• 외부 위협 탐지-억지-격퇴 • 우방국의 미국 안보에 대한 기여활동을 시행	• WMD 공격 및 재앙적 사태에 대응, 사후관리를 지원 • 5차원 영역의 대응수준을 제고
대테러전 승리, 비정규전 수행	• 초국가적인 테러 공격을 억지 및 방어(전진 배치) • 통합 안보프로그램을 활용하여 우방국과 협력 • 복수(plural)의 전(全) 지구적 비정규작전을 수행 • 동맹국(우방국)과 협력체제를 구축 및 대게릴라전을 수행	• 대(對) 게릴라 작전과 안정화 작전의 전환 및 재건 작전 등 • 장기적인 비정규작전에 대비
재래식 전쟁 수행	• 국가 간 억압 또는 공격 억지 등을 포함하는 안보협력 등	• 2개의 재래식 전쟁을 수행 • 1개국의 적대 정권 제거 및 군사 능력을 파괴 • 시민사회로 전환하는 회복 환경을 조성

능력의 향상이다. 새로운 계획이기보다 제1차(1997)와 제2차(2001) QDR을 정리하며 같은 방향을 확인했다고 보면 된다. 여기서 'QDR'은 1996년부터 국방수권법(HR 2320)에 따라 '매 4년 주기마다 발간하는 국방 검토보고서'다. 향후 4년간의 국방전략과 軍 구조의 국방성 계획을 의회에 보고하기 위해서다. 제3차 QDR은 2006년 2월 6일 발간되었다.

10) '총체 전력(總體戰力)'은 '국가가 가진 사용 가능한 상비 및 동원 전력의 총계'다.; 박영호, "2006년 QDR의 특징 분석과 한반도 안보에 주는 시사점," 『통일연구원』 (서울: 통일연구원, 2006), pp. 5~6.

<그림 5-3>은 3대 목표 영역과 중점 대응 분야를 정리하였다.

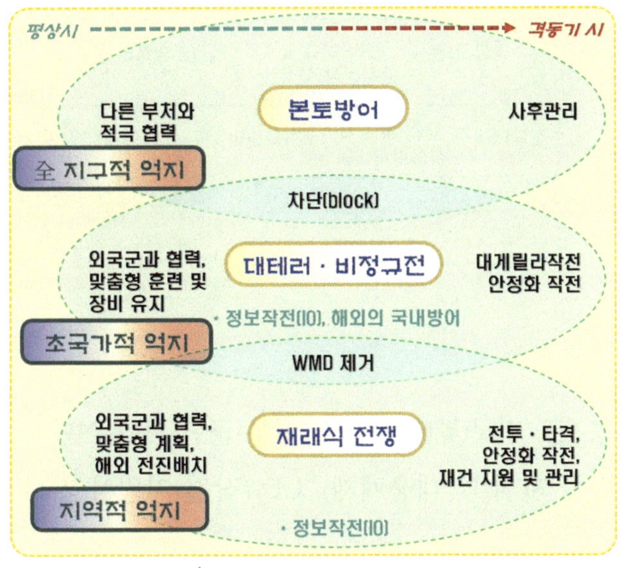

<그림 5-3> 3개 목표 영역과 중점 대응 분야

잠깐! 제2차 걸프전(2003) 시 美 중부군 사령부의 편제(編制)와 주한미군의 신속 기동군(UEx–미래형 기동사단) 편성을 통해 2001 QDR과 2006 QDR의 차이점을 이해하자.

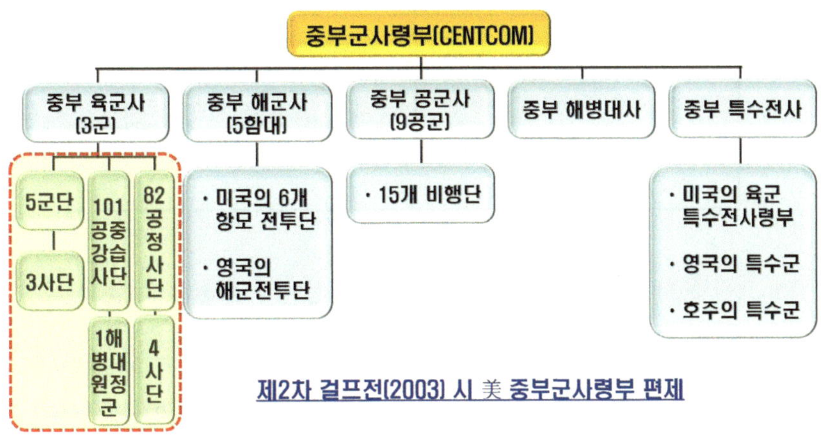

제2차 걸프전(2003) 시 美 중부군사령부 편제

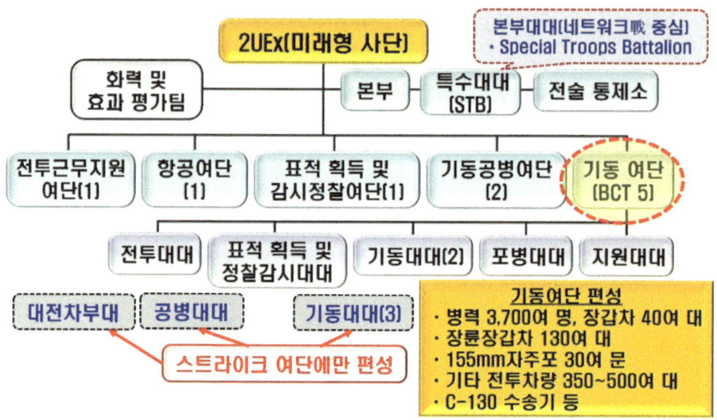

* key-word

- 기존 편제(계층화): 전구(戰區) 육군사령부-군단-사단-여단
- 개선 편제(신속한 지휘 및 대응체계): UEy(작전 지원사령부)－UEx(미래형 기동 사단)[11]－UA(전투부대)

3.3. 군사혁신(RMA)과 정보화 시대에 관한 인식

<그림 5-4>는 미국이 가진 군사혁신(RMA)과 정보화 시대에 관한 인식이다.

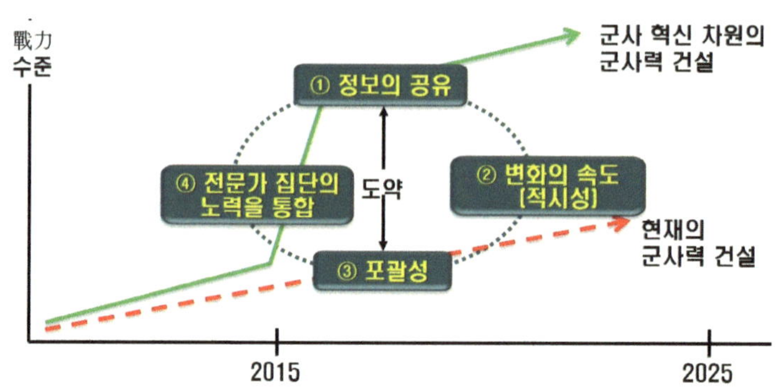

<그림 5-4> 미국의 군사혁신(RMA)과 정보화 시대에 관한 인식

11) ‘UEx’는 ‘Unit of Employment X’의 약자로 ‘주한미군 2사단’이 해당한다. ‘사단과 군단 기능을 통합한 디지털 미래형 사단’으로 ‘여단(Brigade) 중심 체제로 개편’하였다. 2005년 6월 16일부로 개편작업을 완료하고 정찰 및 항공, C4I 체계와 무인정찰기(UAV)를 운용하며 원거리 작전까지 수행할 수 있도록 전략적 유연성을 확보한 기동군으로 활동하고 있다(박성진, “美 2사단 '미래형' 개편 완료,” 『경향신문』(2005.07.20.).; “美 8군사령부 '위상' 어떻게 변화되나,” 『연합뉴스』(2005.09.29.).).

미국이 추진하고 있는 제3차(2006) QDR은 조직과 체계, 기술중심의 군사혁신이다. 이 혁신이 합동작전과 통합군 개념을 충족하는 개념으로 원만하게 마무리될 경우 세계에서 유일한 초강대국의 지위는 계속 유지할 수 있지 않을까 싶다.

4. '군사혁신(RMA)'에 대한 환경진단과 추진 노력

4.1. 관련 용어에 대한 이해, 환경진단 결과

<표 5-5>는 美 국방부가 군사혁신에 관한 환경진단을 점검할 때 작성한 문진표 내용에 기반하여 식별한 결과를 간략하게 정리하였다.

<표 5-5> 美 국방성의 군사혁신에 관한 환경진단 점검내용 및 결과

구분	점검내용	판단한 결과
①	관련 기술을 구비한 정도	분명하게 구비되어 있다.
②	전혀 예상치 못한 군사적 도전의 존재 여부	IS 등에 의한 테러리즘이 일부 있다.
③	수용적인 조직의 분위기 정도	어떤 軍은 구비되어 있다. * 저항과 비판이 공존(共存)
④	최고위층의 신뢰·인식의 수준	충분히 신뢰하고 있으며, 필요성을 인식하고 있다.
⑤	실험을 위한 메커니즘 여부	구비되어있다.
⑥	대상을 구체적으로 특정 또는 최종 목록과 특정 대상에 집중해야 하는지 여부.	현재까지는 미흡한 부분들이 존재하고 있다.
⑦	누가 핵심 역량에 궁극적으로 도전할 수 있는지에 관한 정도	
⑧	실험 결과가 성공적일 때 적극적으로 수용할 수 있는지에 대한 여부	인식하는 정도의 차이에 따라 문제가 될 소지가 있다.

③은 지휘계층의 진실성에 대안 의구심과 혁신이 성공할 것인지에 대한 의심이 있기에 포함하였다. 혁신(Revolution 또는 Innovation)의 특성이 현재의 상태가 바람직하지 않다는 전제(前提)에서 변화를 추구하기 때문이다. 2001년 당시 미군은 혁신이 전투를 수행하는 수단 즉, 무기체계의 현대화라고만 인식하였다.

4.2. 군사혁신(RMA)을 판단한 결과 긍정적 · 부정적 측면

4.2.1. 긍정적 측면

<표 5-6>은 美 국방부의 군사혁신 환경을 진단한 결과로 긍정적 측면을 중심으로 정리하였다.

<표 5-6> 미국의 군사혁신 환경을 진단한 결과(긍정적 측면)

구분	관련 분야	긍정적인 요소
①	새로운 기술	풍부하게 보유하고 있다.
②	새로운 방책과 기법	이미 완성되어있고, 일부는 연구 중
③	새로운 작전개념	수용적 · 비판적 입장이 중복되어 있어 유보
④	새로운 군사교리와 軍 구조	많은 시간과 노력의 겸용이 필요

4.2.2. 부정적 측면

<표 5-7>은 美 국방부의 군사혁신 환경을 진단한 결과로 부정적 측면을 중심으로 정리하였다.

<표 5-7> 미국의 군사혁신 환경을 진단한 결과(부정적 측면)

구분	부정적인 요소	보완 및 개선이 필요한 요소
①	軍의 핵심 역량이 도전받고 있지 않다.	국방부 내부적으로 개념 · 실험 그룹을 구분하여 진행 * A그룹: 현행 전력이 보유한 핵심 역량의 한계를 초과하는 영역 * B그룹: 현재의 RMA 성과를 증대하기 위한 실험을 진행
②	구체적 또는 최종 목록의 특정 대상에 집중하는 노력이 부족하다.	새로운 체계를 통해 작전개념을 검증하기 위한 시범부대를 임시로 편성 및 운용
③	국방부의 현행 획득체계만으로는 부적절하다.	획득과정(최종단계)에서 불확실한 결과에 대하여 재검토가 필요 * 새로운 부서(Cell)를 편성 및 운용

②는 특정한 국가 또는 하드웨어적 · 소프트웨어적 수준을 높이기 위해 추가적인 노력이 요구되었기에 시범부대를 편성 및 운용하여 검증할 필요성이 생겼다.

4.3. 군사혁신(RMA)의 핵심분야와 주요 추진 방향

4.3.1. 군사혁신(RMA)에 대한 핵심분야 설정

<그림 5-5>는 군사혁신(RMA)에 필요한 핵심분야를 설정하였다.

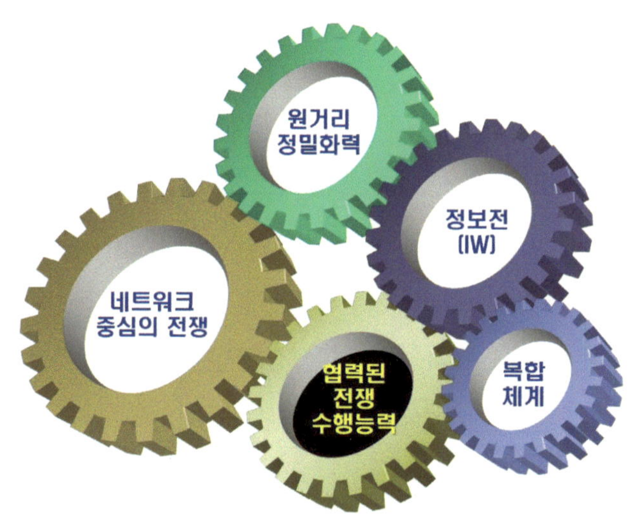

<그림 5-5> 군사혁신(RMA)이 필요한 다섯 가지의 핵심분야

군사혁신(RMA)에서 빼놓을 수 없는 주체는 두 차례에 걸쳐 국방장관을 역임한 도널드 H. 럼즈펠드(Donald H. Rumsfeld, 1932~2021)다. 2001년 9 · 11 테러 당시 국방장관으로 응징 작전과 제2차 걸프전(2003)을 지휘하였고, 2006년 사임(辭任)하였다. 그가 이전의 형태와 다른 접근법을 채택할 수 있었던 요인은 당시 기로(岐路)에 선 미국의 위상과 영향력이 감퇴하는 절박한 여건이었기에 가능했다.[12)]

4.3.2. 군사혁신(RMA)의 주요 추진 경과

<표 5-8>은 제1차 QDR(1997)에 기반하여 추진한 '군사혁신 4대 핵심 노력'을 정리하였다.

<표 5-8> 제1차 QDR(1997)에 기반한 '군사혁신 4대 핵심 노력'

① <합동 비전 2010>에 명시된 합참의 작전 목표 달성을 추구한다. ② 전력(戰力)의 현대화를 위해 소요되는 예산을 확보하기 위한 대안(對案)이 필요하기에 중복되거나, 낭비가 예상되는 경비(expense)는 절약한다. ③ 새롭고 적정한 군 구조를 구성한다. ④ 현재 진행하고 있는 군사혁신의 이점(利點)을 유지한다.

②는 우세한 기동과 정밀교전, 완벽한 방호, 군수지원에 집중하도록 추진할 수 있는 여건이 마련된 가운데 9·11테러가 발생하자 신속하게 우선순위를 바꾸었다. <그림 5-6>은 실패로 끝난 미래 전투 시스템(FCS-Future Combat System)이다.

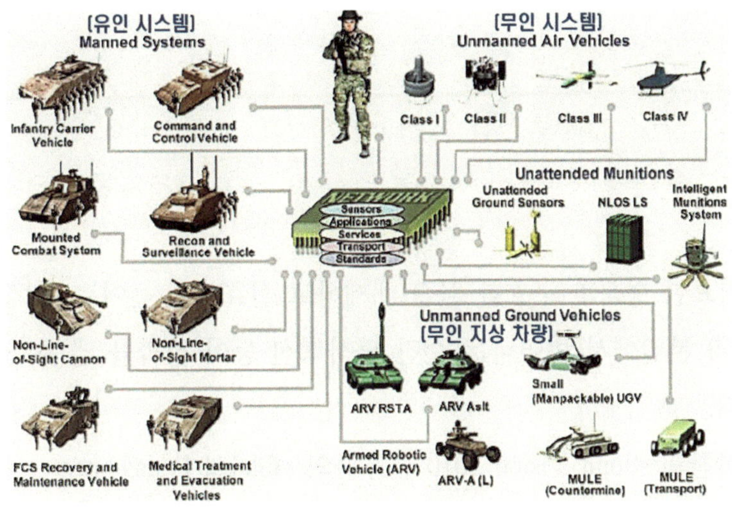

<그림 5-6> 미군의 실패로 끝난 미래 전투 시스템(FCS)

12) ① 미래의 불확실성에 따른 '능력에 기반한 국방기획', ② 무기체계 획득 소요 기간을 '진보적 획득(EA-Evolutionary Acquisition) 또는 나선형 개발(SD-Spiral Development, 빠르지 않지만, 전체적으로 올바른 방향으로 나가는 형태)의 개념'으로 인식, ③ 성과와 위험 간의 균형이 보장되어야 한다는 관점에서 '위험의 관리(Managing Risks) 또는 균형 개념(Balance of Risks)'의 측면, ④ 낭비 또는 중복된 분야의 예산을 절감하는 차원의 '효율성 강화' 측면이다.

美 육군은 2021년 12월 23일 노스럽 그루만(Northrop Grumman)사와 '통합 항공 및 미사일 방어 전투 지휘 시스템(IBCS-Integrated Battle Command System)' 계약을 완료하고 제2차 도약을 추진하고 있다.[13] 2022년도에 초기 운용 테스트 및 평가 단계를 진행하고 있으며, 2023년 회계연도에 양산(量産-mass production) 여부를 결정할 예정이다.

4.4. 군사혁신(RMA)의 주요 추진 노력 구체화

<그림 5-7>은 군사혁신(RMA)의 9개 추진 부문과 단계를 정리하였다.

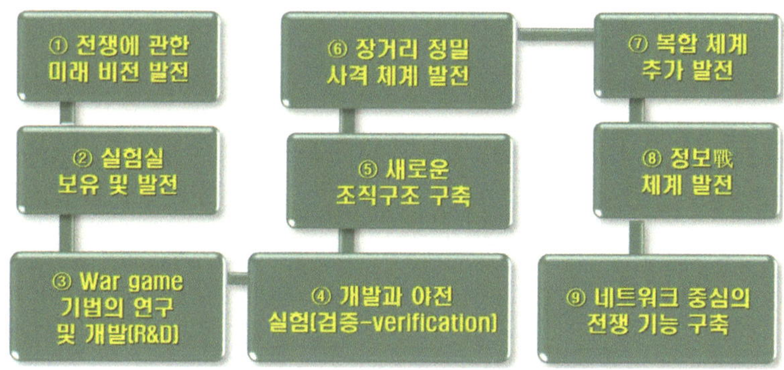

<그림 5-7> 군사혁신(RMA)을 추진 간 노력한 9개 부문과 단계

미국은 불필요한 형식과 구호를 일절 배제하고 실효성을 높이는 데 집중하였다. 이를 위해 기본과 본질에서 벗어나는 순간 군사혁신 등이 성과를 낼 수 없다는 인식에서 출발하였다.

①단계는 합참의 <Joint Vision 2010>, 공군의 <Global Engagement>, 육군의 <Army Vision 21>, 해군의 <Forward from the Sea>, 해병대의 <Operational Maneuver from the Sea>를 통해 느낄 수 있다.

---

13) '통합 항공 및 미사일 방어 전투 지휘 시스템(IBCS-Integrated Battle Command System)'은 육군의 미사일 및 우주계획의 일부인 통합 화력 임무 지휘 포트폴리오 내에서 실행하고 있다(Jen Judson, 『Defense News』 (2021.12.24.).).

②단계는 전쟁의 승리에 필요한 새로운 기법(技法)을 발전시키기 위해 관련 기구들을 설치하였다. 대표적인 기구가 합참에서 운영하는 '합동 전쟁 수행센터(Joint War Fighting Center)', '합동 전투센터(Joint Battle Center)', 육·공군과 해병대의 '전투실험실', 해군의 '해상기지 전투실험실'이다.[14]

③단계는 국방부의 '총괄평가 War game', 육군의 '차세대 War game', 해군의 '범세계적 War game 시리즈' , 공군의 '범세계 교전 War game', 해병대의 '개념 game 시리즈' 등을 연구·개발하고 있다.

④단계는 국방부에서 '첨단개념 기술 시범'과 '첨단기술 시범', 합참은 '합동실험', 육군은 '첨단 전투 실험', 해군은 '함대 전투 실험'과 '대(對)함전 실험', 공군은 '원정군 실험', 해병대는 '해룡 실험'을 진행하고 있다.

⑤단계는 육군이 '여단 규모의 실험군'을, 공군은 '공군 원정군'을, 그리고 '정보전 부대'와 '무인기 부대'를 구축하였다. 이는 제2차 걸프전(2003) 시 중부군 사령부(3군)를 편성하였고, 2005년 주한미군에 새롭게 편제된 미래형 기동사단(2 UEx)을 대표적인 사례로 들 수 있다.

⑥단계는 국방성 총괄 평가국(ONA-Office of Net Assessment)에서 담당하는 '감지체계(Sensor System)'와 '데이터 통신', '컴퓨터 운용체계' 등을 병행 발전시키고 있다.[15]

⑦단계는 해군 전쟁대학 총장을 지낸 아서 K. 세브로스키(Arthur K. Cebrowski, 1942~2005)가 제안한 첩보 수집-감시-정찰 자산 운용 등의 절차가 발전하였다. 그의 추구한 최종상태는 전체적으로 접근하는 방식에서 민간인과 군사적인 태도의 변화가 필요한 것으로 인식하였다.

---

14) 한·미 연합사령부에는 각종 모의 전투 실험을 진행하는 'Walker Center'를 운영하고 있다.

15) 美 국방성의 '총괄 평가국(ONA)'은 1973년 처음 설치된 이후 미국과 경쟁국들이 가진 군사전력 및 전략을 비교·분석하여 미래의 안보문제와 전쟁 양상을 예견하는 임무를 수행하고 있다. 앤드루 마셜(Andrew Marshal, 1921~2019) 국장은 42년간 부서 책임자로 활동하면서 '총괄평가 개념'을 만들었고, 구소련이 해체되는 데 결정적으로 작동한 '비용 강요전략(구소련 해체전략)'을 수립 및 진행하였다(김성진, "군사비 부하(負荷) 공략으로 북한의 핵·미사일 도발역량 고사(枯死)시켜야," 『KONAS 안보칼럼』 (서울: 대한민국재향군인회 안보전략연구원) (2023.02.16.).).

<그림 5-8>은 아서 K. 세브로스키가 제안 및 채택된 여섯 가지의 승수효과[16]를 증대하는 요소를 정리하였다.

<그림 5-8> 아서 K. 세브로스키가 제안한 승수효과의 증대 요소

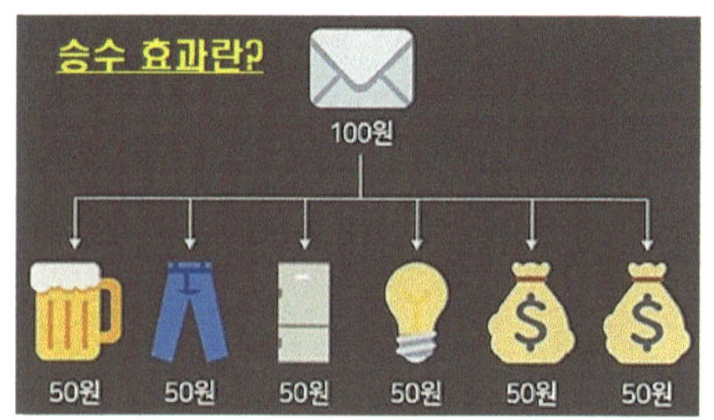

⑧단계는 국방성 총괄 평가국장(Andrew Marshall)이 제안하여 1997년 QDR(제1차) 목록에 규정되었다. 두 가지 중점은 첫째, 미국 정보체계를 효과적으로 보호하고, 둘째, 지속적인 운영 보장대책을 추구하는 데 두었다. 이와 관련하여 각 軍 단위별 특성을 고려하여 정보체계는 별도로 구축하되, 정보・감지체계는 공군에서 담당하기로 하였다.

---

16) '승수효과(乘數效果-multiplier effect)'에서 '승수'는 '곱해지는 수'로서 '경제 현상에 변수 하나가 바뀌면, 다른 부문의 경제 요인에 변화가 파급되며 결과가 기하급수적으로 증가하는 현상'이다. 즉, 소득이 독립적인 지출증가분의 몇 배나 초과하는 승수로 나타나는 효과라고 이해하면 된다. 예를 들면, 유명 백화점의 유리창이 폭우로 깨져 500만 원에 갈아 끼웠다. 500만 원을 번 업자는 TV와 게임기를 사고 남은 100만 원을 저축했다. 가전제품 회사는 TV와 게임기를 팔고 받은 400만 원 중 300만 원에 오토바이를 사고 나머지 100만 원은 저축했다. 오토바이 가게 주인은 300만 원에서 250만 원은 아내 명품을, 남은 50만 원을 저금하였다. 결론적으로 백화점의 유리가 깨지면서 나타난 일련의 투자 확대 현상을 '승수효과'라고 이해하면 된다.

⑨단계는 정보 격자망(情報格子網)-감지기 연결망-교전 격자망(交戰格子網)[17]이 연계될 수 있도록 <합동 Vision 2010>에 명시하였다. <그림 5-9>는 <합동 Vision 2010>에 명시된 핵심 망(Grid)의 종류다.[18]

<그림 5-9> <합동 Vision 2010>에 명시된 망(Grid)의 종류 및 상관성

①은 컴퓨터와 통신 기능을 제공하는 망으로서 '감지기 격자망과 교전 격자망을 모두 연결하여 수집한 정보를 수집-전파 및 공유-분석-처리할 수 있게 하는 망(Grid)'이다. 수직적 정보망일 경우에 중간제대가 마비될 경우, 하위제대와 상위 제대 간 정보의 공유가 어렵고 정보의 양 또한 제한될 수밖에 없다. 거미줄과 같은 네트워크의 구축으로 이러한 취약점을 최소화할 수 있다.

②는 수많은 감시용 감지기들을 연결하여 전장 상황을 실시간 관찰할 수 있도록 하는 종합 망으로써 적에 대한 정찰 활동으로 볼 수 있으며, '아군이 보유한 위성과 정찰기, 전장 통제기, 수색부대 등 가용한 정찰 수단을 통해 설정한 구역 내의 모든 정보자료를 수집하는 데 필요한 망'으로 아군 제대 모두에 정보 격자망을 공유할 수 있다.

17) '교전격자망(交戰格子網)'은 '전투력을 발휘할 수 있도록 각급 부대와 무기체계들을 연결하는 망'이다.

18) 세 가지의 망(網-Grid)은 현대전쟁이 '네트워크 중심전'임을 보여주고 있다. 컴퓨터 기술과 네트워크의 발전, 정보의 전파속도가 획기적으로 빨라짐에 따라 정보가 전쟁에서 가장 중요한 요소로 자리매김하면서 탄생하였다. 이들은 네 가지의 기본 원리를 이용하여 설명할 수 있다. 첫째, 군사력은 네트워크를 통해 폭넓게 연결하여 정보의 공유 수준을 개선한다. 둘째, 정보 공유를 통하여 정보의 질과 상황인식의 공감대를 증대시킨다. 셋째, 협동과 자체 통합(integration)을 보장함으로써 작전의 지속성과 지휘의 속도를 향상한다. 넷째, 이러한 과정으로 임무 수행의 효율성을 높일 수 있다. 네 가지의 기본 원리를 관통하는 게 바로 정보·감지기·교전 격자망이라고 이해하면 된다. 이러한 개념을 적극적으로 도입하여 정착시킨 주체가 도널드 H. 럼즈펠드 국방장관이다.

③은 ①과 ②를 통해 공유한 정보를 바탕으로 하여 실제 군사력을 투사하는 망이다. 전장의 모든 전투단위(unit)가 네트워크에 가입하여 교전 격자망을 구성함으로써 가장 적절한 군사력을 가장 필요한 지점(위치)과 시간에 효율적으로 투사할 수 있게 하는 방법 및 수단이다. 더욱이 장거리 정밀유도무기를 투사할 수 있게 되면서 포병과 항공기, 크루즈 미사일을 탑재한 함정에 이르기까지 공간(space)의 제약이 없어졌기에 모든 타격자산을 원활하게 사용할 수 있다. 전투 장비와 무기를 집합하는데 필요한 시간은 제대・지역(여건)마다 격자가 다르고, 각기 별도로 활동하는 현상을 개선하기 위해 각급 제대-무기체계를 연결하는 망으로 발전시켰다.

소결론적으로 3개 격자망으로 구성된 군사력은 플랫폼 중심의 제대 개념에서 벗어나 독립된 하나의 네트워크로 활용할 수 있다. 이때 ①과 ②는 수집 및 공유된 정보를 토대로 하고, 실제 군사력을 투사하는 역할은 ③이 수행하고 있다고 이해하면 된다.

4.5. **군사혁신**(RMA)**의 구현 과정**(Process)

<그림 5-10>은 군사혁신(RMA)의 구현과정을 정리하였다.

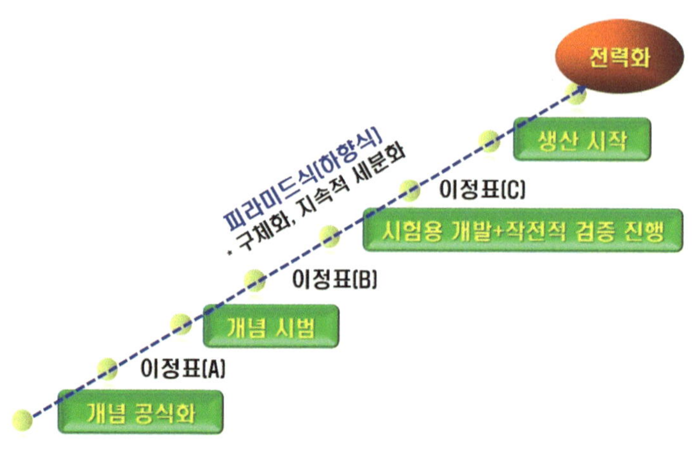

<그림 5-10> 군사혁신(RMA)의 구현과정

피라미드식의 하향식 시스템으로 하급제대에 전달되도록 최대한 세분화하였다. 특히 '하향식 경쟁 과정(top-down competitive process)'을 통해 혁신을 추진하는 지혜를 발휘하였다.[19] 미군의 체계 자체가 평소 상향식 의견 수렴을 중시한다는 측면에서 볼 때 도널드 H. 럼즈펠드다운 방식의 이례적인 패턴으로 볼 수 있다.

19) DoD, *The National Defense Strategy of the United States of America* (2005), p. 11.

5. '군사혁신(RMA)'에 대한 분석 및 평가

<표 5-9>는 군사혁신(RMA)을 분석 및 평가한 결과를 정리하였다.

<표 5-9> 미국의 군사혁신(RMA) 분석 및 평가 결과

구 분	분석 내용	평가 결과
주도적 요소	혁신에 관한 기본 목표, 방향, 접근방법을 확정한 이후 즉각 실천에 돌입하였다.	도널드 H. 럼즈펠드 장관의 과감한 처신과 軍 지휘부가 주도했다.
소요 도출 기준	정규전 · 비정규전 위협 등에 다양한 대처가 가능해야 한다. * 냉전기: 위협에 기반 * 냉전기 이후: 능력에 기반	위협기반 국방기획을 완전히 배제하지 않았지만, 능력에 기반한 국방기획을 과감하게 추진했다.
추진 방향	• 2001. 6월, 혁신 기본 목표 및 방향을 의회에 보고한다. • 2001. 9월, QDR을 완성한다. • 2002, 각 군 혁신 추진계획을 완성하고 착수한다. • 2006, QDR에 구체적으로 제시한다.	철저히 하향식으로 진행, 상당한 속도와 폭으로 성과를 달성하는 데 성공했다. * 군사혁신의 목표 및 방향을 권위적으로 결정하고, 예하 지휘관은 실행에 한정
변화의 정도	전반적으로 새로운 변화를 추구→변화의 효율성 향상→수용 및 조정	'혁명적인 변화'를 추구 * 의회: 통상적이지 않고 불연속적이고 파괴적인 형태로 평가 * 럼즈펠드 장관의 교체 이후 추진력이 급작스럽게 감소
정책 결정 방식	합리적 모형을 적용, 방향의 타당성을 강화 및 일사불란한 추진이 가능하였다.	합리적 모형에 근거, 목표가 선정된 이후 최선의 대안을 마련, 추진하였다.

군사혁신(RMA)의 아쉬운 점은 도널드 H. 럼즈펠드가 혁신을 주도했지만, 자신이 걸림돌이 될 수 있다는 점을 예측하지 못했다. 2006년 제2차 걸프전(2003)의 전후(戰後) 치안 유지에 실패하며 해임되었다.

제 3 절

프랑스의 '국방개혁(DR)' 사례

1. '국방개혁(DR)'을 추진하게 된 배경[20)]

인류 역사는 전쟁의 역사라고 한다. 특히 유럽은 모든 전쟁사의 중심이라고 하여도 지나치지 않다. 고대 시대부터 가장 빈번하게 전쟁이 발발한 세계의 중심지역이어서다. 인류가 경험한 전쟁 중 가장 비극적인 양차 세계대전 시에도 최대의 전장(Battle-field)이었고, 미・소가 강력한 영향력을 행사한 냉전기(1945~1991) 때는 미국이 주도하는 서유럽과 구소련이 주도하는 동유럽이 날카롭게 대립하였다. 구소련의 해체로 냉전에서 해방되어 안전지대가 될 것으로 생각했지만, 결과적으로는 국제 테러리즘, 대량살상무기(WMD)의 확산, 인종적・종교적 갈등에 의한 지역 분쟁을 포함하여 새로운 유형(형태)[21)]의 전통적・비전통적 안보위협에 노출된 지역이다. 러시아의 우크라이나 침공(2022)으로 인해 NATO 회원국들이 국방예산을 증액하며 군사혁신의 중요성은 날로 증대하고 있다.[22)]

잠깐! 본격적인 탐구에 들어가기에 앞서 프랑스를 왜! 군사혁신 탐구 대상국에 포함하였는지에 대하여 짚어보자.

---

20) 프랑스는 본질과 내용에 접근하는 관점에 따라 '전략혁신(Force Revolution)' 또는 '국방혁신(Defense Revolution)' 등으로 혼용되어 있다(박희락, 『정보화시대 국방개혁의 이론과 실제』 (2008), pp. 79~80.).

21) '유형(類型-type)'은 '공통되는 성질 또는 특징을 가진 것들을 묶은 하나의 틀'이고, '형태(形態-form)'는 '사물의 생김새'를 뜻하고 있다.

22) 에마뉘엘 마크롱 대통령은 2024~2030년까지 국방예산을 7년간 연 75조 원(+36%)을 증액하고, 날로 진화하는 위협에 대응할 수 있도록 군을 변혁하겠다고 밝혔다(한혜란, "프랑스, 국방비 36% 증액 추진…핵무기 현대화·드론 개발," 『연합뉴스』 (2023.01.21.).; 이세미, "우크라전 장기화에 각국 국방비 늘린다…프랑스 7년간 36% 증액, " 『데일리안』 (2023.01.21.).).

'유럽은 고대 시대부터 가장 빈번하게 전쟁이 발발한 지역'
① 고대 그리스-로마제국-지중해 중심의 세력쟁탈전
② 나폴레옹 보나파르트의 정복 전쟁
③ 프로이센과 이오시프 히틀러로 대표되는 독일
④ 최강의 해군력을 보유한 스페인-영국의 무적함대

프랑스는 세계 7위의 군사력 수준에다 핵무기 290개를 보유한 대륙 국가다. 이들은 군사혁신에만 집중하지 않고 국방 전반을 개혁한다는 관점으로 접근하고 있다. 따라서 군사혁신보다 일반적 용어인 '국방개혁(DR)'을 그대로 사용하고자 한다. 현재 유럽지역에서 가장 강력한 군사력을 보유한 국가는 다량의 핵무기를 보유한 프랑스와 영국이라고 할 수 있다.[23] <그림 5-11>은 2022년도 기준의 세계 핵무기 보유국 현황이다.

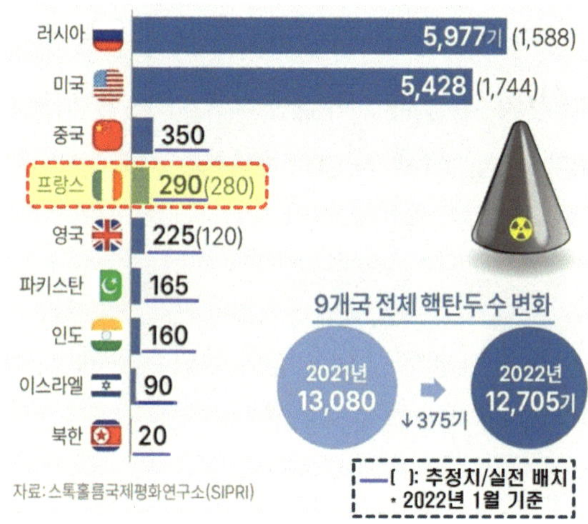

<그림 5-11> 세계 핵무기 보유국 현황(2022년 기준)

23) 스웨덴의 스톡홀름국제평화연구소(SIPRI-Stockholm International Peace Research Institute)에서 발간한 '군비와 군축 및 국제 안보에 관한 2022 연감(SIPRI Yearbooks 2022)'은 UN 안보리 5개 상임이사국과 인도, 파키스탄, 이스라엘, 북한 9개국을 핵무기 보유국가로 제시하고 있다. 한편 '핵확산금지조약(NPT-Nuclear Non-Proliferation Treaty)'은 북한의 핵무기 보유국 지위를 인정할 수 없다는 주장이다(신대원,"'핵보유국 북한' 선 긋는 NPT…최종선언문 초안 회람," 『헤럴드경제』 (2022.08.24.).; 강민경, "NPT 재검토회의 최종선언문 초안 "北 핵보유국 인정 불가"," 『news1뉴스』 (2022.08.24.).).

이들은 전쟁 억지와 국익을 보장받으려면, 핵무기만큼 유용한 군사적 수단이 없다고 믿는다. 평상시의 위력시위, 전시에 무력충돌이 벌어지는 상황에 대비하고 정치적·군사적 영향력을 행사하기 위해서는 원거리 투사 능력을 갖춘 해·공군 중심의 군사력이 필요함을 잊지 않았다. <그림 5-12>는 북대서양조약기구(NATO-North Atlantic Treaty Organization, 이하 NATO)와 유럽연합(EU-European Union, 이하 EU)의 회원국 현황이다.

구 분	NATO(북대서양조약기구)	EU(유럽연합)
회원국	네덜란드, 덴마크, 독일, 라트비아, 루마니아, 룩셈부르크, 리투아니아, 불가리아, 벨기에, 스페인, 슬로바키아, 슬로베니아, 에스토니아, 영국, 이탈리아, 체코, 포르투갈, 폴란드, 프랑스, 크로아티아, 헝가리(21)	
	그리스, 노르웨이, 미국, 아이슬란드, 알바니아, 몬테네그로, 북마케도니아, 캐나다, 튀르키예(9) *· 프랑스: 통합軍 탈퇴(1966), 재가입(2009)*	아일랜드, 스웨덴, 핀란드, 오스트리아, 사이프러스(키프로스), 몰타(6)

<그림 5-12> NATO와 EU 회원국 현황(2022년 기준)

프랑스는 1966년 NATO 통합군에서 탈퇴했다가 2009년에 재가입하여 활동하고 있다. 한국군은 국방백서를 격년제로 발간하는 반면에 프랑스는 국내·외 안보환경의 변화에 대처하거나, 국방 수단에 대폭적인 변화가 있을 때만 발간한다는 차이점이 있다.

2. '국방개혁(DR)'의 추구(追究) 방향

1972년 조르주 퐁피두(Georges Jean Raymond Pompidou, 1911~1974) 대통령은 식민지 독립과 현대화를 추진하면서 샤를 드골(Charles de Gaulle, 1890~1970)의 국방원칙[24)]을 일관되게 추진한 결과 독자적인 방위태세를 갖추었다고 판단되자 <국방백서>를 발간하였다.

이후 유럽은 베를린 장벽의 붕괴(1989), 바르샤바 조약기구를 해체(1991)하는 등의 민감한 사건이 일어나며, 정치적·군사적으로 급격한 변화에 직면하였다. 1994년 자크 시라크(Jacques René Chirac, 1932~2019) 대통령은 불확실한 안보환경에 대외로 투사할 수 있는 군사력이 필요함을 절감하였다. 이에 따라 국방전략을 재정립하기 위해 6대 전력 운용 프로젝트[25)]를 구체적으로 제시하고 제2차 국방개혁을 진행하였다. 1995년 자크 시라크 대통령은 '국방회의'[26)]를 주재하면서 "변화하는 전략적 안보환경과 국방예산이 제한되

---

24) 샤를 드골(Charles de Gaulle) 대통령은 제2차 세계대전 이후 잃어버린 프랑스의 영광과 자존심을 되찾기 위해 과감하게 투자하여 억지력을 보유하고 프랑스가 주축이 되는 유럽을 건설하고자 하였다. 이를 위해 핵무기의 개발과 성능 개량, 방위산업 기반을 다지기 위해 무기 획득과 방산 업무를 총괄하는 방위사업청(DGA-Direction générale de l'Amament, 일명 병기본부)을 창설하고 합참과 같은 권한과 위상을 부여하였다. 프랑스는 국방부 산하 조직으로 민간전문가를 채용하였다. 반면에 한국의 방위사업청은 국방부 산하 조직이 아니다.

25) '6대 전력 프로젝트'는 ① 핵심 이익을 위협하지 않는 지역 분쟁, ② 핵심 이익을 위협하는 지역 분쟁, ③ 프랑스 해외영토에 대한 공격, ④ 양자(兩者) 방위조약에 의한 개입, ⑤ 평화유지를 위한 작전, ⑥ 서유럽에 대한 대규모의 위협이 발생에 대비하기 위한 측면에서 요약할 수 있다.

26) 프랑스는 대통령이 주재하는 국방회의에 총리, 국방장관, 안보부처 장관이 함께 참석하여 국방정책을 결정하고 있다. 특히 2008년 사르코지 대통령의 제안으로 2010년 미국이 NSC와 같은 성격의 '국방안보위원회(CDSN-Conseil de defense et de Securite Nationale)'를 설립했다. 이를 통해 합참의장의 권한을 강화하고 국가안보와 관련한 의사결정을 신속하게 함으로써 전투력을 즉각 투사할 수 있는 체계를 갖추었다. 여기서 프랑스의 정치·군사지도층이 인식하는 국가안보(국방) 분야에 대한 인식을 엿볼 수 있

는 어려운 여건이지만, 국방개념을 재설정하기 위해 軍 개혁이 필요하다."라면서 본격적인 국방개혁을 시작하였다. <그림 5-13>은 국방개혁이 단계별로 추진된 현황이다.27)

구 분	① 제1단계 (97~02)	② 제2단계 (03~08)	③ 제3단계 (09~14)	④ 제4단계 (14~19)
기본 문서	· 1997~2002 국방계획법 (전력증강법)	· 2003~2008 국방계획법	· 공공정책 개선 (2008) · 국방 안보백서 (2008) · 2009~2014 국방계획법	· 국방 안보백서 (2013) · 2014~2019 국방계획법
중점 과제	· 직업군인제 시행 · 軍 감축 · 방산업체 구조조정 · 주요 장비 현대화 · 공동방위정책 수립	· 직업군인제 정착 · 주요 장비의 현대화 · 장비가동율 개선	· 국방부의 경영 효율성 제고 · 각軍 조직 완비 · 육 · 해 · 공軍 지원조직 통합	· 3단계 중점과제 지속 · 軍 감축, 지상군 개편 · 핵 억제 및 투사 능력 유지 · 사이버 · 정보 분야 강화

<그림 5-13> 프랑스 국방개혁의 단계별 추진현황

①은 1996년 '제1차 국방개혁 2015'를 추진하기 위한 <1997~2002 국방계획법>을 법제화한 단계다.

②는 '제2차 국방개혁 2015'를 추진하기 위한 <2003~2008 국방계획법>을 법제화하였다. 그러나 ①과 다르게 병력의 규모와 군사조직에 큰 변화는 없었지만, 장병의 선발과 모집을 내실화하고 장비 현대화를 통해 군사작전 수행능력을 제고시키고자 노력하였다. 결과적으로 2003년 직업군인제가 정착되면서 군의 정예화와 해외파병 능력을 보강할 수 있는 여건이 만들어졌다. 또한, 언제든지 단독 작전을 수행할 수 있는 1만여 명을 파병할 수 있게 하면서 작전을 주도하고 연합작전 지휘능력까지 보유하

다. 한국은 국방부 장관의 책임하에 국방개혁을 진행하지만, 프랑스는 대통령이 직접 주재하여 국방개혁을 진행한다는 측면에서 인식과 수준 차이가 상당함을 느낄 수 있다.

27) 프랑스의 <국방안보백서>는 '국가전략을 추진하는 방향을 제시하고 군사 분야에 관한 전략 지침'을 명시하고 있다, <국방계획법 또는 전력증강법(LPM-Loi de Programmation Militaire)>은 '군사력의 건설 목표와 소요 예산을 명시'하고 있다. <국방 현대·단순화 계획(PMMS-Programme Ministriel de Modernisation et de Simplicfication)>은 개혁 과제와 방법을 구체적으로 명시하여 일관성 있는 추진을 보장하고 있다.

였다. 아울러 전력의 현대화를 추진함으로써 대응 능력을 강화하는 데도 성공하였다.

③은 '제3차 국방개혁 2015'를 추진하기 위한 <2009~2014 국방계획법>을 시행하여 군사조직의 통합・폐합 및 개편을 단행하였다. 특히 군수지원 조직을 통합하여 병력 감축과 예산을 절감하였다. 합참의장의 권한은 강화하여 효율적인 전력 투사가 되도록 하였으며, 국방정책을 통합하는 기능을 신설하여 의사결정과 업무의 효율성을 높였다.

④는 2014년부터 추진하고 있는 '제4차 국방개혁 2020'을 추진하기 위하여 <2014~2019 국방계획법>을 법제화하였다. 핵심은 크게 세 가지로 정리할 수 있다.

첫째, 병력을 감축하고 각 軍이 수행하는 '작전지휘 정보체계(SIOC-한국군의 '작전지휘 통제체계'와 유사)'를 통합하여 합동성과 효율성을 강화하였다.

둘째, 항공 및 잠수함 전력은 그대로 유지하되, 해외로 투사할 수 있는 특수부대 규모를 강화하여 파병능력을 증대시켰다. 이는 독자적인 방위 능력을 높이고, NATO 내에서 군사작전 활동을 보장하는 성과를 끌어냈다.

셋째, 국가 차원에서 단일한 사이버 지휘체계를 수립하고 전문 인력을 확충하였다. 또한, 국방예산을 감축해야 함에도 핵 억제 및 해외 투사 능력의 비중은 그대로 유지하면서 정보・사이버 보안 분야에 대한 투자 비중도 계속 높이고 있다.

3. '국방개혁(DR)'을 위한 환경진단과 추진 노력

3.1. 국방개혁(DR)에 대한 인식과 환경진단 결과

프랑스는 1990년대 중반부터 "軍은 국가에서 부여한 임무와 상황에 즉각 대응하는 생명체와 같아야 함에도 요구는 충족되지 않았다. 이로 인해 현재의 軍으로는 국민적 요구사항을 충족시킬 수 없으며, 내부도 불합리한 환경(상황)에 노출되어있다."라는 인식이 심화(深化)하면서 국방개혁을 요구하는 여론이 증가하였다. 이러한 배경과 원인은 크게 세 가지로 요약할 수 있다.

첫째, 동・서독의 통일(1990)과 구소련의 해체(1991)로 인해 냉전체제가 종식되면서 프랑스 국경에 대한 직접적인 위협이 소멸하였다.

둘째, 공산 진영과 경쟁하기 위해 대규모 병력을 유지해야 했지만, 더는 유지할 필요가 없어졌다. 이는 자연스럽게 의무복무제(징병제)의 폐지와 모병제로의 전환을 요구받았다.

셋째, 미국이 제1차 걸프전(1991)에서 보여준 전쟁 수행개념은 사회 전반의 인식을 전환케 하여 개선 및 변화가 요구되었다. 이후 미국이 아프가니스탄 전쟁(2001)에서 실패한 사례는 프랑스가 진행한 제1차 국방개혁의 한계를 정확히 깨닫는 계기로 작용하면서 국방개혁의 고삐가 조여졌다.

3.2. 국방개혁(DR)을 판단한 긍정・부정적 측면

3.2.1. 긍정적 측면

<표 5-10>은 프랑스가 국방개혁 환경을 진단한 결과 중에서 긍정적 측면을 중심으로 정리하였다.

<표 5-10> 프랑스의 국방개혁을 위한 환경진단 결과(긍정적 측면)

구분	관련 분야	긍정적인 요소
①	개혁 추진 여건	개혁안과 시행방침, 국방예산 소요 등을 「국방계획법」으로 법제화하였다.
②	국방개혁 예산 절감	국방시설의 통·폐합, 각 군의 군사·보급 기능을 통합하여 효율성이 제고되었다.
③	병력 감축에 따른 전력의 손실	간부 정예화를 실천하였다. * 전문성에 기초한 인사관리 제도의 채택
④	개혁의 필요성과 추진방향	국민적 공감대 형성을 위한 적극적인 홍보전략을 수립 및 추진하였다.
⑤	관련 기능 간 협업체계 가능성	국방부 장관이 주재하는 국방집행위원회를 개최(수시)하고, 개혁추진 평가 진행 및 관련 부서 간 협업체계를 가동하였다.

3.2.2. 부정적 측면

<표 5-11>은 프랑스가 국방개혁 환경을 진단한 결과 중에서 부정적 측면을 중심으로 정리하였다.

<표 5-11> 프랑스의 국방개혁을 위한 환경진단 결과(부정적 측면)

구분	부정적인 요소	보완 및 개선이 필요한 요소
①	국방예산이 GDP의 1.5%를 확보할 수 있는 여부	유럽 경제위기로 인한 프랑스 경제 침체로 재정 압박이 가중되었다. * 국방계획법으로 국방예산을 6년간 동결하도록 법제화하였으나, 재정난으로 불안
②	전투력 발휘 요건	軍 조직의 통·폐합 및 개편, 병력 감축으로 전투력 발휘의 효율성에 의구심이 생성되었다.

②는 각 軍 기지와 조직을 통·폐합하거나, 개편하는 과정에서 기능적 수준의 오류가 나타났다. 특히 통합 인사관리·급여 관리 정보체계에서 상당한 수준의 문제가 발생하면서 시스템 전체를 보강할 수 있다는 시각과 전망은 다소 어두워졌다.

2015년 11월 13일부터 14일 사이, 파리에서 여섯 차례에 걸쳐 발생한 연쇄 테러 사건은 사회 전반에 엄청난 충격을 가져오면서 국가 비상사태를 선포하고, 국경은 폐쇄하였다. 이로 인해 야심 차게 계획 및 발전시켰다고 자부하던 해외 투사 능력 중심의 軍 구조로는 현실 위기에 대처할 수 없다고 결론지었다. 프랑스군이 가진 능력으로는 미군처럼 국내 작전과 해외 개입 및 투사 작전을 동시에 수행할 능력과 역량이 부족한 현실을 체득하면서다.

그러나 프랑수아 올랑드(Francois Hollande, 1954~) 대통령은 파리 테러 사태가 발생한 이후 곧바로 국내 영토를 보호하는 임무에 1만여 명을 동원하면서 병력 감축 목표를 하향 조정하는 과감한 결단력을 보였다.

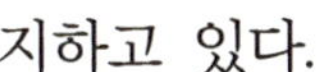

실제 1997년의 57만여 명은 규모를 점진적으로 감축하여 2014년까지 17만여 명으로 축소되었다. 다만, 무기와 장비의 현대화를 통해 軍 구조의 효율성을 증대시키는 데 성공했지만, 오랜 기간이라고 볼 수 없는 17년 만에 상비군 병력의 절반을 감축하면서 많은 무리가 따랐다고 보는 관점이 다수를 차지하고 있다.

3.3. 국방개혁(DR)에 요구되는 방향

3.3.1. 세 가지 측면의 핵심분야와 한계

<그림 5-14>는 프랑스의 국방개혁(DR)에 필요한 세 가지 핵심분야를 정리하였다.

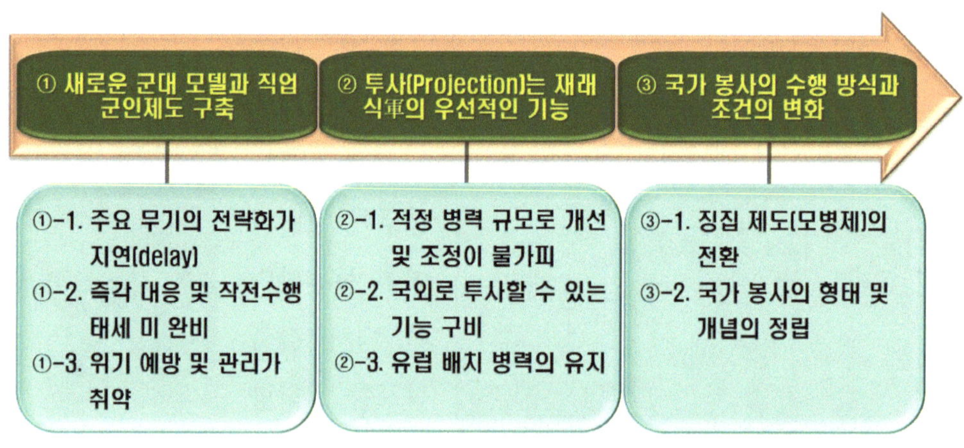

<그림 5-14> 프랑스의 국방개혁(DR)에 필요한 핵심분야

①은 냉전의 종식과 새롭고 다양한 안보위협에 직면하여 즉각 대응할 수 있는 軍으로의 개선 및 변화가 시급하였다.

①-1. 그러나 재정난이 계속되자 정부도 국방예산을 반영하는 데 소홀하였다. 국방부에서 급하게 시중은행에 20년간 장기저리 대출을 계획하였으나, 주요 무기의 전력화는 5~10년 후로 미뤄지게 되었다.

①-2. 국가이익이 침해받았을 때 즉각적이고 단호하게 대응할 수 있는 작전 수행태세(능력)의 구비가 필요하였다.

①-3. 평시부터 위기를 예방 및 관리하는 방향으로 軍을 발전시킬 필요성이 제기되었다. 이에 따라 보다 효과적이고 현대화된 국방조직으로 발전시키기 위해 '직업군인제도'를 설계하였다.

②는 전투 병력을 원하는 지역과 시간에 투사(投射)하는 능력을 재래식 군대의 우선적 기능으로 판단하였다.

②-1. 미래 직업군인제도를 시행할 때 병력 규모를 적정선으로 개선 및 조정할 필

요성이 발생하였다. 따라서 1995년을 기준으로 할 때 50만 명에서 35만 명 수준으로 70%까지 감축하였다.

②-2. 병력을 감축시킬 때도 국외로 투사할 수 있는 기능이 보장되어야 한다는 전제(前提)를 가지고 5~6만 명으로 조정하였다. 대표적으로 '129개의 육군 연대'가 '83~85개 연대'로 줄었고, '헌병군'[28)]은 안보 및 안전과 관련한 임무를 고려하여 확대하기로 하였다. 특히 예상되는 軍 또는 지역·개인의 피해를 예방하기 위한 복지제도의 개선 등에도 노력하였다.[29)]

구 분	주요 내용
보 수	• 정부의 호봉 지수 값 인상률에 의해 결정(全 공무원에 일괄 적용) • 군인 고유 직무 수당 지급: 수당 및 자격 수당 • 24시간 이상 작전 및 경계근무 관련 수당 지급
주 거	• 보직 이동시 근무할 지역에 대한 사전 답사비(踏査費)를 지급 • 임대보증금 대출 • 주택마련 무이자 대출
가족지원	• 단위 부대별(연대급부대)에 복지사 각 1명 운영 • 맞벌이 부부를 위한 베이비시터를 고용, 장애자 가족 지원 등 배치
휴양 및 여가	• 가족 시설(40개소), 청소년 캠프, 어학연수, 파리 軍호텔 등 운영 • 해외 휴양 및 여행 지원을 위해 EU12개국과 공동사용 협정 체결 • 부대 및 부서별로 문화욕구 충족을 위한 문화 예산 지원
연 금	• 개인부담금(7.85%) 외 전액 국가부담으로 연금제도 운영 • 25년 이상 장기복무자는 전역하는 즉시 연금 지급 * 공무원의 경우 15년 이상 재직자가 60세 도달 시 연금 지급 • 연금 산정 시 복무기간 가산(加算) 제도를 운영 * 대외 작전 참가, 여건 및 위험 정도에 따라 가산(전시작전 시 2배 가산)

②-3. 유럽 군단에 배치된 병력은 정치·경제·군사적 환경을 고려하여 이전의 수준을 그대로 유지하였다. 이에 따라 질적(質的)으로 억지력을 강화하되, 예방과 투사능력 유지 등의 고유 임무는 보장할 수 있는 방향으로 설계하였다.

③은 국가에 봉사하는 방식과 조건이 변화되고 있음을 고려하였다.

③-1. 2002년부터 징집제도를 '직업군제도(이하 모병제)'로 전환하였다. 그러나 10개월 복무자(남성과 여성)에게 의무조항을 부과하면서 오히려 국민 통합에 장애로 나타나자 '모병제'로 전환하며, 軍 복무자에게는 다양한 혜택을 부여하고 있다.[30)]

---

28) 프랑스의 '헌병군(국가헌병대)'은 기본적으로 군대에 소속되었기에 국방부의 통제를 받지만, 한편으로는 경찰의 성격을 가졌기에 내무부 통제도 받고 있다. 즉, 대한민국의 전투경찰과 같이 각종 폭동 및 시위 등을 진압하는 '시위 진압 전문부대'로서 국가 경찰 소속의 시위 진압부대와 함께 투입하게 된다. 헌병군은 대테러부대(GIGN-Groupe d'Intervention de la Gendarmerie Nationale, 1974년 창설)와 시위 진압 전용 장갑차(GBGM)로 구성되어 있다.

29) 실제 미군의 복지 혜택을 일반 기업과 비교하면, 1.2배를 유지하고 있다.

30) 국제사회에서 모병제를 채택하고 있는 대표적인 국가는 독일(2011), 대만(2018), 미국(1973), 영국(1963), 오스트레일리아(1911), 이탈리아(2004), 인도(1947), 일본(1945), 캐나다(1945), 프랑스(1996), 필리핀(2009)

③-2. 혁신적인 국가 봉사의 개념과 형태는 예방과 사회적 연대, 인도주의의 세 가지 축(軸)으로 채택하였다.

3.3.2. 국방전략위원회의 구성과 핵심 의제 선정

한국군이 軍 내부인사 위주로 구성하는 데 비해 프랑스는 외부 여론이 객관적으로 반영될 수 있도록 대통령궁과 총리실의 대표적 인사를 포함하는 등 국가적 차원에서 접근하고 있다. <표 5-12>는 프랑스 국방 전략위원회의 구성 인원이고, <표 5-13>은 선정한 의제다.

<표 5-12> 프랑스 국방전략위원회의 구성

•위원장: 국방부장관 •위원: ① 합참의장, ② 병기본부장, ③ 국방 행정본부장, ④ 육·해·공군참모총장, ⑤ 헌병군 총사령관, ⑥ 군 감사총장, ⑦ 대통령 군사 특별보좌관, ⑧ 총리 보좌관, ⑨ 국방 사무총국장, ⑩ 국방 총전략국장

<표 5-13> 국방전략위원회에서 진행할 주요 제안 의제

① 핵 억지력 ② 직업군 제도화의 정도, ③ 미래의 국가봉사제도, ④ 방산업체 구조의 재조정, ⑤ 국방관리 방식의 현대화

3.4. 국방개혁(DR)의 5대 추진 방향

<그림 5-15>는 국방개혁(DR)의 5대 추진 방향이다.

등이다.

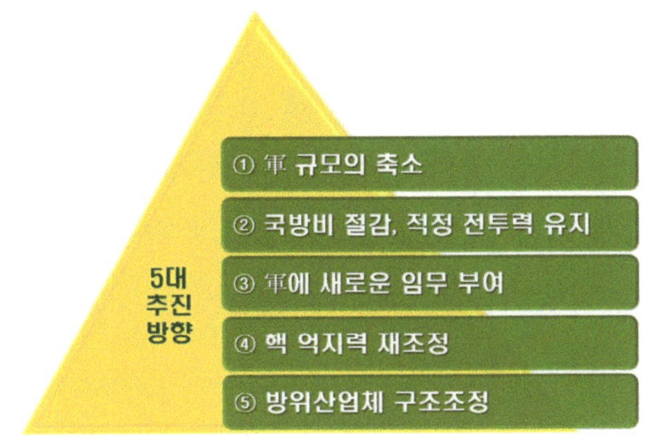

<그림 5-15> 프랑스 국방개혁(DR)의 5대 추진 방향

가장 핵심적인 노력은 냉전(Cold-War) 이후 세계 곳곳에서 계속되고 있는 쿠바 미사일 위기사태(1962), 동・서독 통일(1990), 제1차 걸프전(1991), 구소련 해체(1991), 9・11테러와 아프간 전쟁(2001), 제2차 걸프전(2003) 등의 다양한 위기(unknown, uncertain, unexpected)에 대응하기 위해 단계별 추진계획을 세웠다는 점이다. 이들은 전략적・작전적 환경에 부합되도록 슬림화하되, 전문화된 통합군으로의 개편을 계속 추진하고 있다.

①은 편성 중점 등을 구체화하여 추진하였다. <그림 5-16>은 새롭게 개편하는 중점을 군별 규모를 구체화한 현황이다.31)

단위: 명

구 분	종전[終戰]	개혁 이후	편성 중점
육 군	271,500	170,000	4개 기능군 그룹으로 재조정 • 기갑, 경기갑, 기계화, 강습보병부대
해 군	70,400	56,500	대양 전략군(SSBN), 잠수함군(SNA)
공 군	94,100	70,000	4세대 전투기 300대 보유
계	436,000	296,500	-139,500

<그림 5-16> 프랑스군의 개편 중점과 군별 현황

31) 핵잠수함은 크게 세 가지로 구분한다. 첫째, 핵무기를 탑재하지 않은 공격용 원자력 잠수함(SSN-Submarine Ship-Nuclear Powered)으로 2,400t급이다. 둘째, 탄도미사일을 탑재한 원자력 잠수함(SSBN-Submarine Ship-Ballistic Missile-Nuclear Powered, 일명 전략원잠)은 SLBM을 발사한다. 셋째, 유도미사일을 탑재한 원자력 잠수함(SSGN-Submarine Ship-Guided Missile-Nuclear Powered)이다.

②는 크게 두 가지를 병행하였다. 첫째, 공공지출을 억제하는 차원에서 국방비를 절감하였다. 둘째, 국방비의 지출 우선순위를 결정함과 동시에 '모병제'를 정착시키고, 무기(무기체계)는 현대화를 통해 질적 수준의 향상을 도모하였다. 아울러 군인 수요가 급격하게 감소하게 되자 여성에게도 10개월의 의무복무를 부과하는 제도를 시행하였다. 전제(前提)는 국방비를 지출할 때 유럽 안보그룹에서 주도적 역할이 가능한 여건을 보장할 수 있는지에 두었다.

잠깐! '징병제(군에 의무복무를 하도록 강제하는 제도)'와 '모병제(스스로 지원하여 복무하는 제도)'의 현실에 대하여 알아보자.

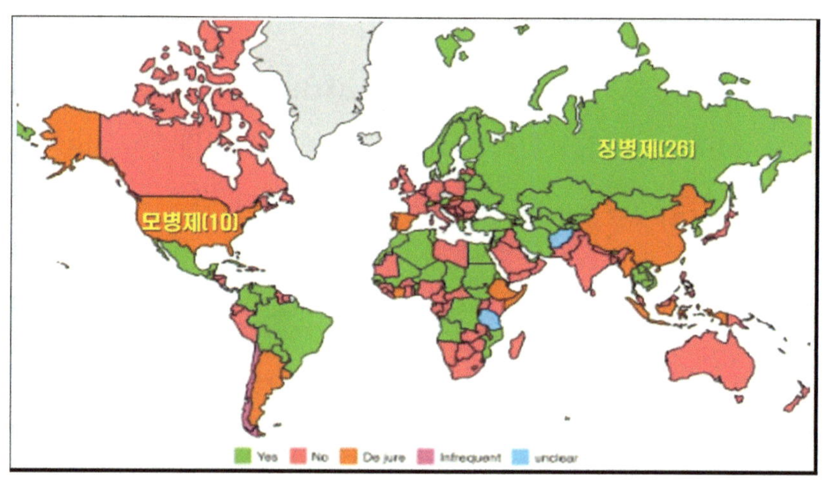

* key-word

- '징병제(2021년 기준)': 26개 국가[32)]
- '모병제(2021년 기준)': 미국, 중국, 영국, 프랑스, 독일, 일본, 캐나다, 오스트레일리아, 인도, 대만(10개 국가)

③ 軍에 새로운 임무를 부여하는 과정은 크게 네 가지로 요약할 수 있다.

---

32) 그리스, 노르웨이, 덴마크, 러시아, 멕시코, 모로코, 미얀마, 벨라루스, 버뮤다, 북한, 브리질, 스위스, 아랍에미레이트, 아르메니아, 아제르바이잔, 오스트리아, 우크라이나, 이란, 이스라엘, 이집트, 키프로스, 태국, 튀니지, 튀르키예(터키), 핀란드, 한국.

첫째, 핵 억지력을 적정 수준으로 유지하여야 한다. 국방예산의 25%를 핵 개발에 투자하였으나, 재래식 군사력은 제대로 발전하지 못하여 정체 상태에 머무는 오류(誤謬)가 나타났다. 이에 따라 2015년 당시 350개이던 핵탄두는 최근 290개로 조정하였다.33)

둘째, 전쟁 예방 활동을 우선적인 임무로 적시(摘示)하여야 한다.

셋째, 군의 보호 활동은 국내 치안 개념으로 발전시킨다.

넷째, 투사(投射)의 효율성을 담보하기 위하여 배치지역은 본토 위주로 운용하고, 해외파병은 외인부대를 중심으로 편성하였다.

잠깐! 여기서 핵무기와 실험장 등에 관한 내용을 간략하게 이해하고 넘어가기로 하자.

문제1) 순수한 국내기술을 발전시켜 핵무기를 제조한 국가는?
문제2) 프랑스의 핵실험장 위치는 국내인가, 아니면, 국외의 어느 장소인가?

* key-word

- 인도는 전략적 중요성과 자체 능력으로 핵을 개발하였다. 1962년 중국-인도 전쟁에서 패배하고 핵 개발을 시작한 이래 1974년 5월 15일 첫 핵실험을 하고 1998년 5월 11일 마지막 핵실험을 마쳤다.
- 프랑스의 첫 핵실험은 알제리 사막지대였고, 가장 최근의 핵실험은 1996년 1월 27일, 남태평양의 프랑스령인 폴리네시아(타이티 섬)에서 실시하였다.

33) 스웨덴의 스톡홀름국제평화연구소(SIPRI)는 '군비와 군축 및 국제 안보에 관한 2022 연감'에서 핵무기 보유국가로 9개국을 파악하였다(이재윤, "핵무기 보유국 핵탄두 수 현황," 『연합뉴스』 (2022.06.13.).).

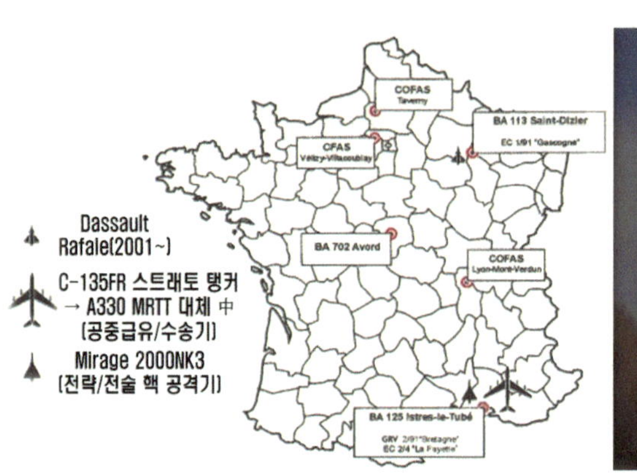

④는 지상의 핵 억지력은 점진적으로 폐쇄하고, 미래의 핵전력을 재구성하였다. 그리고 M-51 전략 미사일(SLBM)[34], 중거리 공대지 미사일[35]로 무장한 신형 항공기를 재배치하였다.

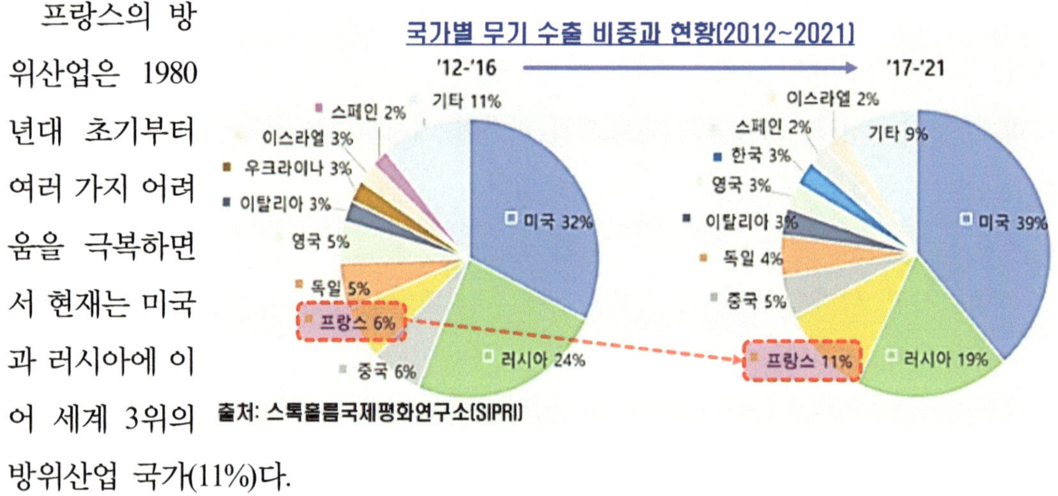

프랑스의 방위산업은 1980년대 초기부터 여러 가지 어려움을 극복하면서 현재는 미국과 러시아에 이어 세계 3위의 방위산업 국가(11%)다.

⑤는 크게 세 가지로 요약할 수 있다.

첫째, 새로운 국방개혁에 따른 체질 개선이다.

둘째, 방산 업체의 구조조정 등을 통해 효율적인 관리를 추진한다.

셋째, 유럽용 무기 생산을 계속하기 위해 업체의 현대화를 추진한다.

2005년부터 국방개혁을 추진하며 국방, 국가안보 및 공중치안 분야에 관련한 보호법령을 제정했다. 이를 통해 불법 투자가 적발될 때는 2배의 벌금을 부과하도록 하는

34) M-51 잠수함 발사 탄도미사일(SLBM)은 사거리가 8,000km로서 길이 12m, 직경 2.3m, 중량 51t인 핵전략 무기로 2006년 11월 9일 처음 시험 발사한 이래 2007년 6월 21일 지상에서 발사하였다.

35) '중거리 공대지 미사일'은 적 대공무기의 사정거리 밖에서 벙커나 C4I 시설, 비행장 활주로, 교량, 항만 등을 파괴할 때 사용하는 미사일이다.

등을 법제화하였다.

3.5. 새로운 軍 모델 추진(1997~2015) 노력

<그림 5-17>은 새로운 軍 모델의 4대 추진 노력을 정리하였다.

4대 추진 노력
① 新 국방의 기조
② 지속적인 핵 억지력 유지
③ 예방과 새로운 우선순위
④ 투사(projection)가 요구되는 전력

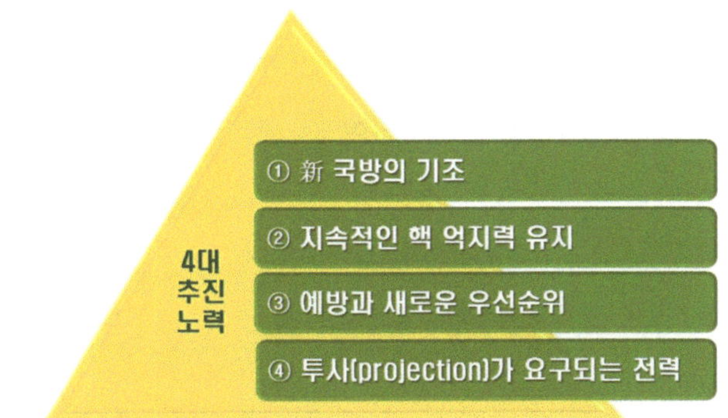

<그림 5-17> 새로운 軍 모델을 추진하기 위한 4대 노력

<그림 5-18>은 ① '新 국방의 기조'를 위한 네 가지 방향이다.

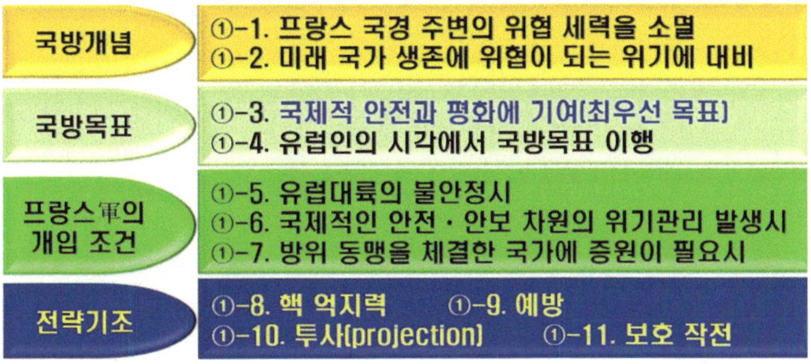

국방개념
①-1. 프랑스 국경 주변의 위협 세력을 소멸
①-2. 미래 국가 생존에 위협이 되는 위기에 대비
국방목표
①-3. 국제적 안전과 평화에 기여(최우선 목표)
①-4. 유럽인의 시각에서 국방목표 이행
프랑스軍의 개입 조건
①-5. 유럽대륙의 불안정시
①-6. 국제적인 안전 · 안보 차원의 위기관리 발생시
①-7. 방위 동맹을 체결한 국가에 증원이 필요시
전략기조
①-8. 핵 억지력
①-9. 예방
①-10. 투사(projection)
①-11. 보호 작전

<그림 5-18> ① '新 국방 기조'의 네 가지 방향

<그림 5-19>는 ② '지속적인 핵 억지력'을 위한 세 가지 방향이다.

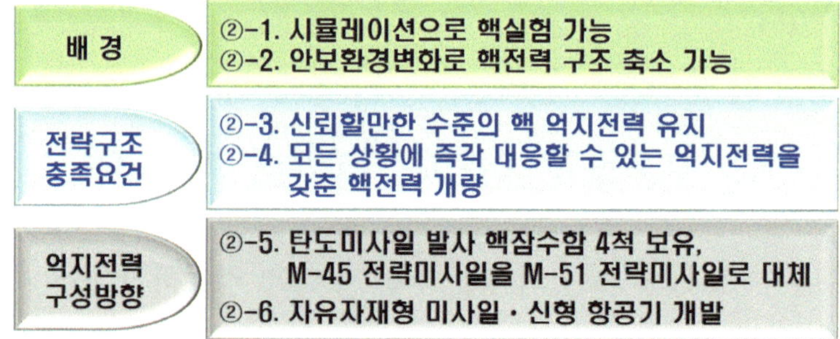

<그림 5-19> ② '지속적인 핵 억지력'의 세 가지 방향

<그림 5-20>은 ③ '예방, 새로운 우선순위'를 위한 세 가지 방향이다.

배 경	③-1. 국경지대 주변의 적대적 군사력이 소멸 ③-2. 세계적으로 다양한 위협요소가 점차 확산 · WMD, 테러 등
목 적	③-3. 프랑스의 안전과 이익을 보호 ③-4. 위협 요소, 분쟁 발발, 상황 악화가 주요 위협으로 변질되는 현상을 회피
수 단	③-5. 정보력: 인간 + 위성 정보체계 개발 ③-6. 군사력의 사전(事前) 배치

<그림 5-20> ③ '예방, 새로운 우선순위'의 세 가지 방향

<그림 5-21>은 ④ '투사가 요구되는 전력'을 위한 두 가지 방향이다.

개 념	④-1. 본토 ~ 원거리 까지의 모든 개입을 위해 즉각 운용할 수 있는 전투력
배 경	④-2. 미래 프랑스의 안전과 위협은 세계 도처에서 방생하는 데 ④-3. 먼 곳이거나, 프랑스軍이 파병된 외국에서 발생 · 즉각 개입할 수 있는 투사 능력(projection) 확보

<그림 5-21> ④ '투사가 요구되는 전력'의 두 가지 방향

이를 위하여 새로운 합동군을 편성하되, 연합군과의 작전 수행 간 호환이 가능하도록 위성통신 수단을 배치 및 활용함으로써 독자적인 상황 분석 여건을 보장하였다. <그림 5-21-1>은 투사가 가능하다고 판단한 각 軍에 요구된 전력 현황이다.

구분	내용
육 군	④-4. 4개 기능부대 15,000명으로 편성 · 기갑부대 1, 경기갑부대 1, 기계화부대 1, 강습보병부대 1
해 군	④-5. 핵추진 항모 → 핵잠수함 중심으로 그룹 편성 ④-6. 1개의 상륙軍 · 주요 장비: 신형전차, 조기경보기, 핵잠수함 등
공 군	④-7. 항공기 300대(전투기, 방공기, 정찰기 등) ④-8. 다목적 라팔 항공기를 주력기종으로 편제 ④-9. 공중 통제 수단과 공중급유기는 현재의 수준을 유지

<그림 5-21-1> 투사가 요구되는 각 軍의 전력

1995	2015
총 병력: 27.15천명 (현역: 23.9천명, 민간인: 3.24천명)	총 병력: 17.0천명 (현역: 13.6천명, · 민간인: 3.4천명)
· 9개사단 129개 연대 · 중전차: 927대, 경전차: 350대 · 헬기: 340대	· 4개 기능군 85개 연대 · 중전차: 420대, 경전차: 350대 · 헬기: 180대

④-4. 총병력을 101,500명으로 줄이고, 사단은 129개 연대에서 4개 기능군 85개 연대로, 중전차는 507대를, 헬기는 160대를 줄였다.

1995	2015
총 병력: 70,400명 (현역: 6.38천명, 민간인: 6.6천명)	총 병력: 56,500명 (현역: 4.55천명, 민간인: 3.4천명)
총 전력: 101척 · 항모: 2척, 공격용 핵잠수함: 6대 · 해상초계기: 33대, 프리깃 함: 33척	총 전력: 81척 · 항모: 1~2척, 공격용핵잠수함: 6대 · 해상초계기: 22대, 프리깃 함: 12척

④-5~6. 총병력을 13,900명으로, 해상초계기는 11대, 프리깃함은 21척을 줄였다.

1995	2015
총 병력: 9.4천명 (현역: 8.92천명, 민간인: 4.9천명)	총 병력: 70,000명 (현역: 6.3천명, 민간인: 7.0천명)
총 전력 · 전투기: 405대, 수송기: 86대 · 공중급유기: 11대, 헬기: 101대	총 전력 · 신형 라팔기: 300대, 개량 수송기: 52대 · 공중급유기: 16대, 헬기: 84대

④-7~9. 총병력을 24,000명으로 줄이고, 전투기는 105대를, 수송기는 34대를, 헬기는 17대를 줄였다,

반면에 급유기는 5대를 추가하였다.

	1995	2015
헌병군	총 병력: 9.345천명	총 병력: 9.79천명
공통군	총 병력: 4.791천명	총 병력: 3.93천명

'헌병군'은 4,450명을 확대 편성하고, '공통군'은 8,610명을 줄이면서 슬림화하였다.

4. '국방개혁(DR)'에 대한 분석 및 평가

4.1. 국방개혁의 동인(動因)과 동력(動力)

프랑스는 1990년대 초기 제5공화국이 출범하면서 국방개혁을 시작하였다. 동・서독의 통일(1990)과 구소련의 해체(1991)로 안보환경이 변화하며 국경에 대한 직접적인 위협이 없어진 시기와 겹친다. 이는 제2차 세계대전(1939~1945)이 끝나고, 냉전 시대(Cold-War)에 공산 진영과 경쟁하기 위한 대규모 군사 조직이 필요해서였다. 냉전이 종식되자 대규모 군사 조직을 보유할 명분이 사라지며 징병제를 폐지하고 모병제로 전환해야 한다는 요구가 이어졌다.

그러나 발칸반도와 코카서스, 아프리카 지역 등에서 분쟁 가능성이 커졌고, 제1차 걸프전(1991)을 통해 미국이 수행한 전쟁 수행개념에 상당한 충격을 받았다. 미국의 첨단 무기체계와 탁월한 원거리 투사 능력, 병력 손실을 최소화한 상태로 진행한 합동작전 능력은 유럽 통합방위체계(PSDC)[36]의 중심이 되려는 프랑스에 총체적인 변화가 요구되었다. 따라서 '현대화된 무기체계와 투사 능력의 보유, 병력 손실 최소화, 합동작전 능력 배양'을 필수 불가결한 목표로 설정하였다.

4.2. 국방 업무의 협업과 통합관리 수준

프랑스는 전문화된 조직을 근간으로 국방 업무를 협업(collaboration) 및 관리하고 있다. 군사 조직은 체계적으로 구조화가 확립되어있는 데다 의사결정에 법제화가 완성되었기에 가능하다고 평가할 수 있다. 이들은 각 군 간의 협업(Collaboration) 및 조직의 효율성을 강화하였다. 하부조직은 직무별 전문성을 보장하고 있다. <그림 5-22>는 프랑스군의 연대급 조직과 관련된 지휘 통제체계를 보면 더욱 분명하게 알 수 있다.

36) '유럽 통합방위체계(PSDC)'는 'Politique de Sécurité et de Défense Commune'의 약자다.

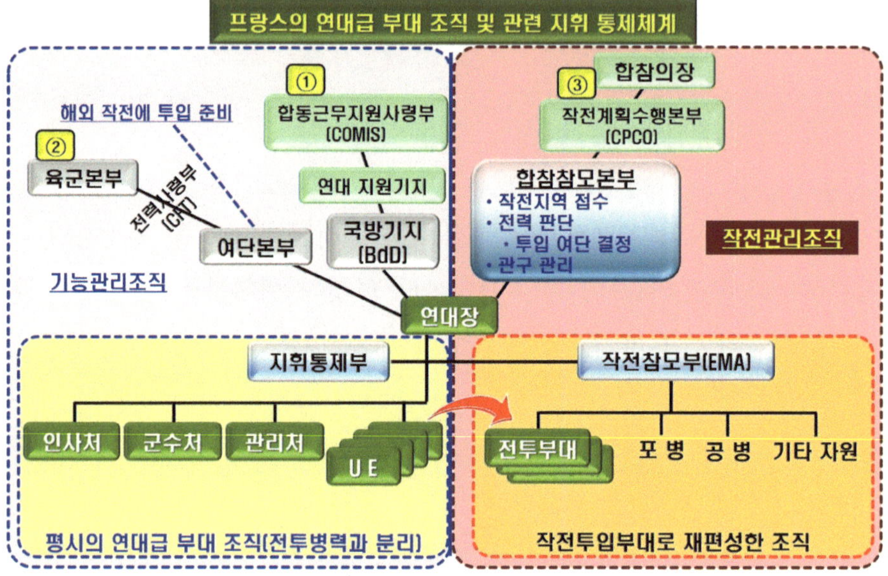

<그림 5-22> 프랑스군의 연대급 조직과 지휘 통제체계

예를 들면, 한국군 연대장은 교육 훈련 및 작전 수행과 보급 및 행정지원 등에서 해당 사단장과 직접적인 지휘 관계가 형성되어 있다. 반면에 프랑스군은 연대장의 임무 유형에 따라 3개의 지휘계통으로 분리되어있다.[37] 조금 더 구체적으로 정리하면, <표 5-14>와 같다.

<표 5-14> 프랑스군의 3개 지휘계통

① 평시 부대 기능(보급, 행정)을 유지 ② 해외 작전에 투입하기 위해 준비(교육 훈련, 장비의 정비 · 유지) ③ 해외 작전에 투입

①은 '합동근무지원사령부(COMIS)'[38]에서 예하 지역을 담당하는 장교와 연대에

37) 5개 해외영토에 4,500명, 세네갈 · 지부티 · 아랍에미레이트 지역에 3,000명이 주둔하고 있다. 4개월 단위로 순환식으로 파견 근무를 하며, 복귀 후 재투입이 되기 전인 6~8개월 동안은 ① 장비 정비 및 사후검토(AAR)-② 부대정비 및 교육 준비-③ 수준 유지 훈련-④ 차기 작전에 대비한 제병협동훈련-⑤ 작전 투입에 대비한 수준 평가의 5단계를 거치도록 운영하고 있다.

배속되어있는 국방군수지원기지(BdD) 담당자에 의해 연대 일반 물자에 대한 보급 및 행정 기능을 담당하고 있다.

②는 육군본부 예하에 있는 지상군사령부(CFT)[39]가 연대의 교육 훈련 진행을 통제하고, 여단 사령부는 장비를 정비·유지하는 업무를 지원 또는 통제하고 있다.

③은 합참이 연대를 관할(管轄)하며 육군본부와 협조하여 작전 투입부대를 지정한다. 연대 기지를 관리하는 참모부는 잔류하고, 다른 예하 전투 제대들은 작전참모부 예하로 편성된다. 이때 각 지원참모부와 관리병력은 연대에 잔류하며 부대 관리 업무를 계속 담당하게 된다.

프랑스군 연대가 부여된 임무에 상급 지휘 통제체계를 다르게 할 수 있었던 이유는 부대 편제를 전투·관리병력, 전투·지원참모부로 완전하게 분리했기 때문이다. 연대급 기지 내에 부대 관리병력과 전투 병력이 분리되어있기에 4개의 순환주기를 지정 및 운용할 수 있다. 작전에 투입하기 이전에 2개 지역마다 통합된 훈련장에서 장기간에 걸친 제병협동 훈련과 훈련 평가를 할 수 있는 여건도 마련되어 있다.

이러한 현실은 한반도가 처한 안보환경과 다르기에 가능하다는 점을 잊지 않아야 한다. 프랑스군은 지정학적 측면에서 정예 전투 병력을 수시로 외부로 투사(投射-projection)하여야 하기에 하부 제대의 기능과 임무를 부여할 때 최대한 단순화시키고, 전문화는 완성하였으며, 통제조직도 세분화하였다. 이를 통해 전투 병력은 오로지 전투준비에, 지원 병력은 오로지 지원 임무에만 전념할 수 있는 환경과 여건을 보장하고 있다.

---

38) '합동근무지원사령부(COMIS)'는 'Commandement Interarmées du Soutien'의 약자다.

39) '지상군사령부(CFT)'는 'Commandement des Forces Terrestres'의 약자다.

제 4 절

중국의 '군사변혁(RMA)' 사례

1. '군사변혁(RMA)'[40]을 추진하게 된 배경

'중국 특색 군사변혁(이하 군사변혁)'은 덩샤오핑-장쩌민-후진타오-시진핑으로 이어지며, 인민해방군의 현대화 3단계(三步走) 발전 전략에 따라 진행되어왔다. 2000년대 초기까지도 대다수 학자는 중국의 군사변혁이 미국을 답습할 것으로 인식하였다.[41] 그러나 2004년 <국방백서>를 통해 '정보화 조건하의 국부전쟁'이라는 군사교리를 제시하고 무게 중심을 '첨단기술론에서 군사변혁'으로 급격히 전환하였다. 2006년 <국방백서>는 '21세기 중반에는 정보화된 전장에서 승리할 수 있는 능력을 확보'한다는 목표를 구체적으로 제시하며, 군사변혁의 실체가 드러났다. <그림 5-23>은 '군사변혁(RMA)'의 주요 배경 및 경과를 정리하였다.

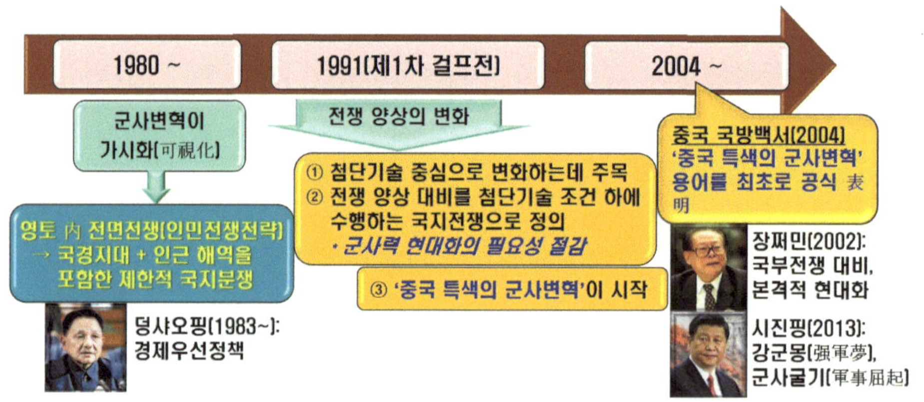

<그림 5-23> 중국 '군사변혁(RMA)'의 주요 배경 및 경과

40) 중국은 서구의 군사혁신(RMA) 개념이 역사적으로 처음이 아니라고 판단하여 '新 군사변혁'으로 호칭하고 있다.

41) Michael Pillsbury, China Debates the Future Security Environment (Washington D.C.: NDU Press, 2000), pp. 269~270.; You Ji, "The Revolution in Military Affairs and the Evolution of China's Strategic Thinking," Contemporary Southeast Asia, vol. 21, no 3, Dec 1999, p. 348.

중국이 본격적으로 軍 현대화를 추진하게 된 계기는 제1차 걸프전(일명 페르시아만 전쟁, 1991) 이후인 1998년 국방대학의 "군사변혁에 대한 워크숍"에서 정보기술과 정보작전의 중요성을 지적하면서다. 장쩌민은 '중앙군사위 전체 회의(2003)'에서 '첨단기술 조건 하 국부전쟁'을 제시하며 첨단전쟁과 정보화 전쟁에서 승리하기 위한 군대의 건설이 필요하다고 강조하였다.

2000년대 이전까지 인민해방군(이하 중국군)은 전근대적인 군대였으나, 이후 십여 년 사이에 첨단기술전쟁과 정보화 전쟁에 대비하는 군대로 급성장하였다. 여기서 주목할 대목은 이들이 서구의 군사혁신을 답습하지 않고 중국의 특수한 상황에 맞게 추진하고 있다는 점이다.[42] 무기기술에 초점을 맞추기보다 군사교리-군사전략-군사력 현대화를 서로 유기적으로 연계하며 일관성을 유지하고 있다. 이는 한국군이 국방개혁을 추진하면서 단계별 완성도는 없이 관련 분야를 수정하기만 반복된다는 현실을 돌아볼 필요가 있다. <표 5-15>는 장쩌민-후진타오-시진핑 시기에 발전된 작전개념을 정리하였다.

<표 5-15> 장쩌민-후진타오-시진핑 시기를 거치며 발전한 작전개념

구분	장쩌민(1993)	후진타오(2004)	시진핑(2015)
작전 개념	① 첨단기술 조건 하 국부전쟁[43]에서 승리	② 정보화 조건 하 국부전역에서 승리	③ 새로운 정세 하 정보화 국부전에서 승리

①은 일부 구조를 개편하는 등 정보전에 대한 개별적인 특성을, ②는 전군(全軍)의

42) 시진핑은 제19차 공산당 전국대표대회(당 대회) 개막식 업무보고(2018)에서 중국군 개혁에 대한 의지를 명확하게 밝히면서 중국군의 발전을 위한 '3단계 시간표'를 처음으로 제시하였다. "2020년까지 군대의 기계화·정보화를 실현하고, 2035년까지는 국방 및 군대의 현대화를 달성하며, 2050년까지 세계 일류군대를 건설한다."라는 게 핵심 요지(要旨)다. 즉, 이전의 구소련식 군사체계에 대한 근본적인 변화를 촉진하면서 '방어 위주의 작전개념'을 '공세적이고 적극적인 전투 개념'으로 전환하였다.

43) '국부전쟁(局部戰爭)'은 정치적 목적과 군사행동 범위가 제한적이기에 특수한 전략·전술을 채택해야 하며, 무장투쟁 수단도 제한적으로 사용해야 한다. 이는 전쟁 공간의 관점에서 바라볼 때 일부 지역에 한정되어 진행하는 전쟁을 의미하고 있다. 예를 들면, 한 국가의 내부 혹은 두 개 국가 간 또는 지역 내에 있는 다수 국가를 포함하며, 세계대전보다는 작은, 제한된 의미로 이해하면 된다(中國 國防大學, 『現代局部戰爭理論硏究』 (北京: 國防大學 出版社, 1997), pp. 81~121.).

디지털화, 전장(battle-field)의 디지털화와 같은 모든 전쟁 영역에서 유기적인 통합과 정보화를 강조한다. ③은 전쟁 형태의 변화를 강조한다. ①·②가 국부전 또는 전면전과 같이 분쟁(갈등)을 직접 체감할 수 있는 형태라면, ③은 영향력 밖에 있는 우주 또는 물리적 공격이 존재하지 않는 사이버공간에서의 전쟁 형태를 포함한다는 측면에서 확연한 차이가 있다. 중국은 미군이 첨단 과학 무기체계를 이용하여 제1차 걸프전(1991) 시 '사막의 폭풍 작전(Operation Desert Storm)'으로 순식간에 이라크군을 무력화시키는 모습에 엄청난 충격을 받았다. 자신들은 마오쩌둥 시대부터 이어져 오는 '인민 전쟁' 개념에서 벗어나지 못한 상태였기 때문이다.

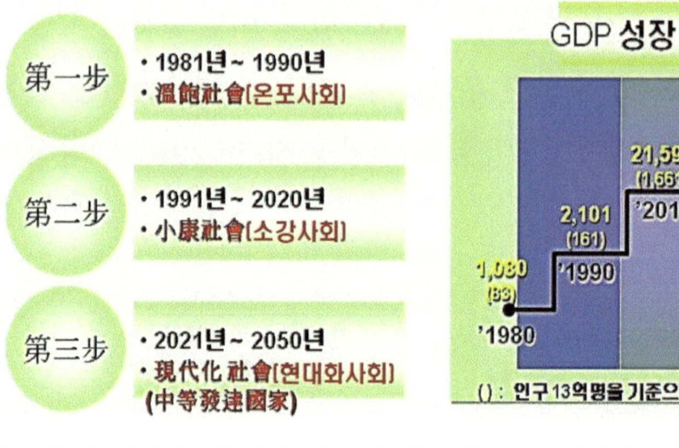

더욱이 덩샤오핑의 경제 우선 정책으로 軍에 대한 재정 지원이 부족하게 되면서 서구와의 기술 격차가 그만큼 커지게 되었음을 인식하였다.[44] 병력을 중심으로 하는 인민 전쟁은 한계가 있었기에 변화는 불가피한 선택이었다. <표 5-16>은 서구의 군사혁신과 중국의 군사변혁에 관한 차이점이다.

<표 5-16> 서구의 군사혁신과 중국 군사변혁의 차이점

구 분	서구의 군사혁신	중국의 군사변혁
추진 과정	기계화 → 정보화	인민전쟁전략(병력집약형)

44) 1979년 덩샤오핑은 의식주 문제가 해결되는 단계에서 부유한 단계로 가는 3단계 사회를 주창하였다. 제1단계(第一步)는 '온포사회(溫飽社會)'로서 '따뜻하게 입고 배부르게 먹을 수 있는 사회'를, 제2단계(第二步)는 '소강사회(샤오캉 사회-小康社會)'로서 '1인당 국민소득 800$ 달성(2002년 장쩌민은 국민소득을 6,000$로 제시)'을, '제3단계(第三步)'는 '현대화 사회'로서 '사회주의 현대화를 실현'하는데 두었다.
* 시진핑이 주창하는 '2050년까지 강한 중국 건설'은 덩샤오핑의 현대화 건설 3단계 발전 전략을 2020년도를 기준으로 하여 현실에 맞게 수정·보완한 결과로 이해하면 된다.

무엇이 문제이고, 어떻게 해야 할 것인지에 대한 진단 결과는 두 가지로 정리할 수 있다. 첫째, 기계화 과정을 완전하게 달성하지 못한 상태로서 '반(半) 기계화 단계(화력과 기동성)'에 머물렀다. 둘째, 정보화 과정도 기초 단계에 머물러 있다. 따라서 중국의 군사변혁은 기계화·정보화가 동시에 추진되어야 한다는 절박감에서 추진하였다고 보는 게 타당하다. <표 5-17>은 중국 군사전략의 변천 과정을 정리하였다.

<표 5-17> 중국 군사전략의 변천 과정

시기	군사전략	정치지도자	국제질서 및 환경
1949~1976	인민전쟁 전략	마오쩌둥	냉전체제
1978~1992	유한 국부전략	덩샤오핑	데탕트~탈 냉전
1993~2012	첨단무기~제한전쟁 전략	장쩌민~후진타오	탈냉전~G2 체제
2013~현재	서태평양 지배(島鍊線) 전략 *반접근/거부(A2/AD)전략[45]	시진핑	G2 체제~美-中 전략·경제 대화

잠깐! 여기서 중국의 도련선(島鍊線) 개념과 관련한 전략이 무엇인지에 관하여 이해하고 단계별 발전 전략의 핵심을 짚어보자.

제1도련선(연안 방어전략)-제2도련선(근해 방어전략)-제3도련선(적극적 근해방어 및 원해 호위전략)으로 구분하고 있다.

45) '반접근/지역거부(A2/AD) 전략'은 'Anti-Access/Area-Denial'의 약자로서 '중국이 추구하는 서태평양 영역에 대한 지배전략'을 뜻한다. 이때 'A2'는 '작전영역 내부로 적의 진입을 차단하는 개념'이고, 'AD'는 '작전영역 내에서 적이 행동의 자유를 확보하지 못하게 하는 개념'이다. 1980년대 중국군 해군 사령관(劉華清 제독)이 '도련선을 방위선으로 하는 개념'을 주장하며 시작되었다. 제1차 걸프전(1991)과 코소보 사태(1999) 시 사용된 미국의 첨단 과학무기에 대한 '반(反) 접근 전략'의 필요성을 절감하였기에 새로운 군사전략으로 전환하는 계기로 작용하였다. 이는 미국과 그 동맹국에 대한 군사행동의 일환으로서 서태평양 지역에 배치된 미군 전력의 개입을 견제·위협·지연·저지·파괴하는 등을 통해 미군의 작전 수행에 영향을 끼치기 위해서다. 중국은 이를 수행하기 위한 핵심 수단이 로켓군의 작전 능력이라고 봤기에 독립 군종(軍種)으로 만들었다.

* '도련선(島鍊線) 전략'은 '도서(島嶼-섬)를 기반으로 하는 방위선을 설정하여 다른 해양세력의 접근을 차단 및 거부하는 전략'이라는 뜻이다.

* key-word

중국의 해양전략은 3단계로서 하나의 도표로 정리할 수 있다.

구 분	시 기	목 표	전력 건설
제1단계	1980년대~2000년	제1 도련 내 해양통제	무기체계 · 플랫폼 현대화
제2단계	2000~2020년	제2 도련 내 해양통제	항모전단
제3단계	2020~2050년	전략적 거부 · 억제 · 통제	원양함대

* 제1단계(초기 현대화)-제2단계(근해방어→전진방어)-제3단계(원양함대 건설)

- 제1도련선(연안 방어전략: 쿠릴열도-한국-일본-타이완-필리핀 말라카 해협에 이르는 근해와 주변 국가들에 대한 완충지대): 제2차 세계대전~1970년대 중반에 완성한 전략으로 1949년 중국 공산당이 정권을 장악할 당시는 지상군 전략이 해양전략을 포괄하였다.
- 제2도련선(근해 방어전략: 괌-사이판-파푸아뉴기니를 연하는 서태평양 연안 지대): 1970년대 중반~1980년대 후반에 이르는 전략으로 덩샤오핑이 집권하는 시기에 해군 사령관(류화칭-劉華淸 제독)에 의해 주창되었다. 여기서 '근해'는 '중국이 영유권을 주장하는 모든 해양지역'을 뜻하고 있다.
- 제3도련선(적극적 근해방어 및 원해 호위전략: 알루샨 열도(Aleutian Islands)-하와이-뉴질랜드 일대를 연하는 서태평양 전역(全域)): 1990년대 초반~현재에 적용

되는 전략으로 '위협이 본토에 도달하기 이전 근해에서 적극적으로 방어하여 무력화시키는 전략'을 뜻하고 있다.

* 류화칭(劉華清) 제독이 주창한 '도련선 전략' 즉, '적극 방위전략'은 오늘날 '동아시아 지역의 패권 확장을 위한 목적과 영향력을 유지하기 위한 미국(해양세력)의 접근을 거부하는 핵심전략'이다.

2017년 중국은 미국이 인도-태평양 전략 등을 공개적으로 추진하면서 아시아 지역으로의 개입 노력을 노골적으로 표출하자 '서태평양 영역 지배전략(=반접근/지역거부(A2/AD) 전략)'으로 맞대응하면서 제2도련선 통제능력을 확보하기 위해 공해전투(Air-Sea Battle) 전략 등에 노력하고 있다.[46] 지상발사 대함 탄도미사일(ASBM= DF-21D[47])을 1991년 배치하였고, DF-26D은 2016년에 작전 배치 단계로 전환하는 등 G2 체제에 부합된 새로운 공세적 전략을 시도하고 있다.[48]

---

46) 중국의 A2/AD 전략은 병력 피해를 감수한다는 전제(前提)를 가지지만, 미국은 병력 피해를 최소화하는 데 중점을 두는 '공해전투(ASB: Air-Sea Battle) 전략'으로 대응하고 있다. 공중전력이 본토에 있는 중국군의 A2/AD 체계를 파괴한 다음 해군이 공격하는 방식으로 중국군의 각종 방공망과 대함미사일 기지가 본토에 있음을 염두에 둔 전투 수행방식이다(김성진, "한반도를 둘러싼 5대 안보위협 변수와 지정학(地政學), '적의 적은 친구다!'," 『KONAS 안보칼럼』 (2023.03.09.).).

47) '대함탄도미사일(ASBM)'은 'Anti-Ship Ballistic Missile'의 약자로 항공모함, 구축함을 공격하는 탄도미사일이다. 냉전기 미국과 구소련이 소요 비용 등을 고려하여 서로 개발하지 않기로 합의한 바 있다.

48) 김주석, 「G2 체제에서 중국의 군사전략 변화양상 분석」, 『대한정치학회보』 제25호 (광주: 조선대학교, 2017). p. 129.

2. '군사변혁(RMA)'의 구성요소와 추구(追求) 방향

<그림 5-24>는 '군사변혁(RMA)'의 추진 중점과 단계별로 추구한 방향을 정리하였다.

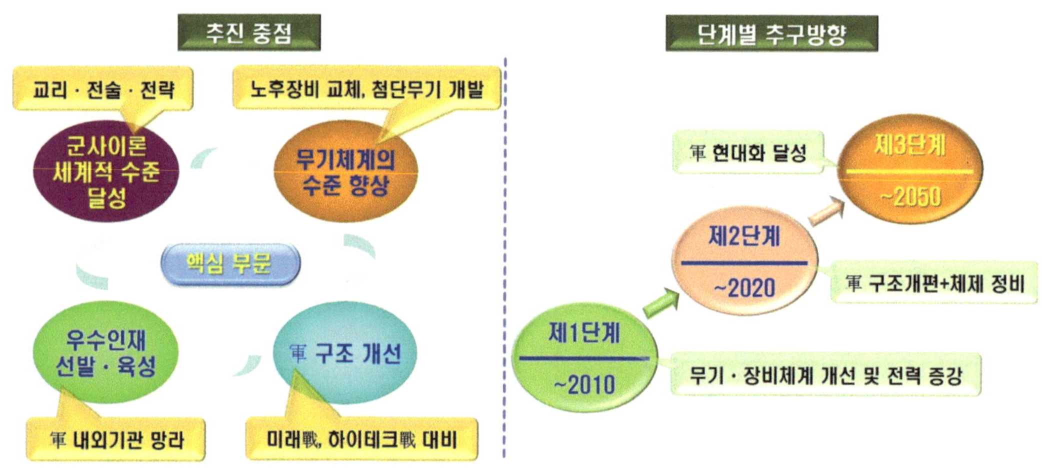

<그림 5-24> 중국 '군사변혁(RMA)'의 추진 중점과 단계 추구 방향

군부의 최대 권력 집단인 육군(지상군)을 중점 변혁 대상으로 삼고 강력하게 진행하였다. <표 5-18>은 중국이 군사변혁에 성공하기 위한 두 가지의 핵심전략을 정리하였다.

<표 5-18> 중국 군사변혁의 두 가지 핵심 전략

① 대칭 전략(도약식 발전전략)	② 비대칭 전략(기만과 책략)

①은 전쟁의 객관적인 법칙을 따르는 전략으로 세계가 이미 정보화시대에 들어섰고, 전쟁 양상이 정보전 추세로 간다고 인식해서다.[49] 2002년 <국방백서>에 의하면, 서구의 정보화에 편승하여 따라잡기 위한 전략으로 일명 '도약식(leapfrog economic development) 발전 전략'이라는 명칭을 부여하고 있다.[50] 군사적 능력을 완비하는 데

49) 제1차 걸프전(페르시아만 전쟁, 1991)에 관한 연구를 통해 얻은 산물이다.

50) 중국군의 '도약'은 '서구의 선진국 군대가 이미 이루어놓은 발전 단계를 뛰어넘는 수준'을 의미하고 있

주안을 두고 있으며, 초기는 기계화와 정보화를 혼합하여 진행했지만, 점차 정보화의 비율이 증가하며 네 가지 형태를 이루고 있다.

①-1. '원거리 작전 수행능력을 강화'한다. 중국의 전략적 환경이 광활하기에 다수의 방향(지역)에서 작전을 수행해야 하며, 공역 또는 공해상의 작전에도 대비해야 하기 때문이다.[51)]

①-2. '공세적으로 운용할 수 있는 첨단무기'를 갖춰야 한다. 따라서 해군-공군-제2포병(로켓군으로 명칭을 변경)의 정밀유도무기 운용능력을 완비해야 하며, 파괴력이 강한 무기체계를 보유해야 한다.[52)]

①-3. '통합성・합동성을 보장하기 위하여 우주에 기반한 C4ISR 체계'를 갖춰야 한다. 즉, 광범위한 표적 탐지 능력과 실시간 정보 공유체계, 필요할 때 즉각 타격할 수 있는 지휘・통제체계가 필요해서다.[53)]

①-4. 적의 정밀유도무기 또는 항공 타격으로부터 C4ISR 체계를 보호하기 위해 '아군의 대공방어 능력을 강화하되, 적의 C4ISR 체계를 공격할 수 있는 능력'을 갖춰야 한다.[54)]

②는 정보화를 추진하는 가운데 중국이 가진 독특한 상황과 조건을 고려하여 중국 특성에 부합된 정보화를 추구하는 데 있다.[55)] 즉, 국방건설과 정보화의 추진을 '중국 특색에 맞는 군사변혁'과 연계하는 것이다. 강한 적에 승리를 거두기 위해서는 적의 점혈(點穴) 즉, 급소(C4ISR 체계)를 무력화시키는 데 두었다. 그러나 서구의 정보전은

다(彭光謙,『中國軍事戰略問題硏究』(北京: 解放軍出版社, 2006), p. 336.).

51) You Ji, "The Revolution in Military Affairs and the Evolution of China's Strategic Thinking,"『Contemporary Southeast Asia』vol. 21, no. 3, (1999), p. 354.

52) James C. Mulvenon N.D. Yang, eds., *Seeking Truth From Facts: A Retrospective on Chinese Military Studies in the Post-Moo Era* (Santa Monica: RAND, 2001), pp. 111~112.

53) You Ji, 앞의 논문(1999), p. 279.

54) Chang Mengxiong, "Weapons of the 21st Century," Michael Pillsbury, ed., *Chinese Views of Future Warfare* (Wash ington, D.C.: NDU Press, 1997), p. 252.

55) 중국군은 정보화가 정보기술을 도입하는 것만으로 가능한 게 아니며, 정보화 전쟁에 부합하는 군구조, 지휘체계, 군사교리 및 훈련체계를 모두 갖출 때 가능하다고 인식하고 있다(Wang Baocun and James Mulvenon, "China and the RMA," *The Korean Journal of Defense Analysis,* vol. 12. no. 2. Winter 2000, p. 304.).

중국이 도달하지 못한 우주에 기반을 둔 네트워크 중심의 전쟁을 추구하고 있기에 한편으로는 가장 큰 취약점으로 느껴 회색지대 전략(Hybrid Warfare)을 포함한 비대칭 전략(회색지대 전략)을 강화하고 있다.

유념할 사항은 이들의 비대칭 전략이 적의 우주체계 및 C4ISR 체계만을 무력화 대상으로 한정하지 않고 다른 첨단 무기체계를 같이 포함하고 있다는 점이다. <표 5-19>는 미국에 대한 상대적 우위를 달성하기 위한 비대칭 능력 강화의 대표적인 사례를 정리하였다.

<표 5-19> 미국에 상대적 우위 달성을 위한 비대칭 능력 강화의 대표적 사례[56)]

구 분	미군	중국군
대(對) 첨단 무기 체계	항공모함	대함(對艦) 크루즈 미사일(ASCM)[57)] 도입 및 차세대 어뢰 개발 * 항공모함 전력이 완비되기 이전(以前)
	미사일방어(MD)체계	대륙간탄도미사일의 다탄두화
	공군력	통합방공망체계
	첨단 핵잠수함(SSBN)	전략 핵전략 증강, 적 해상병참선 공격 강화

56) Michael Pilsbury, ed., China Debates the Future Security Environment (2000), pp. 293~295.

57) '대함 크루즈 미사일(ASCM)'은 'Anti Ship Cruise Missile'의 약자로 '지면에서 15m 이하의 낮은 높이를 유지하며 자동 방식으로 경로를 찾아내어 비행하는 순항미사일'이다.

3. '군사변혁(RMA)'의 6대 추진 방향

<그림 5-25>는 군사변혁(RMA)의 6대 추진 방향이다.

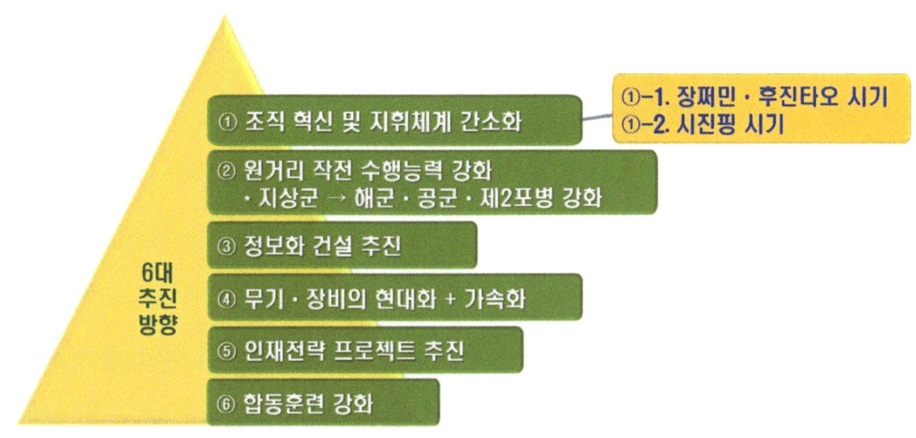

<그림 5-25> 중국 군사변혁(RMA)의 6대 추진 방향

①은 ①-1. 장쩌민과 후진타오 시기, ①-2. 시진핑 시기로 구분하여 정리하였다.

①-1.에서 국방조직의 혁신은 명확하게 영역을 분장한 직능별 지휘체계의 간소화로 요약할 수 있다. 1998년 4월 3일 중국은 기존의 '중앙군위' 산하에 있는 '3 총부(摠部-총참모부, 총정치부, 총후근부)'에 군사과학기술과 장비 일체를 담당하는 '총장비부'를 추가로 조직하여 4개 총부로 재편성하였다. 이는 방산 복합체와 관련된 구조를 재조직 및 합리화하기 위해 집권적 유형인 프랑스 모델을 참고하여 상부 감독기관을 조직한 결과다.[58] <그림 5-26>은 중국군의 조직을 혁신하기 이전의 軍 구조(장쩌민~후진타오 집권기)다.

58) 기존에 무기 생산비용 산출 단계에서 부패가 만연하였기에 군산복합체 조직들을 재편성했으나, 결과가 좋지 않았다. 이에 따라 조직 구조 자체를 변경하는 방식을 채택하였다. 결과적으로 육군 중심의 편성 구조에서 벗어나면서 다른 군종(軍種)의 역할과 중요성을 증대하려는 조치였다.

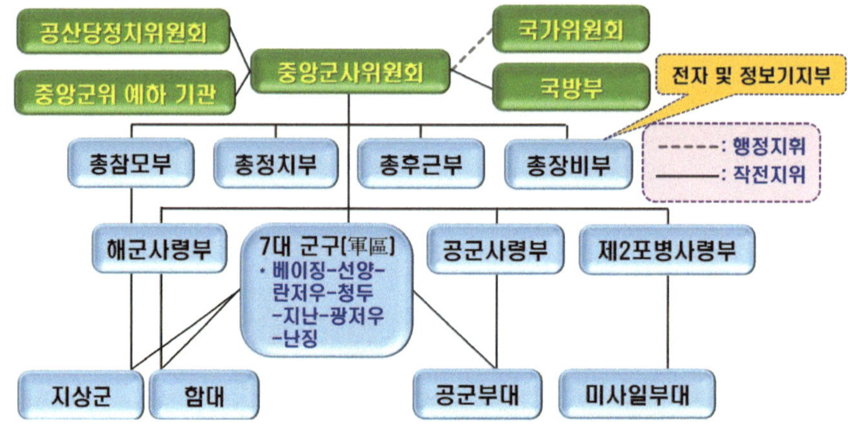

<그림 5-26> 중국군의 조직을 혁신하기 이전의 軍 구조(장쩌민~후진타오 집권기)

'총장비부'는 전자・정보전에 대비한 투자 및 연구와 더불어 구조의 변화를 위해 '전자 및 정보기지부'를 편성하였다. 특히 7대 군구(軍區-Military Legions, 사령관이 모두 육군, 1985~2016)는 육군 중심의 체계로 관할구역 내의 육군을 지휘하는데 집중되어있다. 이 체제는 수직적・다층적 지휘구조에 전・평시 체제를 결합한 구조다. 전통적으로 방위고수(防衛固守)라는 군사적 사고에 치우쳐 있다 보니 현대전의 광범위성과 고강도 특성에 따라 바다로 향하고 역외로 전력을 투사해야 하는 전략적 추세에는 부합되지 않았다.59)

이에 따라 군사조직을 목적에 맞게 운영 및 유지하기 위해 신속대응부대(RRU)를 창설하였다.60) <표 5-20>은 연도별로 인민해방군 병력 규모가 변화한 과정을 정리하였다.

---

59) 주요 전략은 육지를 위주로 하고 있으나, 기존의 군구(軍區) 지역이 각 행정구역 단위에 맞춰져 있다 보니 전략의 방향과 행정구역이 일치되지 않았다. 이러한 환경이 해・공군을 지상 작전에 지원하는 개념에 그치게 하였다.

60) '신속대응부대(RRU)'는 'Rapid Reaction Unit'의 약자다. 첨단 과학무기의 발달로 전・후방을 구분하기가 모호해지고, 신속한 기동과 즉각 대응의 중요성이 강조되면서 국부전(局部戰-local war) 교리에 따라 기동력과 민첩성을 갖춘 부대를 편성하여 필요한 소규모 분쟁에 먼저 투입하기 위해 창설하였다.

<표 5-20> 중국군의 병력 규모 변화(1985~2012)[61]　　단위: 천명

구 분	1985	1990	2000	2005	2012
육 군	3,160	2,300	1,700	1,600	1,600
해 군	350	260	220	255	255
공 군	490	470	420	400	330

軍 편제의 소형화는 중국군을 더 기민하고 기동성을 갖춘 군대로 전환하되, 유지비는 절감시켜 더 많은 자원을 무기·장비의 현대화에 집중하기 위함이다. 이를 통해 병력의 형태는 '수적 규모→질적 효능'으로, '인력집약→과학기술 집약'으로 전환하였다.[62] 그러나 軍 구조는 1950년대 구소련으로부터 도입한 냉전기의 모델이기에 합동작전을 지향하는 현대전 양상을 충족하기에는 한계가 있었다. 특히 총부와 군구(軍區)에 과도한 권력이 집중되어 부패 또한 극심하였다.

①-2.에서 국방조직의 혁신은 시진핑이 집권한 이후 강도 높은 軍 개혁이 추진되었다. 구조 개혁의 핵심은 '군위관총(軍委管總), 전구주전(戰區主戰), 군종주건(軍種主建)'의 3대 요소로 요약할 수 있다.

①-2-1. '군위관총(軍委管總)'은 '일체화된 연합작전 지휘능력을 보강'하는 즉, '중앙군사위원회(이하 중앙군위)가 전군을 총괄하여 작전지휘 및 군사력 건설을 관리'하는 데 있다. 즉, 지휘부의 권력을 강화하고, 연합·합동작전 지휘체계의 구축, 작전 지속 능력을 보장하는 데 중점을 둔 '중앙군위'의 전격적인 개편을 의미한다. <그림 5-27>은 중국군 조직을 혁신한 이후의 軍 구조(시진핑 집권기)다.

61) IISS Military Balance, 1985~2012.; Anthony H. Cordesman, Nicholas S. Yarosh. (2012), *Chinese Military Modernization and Force Development: A Western perspective.* (Washington D.C.: CSIS, p. 55.)

62) 이영길, "중국 人民解放軍의 군사개혁," 『군사논단』 제39호 (서울: 한국군사학회, 2004), p. 170.

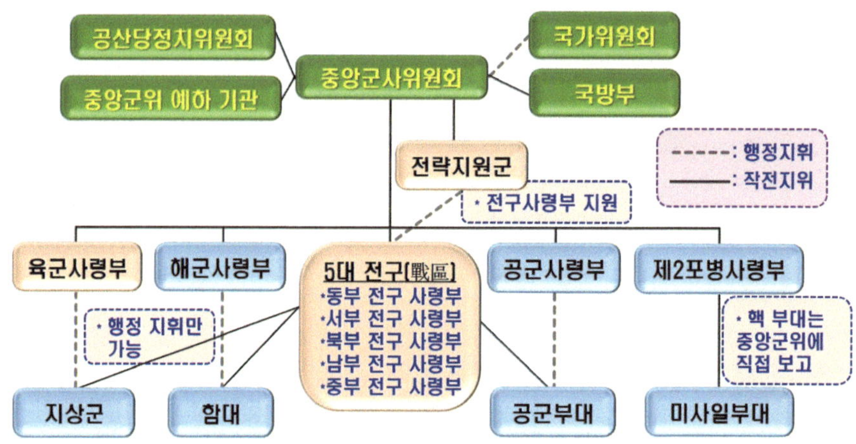

<그림 5-27> 중국군 조직을 혁신한 이후의 軍 구조(시진핑 집권기)

핵심은 중앙군위의 권력을 강화한 데 있다.[63] 이전의 4대 총부는 모두 육군 장성이 장악하며 조직이 비대해져 효율성은 떨어졌지만, 막강한 권한이 집중되었다. 그는 전문성을 제고(提高)하고, 효율성을 향상하기 위해 상호협력 · 견제 · 감독이 가능한 참모 기능으로 개편하였다. 아울러 '4급 체계'는 '3급 체계'로 간소화하며 軍에 대한 직접 통제를 강화했다.[64] 이전의 '총부제'에서 '다부문제'로 전환하였다.[65]

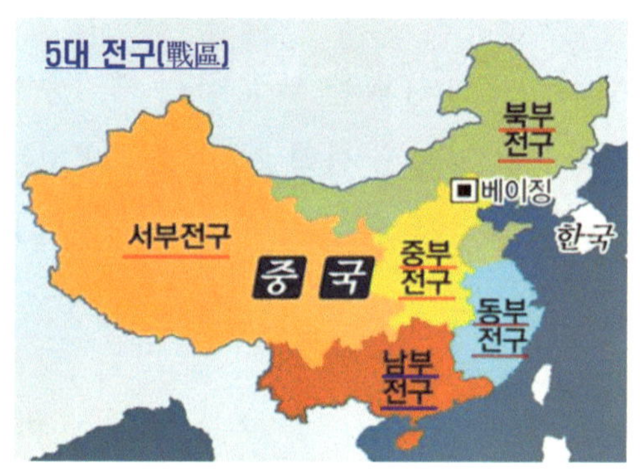

2016년 2월 1일 시진핑은 기존의 7대 군구를 폐지 및 5대 전구(戰區-Treaters)의 창설을 공식 선포하며 전역(戰役-war) 합동작전 지휘기구를 구성하였다. "5대 전구는 안보위협에 대응 및 평화를 수호하며 전쟁의 억제와 승리할 임무를 가지고 있으며, 국가의 안보 · 군사전략 전반에 걸쳐 매우 중요한 역

63) 2016년 1월 11일 핵심권력체인 4대 총부를 해체 및 기능을 분산시켜 15개 직능부서제(7개 부 · 청, 3개 위원회, 5개 직속 기구)로 개편하였다.

64) '4급 체계'는 '총부-2급부(해 · 공군사령부)-국-처'를, '3급 체계'는 '중앙군위: 부 · 청+위원회+직속 기구-국-처'로 체계를 단순화하였다는 의미다.

65) 개편하기 이전(1985~2016)까지는 4개 총부(총참모부 · 총정치부 · 총후근부 · 총장비부)가 권력을 나눠 가졌다면, 개편한 이후(2016~)는 '다부문제(7개부 · 청+3개 위원회+5개 직속 기관)'로 전환하면서 '중앙군위'에 모든 권력이 집중되었다.

할을 해야 한다."라며, "당의 지휘를 받들어서 전투를 잘하고 효율적으로 지휘함으로써 싸우면 반드시 이겨야 한다(聽黨指揮 善謀打仗 指揮高效 敢打必勝)."라고 강조하였다.[66] <표 5-21>은 7대 군구에 있던 집단군을 5대 전구로 개편하면서 조정된 부대 명칭이다.[67]

<표 5-21> 7대 군구→5대 전구로 개편된 집단군의 조정된 부대 명칭

구 분 (본부 위치)	구(舊) 집단군 부대 명칭 (7대 군구)	신(新) 집단군 부대 명칭 (5대 전구)
동부전구 (난징)	第12 집단군	第71 집단군
	第1 집단군	第72 집단군
	第31 집단군	第73 집단군
남부전구 (광저우)	第41 집단군	第74 집단군
	第42 집단군	第75 집단군
서부전구 (청두)	第21 집단군	第76 집단군
	第13 집단군	第77 집단군
북부전구 (선양)	第16 집단군	第78 집단군
	第39 집단군	第79 집단군
	第26 집단군	第80 집단군
중부전구 (베이징)	第65 집단군	第81 집단군
	第38 집단군	第82 집단군
	第54 집단군	第83 집단군
-	공군 第15 공정군단	第84 집단군

이전의 총부(摠部) 명칭에서 '총(總)'을 삭제하면서 '중국인민해방군'에서 '중앙군위'로 바꿨다. 이는 직능부서들이 '4개 총부' 소속으로 분산된 굴레에서 벗어나 군사

66) 中國人民解放軍戰區成立大會在京擧行 <大公報>(2016.02.01.).

67) 북부전구는 한반도와 러시아를, 서부전구는 인도와 신장, 티벳, 그리고 국제 테러리스트에 대응을, 중부전구는 내부 방어를, 동부전구는 타이완과 일본, 미국을, 남부전구는 남중국해와 동남아, 미국에 중점 대비하는 임무를 수행하고 있다. 이때 공군 제15 공정군단은 공중강하 작전 능력을 중시하며 지상 작전 능력을 축소하고 다군종(多軍種) 합동작전을 지향하고 있다(張謙, 解放軍集團軍整編底定, 76番號首公開 <中央通訊社> (2017.04.24.).).

정책의 결정과 지휘에 관한 모든 권력을 '중앙군위'로 통일했다는 의미다. <그림 5-28>은 '중앙군위'의 조직 개편 이전과 이후의 변화된 체계를 정리하였다.

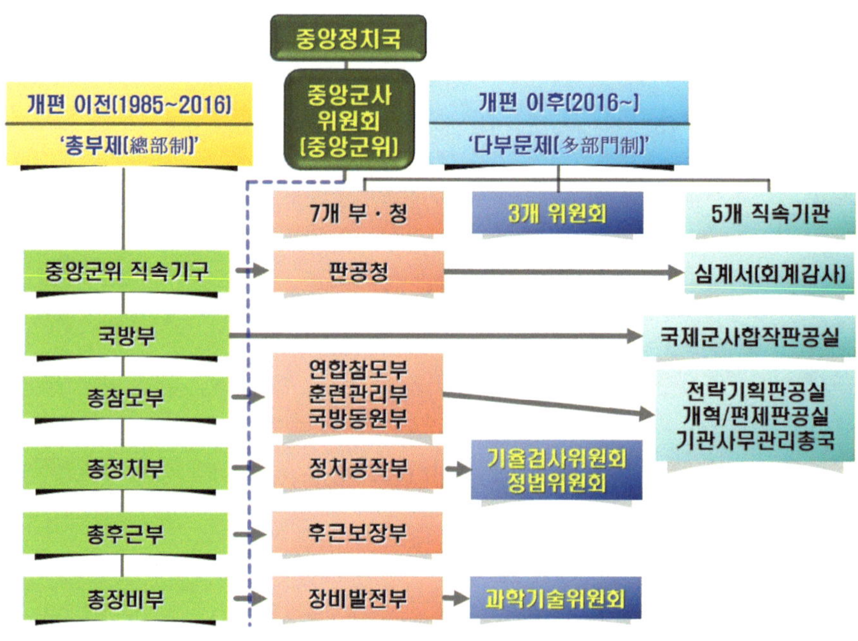

<그림 5-28> '중앙군위'의 조직 개편 이전과 이후의 변화된 체계

'전략 구상 측면'에서 법제화를 통해 구조적 문제를 해결하고, 중앙집권적 지휘가 가능하도록 개편하였다. '군사전략 측면'에서는 '중앙군위'의 주석이 강력하게 통제하여 군령과 군정을 명확히 장악하였다. 이를 통해 전략을 수행하는 '전구주전(戰區主戰)'과 전투력을 건설하는 '군종주건(軍種主建)'이 가능한 기반을 구축했다는 데 있다.

①-2-2. '전구주전(戰區主戰)'은 '전구는 전투에만 주력'하라는 의미다. 이전과 다르게 전·평시 전구에 작전지휘권을 부여하고, 주도적으로 연합·합동작전을 할 수 있도록 기본구조를 설립했다는 점이다. 이는 크게 두 가지의 특징으로 요약할 수 있다.

첫째, 전·평시 작전 수행이 가능한 체제로 바꿨다. 2016년 1월 20일 선후판공실(善後辦公室)이 주도하여 2월 1일부로 5대 전구를 설립하였다.[68] 이때 전구는 '중앙군위'

68) '선후판공실(善後辦公室)'은 '軍 개혁에 따른 후속 조치 임무를 수행하는 조직'으로 1985년 편성되었던 7대 군구를 31년 만에 폐지하였다. 2015년 9월 시진핑 주석은 '전승절 70주년 기념 열병식'에서 "병력 30만 명을 2017년 말까지 감축하겠다."라고 선언하였다. 2018년 3월 30일 국방부 대변인(런궈창-任國强)

가 지정한 부대를 지휘하게 되며, 전략 방향에 대한 방위 및 안전을 책임지고, 모든 무장역량을 통합 지휘하도록 하였다. 이에 따라 각 군 사령부는 건설과 관리 책임을 지는 행정적 통제에 한정함으로써 군령(軍令-작전 통제 및 지휘)과 군정(軍政-행정 및 지원)을 완전히 분리하였다. 즉, 전구 사령부는 전투에 관한 합동훈련과 합동작전에 전념할 수 있고, 기존의 행정장벽이 없어지며 전략 방향에 따라 상시 전력을 투사할 수 있는 여건을 마련하였다.

둘째, 독립작전을 수행하는 주체로 바꿨다. 이를 위해 2016년 8월 15일 '중앙군위'는 전구에 작전지휘권을 정식으로 이양하는 절차를 밟았다.[69] 즉, 작전지휘의 중심은 '중앙군위'로 하되, 각 전구가 연합・합동작전을 주도하도록 개편하였다. 이를 통해 군령과 군정을 분리하여 오로지 전투에만 집중할 수 있는 체계로 만들었다. 이는 장쩌민-후진타오 시기의 군사변혁이 '관료적 형식주의' 형태를 벗어나지 못했던 패턴에서 벗어난 결과다.

①-2-3. '군종주건(軍種主建)'은 '각 군종은 전투력 건설에 주력'한다는 의미다. 군종의 개편은 군사혁신의 기초공사로서 합동작전과 정보전에 대비할 군대를 양성할 수 있고, 전략을 수행하는 데 적합한 체질로 개선한다는 뜻을 담고 있다. 이를 통해 '정보화 조건 하 국부전에서의 연합작전 수행 기반'을 마련하고자 하였다.[70] 즉, 비대해진 육군을 해・공군과 같은 수준으로 정비하고 '중앙군위'가 5대 군종을 직접 지휘하도록 조정하였다. 여기서 5대 군종은 육군, 해군, 공군, 전략지원부대(SSF)[71], 로켓군

은 30만 명의 감축을 완료하였다고 밝혔다.

69) 7대 군구가 고정된 책임 지역에서 육군 중심의 방어작전을 수행하였다면, 5대 전구는 지역과 군종(軍種)을 초월하여 연합・합동작전의 과 기동성을 중시하는 조직으로 48시간 이내에 작전 수행 준비를 완료 및 수행능력을 보유하고 있다(방준영・양정학, "중・일 국방개혁 현황과 한국에의 함의," 『전략연구』 제25권 제2호(통권 제75호) (서울: 한국전략문제연구소, 2018), p. 100.).

70) 2015년 12월 31일, 중국군은 '육군지휘기구'와 '전략지원부대'를 창설하고, '제2포병'은 '독립 군종(로켓군)으로 승격'시켜 4개 군종(軍種)에서 5개 군종으로 확대하였다. 시진핑은 육군사령부, 전략지원부대, 로켓군의 창설이 중국몽(中國夢)을 실현하기 위한 중대한 정책 결정이며, 중국 특색의 현대 군사역량체계 구축을 위한 전략적 조치라고 강조하였다. 특히 제2포병을 로켓군으로 명명한 것은 '軍 현대화의 이정표'라고 공언하였다.

71) '전략지원부대(SSF)'는 'Strategic Support Force'의 약자로서 정보 분야의 최종 컨트롤-타워다. 사이버・우주・전자공간에서 국부적 우세를 달성하여 전장 작전을 지원하는 데 있다(John Costello. "The

을 일컫는다. <그림 5-29>는 중국군 전략부대의 조직 구조다.

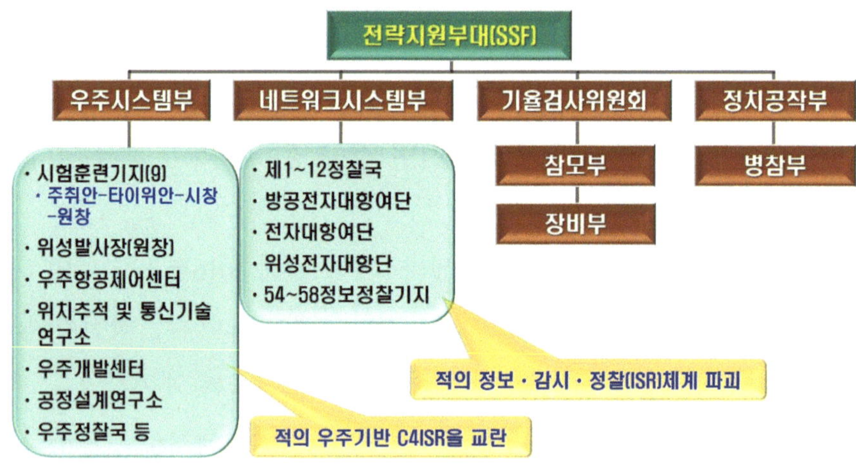

<그림 5-29> 중국군 전략부대의 조직 구조

②는 원거리 작전 수행능력을 강화하기 위하여 지상군 중심의 사고에서 탈피하였다. 이를 정리하면, ②-1. 해군 전력의 강화, ②-2. 공군 전력의 강화, ②-3. 제2 포병부대(2016~, 로켓군) 전력을 강화하였다.

②-1. <그림 5-30>은 중국군의 원양작전 능력 향상을 위한 3단계 추진 방향이다.

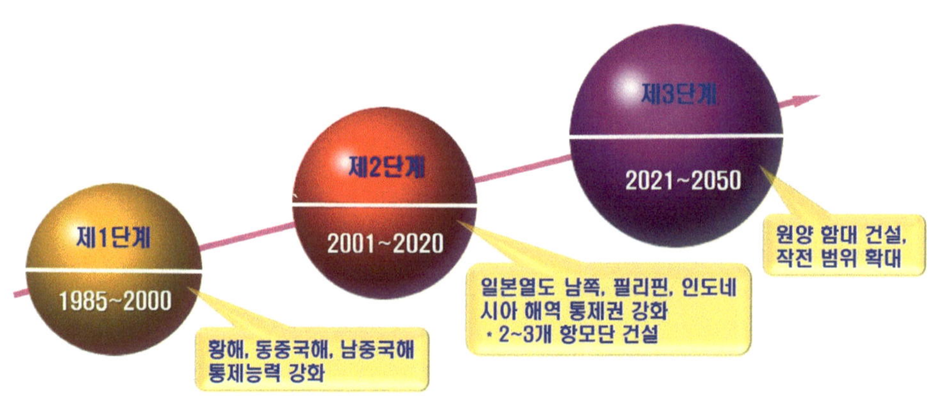

<그림 5-30> 중국군의 원양작전 능력 향상을 위한 3단계 추진 방향

Strategic Support Force: China's Information Warfare Service," China Brief (Washington D.C.) Vol 16, No. 3. (2015), pp. 15~16.).

시진핑은 해양권익을 더욱 중시하고 경제적 이익 측면으로 영역을 확대하였다. 즉, 軍 구조를 개혁하면서 군사적 활동 범위를 확대하기 위해 인민해방군 함대사령부의 규모를 확대 편성하였다. <그림 5-31>은 중국 해군 함대사령부의 배치 현황 및 규모다.72)

<그림 5-31> 중국 해군 함대사령부의 배치 현황 및 규모(2020년 기준)

'동해 함대사령부'는 가장 먼저 창설(1947)되었으며, 동부전구 사령관이 지휘한다. 구축함 2개 지대, 호위함 4개 지대, 잠정(潛艇) 2개 지대, 등륙함(登陸艦) 1개 지대와 작전지원 1개 지대, 해항(海航) 3개 사(師)가 있다.73) '남해 함대사령부'는 1949년 창설되었으며, 남부전구 사령관이 지휘한다. 구축함 2개 지대, 호위함 4개 지대, 잠정 2개

72) U.S. Department of Defense(2020) Military and Security Developments Involving the People's Republic of China 2020. p. 49.

73) '지대(支隊)'는 '준장이 지휘하는 한국의 전단(戰團)급 부대'와 같으며 해군 준장~소장(대령에서 준장급인 대교~사단장급인 정사)이 보직된다. '잠정(潛艇)'은 '잠수함'을, '등륙함(登陸艦)'은 '상륙함'을, '해항(海航)'은 '해군 항공대 소속의 비행단'을 뜻한다. 전략원잠(Jin급)은 1척당 12기의 SLBM(7,200~7,400km)을 탑재하고 있다.

지대, 등륙함 1개 지대와 작전지원 1개 지대, 해항 2개 사(師)가 있다. 그리고 중국군의 첫 번째 국산 항모(산둥함, CV-17)가 배치되어 있다.[74] '북해 함대사령부'는 1960년에 창설되었으며, 개편된 이후 북부전구 사령관이 지휘한다. 구축함 2개 지대, 호위함 2개 지대, 잠정(潛艇) 2개 지대, 등륙함(登陸艦) 1개 대대와 작전지원 1개 지대, 해항(海航) 3개 사(師)가 있다. 또한, 첫 항모인 랴오닝함(CV-16)이 배치되어 있다.

②-2. <그림 5-32>는 중국 공군 전력의 배치 현황 및 규모다.[75]

<그림 5-32> 중국 공군 전력의 배치 현황 및 규모(2020년도 기준)

74) 김성진, 『전쟁사와 무기체계론』 (2020), pp. 339, 345~347.

75) U.S. Department of Defense(2020) Military and Security Developments Involving the People's Republic of China 2020. p. 54.

7대 군구가 5대 전구로 개편되면서 과도기(2017~2018)를 거쳐 2019년부터 전구 공군(부전구급)-기지(부군급)-여단으로 완료하였다.

북부전구 공군(사령부 위치: 선양)은 12개 여단과 3개 연대로 편성되어 있으며, 북부전구 사령관의 지휘를 받는다.

중부전구 공군(사령부 위치: 베이징)은 8개 여단과 8개 연대로 편성되어 있으며, 중부전구 사령관의 지휘를 받는다.

남부전구 공군(사령부 위치: 광저우)은 11개 여단과 5개 연대로 편성되어 있으며, 남부전구 사령관의 지휘를 받는다.

서부전구 공군(사령부 위치: 청두)은 9개 여단과 3개 연대로 편성되어 있으며, 서부전구 사령관의 지휘를 받는다.

동부전구 공군(사령부 위치: 난징)은 10개 여단과 6개 연대로 편성되어 있으며, 동부전구 사령관의 지휘를 받는다.

중국군은 1999년부터 2001년까지 러시아에서 SU-27・30을 발주하였고, 첨단 공중급유기와 공중조기경보통제기를 획득하였다. 핵 탑재가 가능한 구형 폭격기는 교체하였고, 고성능 전자장비와 레이더, 자동추적장치 등을 개발 및 탑재하는 데 노력을 집중하였다.[76] 이를 통해 '국토 방공형'에서 '공격・방어 겸용'으로 전환하는 데 성공하면서 신형 무기체계를 갖추었다. <표 5-22>는 중국 공군이 신형 무기체계를 갖추기 위해 실천한 다섯 가지의 중점을 정리하였다.

<표 5-22> 중국 공군의 신형 무기체계를 갖추기 위한 다섯 가지 중점

① 신형전투기, 대(對) 유도무기, 정보화, 작전수단, 자동지휘시스템을 발전한다. ② 공중작전 적응을 위한 다중 임무형 정보화 인재를 육성한다. ③ 병종(兵種) 및 다기능 간 합동작전 연습을 강화한다. ④ 공중타격, 방공작전, 정보 대항, 조기 경보, 정찰, 전략기동 등의 종합 지원능력을 향상한다. ⑤ 편성 및 구조, 장비・지원시스템 등에 대한 공중방위역량을 구축한다.

76) 'SU(수호이-러시아어로 건조(乾燥)하다'라는 뜻)'는 100~127km의 목표를 타격할 수 있는 전투기로서 항속거리와 무기체계가 향상된 기종으로 NATO식 명칭은 'Flanker(도박꾼)'이다. MIG-27의 개량형(대형화)으로 이해하면 된다(김성진, 『전쟁사와 무기체계론』 (2020), pp. 305~311.).

②-3. <그림 5-33>은 중국 로켓군의 조직 구조다.

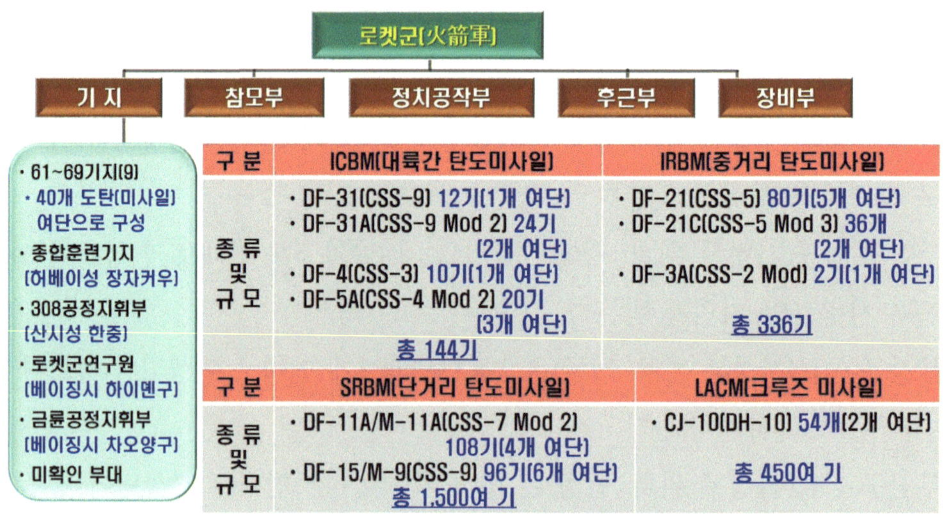

구 분	ICBM(대륙간 탄도미사일)	IRBM(중거리 탄도미사일)
종 류 및 규 모	· DF-31(CSS-9) 12기(1개 여단) · DF-31A(CSS-9 Mod 2) 24기 (2개 여단) · DF-4(CSS-3) 10기(1개 여단) · DF-5A(CSS-4 Mod 2) 20기 (3개 여단) 총 144기	· DF-21(CSS-5) 80기(5개 여단) · DF-21C(CSS-5 Mod 3) 36개 (2개 여단) · DF-3A(CSS-2 Mod) 2기(1개 여단) 총 336기

구 분	SRBM(단거리 탄도미사일)	LACM(크루즈 미사일)
종 류 및 규 모	· DF-11A/M-11A(CSS-7 Mod 2) 108기(4개 여단) · DF-15/M-9(CSS-9) 96기(6개 여단) 총 1,500여 기	· CJ-10(DH-10) 54개(2개 여단) 총 450여 기

<그림 5-33> 중국 로켓군의 조직 구조

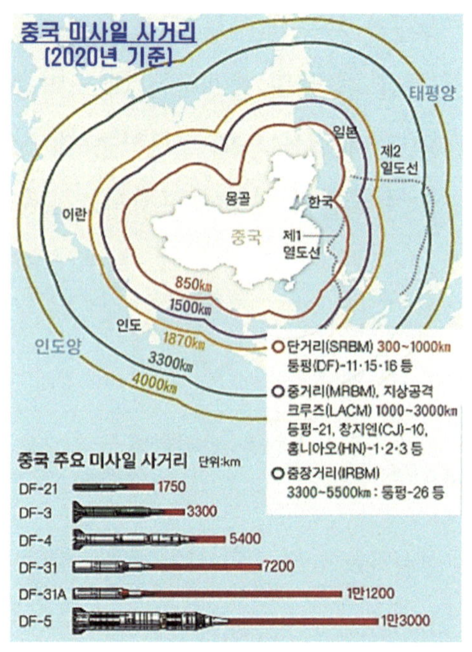

'로켓군'은 1966년 6월 6일 창설되면서 '제2 포병부대(제2 포병사령부, 人民解放軍火箭軍)'로 불렸으나, 2016년 1월 1일부로 조직 개편을 단행하며 명칭을 바꿨다. 전략적으로 독립된 군종(軍種)으로서 핵미사일부대와 재래식 미사일 부대, 작전 지원부대 등으로 구성되었다. 6개 여단(2018년 현재 9만~12만 명으로 추정)으로 각종 전략 미사일 즉, 탄도미사일과 전술 미사일을 운용하는 부대[77]로 전략적 위협에 대응하는 핵심 역량이다. 즉, 전역(戰役-War)에서 핵 위협 능력이 요구됨에 따라 핵을 상시 겸비

77) '로켓군'은 공산권 국가에서 사용하고 있는 편제 명칭으로서 모든 핵무기를 관리하고 있으며, 해군이 관리하던 잠수함 탄도미사일(SLBM)도 로켓군이 관리하고 있다. 한국군은 '미사일 사령부'에서 해군의 탄도・순항(크루즈) 미사일을 지휘 통제하고 있다.

(兼備)하여 핵 위협에 대비 및 핵 반격 능력을 증대시켜 중장거리 정밀타격역량을 강화하려는 의도가 담겨 있다.[78] 시진핑은 지휘구조와 조직 개편 등 전면적인 혁신을 통해 '통합군제'를 '합동군제'로 전환하였다.[79]

③. <그림 5-34>는 중국이 '정보화'를 구현하기 위한 노력과 목표다.

첫째, 정보화를 전략중점으로 선정, 최우선적으로 추진한다.
"응용 주도, 창의적 개발, 인재 본위, 도약식 발전을 견지" 한다.
둘째, 중앙군위에서 정보화 추진을 法制化한다.

구현 목표

C4I + 정보보안기술 + Networking + Software 능력 제고
→ 제2포병 간 합동 Network → "상호 운용성 증진"

<그림 5-34> 중국군의 '정보화' 노력과 목표

핵심은 장쩌민이 강조했던 "중국 특색 군사변혁의 핵심은 '정보화'에 있다."라는 내용에서 고스란히 드러난다. 이에 기반하여 군사정보시스템과 주력 무기의 정보화 시스템을 현대화하는 데 주력하였다.

④. <그림 5-35>는 무기와 장비의 현대화·가속화를 위한 노력이다.

첫째, High-Tech 무기의 우선적 발전을 추진한다.
- 과학기술 개발, 정밀타격 능력, 정보작전 능력을 강화한다.

둘째, 노후 장비를 신속하게 개량한다.
- 기술적 또는 성능이 노후한 장비를 도태한다.
- 선택적, 집중적, 점진적으로 주력 장비를 개조한다.
- 선진기술도입 / 새로운 탄약을 개발한다.

셋째, 장비 지원 수준을 종합적·혁신적으로 향상시킨다.
- 정리되지 않은 무기 및 장비의 편제·체계를 정비하고, 지원 능력을 강화한다.
- 주력 장비는 Set화한다.
- 장비 및 기술지원 능력을 강화한다.

<그림 5-35> 중국군의 무기와 장비의 현대화·가속화를 위한 노력

---

78) 2013년도 중국군 『국방백서』에서 '타국의 중국에 대한 핵 사용의 억제, 핵 반격 및 재래식 미사일의 정밀타격'이라고 명시한 제2포병의 임무와 크게 다르지 않다.

79) 우종범 외, "군 상부 지휘구조 결정요인에 관한 연구," 『한국조직학회보』 Vol. 10 (1) (서울: 한국조직학회, 2013), pp. 10~12.

⑤. <그림 5-36>은 인재집단을 보유하기 위해 설정한 전략적 목표다.

첫째, 정보화 전쟁 지휘 + 정보화 군대 건설을 전문적으로 지휘할 장교집단
둘째, 군대 건설과 작전 · 기획 능력을 보유한 참모집단
셋째, 무기 · 장비 개발 분야에 능통한 과학자집단
넷째, High-Tech 무기와 장비 성능에 숙련된 기술자집단
다섯째, 무기 · 장비의 정비 및 조작 기술에 숙련된 부사관집단

<그림 5-36> 중국군의 인재집단을 보유하기 위한 전략적 목표

이들은 유능하거나, 무능한 집단이 존재하는 정도에 따라 전쟁의 승패가 결정될 수 있다고 믿었다. 따라서 인적 쇄신과 작전 부대의 인재들을 대폭 확충함으로써 승리를 가져온다는 확신으로 강력하게 추진하였다.

⑥. <그림 5-37>은 이의 종합적인 노력을 결집하기 위해 각종 합동훈련을 강화하였다.

첫째, 합동 전역 훈련을 강화하여 각급 지휘부의 합동작전지휘능력 향상
둘째, 합동전술훈련 실시하여 새로운 합동전술훈련체제를 강구
셋째, 합동훈련 수단의 개선을 통한 시뮬레이션 활성화, 네트워크 구축
넷째, 합동작전을 지휘할 수 있는 인재 집단을 육성

<그림 5-37> 중국군의 합동훈련을 강화하기 위한 노력

4. '군사변혁(RMA)'에 대한 분석 및 평가

4.1. 개요

'군사변혁(RMA)' 과정에서 효과적이고 새로운 군사교리(전략·전술)를 개발하고, 무기와 장비를 확보하고 나면, 다음은 전투력을 조직화하는 데 두어야 한다. 아무리 우수한 성능을 가진 무기(무기체계)나 장비를 보유하여도 개별 단위로 운용한다면, 성과는 제한적일 수밖에 없음을 인식할 필요가 있다.[80] 여느 군사변혁(또는 군사혁신)이라도 전략-전투력-부대 구조가 혁신되지 않는다면, 성과는 퇴색될 수밖에 없다.

장쩌민과 후진타오 시기엔 지상군과 총부(摠部)의 강력한 저항으로 '관료적 형식주의'를 탈피하지 못했지만, 시진핑이 강력한 혁신을 주도하면서 변화가 나타났다. 중국은 내부적으로 1986년 미국이 <골드워터-니콜스(Goldwater-Nichols) 개혁법>으로 추진한 군사혁신과 유사하다고 평가하면서도 공식적으론 인정하지 않는다. <표 5-23>은 장쩌민·후진타오-시진핑 군사혁신의 차이점을 정리하였다.

<표 5-23> 장쩌민·후진타오-시진핑 군사혁신의 차이점

구 분	장쩌민·후진타오	시진핑
軍 혁명세대	×	○
軍 경험/軍 내부 지지	×/×	3년(1979~1982)/○
합법적 권위	중앙군위 주석	중앙군위 주석
조직 개혁의 방법적 측면	×	반부패 캠페인과 선전활동
기 타	×	혁명세대의 아들 * 부친(시중쉰-习仲勋)이 북부 홍군 기지를 창설

80) 김성진, "북한 무인기의 침투와 방어 대응 실패, '합동 드론사령부' 창설," 『국민정책평가신문』(2023.01.29.).; 김성진, "우크라이나와 북한 무인기(Drone)의 공격, 한국군의 딜레마," 『국민정책평가신문』(2022.12.29.).; 하채림, "北 무인기 격추 실패 軍, 29일 도발상정 합동방공훈련한다," 『연합뉴스』(2022.12.28.).

중국 특색의 군사변혁은 불안정한 역내 안보환경을 주도하는 과정에서 촉발되었으며, 법제화와 함께 추진하고 있다. <표 5-24>는 중국이 법제화를 통해 軍 현대화를 추진한 노력은 크게 세 가지로 정리할 수 있다.

<표 5-24> 중국 군사변혁의 법제화와 현대화 추진 중점

첫째, 소수 정예화(병력 감축), 정보화에 주력한다. 둘째, 방어전략 → 공세 전략으로 전환한다. 셋째, 전략무기와 고성능 무기의 개발 및 도입을 지속적으로 전개한다.

이러한 노력은 시진핑이 중국몽(中國夢)-강군몽(强軍夢)-군사굴기(軍事崛起)에 추동력이 되고 있다. 주목할 지점은 2014년 말 시진핑 주석의 주도적인 역할을 강조하는 과정에서 나온 '중앙군위 주석의 권력 강화' 부분이다. 장쩌민・후진타오 시기의 행정보고체계는 부주석이 실질적인 권한을 가지고 있는 '부주석 책임제'였다. 그러나 시진핑이 집권하며 중국군이 싸워 이기지 못하는 이유로 '조직 구조의 문제'를 제시했다. 당시 '중앙군위'는 형식상 상위조직에 불과하였다. 4대 총부가 실질적인 권한을 모두 장악하고 있어서다.[81] 이후 '부주석 책임제'를 '주석 책임제'로 전환하여 실질적인 軍 통제 권한과 지도력을 강화하였다.[82] 대표적으로 4개 총부의 기능을 '중앙군위' 예하의 15개 직능부처로 분산시켜 주석의 권한을 대폭 집중・강화한 점이다.[83]

<그림 5-38>은 '중앙군위' 조직을 개편하기 이전과 개편한 이후의 군 조직과 구조다.

---

81) '총참모부'는 작전 및 교육 훈련 분야를, '총정치부'는 군내 당(黨) 업무와 인사・정법 분야를, '총후근부'는 예산・감사 분야를, '총장비부'는 무기・장비의 연구 및 개발 분야에서 무소불위의 권력을 행사하였다.

82) James C. Mulvenon, "The Cult of Xi and the Eise of the CMC Chairman Responsibility System," China Leadership Monitor, (55), (2018), p. 3.

83) 시진핑은 '제19차 공산당 전국대표대회 업무보고(일명 당 대회, 2017)'에서 "중국 특색의 강군(强軍) 노선을 유지하고, 국방과 軍의 현대화를 전면적으로 추진하여 세계 일류군대를 만들겠다."라고 강조하였다. 이후 2035년까지 국방・軍의 현대화를 계속 추진하고, 2050년까지 세계 일류군대를 건설하고자 밀어붙이고 있다. 2018년 1월 3일 세계 최초로 함정에 레일건(전자기포)을 탑재하였고, 우주에서의 미사일 요격실험(3회)에 성공하였으며, 북・중 접경지역에서 북부전구에 의한 대규모 군사훈련이 끊이지 않고 있다.

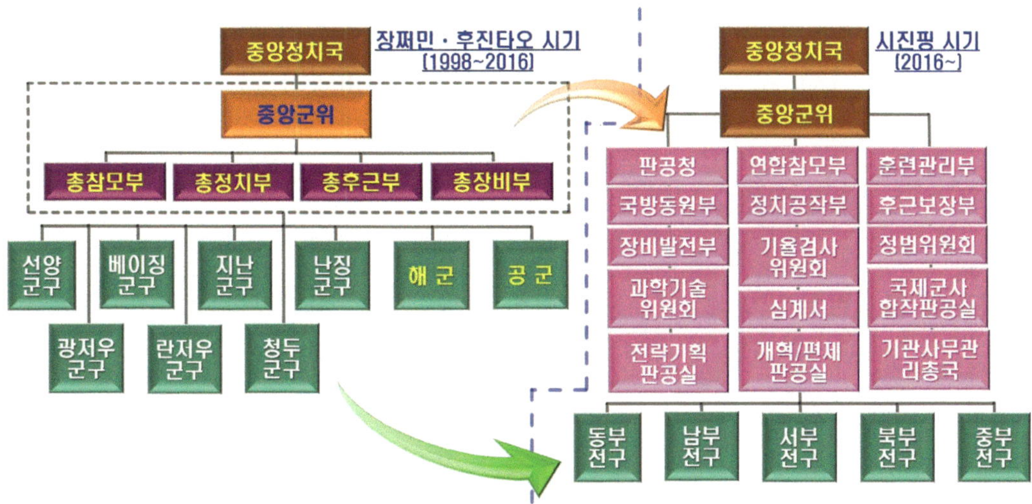

<그림 5-38> 개편 이전(1998~2016)의 '중앙군위' 조직과 개편한 이후(2016~)의 군 조직과 구조

25개 직능부서로 임무를 분장함으로써 상호 분업 및 제약(制約)을 가능하게 하여 '중앙군위'로 권한을 집중하는 통합 지휘체계를 확립했다. 또한, 전문성과 강점, 상호 감독 기능을 촉진할 수 있게 군령(軍令)과 군정(軍政) 체계를 구축하여 합동작전 수행 능력을 향상할 토대를 마련하였다. <그림 5-39>는 시진핑 시기 정립한 합동작전에 관한 군령과 군정체계다.

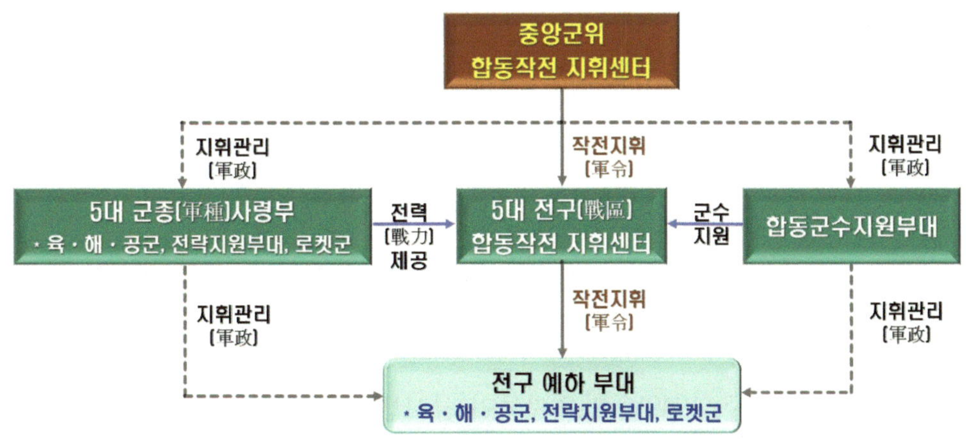

<그림 5-39> 시진핑 시기 정립한 군령(軍令) · 군정(軍政)체계

이전까지의 군사변혁이 전투력을 '보유'하는 데 만족하는 차원이었다면, 시진핑은 '행사 및 투사(projection)'할 수 있는 구조로 완전히 탈바꿈시켰다.

4.2. 분야별 평가

중국군의 군사변혁은 당에 의한 군대 지휘를 관철하고, 시진핑의 당·정·군 권력을 공고화하며, 일체화된 합동작전 수행체계를 확립하는 데 중점을 두었다. 이를 구조 혁신 측면에서 크게 3대 분야로 요약할 수 있다.

첫째, '중앙군위가 군사(軍事)를 총괄한다는 개념을 일관되게 추진'하고 있다. 4대 총부를 해체하여 15개 직능부서로 전환하였음이 돋보이는 대목이다. 이를 통해 지휘 통제권을 비롯한 제반(諸般) 권한을 '중앙군위'로 일원화하였다.

둘째, 전구(戰區)를 '작전과 전투준비에 주력하는 구조'로 전환하였다. 이 과정에서 7개 군구(軍區)를 5대 전구로, 18개 집단군을 13개 집단군으로 감축한 사례가 대표적이다. 또한, 병력을 감축하며 전구 합동작전 지휘기구를 창설하는 등 '일체화 합동작전' 여건을 마련하였다.

셋째, '각 군종(軍種)이 부대 건설과 관리에 매진'할 수 있게 하였다. 이를 위해 존재하지 않던 '육군 지휘기구'를 만들었다. 아울러 정보화로 특징짓는 현대전과 미래전에 대비하여 각급 제대에 전략적·작전적·전술적 차원의 고가치 정보를 지원하는 전략지원부대의 창설, 전략·전술 미사일을 통할(control)하는 제2 포병부대를 전략적 독립 군종(로켓군)으로 승격시켰다.

4.3. 중국의 군사변혁에 대한 외부의 시선과 평가

4.3.1. 긍정적인 측면

시진핑의 군사변혁은 1949년 마오쩌둥이 군사변혁을 시작한 이래 가장 중대한 사건으로 평가할 수 있다. 시진핑은 전면적인 현대화·정보화 작전역량을 향상하여 합동작전과 '비전쟁 군사행동(MOOTW)'[84]을 수행할 수 있도록 하였다. 또한, 전략적 억제와 잠재적인 적을 견제할 수 있도록 하였다. 이들의 혁신 목적은 지상군 중심이었던 각 군종을 일반적・사이버・전자공간에서 효과적으로 작전을 수행하도록 하는 데 있다. 美 랜드연구소의 마이클 S. 체이스(Michael S. Chase) 박사와 제프리 G. 엥스트롬(Jeffrey G. Engstrom) 박사는『중국의 군 개혁: 긍정적 평가(China's Military Reforms: An Optimistic Take)』를 통해 크게 세 가지 측면에서 긍정적으로 평가하였다.85)

첫째, 해・공군, 로켓군과 같은 수준의 육군사령부를 창설하고, 합동작전과 비전쟁 군사행동(MOOTW) 능력을 향상하였다.

둘째, 작전역량의 강화를 위해 조직과 구조를 최적화시켰다. 7대 군구를 5대 전구로 전환하여 전비태세(戰備態勢) 수준을 향상하였고, 합동작전 수행 및 평시에서 전시로의 전환이 쉽게 하였다.

셋째, 전략지원부대(SSF)를 창설함으로써 사이버・우주・전자전・정보・정찰・탐지 자산을 총괄하고, 다양한 작전영역에서 신속한 기동과 반응능력을 제공할 수 있게 되었으며, 정보가 주도적인 역할을 하였다.

다수의 미국 군사전문가는 구조조정과 조직혁신으로 합동작전 기구를 설치하고, 합동작전 능력을 향상하는 노력과 전략지원부대가 정보화 작전을 주도하는 측면을 고무적으로 평가하고 있다. 다만, 육군 위주의 인적 구성과 수직적 계층 문화가 개선되지 않고 있음도 같이 지적하고 있다.

---

84) '비전쟁 군사행동(MOOTW)'은 'Military Operation Other Than War'의 약자로 '전쟁이 아닌 테러나 자연재난 등의 상황에서 수행하는 군사작전'을 뜻하고 있다.

85) Michael S. Chase, Jeffrey Engstrom, "China's Military Reforms: An Optimistic Take,"『Joint Forces Quarterly』 제83호 (RAND Corporation, 2016). p. 49.

4.3.2. 부정적인 측면

美 '해군 분석연구소(CNA)'의 로저 클리프(Roger Cliff) 박사는 『중국의 군 개혁: 부정적 평가(*China's Military Reforms: A Pessimistic Take*)』에서 두 가지의 측면에서 부정적으로 평가하였다.[86)]

첫째, 각급 부대에서 육군의 고위장성 비율이 여전히 높다는 점을 지적한다. 전구급 부대에서 육군 장성이 보직된 비율이 지나치게 높아 합동작전을 수행할 때 불리하게 작용할 수 있다.

둘째, 중국군의 조직과 구조가 여전히 수직적 측면에서 집중되어있고, 더 강화된 측면이 있다. 수평적 폭이 충분하지 않다면, 하급자가 자율적으로 결정할 권한이 작아지게 된다. 따라서 중국군이 1990년대 중반 이후의 군사교리에서 강조하는 '기동의 유연성 및 분산 배치 이론'에 정면으로 배치(背馳-contradiction)된다고 평가하였다.

4.3.3. 구조적 한계에 따른 네 가지 측면의 대비과제

중국은 군사변혁을 통해 기존 군사체계의 조직과 구조를 탈피하고, 최적화된 효율성을 추구하며, 관련 정책과 제도의 법제화에 끊임없이 노력하고 있다. 그러나 시진핑이 군사변혁에 성공할지라도 이들이 가진 구조적 한계와 문제점은 없어지지 않을 것이다. 따라서 네 가지의 과제는 진중하게 대비할 필요가 있다.

첫째, 정치지도자(시진핑)가 군대를 지휘 및 통솔할 때 오류와 오판이 있을 거라는 우려가 사그라지지 않는다. 작전지휘와 부대 관리 및 교육 훈련 분야의 전문성에 한계가 있다고 믿어서다. 중국군의 지휘구조 및 조직에 대한 권한이 '중앙군위(주석)'로 대폭 강화되었으나,[87)] 군사 전문성에 대한 태생적 한계와 독단, 인지・확증 편향이 거듭될 경우, 국가의 중대 사안에 대한 오인 및 오판을 할 가능성이 존재한다.

둘째, 군령 및 군정과 관련하여 지휘체계와 구조가 새롭게 정립되었지만, 업무 영

86) Roger Cliff, "China's Military Reforms: An Pessimistic Take," 『Joint Forces Quarterly』 제83호 (CNA, 2016). pp. 53~57.

87) '중앙군위'는 주석, 부주석(2), 위원(4)으로 구성되어 있으며, 국방 및 군사 부문에 관한 최고의사결정기구다.

역의 불분명·불확실성은 존재한다.[88)]

셋째, 합동 지휘체계의 확립으로 합동작전 능력이 강화되었지만, '합동성 강화'가 오히려 제약으로 작용할 수 있음은 간과하고 있다. 군사변혁에서 합동 지휘체계의 수립과 합동작전 능력의 강화 방향이 타당하지만, 2016년 2월 신설한 5대 전구 초대사령관과 정치위원은 전원(全員)이 육군 장성이었다. 2022년도 기준으로 볼 때 점차 개선되는 추세이지만, 내부 편성구조를 볼 때 육군 출신 다수가 주요 보직을 차지하는 구조는 인적·작전적 장애 요인으로 작용할 것이다.

5대 전구 사령관과 정치위원의 군종(軍種)

구 분	2016		2020		2022	
	사령관	정치위원	사령관	정치위원	사령관	정치위원
동부전구	육군상장	육군상장	육군상장	육군상장	육군상장	육군상장
남부전구			해군상장	육군상장	육군상장	육군상장
서부전구			육군상장	육군상장	육군상장	육군상장
북부전구			육군상장	공군상장	공군상장	해군상장
중부전구			공군상장	육군상장	육군상장	육군상장

넷째, 30만 명을 감군(減軍)하다 보니 제대군인들의 취업문제가 현실이 되었다. 국영기업과 지방 정부를 독려하고 있지만, 국영기업은 독립성과 이윤을 추구해야 하기에, 지방 정부는 일자리 여유분이 부족하다는 이유 등으로 해결이 원활하지 않다. 이들에 대한 처우가 원만하게 해결되지 않는다면, 軍의 사기(士氣)에 상당한 영향을 끼칠 것이다.

4.4. 중국의 군사변혁과 한국군의 인식 및 대응책

2022년 11월 29일 美 국방부가 의회에 보고한 <2022 중국의 군사 및 안보 발전>[89)]

---

88) '중앙군위→전구→각급 부대'는 군령(軍令)체계를, '중앙군위→각 군→부대'는 군정(軍政)체계를 세웠다. 중간 단계인 '전구(戰區)는 군령권'을, '군종(軍種)은 군정권'을 가졌다. 그러나 합동작전 지휘체계에 대한 설명을 살펴보면, "합동작전 및 합동 지휘의 요구에 따라 '중앙군위'의 합동 지휘, 각 전구·군종의 합동 지휘, 그리고 전구·군종의 작전지휘 기능을 조정 및 규범화해야 한다."라고 강조한다. 즉, 작전지휘는 '중앙군위 합동작전 지휘센터'와 '전구 합동작전 지휘센터'가 '전구 예하 부대'와 '군종 사령부'에 대한 작전지휘를 수행하지만, 각 전구·군종이 작전지휘를 한다는 측면에서 '군종(軍種) 사령부'가 군정뿐만 아니라 군령까지 담당한다는 의미로 해석될 여지도 있다. 따라서 중국군이 강조하는 군령과 군정을 분리한다는 측면과 상충(相衝)될 수 있음을 이해해야 한다.

89) 2002년 美 국방부가 처음으로 의회에 보고한 이후 매년 작성하는 문서다. 일명 <중국 군사력 보고서(CMPR-China Military Power Report)>로 불리고 있으며, 'Military and Security Developments Involving the

에 따르면, 중국군은 현재 400개 이상의 핵탄두를 보유하고 있으며, 2035년엔 1,500개에 달할 것으로 예상한다. 특히 미사일 공격을 감지하는 즉시 핵으로 반격하는 '경보 즉시 발사(LOW-Launch On Warning)'태세로 발전하고 있으며, 첨단 위성이 한반도-타이완-인도양-남중국해 일대를 중첩되게 감시하고 있다. 국방예산은 국내 총생산(GDP)의 1.3%로 한국(480억$)의 4.4배, 일본(550억$)의 3.8배, 타이완(154억$)의 13.6배에 달할 만큼 투자하고 있다는 점에 주목할 필요가 있다.[90] 이 보고서는 중국이 어떻게 중국군에 의존하고 이를 위해 발전시키고 있는지 등을 세밀하게 제시하고 있다. 미국이 중국과의 관계를 관리하기 위한 내용이지만, 한반도의 지정학적 위치를 고려할 때 미-중 간 전략 경쟁 구도가 국익에 상당한 파장(波長)을 일으킬 수 있기에 적극적으로 대비해야 한다.

중국은 국력 증대와 '힘의 투사력(projection)'을 갖춰 동아시아 지역에서 미국의 영향력을 차단하고, 새로운 질서를 주도하려는 야심을 가지고 있다. 한국이 중국군의 현대화와 군사력 강화의 직접적인 목표가 미국과 일본 등이라고 위안 삼을 수는 있겠지만, 이 정도의 반응과 인식만으로 현실을 극복하기는 어렵다. 특히 한반도 급변사태 시 언제든지 가장 먼저 움직일 수 있는 '북부전구'에 대비할 필요가 있다. 3개 집단군, 북해함대와 랴오닝 항모, 10개 이상의 공군기지, 2개 육전여단(해병대)이 언제라도 한반도에 상륙할 수 있어서다.[91] 더욱이 산둥성 지난(濟南) 부근에 설치된 지상용 대형위상배열 레이더(LPAR 2대: 범위 5556km, 2013~2014년도에 설치)에다 추가로 신형 1대(2019)를 한반도-러시아-일본 방향에 설치하였음은 예삿일이 아니다.[92]

People's Republic of China'의 약자다.

90) 조현규, "美 국방부가 발표한 '2022년 중국 군사력 보고서' 평가," 『시사TIMES』 (2023.03.02.).

91) '북부전구'는 선양(瀋陽) 군구를 모태로 하여 베이징(北京)군구, 지난(濟南) 군구의 일부 부대를 흡수하였다. 80 집단군은 '쾌속 반응부대(신속대응군=기계화부대)'이다(김성진, "한반도의 역학 관계와 지정학(地政學), <국방혁신 4.0>의 현주소," 『안보전략논단』 Vol. 23(23-1). (서울: 대한민국재향군인회 안보전략연구원) (2023.01.02.).; 김성진, "일본 제국의 진주만 공습과 패착, 한반도의 지정학(地政學)," 『KONAS 안보칼럼』 (서울: 대한민국재향군인회 안보전략연구원) (2022.12.01.).).

92) '지상용 대형위상배열 레이더(LPAR)'는 'Large Phased Array Radar'의 약자다.; "중국군 대형 위상배열 레이다는 우리에게 얼마나 큰 위협일까?," 『연합뉴스』 (2022.05.02.).; 박희준, "중국 대형조기경보레이더로 한반도·일본 샅샅이 감시," 『THE FACT』 (2022.04.12.).

일부는 중국이 미국과 패권경쟁을 할 때 한반도가 완충지대라는 희망을 버리지 않고 있다고 믿는다. 즉, 군사력 현대화(~2035)와 세계 일류군대 건설(~2050)이 완료되더라도 한반도에 직접적인 영향은 없을 거라는 전망을 한다. 그러나 국가 존립을 장밋빛 미래에 의존하기는 어렵다. 2020년 육군이 한반도의 최대 위협을 북한군이 아닌 중국군 북부전구로 인식하여 관련 연구를 시도했음은 바람직한 현상이다.[93] 다만, 한국군 주류의 다수가 정규전에 배비(配備)해야 한다는 고착된 인식은 발상의 전환이 필요하다. 지정학・지경학적 측면에서 중국・북한(주적-主敵)과 대처하고 있다는 점에 변화가 없지만, 회색지대 전략이 활성화되었고, 핵・우주・사이버공간, 해커 운용 능력은 상대적 측면에서 강화되었기 때문이다.

전쟁(경쟁 또는 분쟁)에서 승리하기 위해서는 대비해야 할 대상(표적)과 무엇이 게임-체인저(Game-Changer) 인지를 적기(適期)에 식별해내야 한다. 조기에 식별하지 못한다면, 전투(전쟁)에서 패배(굴복)를 각오해야 한다.[94] 한국군은 'Plan-A(북한 위협에 대응)'와 'Plan-B(美・中의 패권경쟁 가운데 中・日과 같이 인접국의 군사력 증강에 대비)'를 가졌지만, 유독 'Plan-A'에 집착하고 있는 현실은 극복해야 한다. 국방 기조에도 북한과 주변국의 안보위협을 '직접적・잠재적인 적(enemy)'으로 간주하되, 형식에 얽매이지 말고 현실에 대비하는 과감한 인식의 전환과 결기가 필요하며, 대응책이 조기에 마련되어야 한다.

---

93) 전경웅, "북한 급변 시 한반도 공격 1순위…육군 '중국군 북부전구' 연구 돌입," 『뉴데일리』(2022.07.03.).; 이근평, "육군이 본 한반도 최대 위협 "북한군 아닌 中 북부전구," 『중앙일보』(2020.07.02.).

94) 2015년 12월 31일 시진핑은 10개 여단 규모의 해병대 군단을 창설하고 10만여 명으로 확대할 것임을 밝혔다. 북부전구의 북해함대 사령부 예하에 2개 육전여단(상륙부대) 2만여 명이 끊임없이 상륙 훈련을 하고 있다(김성진, 『국가위기관리론』(2021), pp. 23~27.; 김성진, 『세계전쟁사』(2021), pp. 65~76.; 김성진, 『전쟁사와 무기체계론』(2020), pp. 37~39.; 러-우크라이나 사태에서 우크라이나 무인기가 러시아 방공망을 뚫고 모스크바의 전략 폭격기 기지를 수차례 타격하며 러시아군 방공망의 허점을 노출케 하였다(JTBC, "우크라, 무인기로 러시아 공군기지 공격…3명 사망," 『JTBC 뉴스』(2022.12.26.).; 신기섭, "러시아 본토, 이틀째 공격당해…확전 위기감 고조," 『한겨레신문』(2022.12.07.).; 한국은 2014년 북한의 조악한 무인기가 기체 결함으로 확인된 이후에도 수차례에 걸쳐 확인되었지만, 대응책 마련에 소홀하였고, 특히 최근 수도권 지역에 침투한 북한 무인기(5대)에 대한 초기-작전적 대응 측면에서 상당한 문제가 노출되면서 국민적 의구심을 키웠다(김성진, "우크라이나와 북한 무인기(Drone)의 공격, 한국군의 딜레마," 『국민정책평가신문』(2022.12.29.).; 박수찬, "'장난감 아니다'…첨단 무기 과시하던 한국군, 조잡한 드론에 상공 뚫렸다," 『세계일보』(2022.12.31.).; 이종윤, "북 무인기에 뚫린 방공망, 尹대통령 '드론부대 조기 창설'," 『파이낸셜뉴스』(2022.12.27.).

제 5 절

논의 및 시사점

<표 5-25>는 미국-프랑스-중국이 군사혁신(RMA)을 추진하는 과정에서 나타난 특징을 비교하였다.

<표 5-25> 미국-프랑스-중국의 군사혁신(RMA) 추진 시 특징 비교

구 분	미국	프랑스	중국
접근 인식	잘못된 부분은 개선 및 변화를 통해 성장이 가능	제1차 걸프전 이후 총체적 변화가 필요	제1차 걸프전(1991) 이후 '정보화'가 요구
내·외부 환경 진단	○	○	○
추진 단계	피라미드식 하향식 시스템	4단계	3단계
혁신 주도계층	국방부	대통령 (국방전략위원회)	주석 (중앙군위)

미국의 군사혁신은 성공적이지만, 이를 주도한 혁신의 주체가 걸림돌이 되며 상당기간 지체되었다. 그러나 법제화·체계화·구조화를 확립하면서 군사혁신에 성공했다고 평가할 수 있다.

프랑스도 전문 조직을 토대로 법제화·체계화·구조화에 성공하면서 각 군 간 협업(collaboration)을 통해 조직의 효율성을 강화하였다.

중국은 장쩌민-덩샤오핑 시기엔 '관료적 형식주의'에서 벗어나지 못했지만, 시진핑의 강력한 리더십으로 법제화·체계화·구조화에 성공했다고 평가할 수 있다. 다만, 육군의 고위장성 비율이 높다는 점과 조직의 균형성, 수직적 구조에서 수평적 구조로는 변화 및 개선이 되지 않았다.

"지휘관이 훌륭한 지휘통솔을 하려면, 하루의 에너지 중 50%는 업무에, 나머지 50%는 자기 발전에 전념하여야 한다."

강의_V 한국군의 군사혁신 사례를 이해합시다.

학습하기 이전(以前)에 요구되는 사항

1. 한국이 추구하는 국가안보의 3대 주요 변수는?
2. 국가전략-국가이익-국방개혁의 상관관계는?
3. 국가의 기본전략과 안보전략에 포함되어야 할 분야는?
   * 국가안보전략과 국방정책의 관계는?
4. 한국의 역대 〈국방개혁〉의 변천 과정을 이해하시오.
   * 〈국방개혁〉이 시작된 배경과 목적은?
   * 〈국방개혁〉이 변천되어 온 과정과 시기별 핵심 요소는?
   * 〈국방개혁〉을 추진한 역대 정부의 특징은?
5. 정보 · 지식에 기반하는 바람직한 군사혁신의 방향은?
6. 한국군의 국방전략 추진 개념과 특징은?
   * 한국군이 국방을 운영하는 데 필요한 4대 중점은?
   * 군사혁신이 필요한 배경과 이유는?
7. 한국군 군사혁신의 4대 추진 중점은?
   * Vision을 수립할 때 고려해야 할 3대 요소는?
8. 한국군의 군사혁신에 필요한 핵심분야를 이해하시오.
   * 안보위협에 대응하는 방향성과 수준에 대한 시각은?
   * 첨단 과학기술과 무기체계의 고도화에 따른 전쟁 수행개념의 변화 또는 발전에 대한 시각은?

제6장

한국의 ‘군사혁신(RMA)’ 이해

제 1 절

개 요

21세기에 바람직한 국가의 형태와 모습은 크게 네 가지를 들 수 있다. 첫째, 인류평화에 기여하는 국가, 둘째, 안전하고 자유로운 국가, 셋째, 정의롭고 화합된 국가, 넷째, 풍요롭고 활기찬 국가라고 정리할 수 있다. 다만, 국가 정책을 모든 사회구성원 모두가 만족하기를 기대하기는 쉽지 않다. 어떤 계층(집단)에게는 좋은 정책이 될 수 있지만, 또 다른 어떤 계층(집단)에게는 나쁜 정책으로 비칠 수밖에 없는 구조여서다. 애국가 제창에 대한 논쟁을 예로 들어보자. 긍정적 측면에서 접근하면, 애국심과 충성심으로 승화시킬 수 있다. 반면에 부정적 측면에서 접근하면, 전체주의의 문제로 비화(飛火)될 수 있다. 왜냐하면, 국가는 국민의 필요에 따라 만들어진 산물이지, 국가가 있기에 국민이 존재할 수 있는 게 아니기 때문이다. 그러나 애국가의 기본 정신은 국가가 있고, 국민이 존재하기에 국가를 사랑해야 하고 헌신해야 한다는 의미다. 즉, '거꾸로'라는 인식을 학습하는 차원에서 한 번쯤 생각해 볼 일이다.

대한민국(이하 한국)은 다양한 안보위기를 슬기롭게 극복해왔다. 2022년 12월 6일 골드만삭스에서 발표한 <2075년 글로벌 경제 전망> 보고서에 따르면, 한국은 세계 경제 대국 순위가 12위이지만, 2050년이 되면, 15위권 아래로 떨어질 것으로 전망하였다. 국제사회가 경제력·군사력 향상에 더욱 몰입하며 국익을 도모할 것이 예견되는 이때 한국이 변화와 발전에 노력하지 않는다면, 미래의 결과는 불을 보듯 뻔하지 않나 싶다.

한국은 건국한 이후에도 국가 안보전략과 발전 전략을 체계적으로 수립할 기회를 잡지 못했다. 물론 여러 가지의 환경적 요인(여건)이 존재한다. <표 6-1>은 한국이 국가(군사)전략을 수립하지 못한 역사적 원인을 크게 세 가지로 정리하였다.

<표 6-1> 한국이 국가(군사)전략을 수립하지 못한 역사적 원인

첫째, 일제의 강압적인 식민 지배에서 벗어났으나, 이어진 6·25전쟁 등으로 국력이 미약(微弱)하여 국가(군사)전략을 수립할 여건 자체를 마련하지 못했고, 역량(capability)은 구축하지 못했다. 둘째, 구(舊) 냉전기(1945~1991)의 양극체제로 인해 자주성(自主性)을 제약받았다. 셋째, 자립경제가 어려워 미국을 비롯한 서방 진영에 정치·경제·군사적 측면을 의존하면서 스스로 역량 개발과 발전에 크게 관심이 없었다.

그러나 언제까지 주변 탓만 하다 보면, 국가 존립과 국익에 노력하는 자체가 어려워진다. 따라서 국가·군사전략을 체계적으로 수립 및 실천할 수 있는 인식의 전환이 함께하는 군사혁신이 추진되어야 한다. 특히 현실과 같이 수사(修辭)와 외형에 치중하기보다 실질적인 노력이 중요하며, 법제화가 따라야 함을 잊지 않아야 한다. 이를 위해 두 가지 측면에 유념할 필요가 있다.

첫째, 주요 군사선진국에서 성공한 군사혁신 패턴을 참고해야 한다. 예를 들면, 한국보다 먼저 군사혁신에 성공한 국가(美), 한반도의 안보 상황 및 지정학적 여건과 유사한 국가(이스라엘), 군사력의 규모가 유사한 국가(日), 문화적·의식적·전략적 사고가 유사한 국가(프+獨), 지정학적으로 위협이 되는 국가(北+中)를 대상으로 할 필요가 있다.

둘째, 주요 전투력과 연계되는 핵심 원천 기술을 축적하여야 한다. 과학기술은 문명 발전의 원동력이자 군사혁신의 핵심이 된다는 측면에서 관련 기술을 식별할 수 있어야 한다. 핵심부품은 도입하기보다 자체 개발에 노력해야 하며, 민간 사용기술을 접목 및 창조적 모방을 통한 새로운 영역의 기술이 개발되어야 한다. 연구개발(R&SD) 인력은 핵심 기술과 소프트웨어, 네트워크 중심으로 구성하여야 한다. 단계를 실천하려면, 내·외부의 의구심이 생기지 않도록 노력하여야 한다.

제 2 절

'군사혁신'에 관한 기본 개념의 이해

1. 국가의 기본전략과 안보전략이란?

군사혁신(일명 국방개혁)[1] 분야에 들어가기 이전에 국가·군사 차원의 정책과 전략이 어떻게 연계되는지를 먼저 이해할 필요가 있다. <표 6-2>는 국가의 기본전략을 수립할 때 고려해야 하는 다섯 가지 측면을 정리하였다.

<표 6-2> 국가 기본전략을 수립할 때 고려해야 할 다섯 가지 측면

첫째, 화합 에너지를 축적하여 평화통일을 성취할 수 있어야 한다. 둘째, 경제력·기술력을 신장(伸張)시켜 국력이 선진권으로 진입할 수 있어야 한다. 셋째, 정보·지식부문을 개척하여 선진 정보 사회를 구현(具現)할 수 있어야 한다. 넷째, 전 방위적 선린(善隣)외교를 전개하여 국가발전과 통일환경을 조성할 수 있어야 한다. 다섯째, 포괄적 안보태세를 발전시켜 국가 안보를 구현할 수 있어야 한다.

국가의 존립 및 발전을 위해 가장 먼저 고려해야 할 사안은 '국가이익(National Interest)'이다.[2] 고전적 현실주의를 대표하는 한스 J. 모겐소(Hans J. Morgenthau, 1904~1980) 박사는 "모든 국가가 국가이익을 추구하며, 이를 추구하기 위하여 힘 또는 권력을 추구한다."라고 주장하였다. 즉, '국가이익'은 국가가 추진

1) 역대 정부에서 '국방개혁', '군사혁신'으로 불리다가 최근 '국방혁신 4.0'으로 표현하고 있어 혼란스럽기에 가능한 '군사혁신' 용어로 통일하였다.

2) 한국의 '국가이익'은 크게 다섯 가지로 정리할 수 있다. 첫째, 영토의 보존과 국민의 안전보장, 주권 보호를 통한 독립 국가로의 '생존(존립)'이다. 둘째, 국민 생활의 균등한 향상과 복지 발전을 통해 '발전과 번영'을 이루는 것이다. 셋째, 자유와 평등, 인간의 존엄 등 민족 문화 창달을 통해 '자유민주체제의 발전'을 이루는 것이다. 넷째, 세계의 평화와 인류 공영에 이바지할 수 있도록 '국위를 선양'하는 것이다. 마지막으로, 남·북한의 '평화적 통일'이다(김성진, 『군사전략론』 (2022), pp. 185~187.).

(수립)하는 모든 정책·전략에서 가장 우선하여 고려해야 할 최고의 가치이며, 최종 상태(End State)여야 한다는 의미다. <그림 6-1>은 국가이익과 국가전략의 체계, 국가안보전략과 국가발전전략의 관계를 정리하였다.

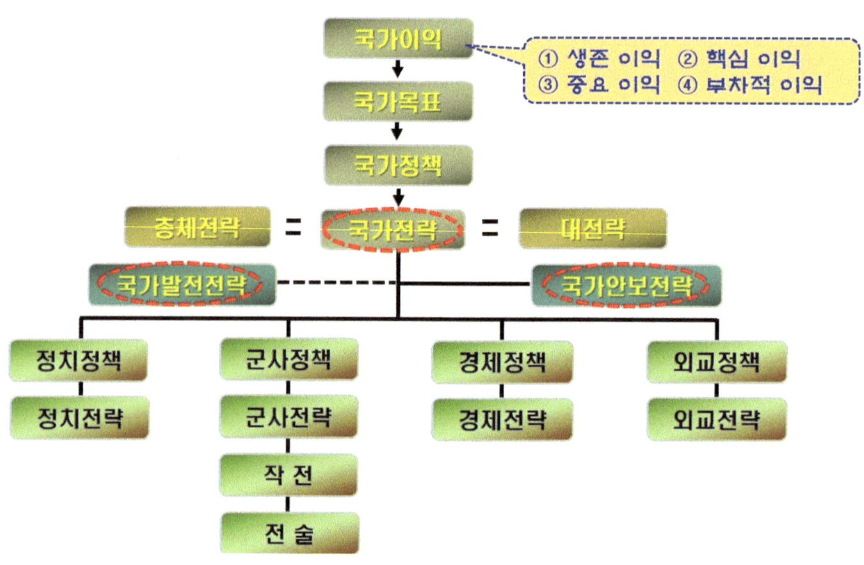

<그림 6-1> 국가전략에서 국가안보전략과 국가발전전략의 관계

여기서 '국가 안보전략'이란 '국가의 안전보장을 달성하기 위하여 가용한 자원과 수단을 종합적·체계적으로 활용하는 행동계획'을 의미하고 있다.[3)] 즉, '국가안보를 위해 가용한 자원과 노력을 어떻게 배분 및 운영할 것인지를 결정하기 위한 종합적·체계적인 구상'을 하는 것으로 다양한 정책적 방법과 수단을 채택하게 된다. 국가 안보전략은 상황 및 여건에 따라 유연하게 '자주적·협력적·포괄적으로 균형이 잡힌 안보태세를 유지'하는 데 있다. 한국은 국가이익이 직면 및 예측되는 정도에 따라 국가목표를 설정-정책·전략의 수립-관련 분야에 요구되는 안보·발전 전략을 추구하고 있다.

3) 김성진, 『군사전략론』 (2022), pp. 48~49, 56.; 육군교육사령부, 『국가와 안보(Ⅰ)』 (대전: 국군인쇄창, 2017), pp. 4-18~19.

2. 국가 안보전략과 국방정책의 관계

<2022 국방백서>에 기반하여 정리해 보면, 정부가 발표한 '국가 비전(Vision)'과 '국정 기조'-'국가안보목표'-'국가안보전략 기조'에서 '국방목표'와 '국방전략 목표', '국방정책 중점'을 도출하고 있다.[4] <그림 6-2>는 <2022 국방백서>의 정부의 국가 비전을 비롯한 국가안보전략 기조에 따라 국방정책을 도출하는 과정을 정리하였다.

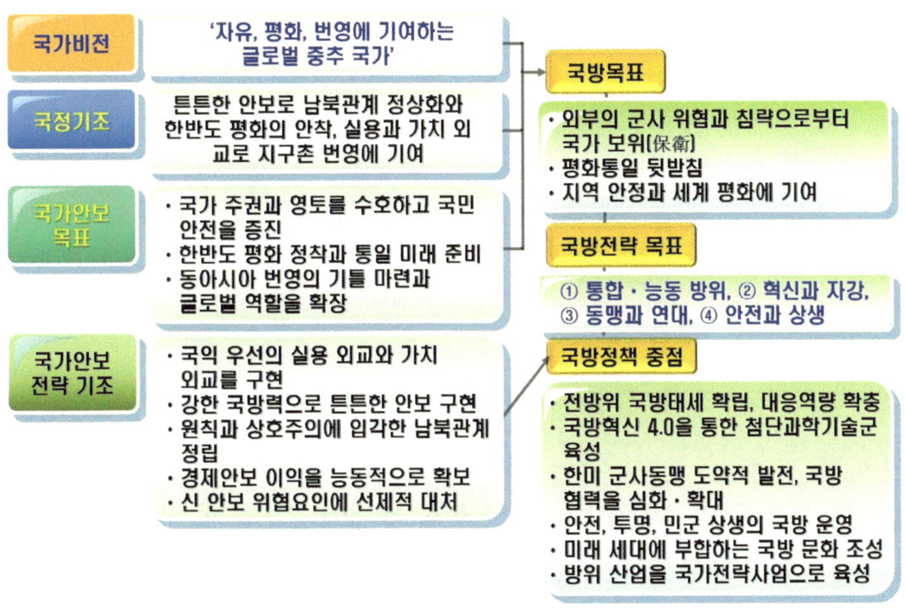

<그림 6-2> 국가 비전과 국가안보전략 기조에서 국방정책을 도출하는 과정

이러한 과정을 통해 국가안보전략과 국방정책을 군사적으로 구현하기 위한 과정이 군사전략의 설정이다. 크게 세 가지로 구분할 수 있으며 '목표를 수립'하고 '개념을

4) 1967년 박정희 대통령이 처음 <1968년 국방백서>라는 제목으로 2차례 발간하다 중단하였다. 1988년 창군 40주년을 맞이하면서 다시 2000년까지 매년 발간하였으나, 남북 간 화해 분위기가 조성되면서 '북한은 주적(主敵)'이라는 표현이 논란을 빚었다. 결국, 2001년도에는 <국방 주요자료집>이라는 제목으로 발간하였고, 2004년부터 2년 주기로 <국방백서>를 발간하고 있다. <2022 국방백서>는 1967년 처음 발간한 이래 25번째 발간하였다.
* 2016년부터 '주적'이라는 표현이 삭제되었으나, <2022년 국방백서>에 다시 '~북한 정권과 북한군은 우리의 적~'이라고 표현하고 있다(국방부 정책기획관실 국방전략과, <2022 국방백서> (서울: (주)다니기획, 2022년 12월), p.39.).

설정'한 다음 '군사력을 건설하는 방향'이라고 할 수 있다. <그림 6-3>은 <2022 국방백서>에 제시된 국방전략 목표-국방정책 중점을 정리하였다.

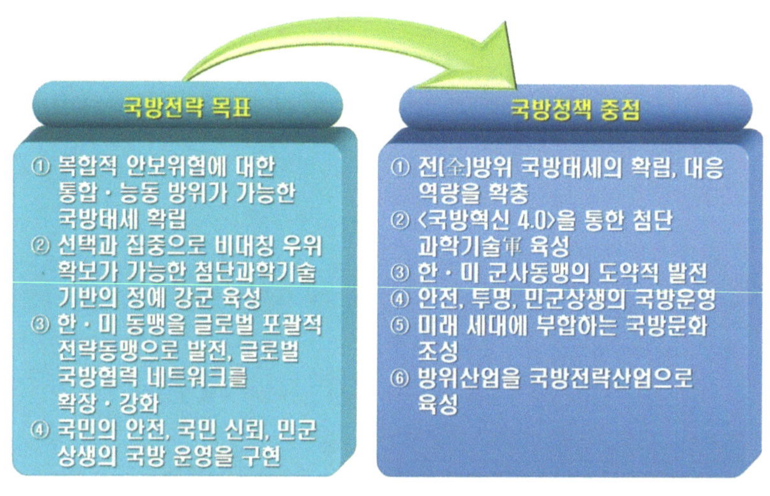

<그림 6-3> <2022 국방백서> 상의 국방전략 목표-국방정책 중점

'국방전략 목표'는 크게 '통합·능동 방위', '혁신과 자강(自强)', '동맹과 연대', '안전과 상생'을 특징적으로 설정하고 있다.

'국방정책 중점'은 안보환경의 급격한 변화 추세에 유연하게 대응하면서 전(全) 방위 안보위협은 한·미 동맹 능력을 최대한 활용하여 단호하게 대응할 수 있는 군사대비태세를 완비하는 데 두고 있다.[5] 과학기술 강군은 인공지능(AI), 로봇 등을 비롯한 4차 산업혁명의 첨단과학기술을 국방 분야에 접목하여 경쟁 우위의 과학기술 강군을 육성하는 데 두고 있다.[6]

5) '한·미 동맹'을 '글로벌 포괄적 전략동맹'으로 발전한다고 제시했지만, 한국의 주도적인 역할 가능성에 대하여는 접근 관점에 따라 이견(異見)이 생길 수 있다.

6) 첨단과학기술을 국방 분야에 접목한다는 측면에서 상당히 고무적이지만, 현실 위협에 도움이 되려면, 상당한 기간이 필요한 측면을 고려할 때 다소 현실과 괴리가 있다. 특히 '기술중심의 軍'으로 느껴질 수 있기에 접근 관점에 따라 이견(異見)이 존재하고 있다.

제 3 절

국방개혁에 관한 이해

1. 국방개혁[7]의 변천사(變遷史)

급변하는 한반도의 안보 상황에서 현재~미래 위협에 신속하고 효과적으로 대응이 필요하다. 국방개혁의 성패는 육·해·공군 전력의 통합 운영과 작전의 효율성 및 시너지 효과를 어떻게 획득할지에 달렸다. 물론, 軍 내·외부의 조직적 저항을 극복해야 함도 변수의 하나다. 1948년 8월 15일 대한민국 정부가 수립된 이래 국방개혁은 크게 일곱 차례에 걸쳐 수정·보완 작업이 진행되었다. 이때 목표는 일관되게 '미래의 전장환경과 한반도 안보환경의 변화에 부응하고자 하는 국방태세의 확립'에 두었다. <표 6-3>은 2002년 이후 <국방개혁>의 변천 과정을 정리하였다.

<표 6-3> 한국군 <국방개혁>의 변천 과정

구 분		핵심비전	기본 인식	주요 내용
① 노무현 정부	<국방개혁 2020> (2005)	국민과 함께 하는 선진 정예강군	· 전쟁 양상의 변화 · 병력 위주의 대군(大軍)체계 · 독자적 작전 수행능력 향상에 소홀 · 국방 전반의 비효율성이 심화 · 전근대적인 병영문화의 청산이 필요	· 합참 중심의 작전 수행체계 · 중간 지휘계선 단축 · 2020년까지 50만 명 정예화 · 국방부 문민화, 문민통제 확립 · 예비전력 정예화 · 병영문화 혁신 등
② 이명박 정부	<국방개혁 2020 수정> (2009)	정예화된 선진강군	· 부단한 안보환경의 변화 · 국방의 효율성 증대가 필요	· 확고한 연합방위체제를 바탕으로 한국군 주도 능력 향상 · 북한 핵·미사일 위협에 대비할 전력의 확보 · 선진국방 정보화 환경 구축 등

7) <국방개혁>을 군사혁신으로 바꾸면, 혼란스러울 수 있기에 용어를 그대로 사용하고자 한다(국방부 정책기획관실 국방전략과, <2016 국방백서>·<2018 국방백서>·<2020 국방백서>·<2022 국방백서> 등).

구 분		핵심비전	기본 인식	주요 내용
② 이명박 정부	<국방개혁 307 계획> (2011)	통합지휘관이 군령·군정권을 같이 행사	· 군령과 군정의 획일적 구분에 따른 부작용·비효율성 해소	· 상부 지휘구조 개편 · 전략증강 부문에서의 우선순위 조정 · 국방인력·교육 훈련체계 개선 등
	<국방개혁 2030> (2012)	다기능·고효율의 선진국방	· 북한 위협이 증대 · 병력자원이 감소	· 한국군 주도의 작전 수행체계 구축 · 국방인력의 전문성 확대 · 3군의 합동성 강화 등
③ 박근혜 정부	<국방개혁 2030 수정> (2014)	'혁신·창조형' 정예화된 선진강군	· 미래전에 대비한 소요 제기 · 북한의 위협양상이 변화 · 국방개혁의 주기적 보완	· 전작권 전환 대비를 고려한 합참 조직 개편 · 북한의 핵·미사일 위협 대비전력 조기 확보 · 방위산업 활성화 등
④ 문재인 정부	<국방개혁 2.0> (2018)	평화·번영을 책임지는 '강한 군대, 책임 국방' 구현	· 한반도 평화의 도전요인이 상존(尙存) · 주변국의 전략적 각축이 심화 · 국민의 인권·복지 요구 · 미래의 전쟁 패러다임이 변화	· 지휘구조 개편 * 합참의장의 연합사령관 겸직 · 국방부 직할부대 축소 · 합동성 강화 및 주요직위자의 3군 균형 편성 · 예비전력의 내실화 · 방산 투명성 강화 등
⑤ 윤석열 정부	<국방혁신 4.0> (2022)	'첨단 과학기술군' 육성	· 국방 전 분야에 AI 확대, 개방형 민군협업의 국방 AI 생태계를 조성	· AI에 기반하는 유·무인 복합체계의 단계별 구축 · 우주·사이버·전자기 영역에 대한 작전 수행체계 발전 · 첨단과학기술에 기반한 軍 구조로 개편 · 효율성·적시성에 기반한 전력증강체계 정립 등

국방개혁은 처음 시작하는 단계에서 가졌던 기본 정신이 계속 이어지고 있다. 다만, 북한이 진행하고 있는 양적 위주의 군사력을 대증적(對症的) 방식으로 대응하는 관행을 볼 때 근본적으로 원인을 진단하여 대처하려는 인식이 미흡함을 알 수 있다.[8)]

---

8) '대증적(allopathy)'은 '근본적인 처방보다 외부로 드러난 현상에만 집중하며 조처하는 상태'를 의미하고

그러나 육・해・공군의 전력체계를 미래전 추세에 부합하도록 첨단화・정보화・기동화하겠다는 역대 정부의 인식과 <2022 국방백서>에 제시된 첨단 과학기술軍으로 육성하겠다는 의지는 다행스럽다.[9)]

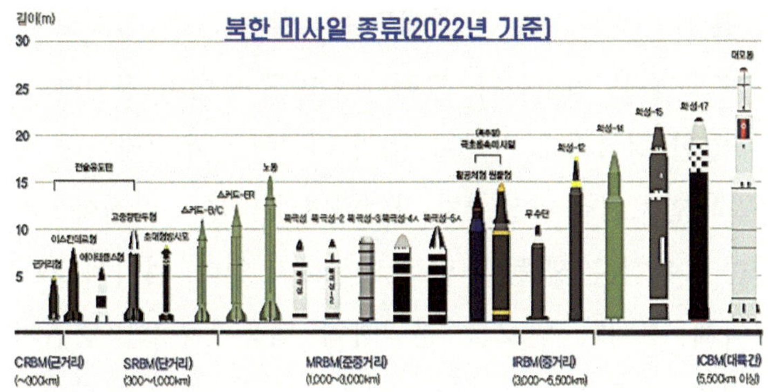

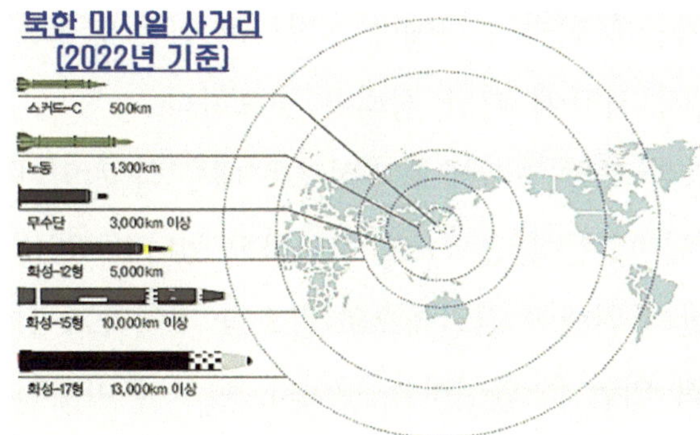

또한, <2022 국방백서>엔 그간 북한의 핵 무력 수준 평가에 변동이 없다가 이번에 현실 위협(북한)에 대한 고농축 우라늄(HEU) 보유량을 20kg 늘어난 수치로 제시하였다. 극초음속 미사일 등의 새로운 핵 투발 수단을 계속 개발하고 있다는 점 등을 반영하였다. 특히 약 2,500~5,000t의 화학무기를 저장하고 있다고 추정하고 있다.

있다.

9) 북한군 무기와의 단순한 양적 비교는 현실에 부합되도록 개선 및 조정함이 필요하다.

2. 국방개혁에 대한 기본 인식의 틀

국방개혁이 출발하게 된 당시의 시점과 인식은 북한의 군사적 위협이 고조되면서 이에 대응하기 위한 측면이 강했다. 이러한 현실은 현재도 무시할 수 없는 실체로 존재하고 있으며 軍의 주류 대다수도 같은 인식이다. 그러나 한반도 주변의 정세가 심상치 않고, 국제 안보정세도 다양한 회색지대 전략(분쟁)과 러시아의 우크라이나 침공(2022), 새롭게 등장한 비전통적 안보위협 양상, 4차 산업혁명과 더불어 지정학・지경학적 측면에서 국익을 선점하기 위한 분쟁 등이 날로 확산하고 있다. 여기서 2000년대 이후 국제사회가 냉정하게 경제와 안보를 분리하여 대응하는 신 냉전기(Cool-War Period)임을 고려한다면, 지정학・지경학적 측면을 복합적으로 재진단할 필요가 있다. 우선 한반도 주변의 안보위협을 북한발 위협에만 집착하고 있는 현실을 되돌아봐야 한다는 측면에서 크게 세 가지 시각에 대한 정리가 필요하다.

첫째, <2022 국방백서>에서 '북한의 다양한 도발 위협에 효과적으로 대응'하고 있다고 하면서 '북한의 군사적 위협과 침략에 대비함은 물론~'으로 적시하고 있다.[10] 2018년도 <국방백서>와 <국방개혁 2.0>은 북한의 위협이 점진적으로 감소할 것이라고 전제하였다.[11] 이때 '북한의 위협'은 '군사적 위협'을 의미하는 것이다. 여기서 미래전 추세에 맞게 안정적으로 억제・방어할 전투력을 갖추겠다는 의지는 타당하다고 볼 수 있다. 다만, '비 군사위협'은 '비전통적 위협(Non-traditional threats)'과 엄연히 다른 의미다. 북한의 군사위협 또는 잠재적 위협과도 결이 다른 영역임을 이해할 필요가 있다.[12] 다시 말해 지금까지 국방개혁의 방향과 <국방백서>, 최근의 <국방혁신 4.0>도 軍의 대비태세 전반이 대(對)북한 중심으로 되어있다. 그러나 질적 측면에 한계가 있다.[13]

---

10) 잠재적 큰 위협인 중국은 '제2절 인도・태평양 지역 안보정세 2. 인도・태평양 지역 주요 국가 군사동향'에 다른 국가에 포함되어 간략하게 제시(1.5쪽)된 반면에, 북한은 '제3절 북한 정세 및 군사위협(13쪽)'을 할애하여 제시하고 있다(국방부 정책기획관실 국방전략과, <2022 국방백서> 『국방부』 (2022년 12월), pp. 21~33, 39, 52.).

11) 국방부 정책기획관실 국방전략과, <2018 국방백서> (2018년 12월), pp. 18~21.

12) 김성진, "비전통적 안보위협과 국가 위기관리체계의 효율성 증대방안: 통합방위체계를 중심으로," 『한국군사』 (위례: 한국군사문제연구원, 2022), p. 46.

둘째, "어떻게 싸울 것인가?" 에 대한 한국군 고유의 군사전략이 제시되지 않고 있다는 부분이다. 국방개혁의 출발점은 軍이 "어떻게 싸울 것인가?, 싸울 준비는 되어있는가?"에서부터 시작되어야 한다. 역대 국방개혁에서도 현실적·잠재적 위협에 어떠한 방법과 수단으로 대비 및 대응할 것인지에 대한 윤곽이 분명하지 않은 부분들이 존재하고 있다. 북한의 군사적 위협을 포함하여 미래에 예측되는 '잠재적 위협'에 대비하는 전투준비 및 대비태세가 갖추어졌는지에 대한 의구심이 존재하기 때문이다. 전면전 또는 국지전, 전쟁 이외의 작전(MOOTW) 수행방식 정립, 한국 여건에 맞는 고유의 국방·군사전략 수립 등이 필요하지만, 실천적 항목을 찾기가 어렵다.[14] 또한, 우리와 동맹관계를 유지하고 있는 국가에 관하여 "동맹을 어떻게 활용할 것인가?, 역할과 임무의 분담은 어떠한 수준과 차원에서 할 것인가?"를 고민해야 하지만, 실용적 측면의 접근에 소홀한 점이 많은 현실은 짚고 넘어갈 필요가 있다.[15]

전투활동			
	전쟁		● 전투에서 승리: ① 대규모 전투, ② 공격-방어, ③ 해상봉쇄 등
	비전투활동	전쟁 이외의 군사작전 (MOOTW)	● 전쟁 억제, 분쟁 해결: ① 평화 강제 임무, ② 대테러 작전, ③ 무력 시위 및 타격 작전, ④ 비전투원 소개 작전(NEO), ⑤ 국가 원조활동, ⑥ 대게릴라 작전 ● 평화증진, 민간단체 지원: ① 마약 소탕작전, ② 평화유지 임무, ③ 인도주의적 원조, ④ 선박 보호, ⑤ 민사(Civil Affairs) 지원

셋째, 장밋빛 구호(미래)와 현실이 괴리(乖離)된 현상이다. 이는 크게 두 가지 방향

13) 국방부 국방개혁실, <국방혁신 4.0> (2022), p. 8-1.

14) 북한의 군사적 위협으로 인식하려면, 최소한 네 가지는 고려되어야 한다. 첫째, 완전한 방어태세와 반격을 통해 승리한다. 둘째, 실지(失地)에 대한 회복(또는 수복-recovery)과 정치적 차원에서 승리한다. 셋째, 피해를 최소화하되, 상대방이 무시하지 못할 정도의 강력한 타격을 동반한다. 넷째, 정치적 입지를 강화할 수 있게끔 최소한의 작전 목표는 달성하거나, 관련된 다양한 형태의 목표를 설정하여 시행할 수 있어야 한다.

15) 대표적으로 '전시작전통제권(이하 전작권) 전환'을 들 수 있다. 이는 한국군 주도의 대응 능력을 확보한다는 전제를 깔고 있다는 점에 주목해야 한다. 그렇다면, 현재와 미래의 전장 환경에서 한국군의 역할과 미군의 역할은 어떻게 할 것인가? 가 핵심이 되어야 한다. 한국군이 주도한다면, 미군의 전시 증원전력(시차별 부대전개제원목록: TPFDD-Time Phased Forces Deployment Data)의 규모와 수준을 어떻게 조정할 것인지, 무엇을 추가 또는 축소할 것인지에 대한 우리의 복안이 제시될 수 있어야 한다. 북한의 핵·미사일 등 대량살상무기(WMD) 위협에 대해서는 "미국이 가진 확장억제 능력을 어떻게 활용할 것인가?" 가 중요할 것이다. 특히 전작권의 전환과 맞물린 미래전 개념의 변화에 따라 전시 증원전력의 규모 조정을 미국이 먼저 고려하는 요인이 발생할 때를 대비하여 우리가 무엇을, 어떻게 할 것인지에 대한 구체적인 복안이 마련되어야 한다.

에서 벗어나 있다.

① 단순히 '설마'라는 심리적 의식과 현상에 안주하려는 인식 및 사고(思考)에 정체되어 있다. 대표적으로 국방부의 '문민화'와 '정치적 중립'의 양면성 사례를 살펴보자. 지금까지 '문민화'의 핵심 요소는 軍 출신인지, 민간인 출신인지로 판단하는 게 일반적인 현상이다.[16] 그러나 출신과 경력만으로 문민화 여부를 평가하는 기존의 사고(思考)는 전환되어야 한다. 해당 인물이 국가와 軍에 이익이 될 것인지, 되지 않을 것인지의 관점에서 바라봐야 하지 않나 싶다. 일반에서 주장하는 것처럼 제복을 입지 않은 민간인을 충원하는 게 '문민화'라고 인정할 경우, 특정한 정치적 경향이나, 권력층과의 관계에 있는 인물이 발탁될 가능성이 상당해진다. 따라서 이러한 정체된 사고에서 벗어나야 진정한 '문민화'와 '정치의 중립성'을 유지하는 데 도움이 될 수 있다.

② '명목상의 효과'와 '실질적인 효과'를 구분되어야 한다. 대표적인 사례가 국방부를 비롯한 합참과 각 군종(軍種)의 예하 기관(부대), 주요직위(직책)에 육・해・공군의 비율로 균형을 맞추는 단순한 목표 설정을 들 수 있다. '명목상의 효과'에 치중한다는 의미다. '3군 균형으로 보직'한다는 외부적인 노력이 일정 부분 시도되고 있고 효과도 있다고 할 수 있다. 그러나 문제는 '주요직위' 중에 핵심 보직이 따로 있다는 지점이다. 즉, '3군 균형'이라는 외형에 얽매여 단순히 숫자를 배분하는 데 만족하기보다 '정책을 결정하는 과정'에서 형평성 있는 보직 균형이 더 중요하지 않나 싶다. 물론, 이는 주요직위자에 대한 관할권 또는 권한의 배분과 밀접하게 연관되어있기에 민감한 아킬레스건이 될 수 있다. 그러나 국방개혁이 성공하려면, 이러한 요소들이 자연스레 논의될 수 있는 풍토부터 조성하여야 한다.[17]

16) 『국방부 업무보고』(2022.07.22.).

17) 김관용, "360명까지 줄인다던 장군 정원 '퇴보'…尹정부, 370명 유지키로," 『이데일리』(2023.02.26.).

제 4 절

국방의 6대 운영 중점과 국방전략 추진에 관한 개념 이해

1. 국방을 효율적으로 운영하기 위한 6대 중점

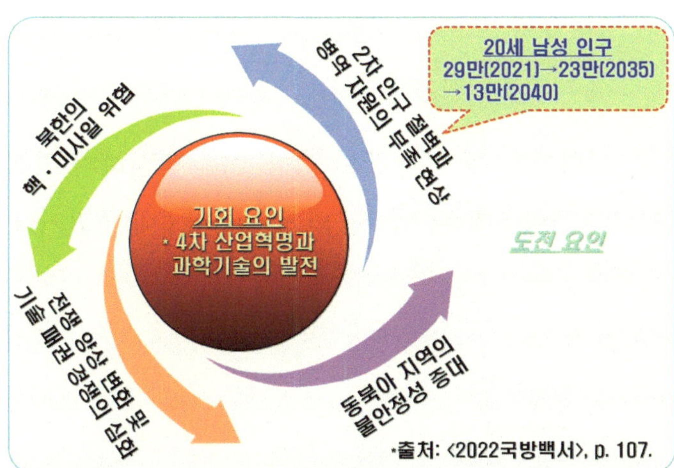

한반도가 직면할 미래의 국방환경은 동북아지역의 불안정성이 증대되고, 북한의 핵·미사일 위협은 심화할 것이며, 과학기술의 혁신적 발전에 따른 전쟁 양상의 변화와 기술패권경쟁이 심화하고, 제2차 인구절벽으로 인한 병역자원이 부족해지는 등의 상당한 도전에 놓이게 될 것이다.[18] 윤석열 정부(2022~)가 추진하는 국방정책은 ‘힘에 의한 평화’를 지향하고 있다.

북한의 핵·미사일 위협에 중점을 두고 전(全) 방위적으로 위협 대응 능력을 강화함으로써 국가발전과 국민의 안전을 보장하기 위함이다.[19] 또한, 안전하고 공정하며, 사기가 높은 병영환경과 병영문화를 구축하는 데 두었다. 이를 위해 <국방혁신 4.0>은 크게 ① 세계 및 동북아지역에서의 불안정성 증대, ② 북한의 핵·미사일 위협의 심화, ③ 과학기술의 비약적 발전과 전쟁 양상의 변화, ④ 기술 패권경쟁의 심화, ⑤ 병역자원의 부족에 따른 위기에 대비하는 데 방점을 두었다. <표 6-4>는 한국군의 국방정책을 구현하기 위한 방향을 크게 네 가지로 정리하였다.

<표 6-4> 한국군의 국방정책 구현 방향(<국방혁신 4.0> 기준)

18) 국방부 정책기획관실 국방전략과, <2022 국방백서> (2022년 12월), p. 107,

19) <국방혁신 4.0>의 6대 중점을 기준으로 하였다(『2022년 국방부 업무보고』 (2022.07.22.).).

첫째, <국방혁신 4.0>을 통하여 軍의 체질을 개선하고 구조를 혁신하며, AI에 기반하는 과학기술軍으로 육성한다.

둘째, 안보관・대적관(對敵觀)은 재정립하여 장병들의 정신전력을 강화하고, 사기・복지를 증진한다.

셋째, 한・미 군사동맹을 강화하여 확장억제 등 동맹의 능력을 최대한 활용하고, 우리 軍의 능력과 태세를 획기적으로 향상한다.

넷째, 사회적 변화에 부응하고 국민의 눈높이에 부합하도록 국방운영 전반(全般)을 근본적으로 개선한다.

국방운영의 목표는 '튼튼한 국방, 과학기술 강군'에 두고 있다. 이를 달성하기 위해 국방전략의 운영 중점을 설정하였다. <그림 6-4>는 한국군의 국방운영 6대 중점이다.

<그림 6-4> 한국군의 국방운영 6대 중점

①은 軍의 변함없는 가치로서 '적과 싸워 승리'하기 위해 확고한 군사대비태세를 유지하기 위함이다. 북한의 핵・미사일 위협에 대한 대응태세 확립을 통해 선제적(先制的)인 조치가 가능하도록 정보・감시・정찰(ISR)[20] 역량(capability)을 확충하는 데

20) '정보감시정찰(ISR)'은 'Intelligence, Surveillance and Reconnaissance'의 약자다.

있다. 또한, 압도적인 '한국형 3축 체계'의 능력・태세 확충과 북의 장사정포에 대한 대응체계 강화, 주변국의 위협에 대비한 원칙적이고 단호한 대응태세 등을 유지하는 데 두었다.[21)]

②는 국방운영의 전(全) 분야에 AI를 확대 추진하되, 강력한 Top-Down 방식으로 추동력을 확보하고, 전문 인력을 양성하기 위함이다. AI에 기반하는 유・무인 복합체계를 단계별로 구축하고, 우주・사이버, 전자기 영역의 작전 수행체계 발전, 軍 구조 개편, 효율성・적시성에 기반한 전력증강 체계를 정립하는 데 있다. 특히 체계적인 추진을 위해『국방혁신 4.0 기본계획』을 수립하였다.

③은 확고한 한・미 연합방위태세를 강화하기 위해 국방협력의 수준을 격상하고 각종 연합연습을 시행하기 위함이다. 이를 통해 북한의 핵・미사일 위협에 대비한 포괄적 연합 억제 및 대응체계를 강화하는 게 핵심이다. 특히 한반도 주변의 급변하는 안보 상황을 고려하여 조건에 기초한 전시 작전통제권 전환 등을 추진하고 있다.[22)]

④는 국민으로부터 신뢰받는 게 우선이다. 이는 중국의 마오쩌둥이 강조한 "인민과 군대는 물과 고기의 입장이다."라는 말로 함축할 수 있다. 이에 기반하는 안정적인 병력의 충원과 효율적인 인력관리 등에 있다.

⑤는 사회의 변화를 반영한 복무환경의 개선과 인권 보호 체계를 강화하고, 비전투 분야는 민간에 아웃소싱(Outsourcing)하는 데 두었다.

⑥은 방산 수출 지원을 위한 제도 발전과 지원체계를 강화하고, 방산 기업의 기술 경쟁력 강화를 높이고자 연구&개발(R&D) 환경을 조성하는데 두었다.

---

21) 김성진, "한반도의 역학 관계와 지정학(地政學), <국방혁신 4.0>의 현주소,"『KONAS 안보전략논단』(2023.01.02.).; 김성진, "한국의 국가 위기대응 시스템과 '한국형 3축 체계'의 현주소,"『국민정책평가신문』(2022.11.22.).

22) 국방부 정책기획관실 국방전략과, <2022 국방백서> (2022년 12월), pp. 170~173.; 김성진, "한반도 주변의 5대 안보위협 변수와 지정학'," 『KONAS 안보칼럼』 (2023.03.09.).

2. 국방전략의 추진 개념

국방개혁의 성과를 달성하려면, 정예 국방력에 기반한 적극 방위전략을 구현해야 한다. 이때 안보위협의 상수는 당연히 북한이다. 그렇다고 중국의 북부전구 위협을 간과해서는 안 된다. 한-중 간 국방교류와 협력도 필요하지만, 위협에 대비한 진중한 접근이 필요한 시점이다. 따라서 ① 북한의 현실 위협에 대응해야 하며, 이에 따른 ② 군사력 우선순위가 설정되어야 한다.

① 북한의 위협 대응 → ② 군사력 우선순위 설정

① 북한의 위협도 구분하여 대응할 필요가 있다. <그림 6-5>는 북한의 위협에 대한 대응 방향과 도발의 형태에 따른 대응 방법이다.

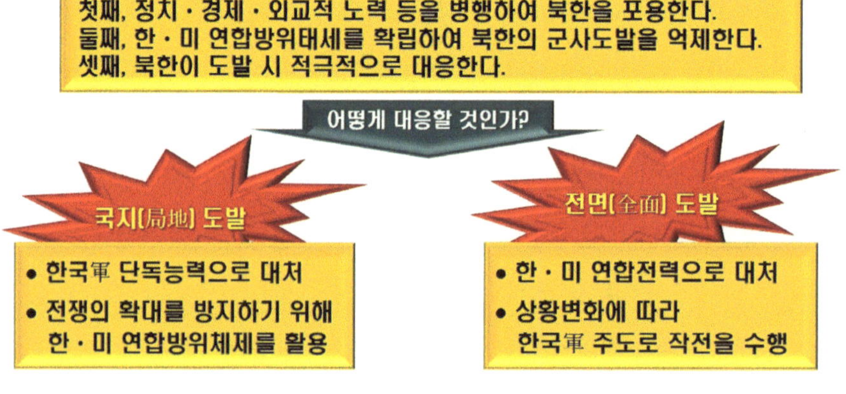

<그림 6-5> 북한 위협의 대응 방향과 도발의 형태에 따른 대응 방법

가장 우선할 실천 노력은 현존 전력(戰力)의 전투 준비태세를 강화하는 데 있다. 이후 한 · 미 연합방위체제를 활용하는 대책을 마련해야 하지만, 전제조건이 필요하다. 대표적으로 '전시작전통제권(Wartime Operational Control=WT-OPCON, 이하 전작권) 환수'를 들 수 있다.[23] 다양하고 복합적인 위협에 대응하려면, 구체적인 대상(표적)을

23) '전작권(戰作權)'은 '유사시 작전 · 지휘에 대한 통제권'을 의미한다. 6 · 25전쟁이 발발한 초기인 7월 4일 이승만 대통령이 국군의 지휘권을 더글러스 맥아더 극동사령관 겸 UN군 사령관에게 위임한 데서 비롯되었다. 1979년 한 · 미 연합사령부(CFC-ROK-US Combined Forces Command)가 창설되면서 작전권을 행사하였다. 이후 1994년 12월 1일 김영삼 대통령 때 '평시 작전통제권'을 환수하였다. 전작권은 역

식별하고, 판단 및 대응할 방법과 수단을 마련하여야 한다.[24] <표 6-5>는 북한의 위협에 대응하는 데 필요한 일곱 가지 분야를 정리하였다.

<표 6-5> 북한 위협에 대응계획을 수립할 때 필요한 일곱 가지 분야

첫째, 미래의 불특정성ㆍ불확실성 아래에서 국가 생존을 군사적으로 뒷받침할 수 있어야 한다.
둘째, 한국 고유의 군사혁신을 창출하며 적극적 방위전략을 함께 구현할 수 있어야 한다.
셋째, 한국군이 단독으로 대응할 수 있는 전략과 수단을 발전시켜야 한다.
넷째, 정밀 감시 및 통제ㆍ타격체계를 확보하되, 국가 위기관리 시스템과 긴밀하게 연계할 수 있어야 한다.
다섯째, 사이버ㆍ우주전에 대한 대응 능력을 개발하여야 한다.
여섯째, 첨단 정보ㆍ기술軍 개념을 질적으로 향상시켜야 한다.
일곱째, 새로운 첨단 군사력으로 발전하여야 한다.

<2022 국방백서>는 '한ㆍ미 글로벌 포괄적 전략동맹'으로의 발전을 통해 북한의 국지 도발과 전면전이라는 전통적 안보위협을 포함한 글로벌 안보 도전에 공동으로 대응할 수 있는 연합방위태세를 강조하고 있다.[25] 또한, 감시 및 조기 경보태세를 확립하고, 위기관리체계를 발전시켜 지ㆍ해ㆍ공역에서 발생하는 적의 침투ㆍ도발과 테러, 사이버 공격 등에 대한 대비태세를 유지하고 있다. 아울러 전면전 도발에 대비한 전시 작전 수행능력의 향상과 연합방위태세 강화, 전쟁 지속능력을 확충하기 위한 전

대 정부가 추진하면서 조기에 환수한다는 태도에 변함이 없으나, 정치ㆍ안보환경의 변화와 상황이 복합적으로 얽히고설키면서 지체되고 있다. 전환하려면, 총 3단계를 거쳐야 한다. 제1단계는 기본운용능력(IOC-Initial Operational Capability)-제2단계는 완전운용능력(FOC-Full Operational Capability)-제3단계는 완전 임무 수행능력(FMC-Full Mission Capability)을 갖췄는지 검증받아야 한다. 2023년 3월13일부터 23일까지 실시한 '자유의 방패(FS-Freedom Shield) 연습'부터 '3단계 완전 임무수행 능력평가(FMC)'를 진행하였다(국방부 정책기획관실 국방전략과, <2022 국방백서> (2022년 12월), pp. 170~172.).; 김용준, "'전작권 전환' 마지막 평가 첫발 뗀다," 『KBS NEWS』 (2023.03.09.).; 김성진, "韓ㆍ美 연합사령부와 한반도의 과거, 현재, 그리고 미래," 『KONAS 안보칼럼』 (2022.11.03.).; "국방부, 「'20-1차 전작권 전환 추진평가회의」 개최: 전반기 성과분석 및 후반기 추진 방향 토의," 『국방부』 (2020.06.29.).).

24) 김성진, 『군사전략론』 (2022), pp. 46~51.

25) 국방부 정책기획관실 국방전략과, <2022 국방백서> (2022년 12월), pp. 46, 54~56, 152~155, 160~169.

력과 장비 및 물자의 획득·유지를 강조하였다.[26] 이러한 추진 노력은 한·미 동맹의 '맞춤형 억제전략'에 기반하고 있다. 북한의 탄도미사일 위협은 '동맹의 포괄적 미사일 대응전략(일명 4D 전략)'에 따르고 있다.[27] <그림 6-6>은 한·미 동맹에 기반한 '맞춤형 억제전략과 4D 전략'이다.

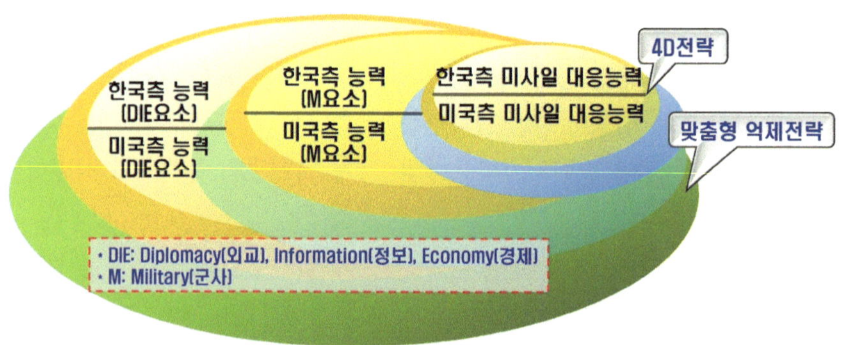

<그림 6-6> 한·미 동맹에 기반한 '맞춤형 억제전략과 4D 전략'

여기서 고민스러운 지점은 <국방혁신 4.0>이나, <2022 국방백서>가 외형은 잘 갖추어져 있으나, 대응체계의 핵심인 '한국형 3축 체계'를 운영하는 측면을 살펴보면, 즉각 대응이 제한되거나, 현실과 괴리되는 부분이 존재한다는 데 있다.[28] 또한, 한반도 주변의 안보위협 변수가 너무 다양하기에 북한의 위협에만 집중하기에는 현실이 녹록하지

---

26) <국방혁신 4.0>과 '한국형 3축 체계' 추진에 있어서 다소의 문제점들이 불거지고 있기에 추가로 정밀한 노력이 필요하다(정책기획관실 국방전략과, <2022 국방백서> (2022년 12월), pp. 57~62.; 김성진, "걸프 전쟁(페르시아만 전쟁)의 역학 구도와 韓·美 동맹," 『KONAS 안보칼럼』 (2023.01.12.).).

27) '4D 전략'에서 '4D'는 '① Detect(탐지)-② Disrupt(교란)-③ Destroy(파괴)-④ Defend(방어) 분야에서 전반적인 능력을 향상한다.'라는 뜻으로 '한·미 동맹에 기반한 포괄적인 미사일 대응 작전개념'을 의미하고 있다(국방부 정책기획관실 국방전략과, <2022 국방백서> (2022년 12월), pp. 160~165.).

* ① '탐지'는 정보·감시·정찰(ISR) 자산을 운용하여 교란·파괴·방어를 위해 감춰져 있거나, 드러나지 않은 사물을 살펴 식별하는 활동 전반을 뜻한다. ② '교란'은 북한의 미사일 운용을 지원하는 고정 기반시설에 대한 타격을, ③ '파괴'는 북한의 탄도미사일 및 이동발사대(TEL-Transporter Erector Launchers)를 직접 타격, ④ '방어'는 아군 측을 향해 날아오는 북한의 탄도미사일을 요격하는 의미로서 대표적으로 '한국형 3축 체계'를 들 수 있다.

28) 김성진, "한반도의 역학 관계와 지정학(地政學), <국방혁신 4.0>의 현주소," 『KONAS 안보전략논단』 (2023.01.02.).; 김성진, "韓·美 연합사령부와 한반도의 과거, 현재, 그리고 미래," 『KONAS 안보칼럼』 (2022.11.03.).

않다. 따라서 추가적인 개념 설정과 대상(표적)에 대한 명확한 식별 노력이 필요하다.[29)]

② 군사력(또는 군사기획)의 우선순위는 단기-중기-장기적 차원에서 접근해야 한다. <그림 6-7>은 군사력 건설의 우선순위를 정리하였다.

구 분	단기 · 중기적 차원	장기적 차원
위 협	명확(북한)	불특정, 불확실(주변국)
동 맹	대미(對美) 의존도를 지속	대미 의존도를 축소할 필요성은?
전 력	• 지상군 중심의 양적 군대 • 전술적 차원에서 유지 · *핵무기 대응 수준은?*	• 해 · 공군 정보 중심의 질적 수준의 정보화 기술軍 • 전략적 차원으로 발전

<그림 6-7> 군사력 건설의 우선순위

북한의 위협이 실질적 · 현실적으로 소멸하기 이전까지는 북한과 미래(잠재)의 위협에 동시 대비할 수 있는 군사력의 건설이 절실하다. 이때 국민의 신뢰가 동반되어야 하기에 무엇을? 어떻게 할 것인지? 를 명확하게 전달해야 한다. 내 · 외부적으로 능력(ability+capability)과 신뢰도(credibility)를 획득하는 노력, 우리의 의지를 상대에게 전달할 수 있는 소통력(communication)도 필요하다. 지금껏 '강한 군대'란 누구에게 강한 군대인지, '軍의 책임과 의무'는 구체적으로 무엇을 의미하는지 모호한 지점이 있음을 부정하기 어렵다. 이러한 과정을 성공적으로 거쳐야 비로소 '어떻게 싸울 것인가?'가 명확해질 것이며, 국방정책과 군사혁신을 제대로 추진할 수 있다.[30)]

---

29) 김성진, "일본 제국의 진주만 공습과 패착, 한반도의 지정학(地政學)," 『KONAS 안보칼럼』 (2022.12.01.).; 김성진, "한반도 주변의 5대 안보위협 변수와 지정학'," 『KONAS 안보칼럼』 (2023.03.09.).

30) 역대 정부의 성향에 따라 軍이 누구를 적으로 식별하고 싸워야 하는지? 모호했기에 내부적으로도 상당한 어려움과 혼란이 교차하고 있다. 북한이 '주적(主敵)'이라는 개념은 1994년 북한이 '서울 불바다'라는 발언에 따라 1995년 <국방백서>에 처음 명시된 이래 2000년까지 유지되었다. 2004년 노무현 정부에서는 이를 삭제하고, '직접적인 군사위협'으로 대체하였다. 2008년 이명박 정부는 '직접적이고 심각한 위협'으로 표현하였다가 2010년 천안함 폭침 사건과 연평도 포격 도발이 잇따르자 '북한군은 우리의 적'으로 재명시하였다. 2016년 '북한 정권과 북한군은 우리의 적'으로 표현하였다. 문재인 정부 때인 <2018 국방백서>와 <2020 국방백서>에는 '주권, 국토, 국민, 재산을 위협하고 침해하는 세력을 우리의 적으로 간주한다.'라고 모호하게 표현하였다. <2022 국방백서>에 다시 '~북한 정권과 북한군은 우리의 적~'으로 명시하고 있다(국방부 정책기획관실 국방전략과, <2022 국방백서> (2022년 12월), p. 39.).

3. 한국 안보의 주요 변수

<그림 6-8>은 안보위협 판단에 결정적인 변수의 흐름과 추세다.

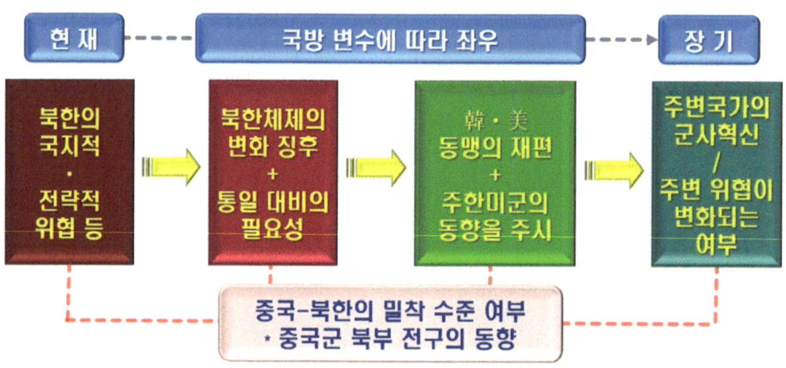

<그림 6-8> 한국 안보에 결정적인 주요 변수의 흐름과 추세(전망)

군사혁신에 성공하려면, 한반도를 둘러싼 비전통적 안보위협 변수와 국방 변수를 고려한 '종합적인 군사혁신 Vision'이 필요하다. 특히 시진핑의 강력한 '군사변혁' 추진과 강화된 '북부전구'의 전력(戰力) 동향은 예의주시할 필요가 있으며, 관련 대응책을 조기에 마련하여야 한다.[31] <그림 6-9>는 군사혁신 비전(Vison)을 수립하는 순서를 정리하였다.

<그림 6-9> 한국군의 군사혁신 비전(Vison)을 수립하는 순서

---

31) 중국군 북부전구의 전력에 관해서는 이 책의 '제5장 제4절 3. '군사변혁(RMA)'의 6대 추진 방향'을 참고하기 바란다.

'군사혁신 비전'은 세 가지 변수를 고려하여야 한다.

첫째, '안보전략 구도'에서 한국은 분단국이지만, 각종 위기를 극복하며 국제사회에서 주목받는 국가로 부상(浮上)하였다. 북한을 비롯한 주변 국가와의 갈등과 분쟁이 날로 확산 추세에 있는 데다 주한미군은 고정된 상수(常數)가 아님에 유념해야 한다. 한・미 동맹이 한반도의 전쟁 억지에 맞춰져 있었으나, 변화했다는 의미다. 주한미군이 세계적・지역적 분쟁의 확대 추세에 맞춰 신속기동군(UEx-미래형 기동사단) 형태로 전환되었다는 점이 그중의 하나다. 현실의 적에 대비함은 당연하지만, 잠재적 위협(중국)에 직면했을 때를 대비하는 미래지향적 국방 패러다임의 설계와 발전이 필요하며, 자체 역량(capability)의 구비가 요구되는 이유이기도 하다.

둘째, '국방 상황'에서 남북관계는 개선-악화가 반복되는 패턴이기에 섣부르게 낙관하기는 어려우나, 한국이 통일을 주도하며 북한의 핵과 대량살상무기(WMD) 위협을 극복해야 함은 현실의 문제다. 그러나 한반도 주변의 안보전략 환경이 불확실성과 유동성 측면에서 날로 격랑에 빠져들고 있으며, 다양한 분쟁 요인도 증대되고 있다. 새롭고 다양한 안보위협에 대응하기 위한 주변 국가의 군사적 패러다임의 변화 추세가 가파르다. 특히 주변국의 군사혁신이 성공적으로 진행되고 있다는 점에서 상당한 긴장감이 필요하다. 한・미 동맹 관계의 재편과 주한미군은 언제라도 미국의 이익과 세계전략에 따라 전환될 가능성이 잠재되어 있음을 간과하면 안 된다. 한국의 지식정보화 수준은 상당히 높지만, 현실적으로 국방 재원(財源)의 증액은 제한되고, 전력투자비도 계속 감소하는 추세를 고려한 정밀한 '장기 Plan'이 필요하다.

셋째, '군사력 요소'로서 북한의 핵 위협에 대처할 수 있는 재래식 전력의 한계성이다. 이는 지상군 중심의 전력과 재래식 무기의 도입 및 개발, 전술적 개발 등에 치중한 결과다. 과학기술軍, 첨단 정밀 유도 무기체계(PGM), 전략 개발 등에 노력하고 있지만, 북한의 무인기 침투를 비롯한 도발 시 기본적인 방어 대응에 실패하는 등의 문제가 거듭되고 있다. 또한, 불시 침공에 대비한 정보・감시・정찰(ISR) 자산 등을 계획하지만, 미래계획에 불과하다. '현실과 미래 위협에 동시 대비할 수 있는 실질적인 군사력 건설'을 어떻게 할 것인지에 대한 지혜와 결단이 필요하다.

제 5 절

'군사혁신'의 추진 중점과 방향성에 관한 이해

1. '군사혁신'의 4대 추진 중점

'군사혁신'은 '정보·지식에 기반한 군사력을 창출'하는 것이 핵심이다. <그림 6-10>은 군사혁신을 추진하기 위한 4대 중점을 정리하였다.

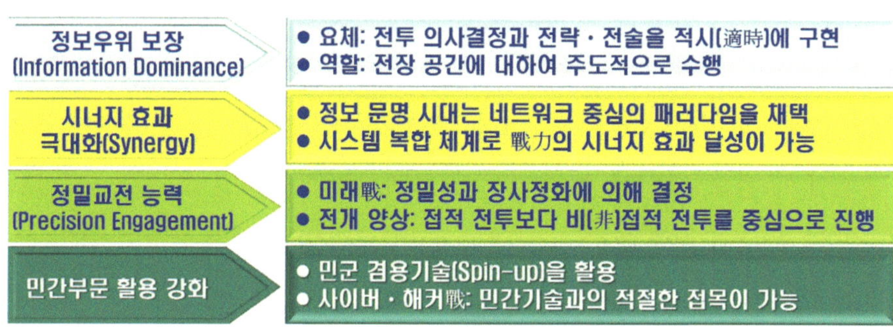

<그림 6-10> 한국군의 군사혁신에 필요한 4대 중점

2. 군사혁신을 추진 시 필요한 기본 Frame 설정

<그림 6-11>은 군사혁신을 추진하는 데 필요한 기본 Frame이다.

① 선진국의 군사혁신을 창조적으로 모방하여 고유의 모델을 창출한다.
② 작지만 강한 정보·지식에 기반한 군사력을 창출한다.
③ 시스템 개념에서 종합적 개념으로 발전하여야 한다
④ 국지·미니형 군사혁신을 추구한다.
⑤ 민간의 상용(商用) 첨단기술을 군사혁신에 접목한다.
· 민간부분의 잠재력을 아웃 소싱하여 저비용 고효율을 추구
⑥ 자원 절약형 군사혁신을 구현한다.

<그림 6-11> 한국군이 군사혁신을 추진하는 데 필요한 기본 Frame

3. 정보 · 지식에 기반한 '군사혁신'의 방향

<그림 6-12>는 정보 · 지식에 기반한 '군사혁신'의 방향을 정리하였다.

<그림 6-12> 정보 · 지식에 기반한 한국군 군사혁신의 방향

①은 3차원 전장이 우주 · 사이버공간의 5차원으로 확대하며 지상(수평 좌표) 중심에서 바다와 하늘(수직 좌표), 우주로 바뀌었다. 전장 환경은 아날로그 방식에서 디지털 방식으로 바뀌었다. 미군은 Kill-Chain 방식에서 Kill-Web 방식으로 전환하였음을 인식할 필요가 있다.[32)]

②는 주어진 영토 내에서만 유지하던 전장(Battle-field)에서 탈피하여야 하며, 적극적 방위전략 개념에 기반하여 전장을 영토 외부로 확대할 수 있어야 한다. 전투 수행 방식은 병력 집중에서 효과 집중의 원칙으로 전환하여야 하며, 대량파괴 및 살상 방식에서 소량의 정밀파괴 방식을 채택하여야 한다. 특히 선형(線型) · 근거리 · 접적 전투에서 비선형(非線型) · 원거리 · 비접적 전투 형식과 AI 기술을 접목하여야 한다. 이때 현실에 직면하고 있는 위협에 대한 방법과 수단이 먼저 판단 및 확보되어야 함을 인식해야 한다.

③은 근거리 · 전술적 · 양적(量的) 자원 중심에서 장거리 · 작전적 · 전략적 중시 시

32) 관련 내용은 이 책의 '제1장 제1절 4. '군사혁신'의 전제(前提)와 대상, 그리고 3대 효과'를 참고하기 바란다.

스템으로, 정찰·사격 개별시스템은 감시-통제-타격을 동시에 할 수 있는 복합시스템으로, 대량파괴 시스템은 정밀교전 시스템으로, Hardware 시스템은 네트워크 중심의 Software·Soft-Kill 중심으로, 유인시스템은 AI에 기반한 무인 자동화 시스템으로 전환하여야 한다.

④는 다단계·수직적·피라미드 구조에서 소단계·수평적·네트워크 구조로, 대규모·선단식 조직에서 소규모로 분산 및 분권화가 당연시되어야 한다. 고정적이고 경직된 조직은 임무를 중심으로 하는 유연한 편조 조직으로 전환하여야 한다. 특히 군종(軍種)·병과별 조직은 합동성·통합성을 추구하는 유연하고 탄력적인 조직으로 변모하여야 한다.

⑤는 양적·대군(大軍)주의에서 질적·정예주의로 전환해야 하며, 현장 중심·일률적·집체식 교육에서 원격·분산·선택적·사이버 교육 시스템으로 전환하여야 한다. 국민개병주의는 지원병제도와 징집제를 병합한 직업 전문주의로, 일방적인 권위형·명령형 리더십은 민주형·조율형 리더십으로 전환되어야 한다.

⑥은 높은 비용을 투자하지만, 효율성이 떨어지는 '경험적(라떼식) 경영'에서 낮은 비용을 들이고도 효율성을 높일 수 있는 '지식 경영 체제'로 변화하여야 한다. 이때도 투입(input)에 고착된 예산제도가 아니라 산출(output)이 중심인 예산제도로 전환되어야 한다. 군수지원체계는 대량생산에 대량 소모 방식이 아닌 적시(適時-timely)에, 적소(適所-right place)에, 적량(適量-proper quantity)을 지원할 수 있는 군수지원체계(필요하면, 민간에 outsourcing)가 되어야 한다.

4. '군사혁신'의 추진에 필요한 2대 접근 전략

첫째, 군사혁신에 성공한 주요 선진국 모델을 참고할 필요가 있다. 한국보다 먼저 군사혁신을 추진하는 미국, 이스라엘, 일본, 독일, 프랑스, 중국 등이다. 한국군이 성과를 달성하려면, 반복된 고민과 검토, 수정에 급급하기보다 실천 노력이 중요하며, 내·외부적으로 인정받을 수 있게 법제화라는 전제(前提)가 필요하다.

2020년대 이후 대한민국 사회의 발전(전망)

- **항공우주부문: 위성 20기 발사/발사장 보유, 차세대 항공기 개발**
- **정보통신부문: 전자정부 구현, 원격교육 실시, 정보 1초 권 형성**
- **정밀기계, 로봇, 신 물질, 생명공학의 세계 선진국 수준 확보**
- **全 국토의 디지털화**
- **핵가족화, 삶의 질 향상 등**

둘째, 주요 전투력과 연계된 원천 기술을 축적하여야 한다. 첨단 과학기술은 문명 발전의 원동력이자 군사혁신의 핵심 요소다. 이에 기반하여 미래전 양상에 도움이 되는 핵심 기술을 식별하고, 핵심부품은 외부에서 도입 또는 자체 개발로 확보하여야 한다. 軍보다 발전되어있는 민간 사용기술을 민군겸용기술(Spin-up)로 채택하여 창조적 모방으로 승화시켜야 한다.[33] 이를 위해 해결형 연구개발(R&SD)[34] 인력과 객관적·외부적 관점으로 조직을 정비해야 하며, 핵심 기술은 Software, Network 중심으로 이뤄져야 한다.

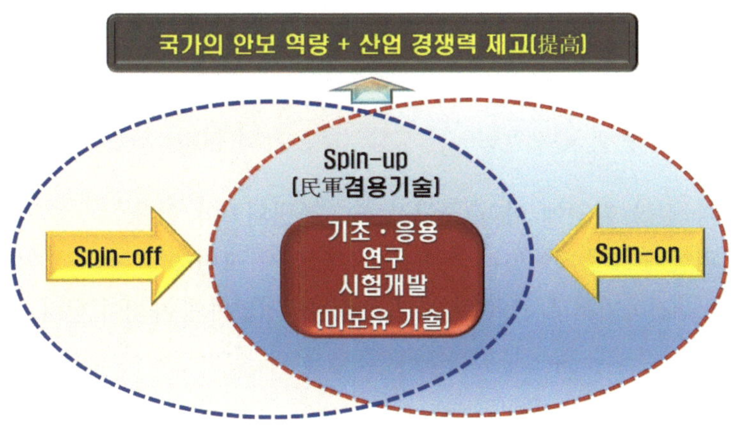

33) 김성진, 『전쟁사와 무기체계론』 (2020), pp. 72~74.

34) 'R&SD'는 'Research & Solution Development'의 약자로 '국가·사회문제 해결형 연구개발'이라는 의미다.

제 6 절

논의 및 시사점

1. 지정학 · 지경학적 현실을 직시하여 '군사혁신'의 방향성에 대한 재정립이 필요하다.

한국군은 역대 정부마다 빠짐없이 국방개혁(또는 군사혁신)의 필요성을 일관되게 주창하고 있지만, 효과적 · 실질적 측면에서 볼 때 성공적이라고 평가하기는 어렵다.[35) 보수 · 진보 정권에 따라 적에 대한 인식이 다르고, 軍 내부의 군종(軍種) 간 영역다툼과 기술적 · 구조적 측면에만 천착(穿鑿)되어있는 현실, 각 이해집단의 논리나 주장의 간극(間隙)이 너무 크다. 군사혁신이 성공하려면, 진영(陣營) 논리에서 벗어나 국익과 국민의 안전을 우선시하는 공감대부터 형성되어야 한다. 따라서 다섯 가지 분야는 진중하게 검토 및 실천할 필요가 있다. <표 6-6>은 군사혁신의 방향성을 재정립하는 데 필요한 여섯 가지 분야를 정리하였다.

<표 6-6> 군사혁신의 방향성 재정립에 필요한 여섯 가지 분야

첫째, 지정학 · 지경학적 요소와 전장 환경에 따라 군사전략이 결정되어야 한다.
둘째, 전통적 · 비전통적 안보위협에 노출되어있는 환경을 심도 있게 고민해야 한다.
셋째, 군사선진국이 군사혁신을 추진하면서 실천 주체가 누구였는지 정밀하게 새겨야 한다.
넷째, 군사혁신이 성공하려면, 군사전략과 유 · 무형전투력 구비, 교리 등이 병행적으로 갖춰져야 한다.
다섯째, 부대 조직 및 지휘구조를 혁신하여야 한다.
여섯째, 현실적국과 잠재적국에 대비한 '비대칭적 적극 방어전략'을 고민해야 한다.

첫째, '전장 환경'은 '해당 국가의 병력과 주요 무기들이 전쟁에서 승리하기 위해 집합 및 활동하게 되는 물리적 공간'이다. 과거의 전장은 일반 국민(주민)과는 이격(離

35) 김성진, "한반도 주변의 5대 변수와 한국군의 방향성," 『경제포커스』 안보칼럼 (2020.07.06.).

隔)된 지역(장소)에 존재했지만, 현대 전장은 이를 구분하기 어려우며, 대다수 국민의 삶과 직접 연계되어 있다.[36] 지리적으로 남북 모두 종심(depth)이 ±500km, 산둥반도에서 백령도까지는 190여 km, 인천의 영종도까지는 330여 km에 불과하다. 한반도를 둘러싸고 있는 강대국들과의 거리도 ±1000km이고, 러시아-미국은 직선거리로 5,000km다.

한민족은 정복 전쟁이 활발했던 삼국시대를 제외하고는 외부 세력의 침공을 전제로 하는 피동적인 '수성(守城)전략'에 집착하였다. 6·25 전쟁 이후에도 '수도권을 사수하기 위해 한강 이북지역을 고수(固守)하는 방어 위주의 전략'에 안주(安住)하여 왔다. 유사시 북진통일을 최종 상태(End-State)로 하는 '작전계획 5027'은 개전 초기 美 전시 증원전력이 도착하는 1개월여 동안 휴전선 이남 지역에서 방어에 주력하게 되어있다.[37] 정형화된 전략으로는 전쟁 초기부터 한국 영토의 대부분이 전쟁터가 된다는 현실을 돌아볼 필요가 있다.

『손자병법』 제3편(謀攻)의 '상병벌모(上兵伐謀)'는 '전쟁에서 최상의 전법은 적의 모략을 깨뜨리는 것이고, 적의 외교를 끊는 것이며, 이어서 적의 군대를, 적의 성을 공략하는 것'이라는 뜻이다. 군사혁신의 토대가 될 '군사전략(Military Strategy)'은 자신의 강점을 극대화하되, 약점은 보완 및 극복하며, 적에게는 그 반대의 행위가 될 수 있도록 강요할 수 있어야 한다. 한반도의 지정학적 특성상 전쟁의 장기화는 인적·물적 손실이 불가피하기에 '선수후공(先守後攻)'의 피동적 방어전략과 섬멸전 위주의 사고방식에서 벗어나야 한다. 전쟁(침공)이 시작됨과 함께 동시적·통합적으로 대응할 수 있는 즉응(卽應) 개념으로 전환하여야 한다.

둘째, 전통적·비전통적 안보위협에 노출되어있는 환경을 심도 있게 꿰뚫어야 한다. 즉, 합참의 전·평시 군령권을 전시와 평시로 구분하되, 평시는 각 군 참모총장이 일부 군령권을 행사할 수 있게 하는 진중한 고민도 필요하지 않나 싶다. 전통적 안보

36) 김성진, 『군사협상론』 (2020), pp. 215~216.

37) 김일영·조성렬, 『주한미군 역사, 쟁점, 전망』 (파주: 한울 아카데미, 2014), pp. 296~297.

위협 중심으로만 바라보는 인식도 전통적・비전통적 안보위협 영역으로 전환 및 확장하여야 한다. 유념할 사항은 부대 지휘구조와 인적 기반이 튼튼해야 독자적으로 전쟁을 수행할 수 있는 능력과 핵심 역량도 구비할 수 있다는 점을 새겨야 한다.

셋째, 미국과 프랑스의 군사혁신에서 행위의 주체가 누구였는지 새겨야 한다. 미국은 도널드 H. 럼스펠드 국방장관에 일임하였다. 그는 외부 간섭을 일절 배제한 채 軍 지휘부들과 함께 국익에 부합하도록 초점을 맞췄다. 프랑스는 대통령이 직접 주재하며 관련 부처를 대표하는 인사 등을 포함하며 국가 차원에서 접근하였다. 한국은 국방부 장관이 주도하며 軍 내부인사가 독주하는 폐쇄적 방식을 선택했다. 군사선진국의 사례를 참고하여 대통령과 정부 부처가 큰 그림을 기획하며, 혁신 과제 및 방향을 설정하고, 국방부는 실행의 주체로 작동되어야 하지 않나 싶다.[38)]

넷째, 군사혁신을 추진 시 국가・군사전략은 집을 지을 때의 기본 설계도와 같다. 집을 짓는 과정에서 각종 자재와 도구가 필요하듯이 각종 전략이 구현되려면, 유・무형 전투력의 구비는 필수 요소다. 지배적인 주체자가 보유한 기술과 군사력에 맞추기보다 경쟁국이 보유한 핵심 능력을 진부화시키거나, 무용지물이 되도록 상대적 전투력을 비약적으로 발전시키는 게 중요하기 때문이다. 따라서 <국방혁신 4.0>이 장밋빛 미래에 기댄 '기술만능주의'라는 우려가 있음을 새길 필요가 있다. 4차 산업혁명 기술을 접목한 첨단 과학기술軍의 건설이 핵심목표라지만, 공상과학영화에 빗댈 만큼 현실과는 괴리되어 있다는 점을 진중하게 고민해야 한다.[39)]

한국은 수많은 외적의 침탈 속에서도 고유의 역사를 굳건히 지켜왔다. 삼국시대와 고려 시대에 용맹을 떨친 쇠뇌(노기-弩機, catapult), 최무선(1377년에 화통도감 설치)이 개발한 흑색화약, 조선 시대의 신기전(神機箭, 1451), 임진왜란 시 이순신 장군의 판옥선(板屋船)과 거북선 등은 역사적으로도 잘 알려져 있다.[40)] 재래식 군사력의 규모나 대량살상무기(WMD) 개발에 힘을 들이지 않아도 신무기와 미래형 군사기술의

---

38) 국방부 구성원은 기획단계부터 당연직으로 참여한다는 전제(前提)를 포함하고 있다.

39) 박웅진, "'국방 분야에 AI 기술 신속 도입'… 軍 법·제도 개정 소요 연구," 『news1』 (2023.02.12.).; 윤상호, "국방개혁 성공의 필요충분조건," 『동아일보』 (2023.01.10.).

40) '쇠뇌'는 '활 모양에 쇠로 된 발사장치를 만들어 그 기계적인 힘으로 화살을 쏘는 고대 무기'다(김성진, 『전쟁사와 무기체계론』 (2020), pp. 105~106, 134, 145~146, 170, 173~176.).

잠재력이 충분하다는 의미다. 따라서 정량적 측면으로만 적에 대한 격차를 상쇄하기보다 적의 강점을 견제 및 무력화할 수 있는 고민이 필요하다. 그런 다음 그들의 취약점과 전쟁 수행 및 전쟁 지속능력을 마비 또는 제압할 수 있도록 질적 차원에서 차별화된 전투력으로 대응하여야 한다.[41)]

우리는 수도권이 휴전선에서 불과 40여 km 밖에 떨어져 있지 않다. 주변국들과도 1시간 내외의 항공거리에 놓여있음을 돌아봐야 한다. 즉, 정보·감시·정찰(ISR) 자산과 필요한 전략무기의 조기 확보가 필요한 이유다. 따라서 현실의 감시·정찰 공백을 메꾸려면, 미래계획(장밋빛 청사진)에만 의존하기보다 당장이라도 협의를 통해 한·미 연합사의 자산을 필요할 때 공유할 방안을 마련하여야 한다. 아울러 전시에 美 증원군이 도착할 때까지 최대한 전쟁 억지, 제한적인 국지 분쟁에 관한 대응, 전면전 초기 대응에 필요한 방어(반격)를 담보할 수 있는 비핵 전략무기가 우선 갖춰져야 한다. 미국의 핵 확장억제가 확실할지라도 현실적으로 필요한 재래식 전력을 갖춤으로써 위기 대응에 필요한 전력 확보 순위부터 선후완급(先後緩急)을 재조정할 필요가 있다.

다섯째, 부대 조직 및 지휘구조를 혁신하여야 한다. 아무리 훌륭한 전략과 무기체계가 있어도 이를 개별적 단위로 사용하거나, 분산시킨다면, 지휘 통제(통할-統轄) 및 대응(반응)하는 효과가 제한적일 수밖에 없다.[42)]

한반도는 3면이 모두 바다로 둘러싸여 대륙과 해양의 위협에 취약하다. 더욱이 영토가 협소하기에 외부 적대세력의 기습 침공에 전(全) 국토가 동시에 전장화된다. 항공기와 정밀유도무기(PGM), C4ISR 체계의 영향력이 시간적·공간적 거리를 더욱 좁아지게 하는 현실적 한계를 직시하여야 한다.

한국군이 직면한 군사적 도전은 육·해·공군 중 어느 한 군종(軍種)에 그치지 않는다. 최소 2개 군종 이상을 하나의 그룹으로 묶어 임무를 수행하거나, 위기에 대처할

41) 김성진, "군사비 부하(負荷) 공략으로 북한의 핵·미사일 도발역량 고사(枯死)시켜야," 『KONAS 안보칼럼』 (2023.02.16.).

42) 김태훈, "9·19 군사합의 탓에 北 무인기 대응 능력 약화해," 『세계일보』 (2023.02.14.).; 이준목, "북한의 무인기 도발, 사회갈등 '심리전' 경계해야," 『오마이뉴스』 (2023.02.06.).; 김성진, "우크라이나와 북한 무인기(Drone)의 공격, 한국군의 딜레마," 『국민정책평가신문』 (2022.12.29.).

수밖에 없다. 소요가 생길 때마다 군사 조직을 추가로 만들어 혼란스럽게 하기보다 지휘 통제체계의 효율성을 연계할 수 있는 상부구조와 하부구조가 되어야 한다.[43]

여섯째, 군사과학기술의 혁신과 전쟁 양상과 수행개념이 변화하였음에도 변화의 조짐이 없는 한국군의 작전 계획 및 운용개념은 현실에 부합하는 변화가 필요하다. 특히 국제관계엔 영원한 적도 영원한 우방도 없다는 점을 고려하여 한반도에 존재하는 현실적국과 언제든 등장할 수 있는 잠재적국에 대비한 '비대칭적 적극 방어전략'을 투사할 수 있어야 한다.[44]

---

43) 임채무, "연내 '화생방 특수임무단' 창설 가동한다," 『국방일보』 (2022.01.27.).; 김성진, "화생방방호사령부의 '특수임무단 창설'에 필요한 선결 과제," 『국민정책평가신문』 (2022.03.02.).; 김성진, "북한 무인기의 침투와 방어 대응 실패, '합동 드론사령부' 창설," 『국민정책평가신문』 (2022.01.29.).

44) '비대칭적'이란 뜻은 '비대칭적 방법과 수단을 활용하여 현재·잠재적국의 취약점을 공격하되, 군사력을 투사(投射-injection)하는 데 과도한 비용을 치르도록 유도해야 한다.'라는 의미를 함축하였다. '적극 방어전략'은 '현재·잠재적국의 본토를 직접 겨냥하기보다는 강압 및 제한적 수준의 분쟁(강요)에 대비하는 능력을 갖춰 적국의 의지를 억제 및 무력화하거나, 조기에 분쟁을 종결할 수 있는 능력과 역량을 고루 구비'해야 한다는 의미를 함축적으로 사용하였다.

2. '군사혁신'을 추진할 때 선제적으로 요구되는 실천 항목

<표 6-7>은 선제적 실천이 필요한 다섯 가지 항목이다.

<표 6-7> '군사혁신' 추진에 선제적 실천이 필요한 다섯 가지 항목

첫째, 해결형 연구개발(R&SD) 환경과 방위산업 역량을 강화하여야 한다. 둘째, 적정 수준의 국방예산이 보장되어야 하며, 정무적으로 전용(轉用)되지 않아야 한다. 셋째, 정치・군사지도자부터 인식의 전환과 창조적 리더십을 갖춰야 한다. 넷째, 혁신은 구호가 아님을 깨닫고 실천을 당연시하여야 한다. 다섯째, 인적 능력(ability)과 역량(capability)이 정예화되어야 한다.

첫째, 해결형 연구개발(R&SD)과 방위산업 역량을 강화하여야 한다. 최근 각종 신무기(무기체계)의 개발과 해외 방산 수출에서 나타나고 있는 구체적인 성과는 긍정적인 신호로 평가할 수 있다.[45] 다만, 전통적 안보위협(전면전)에만 중점 대비하고 있는 현실을 테러・초국가적 위협 등 비전통적 안보위협에 관해 대응할 수 있도록 다소의 조정이 필요하다.

둘째, 적정한 국방예산과 부대 구조의 혁신 및 조정을 병행해야 한다. 또한, 책정된 국방예산이 정무적 판단에 따라 전용(轉用)되는 현상은 최대한 지양하여야 한다. <국방혁신 4.0>에서 제시하는 직접적 위협(북한)에 중점 대응한다지만, '한국형 3축 체계'의 대응수준과 차원은 이에 미치지 못한다. 북한의 미사일 대응에 주축이라면서 필요한 예산은 책정하지 않았다. 잠재적 위협은 제시했지만, 필요한 대비를 하지 않는 현실은 개선되어야 한다. 중국군의 부대 구조와 운영 수준을 고려할 때 북부전구(북해함대 사령부 포함)와 동부・남부 전구에 대한 대비(대응) 측면에서 소홀한 부분은 과감한 인식의 전환과 대비책 강구가 절실하다.[46]

---

45) 강경민・장서우, "'올 수출 28조 원' K 방산, '3대 필승 전략'은," 『한국경제』 (2022.10.20.).

46) 김성진, "한반도의 역학 관계와 지정학(地政學), <국방혁신 4.0>의 현주소," 『KONAS 안보전략논단』 (2023.01.02.).; 김성진, "한국의 국가 위기 대응 시스템과 '한국형 3축 체계'의 현주소," 『국민정책평가신문』 (2022.11.21.).

셋째, 정치지도자와 군사지휘관의 고착된 인식이 전환되어야 한다.[47] 제2차 세계대전 당시 전차와 장갑차, 항공기가 주도한 기동전(機動戰)은 영국과 프랑스 군사전략 사상가들에 의해 만들어졌다. 그러나 정치・군사지도자들의 인식은 제1차 세계대전의 참호전(=진지전)에 집착했기에 독일의 전격전에 완패(完敗)당했다. 태평양 전쟁 초기 일본은 진주만 공습 간 항공기의 위력을 입증했지만, 거함거포주의를 고집하며 참패당했다. 제1차 걸프전(1991) 때 미군의 재래식 군사력이 승리했지만, 끊임없는 군사 혁신으로 제2차 걸프전(2003) 시 정보화로 무장된 첨단 군사력으로 승리를 이끌었다.

넷째, 한국군이 육군 중심의 비대칭적 구조가 된 결정적인 요인 중의 하나는 '미군'이다. 또한, 창군 이래 북한의 대규모 군사적 위협에 대응해야 한다는 중압감은 지상군 중심의 양적 측면이 우위에 서야 한다는 인식을 고착시켰다. 유사시 미국이 공군력과 해군력을 제공하며 전구(戰區) 작전을 주도하기에 지상군 중심으로 발전될 수밖에 없다. 한・미 동맹과 연합전력의 일부 역할을 담당하는 군사력을 건설하고 유지하는 데 집중하니 혁신은 등한시되거나, 구호에 그칠 수밖에 없다. 여기에 비전문 장교들이 순환보직 형태로 혁신을 주도하는 환경이 정체된 현실을 만들었다.

다섯째, 전쟁사는 새로운 무기를 게임체인저로 등장시켰지만, 내면적으로는 인간이 주도하고 있다는 사실을 꿰뚫어야 한다.[48] <2022 국방백서>에 따르면, <국방혁신 4.0> 등에 따른 추동력 확보 등을 위해 장군 정원을 370명으로 재조정하였다.[49] 그러나 2차 인구절벽에 따라 일반대학교의 학령인구가 감소함에 따라 병역자원이 급격하게 줄어들고 있다는 현실을 간과해서는 안 된다. 여기에 MZ 세대가 전투에 종사하는 주력 계층임도 고민해야 한다.[50] 따라서 실질적으로 어떠한 방향성을 기준으로 잡고

---

47) Samuel P. Huntington 저, 허남성 외, 『군인과 국가』 (서울: 한국해양전략연구소, 2011), pp. 79~103.

48) 김성진, 『한국 육군의 장교단 충원제도와 직업안정성』 (서울: 백산서당, 2016), pp. 147~152.; 김문경, "제5세대 전쟁의 키워드 '무인 전력', 미래 '게임 체인저' 되나," 『YTN』 (2022.07.13.).; 김성진, "합리・체계적인 사고, 기본과 원칙에 고지식한 軍의 필요성," 『KONAS 안보전략논단』 (2022.09.02.).; 김성진, "제복을 입은 '공복(公僕-Public Servant)'의 존재 의미와 가치, 요구되는 깊이와 폭은," 『국민정책평가신문』 (2022.07.01.).

49) 국방부 정책기획관실 국방전략과, <2022 국방백서> 『국방부』 (2022년 12월), p. 130.; 김관용, "360명까지 줄인다던 장군 정원 '퇴보'…尹정부, 370명 유지키로," 『이데일리』 (2023.02.26.).

50) 김성진, "뷰카(VUCA) 시대, '대화'와 '소통'의 패착(敗着)," 『경제포커스』 안보칼럼 (2021.08.02.).

무엇을 어떻게 개선 및 보강하여 전투력을 창출할 것인지에 대한 깊은 고민이 필요한 부분이지 않나 싶다. 여기에 장교단의 양성~보수과정에서부터 목표가 분명한 학습 커리큘럼이 되지 않고 있다. 이는 군사·안보학을 전공하고 軍에 복무 중인 중·장기 복무자들을 조사한 결과에 드러나 있는 현실을 신중하게 검토 및 재정립할 필요가 있다.[51)]

51) 김성진, "육군의 초급장교 충원 및 관리 방식, 장교단의 기능과 역할," 『경제포커스』 안보칼럼 (2021.11.01.).; 김성진, "'창끝 전투력'의 핵심, 軍 장학생(초급장교) 양성의 허실(虛實)," 『통일원코리아』 통권 제14호 (서울: 대한민국ROTC중앙회 통일정신문화원, 2022.12.01.), pp. 46~49.

에필로그

집필하는 기간이 길어지며 상당한 고민과 아쉬움이 남는다. 날로 예측하기 어려운 새로운 비전통적 위협 유형의 등장과 지정학・지경학적으로 얽히고설킨 한반도 주변의 안보정세가 한 치 앞을 내다보기 어려워서다. 여기에 양극단으로 갈라선 사회적 현실의 여파도 한몫한다. 이 책에서 다룬 '한국적 군사혁신'은 군사선진국들과 다르게 반복된 수정과 개선 구호에 그치는 현실이기에 실질적인 성과를 기대하기 어려운 점이 있다. 연구자들에게 다섯 가지의 당부를 드리고 싶다.

첫째, '군사혁신(RMA)'에 성공하려면, '정형화된 인식의 틀'과 '설마'라는 안일한 의식에서 과감히 벗어나야 한다. "당신은 전쟁에 관심이 없지만, 전쟁은 우리에게 관심이 있다."라는 말을 기억하자.

둘째, '인지・확증 편향의 늪'에서 벗어나야 한다. 국방・안보집단은 자신이 원하는, 자신이 희망하는 방향만 바라보고 행동해서는 안 되며, 누구의 편이 되어서도 안 된다. 오직 국가와 국민만 바라볼 수 있어야 한다. 특정 이해집단에 가담하는 '내 편, 네 편'을 선택해도 안 된다. 오직 국가와 국민을 바라볼 수 있어야 한다. 이를 벗어나야 軍이 軍다워질 수 있다. 그래야 보람과 소명의식(Calling)에 기반한 헌신과 봉사의 자세로 국익과 국민의 안정된 삶을 위하는 진정한 전문집단으로 거듭날 수 있다는 의미다.

셋째, 일부 전문가들이 이해하기 어려운 전문지식과 용어를 지식인의 전권(全權)인 양 구사하지만, 정작 '군사혁신'에 필요한 의미와 본질은 이해하지 못하는 경우가 있다. '라떼'라는 의미 그 이상도 이하도 아님을 깨우쳐야 한다.

넷째, '자칭 전문가'보다 '찐 전문가'가 되었으면 한다. 토론(debate)하다 보면, 본질보다 자신만의 독선적 인식과 독단에 사로잡힌 전문가를 간혹 접하곤 한다. 찐 전문가라면, 핵심에 직진하되, 상대가 공감할 수 있는 배려와 포용이 필요하며, 강압과 강요가 아닌 논리적으로 설득할 수 있는 노력이 필요하다. 전문성으로 논쟁하는 게 내외부의 인정과 평가를 받는 데도 효과적이지 않을까 싶다.

다섯째, "역사를 잊은 민족에 내일은 없다."라는 말을 쉼 없이 되새기자. '군사혁신'이 왜! 필요한지에 대한 SWOT[52]적 고민 즉, 당위성, 현실의 강점과 취약점은 무엇인지, 위협이 무엇인지를 식별하기 위해서는 끊임없는 성찰과 노력이 필요하다. 이 책은 이러한 고민을 위해 만들어진 개념서다. '군사혁신'이 시대와 정권에 따라 변질(變質)되지 않고 오로지 국익과 국민의 안정된 삶에 실질적으로 기여하기를 바란다.

52) 'SWOT'는 'Strength, Weakness, Opportunity, Threat'의 약자로 기업에서 경영전략을 분석할 때 적용하는 기법이다.

약어정리

A2/AD(Anti-Access/Area-Denial)	반접근/지역거부 전략
ADB(Air Defense Battalion)	전략방공대대
AEWACS=AWACS(Airborne (Early) Warning and Control System)	공중 조기 경보 통제체계
Anti-Radiation Missile	대방사 미사일
ASB(Air-Sea Battle) Strategy	공해(空海)전투 전략
ASBM(Anti-Ship Ballistic Missile)	대함(對艦) 탄도미사일
ASCM(Anti Ship Cruise Missile)	대함(對艦) 크루즈(순항) 미사일
ATGM(Anti-Tank Guided Missile)	대전차 유도탄
ATO(Air Tasking Order)	항공임무명령서
AW(Annihilation War)	섬멸전
AW(Attrition War)	소모전
BDA(Bomb Damage Assessment)	전투피해평가
BIW(Battlefield Information Warfare)	전장(戰場) 정보전
BSB(Brigade Support Battalion)	여단 전투근무지원대대
C2W(Command & Control Warfare)	지휘통제전
C3CM(Command Control & Communication, Countermeasures)	지휘 통제 통신대책
C4ISR(Command, Control, Communication, Computer, Intelligence, Surveillance & Reconnaissance)	통합 정보·감시·정찰체계
CFT(Commandement des Forces Terrestres)	지상군사령부
CLRAIS(Counter Long Range Artillery Intercept System)	장사정포 요격체계
COMIS(Commandement Interarmees du Soutien)	합동근무지원사령부
CSBA(Center for Strategic and Budgetary)	美 전략예산평가센터
DBA(Dominant Battle-space Awareness)	주도적 인식
Deliberate Attack	정밀 공격
DE(Directed Energy)	지향성 에너지
DIA(Defense Intelligence Agency)	美 국방정보국
DIME(Diplomacy, Information, Military, Economy)	외교·정보·군사·경제 * 국력 및 전쟁에 영향을 미치는 외부요인을 분석할 때 사용
Directed Energy	지향성 에너지 무기

DO(Deception Operation)	기만작전
Dominant Player	주도적 행위자
EA(Electronic Attack)	전자공격
EBO(Effective Based Operation)	효과기반(중심)작전
Electromagnetic Jamming	전자기 재밍
Electromagnetic Deception	전자기 기만
EMCON(Emission Control)	방사 통제(放射 統制)
EMP(Electromagnetic Pulse Bomb)	전자 폭탄
EP(Electronic Protection)	전자보호
ERSEC(Extended Range Sensoring and Effects Company)	원거리 탐지 센서 중대
EW(Electronic Warfare)	전자전
EWSM(Electronic Warfare Support Measures)	전자전 지원
FCS(Future Combat System)	미래 전투시스템
FMC(Full Mission Capability)	완전 임무 수행능력
FOC(Full Operational Capability)	완전 운용능력
For the Sea	항공모함 중심의 전투
FW(Future Warfare)	미래전
Geo-Strategic	지전략적(地戰略的)
GIG(Global Information Grid)	통신+정보+지형정보가 통합된 전(全) 세계적인 통신망으로 미군의 지형정보 시스템
GIGN(Groupe d'Intervention de la Gendarmerie Nationale)	프랑스 대테러부대
GPS(Global Positioning System)	위성항법장치
GSM(Ground Station Module)	지상모듈
GW(Guerrilla Warfare)	게릴라 전쟁(또는 게릴라전)
GZS(Gray Zone Strategy)	회색지대 전략
HBTSS(Hypersonic and Ballistic Tracking Space Sensor)	우주 기반 탐지 센서체계
HIMARSB(High Mobility Artillery Rocket System Battery)	다연장 로켓부대
HPM(High-Power Microwaves Bomb)	고출력 마이크로파 폭탄
HW(Hacker Warfare)	해커전
HW(Hybrid Warfare)	하이브리드전
I2CEWSB(Information, Intelligence, Cyber, Electronic Warfare and Space Battalion)	정보・첩보・사이버・전자전・우주 대대
IA(Information Assurance)	정보보증(情報保證)
IBCS(Integrated Battle Command System)	美 육군의 통합 공중・미사일 방어 전투 지휘체계
IBW(Intelligence Based Warfare)	군사정보 기반전
ICBM(Intercontinental Ballistic Missile)	대륙간탄도미사일
ICBM(Internet of Things, Cloud, Big Data, Mobile)	인공지능에 기반한 초연결 네트워크와 로봇기술, 빅데이터와 모바일의 결・융합

ICT(Information & Communications Technology)	정보통신기술
ID(Information Dominance)	정보지배
IEW(Economic Information Warfare)	경제정보전
INFO DEF(Informatikon Defense Company)	정보방어중대
IO(Information Operation)	정보작전
IOC(Initial Operational Capability)	기본 운용능력
IR(Industrial Revolution)	산업혁명
IS(Information Security 또는 Infosec)	정보보안
ISDL(Inter Site Data Link)	해군의 유선통신 데이터 링크
IW(Information Warfare)	정보전
JADC2(Joint All-Domain Command and Control)	합동 전(全) 영역 지휘 통제
JSTARS(Joint Surveillance and Target Attack Radar System)	합동 감시 표적 공격 레이더체계
JTDLS(Joint Tactical Data Link System)	합동 전술 데이터 링크
KBO(Knowledge-based Operation)	지식에 기반한 융·복합 차원의 군사작전
KJCCS(Korean Joint Command & Control System)	한국군 합동 지휘 통제체계
JTF(Joint Task Force)	합동 기동부대
LPAR(Large Phased Array Radar)	지상용 대형위상배열 레이더
L-SAM(Long-range Surface to Air Missile)	장거리 지대공 유도무기
LRHWB(Long Range Hypersonic Weapon Battery)	장거리 극초음속 순항 미사일 포대
MCC(Military Communication Company)	군사통신대대
MCRC(Master Control & Report Center)	중앙방공통제소
MDF(Multi-Domain Formations)	다영역 작전 수행부대
MDO(Multi-Domain Operations)	다영역 작전
MDTF(Multi Domain Task Force)	다영역 임무군
MIC(Military Intelligence Company)	군사정보중대
MIE(Military Information Environment)	군사정보환경
MLRS(multiple launch rocket systems)	다련장포
MOOTW(Military Operation Other Than War)	비전쟁 군사행동 * 전쟁이 아닌 테러나 자연재난 등의 상황에서 수행하는 군사활동
MP(Manhattan Project)	맨해튼 프로젝트 * 미국과 영국이 원자탄을 개발하기 위해 구성한 비밀 프로젝트
MR(Military Revolution)	군사혁명
MRBM(Medium-range ballistic missile)	준중거리탄도미사일
MTR(Military Technical Revolution)	군사기술혁명
MT(Military Transformation)	군사변환
MW(Maneuver War)	기동전
MW(Mosaic Warfare)	모자이크전
NASA(National Aeronautics and Space Administration)	美 항공우주국

NCW(Network-Centric Warfare)	네트워크 중심전
NDS(National Defense Strategy)	국가 국방전략서
NPR(Nuclear Posture Review)	핵 태세 검토보고서
NSA(National Security Agency)	美 국가안보국
NSS(National Security Strategy)	국가안보 전략서
NW(Nonliner Warfare)	비(非) 선형전
OCM(Operational Concept of Military)	군사력 운용 개념
ONA(Office of Net Assessment)	美 국방성 총괄평가국
On the Sea	전투함 중심의 전투
OMG(Operational Maneuver Group)	종심기동전술
OODA Loop	관찰(Observe)-상황파악(Orient)-의사결정(Decide)-행위(Act)의 주기를 뜻하며, 보이드 주기(Boyd Cycle)라고도 불림.
PGM(Precision-Guided Munition)	정밀유도무기
PMESII(Policy, Military, Economy, Society, Information, Infrastructure)	정치・군사・경제・사회・정보・기반시설 * 작전환경 요소를 분석할 때 사용하는 요소
PW(Parallel Warfare)	병행전
PW(Paralysis War)	마비전
PSDC(Politique de S curit et de D fense Commune)	유럽 통합방위체계
PSY(Psychological Warfare 또는 Warfare Psywar)	심리전
QDR(Quadrennial Defense Review)	4년 주기 국방검토보고서
RDO(Rapid Decisive Operation)	신속 결정적 작전
RMA(Revolution in Military Affairs)	군사혁신
R&SD(Research & Solution Development)	국가・사회문제 해결형 연구개발
RRU(Rapid Reaction Unit)	신속대응부대
RSA(Revolution in Security Affairs)	안보분야 혁명
RTDS(Realtime Track Display System)	공군의 실시간 항적(航跡) 전시체계
science and technology	과학기술
SFB(Strategic Fire Battalion)	전략 화력대대
SIC(Singal Intelligence Comany)	신호정보중대
SLBM(Submarine-Launched Ballistic Missile)	잠수함 발사 탄도미사일
SPIDER(ROK Army Corps & Below Mobile Tactical Switching System)	군단급 이하 이동 전술 통신체계
SR(Surveillance & Reconnaissance)	감시・정찰체계
SSF(Strategic Support Force)	전략지원부대
SW(Space Warfare)	우주전
TACS(Theater Airspace Control System)	전구(戰區) 항공 통제체계
TPFDD(Time Phased Forces Deployment Data)	시차별 부대전개목록
THAAD(Terminal High Altitude Area Defense)	고고도 미사일 방어체계

TI(Technological Innovation)	기술혁신
TICN(Tactical Information Communication Network)	전술 정보 통신체계
UAV(Unmanned Aerial Vehicle)	무인항공기
UEx(Unit of Employment X)	사단과 군단의 기능을 통합한 디지털 미래형 사단(주한미군 2사단)
UW(Universe Warfare)	우주전
WMD(Weapon of Mass Destruction)	대량살상무기

참고문헌

국방부 업무보고, 2022.07.22.

국방부 국방개혁실, <국방혁신 4.0>, 2022.

국방부 정책기획관실 국방전략과, <2022 국방백서>『국방부』, 서울: (주)다니기획, 2022년 12월.

국방부 정책기획관실 기본정책과, <2020 국방백서>, 2020년 12월.

______________________________, <2018 국방백서>, 2018년 12월.

권영근 편저,『미래전과 군사혁신』, 서울: 연경문화사, 1999.

권태영・노훈,『21세기 군사혁신과 미래전』, 파주: 법문사, 2008.

김광석 편저,『용병술어연구』, 고양: 병학사, 1993.

김성진,『국가위기관리론』, 서울: 백산서당, 2021.

______,『군사전략론』, 서울: 백산서당, 2022.

______,『군사협상론』, 서울: 백산서당, 2020.

______,『세계전쟁사』, 서울: 백산서당, 2021.

______,『전쟁사와 무기체계론』, 서울: 백산서당, 2020.

______,『한국 육군의 장교단 충원제도와 직업안정성』, 서울: 백산서당, 2016.

김일영・조성렬,『주한미군 역사, 쟁점, 전망』, 파주: 한울 아카데미, 2014,

김종하・김재엽,『군사혁신(RMA)과 한국군』, 서울: 북코리아, 2008.

노병천,『도해 손자병법』, 서울: 연경문화사, 2009.

박상섭,『근대국가와 전쟁』, 서울: 나남출판사, 2004.

박희락,『정보화시대 국방개혁의 이론과 실제』, 파주: 법문사, 2008.

배달형,『정보작전의 이해』, 서울: 한국국방연구원, 2003.

양창삼,『최신조직이론』, 서울: 법경사, 1999.

육군교육사령부,『국가와 안보(Ⅰ)』, 대전: 국군인쇄창, 2017.

육군미래혁신연구센터, <육군 비전 2050>, 2019.

정연봉,『한국의 군사혁신』, 서울: 플래닛미디어, 2021.

조용만,『군사혁신과 현대전쟁』, 파주: 글로벌, 2016.

토머스 G. 맨켄 저, 김수빈 역,『궁극의 군대-미군은 어떻게 세계 최강의 군대가 되었나』, 서울: 미지북스, 2018.

합동군사대학교 합동전투발전부,『정보작전(미 합동 교범 3-13 번역본)』, 대전: 국군인쇄창, 2016.

합동참모본부,『연합・합동 군사 용어사전』, 서울: 합동참모본부, 2014.

Richard O. Hundley 著, 구정회 譯,『군사혁신과 軍의 미래』, 서울: (사)항공우주개발정책연구회, 2002.

Samuel P. Huntington 저, 허남성 외, 『군인과 국가』, 서울: 한국해양전략연구소, 2011.

김성진, "급변사태 시 자유화 지역 민군작전의 실효성 증대방안 고찰," 『군사논단』 제92호, 서울: 한국군사학회, 2017.

______, "비전통적 안보위협과 테러 대응체계의 실효성 고찰: 법령과 제도, 대응 기능을 중심으로," 『군사논단』 제105호, 서울: 한국군사학회, 2021.

______, "비전통적 안보위협과 한국 국가위기관리체계의 효율성 증대방안: 통합방위체계를 중심으로," 『한국군사』 Vol. 12, 위례: 한국군사문제연구원, 2022.

______, "'창끝 전투력'의 핵심, 軍 장학생(초급장교) 양성의 허실(虛實)," 『통일원코리아』 통권 제14호, 서울: 대한민국ROTC중앙회 통일정신문화원, 2022.12.01.

김주석, "G2 체제에서 중국의 군사전략 변화양상 분석," 『대한정치학회보』 제25호, 광주: 조선대학교, 2017.

박영호, "2006년 QDR의 특징 분석과 한반도 안보에 주는 시사점," 『통일연구원』, 서울: 통일연구원, 2006.

우종범 외, "군 상부 지휘구조 결정요인에 관한 연구," 『한국조직학회보』 Vol. 10 (1), 서울: 한국조직학회, 2013.

이영길, "중국 人民解放軍의 군사개혁," 『군사논단』 제39호, 서울: 한국군사학회, 2004.

장진오, "과학기술 발전과 우리의 군사혁신 방향에 대해," 『국방논단』 제1807호, 서울: 한국국방연구원, 2020

정춘일, "4차 산업혁명과 한국적 군사혁신," 『한국군사』 제6호, 성남: 한국군사문제연구원, 2017.

中國 國防大學, 『現代局部戰爭理論研究』, 北京: 國防大學 出版社, 1997.

Alvin Toffler and Heidi Toffler, War and Anti-War, New York: Little, Brown & Company, 1993.

Andrew F. Krepinevich, "Cavalry to Computer: The Pattern of Military Revolutions," The National Interest, Fall, 1994.

____________________, The Military-Technical Revolution: A Preliminary Assessment, Washington D.C. : Center for strategic and Budgetary Assessment, 2002.

Catherine A. Teohary, Information Warfare: Issue for Congress," CRS Report-R45142, Washington: Congressional Research Service, Maech 5, 2018.

Chang Mengxiong, "Weapons of the 21st Century," Michael Pillsbury, ed., Chinese Views of Future Warfare, Wash ington, D.C.: NDU Press, 1997.

Department of Army, 『FM 100-6(Information Operations)』, 1996.

DoD, Quadrennial Defense Review, Washington D.C.: DoD, 2001.

DoD, The National Defense Strategy of the United States of America, Washington D.C.: DoD, 2005.

George E. Orr, Combat Operation C3I: Fundamentals and Interactions, Air University Press, 1983.

Grant T. Hammond, "Myth of the Gulf War: Some 'Lessons' Not to Learn," Airpower Journal, Fall, 1998.

James A. Blackwell, Jr., and Barry M. Blechman, ed., Making Defense Reform Work, Washington D.C.: Brassey's Inc., 1990.

James C. Mulvenon N.D. Yang, eds., Seeking Truth From Facts: A Retrospective on Chinese Military Studies

in the Post-Moo Era, Santa Monica: RAND, 2001.
James C. Mulvenon, "The Cult of Xi and the Eise of the CMC Chairman Responsibility System," China Leadership Monitor, (55), 2018.
Jeremy Black, A Military Revolution?: Military Change and European Society 155-~1800, London: Macmillan, 1991.
John Costello. "The Strategic Support Force: China's Information Warfare Service," China Brief, Washington D.C., Vol 16, No. 3. 2015.
John R. Pardo Jr, "Parallel Warfare, Its Nature and Application," Challenge and Response, Air University Press, Maxwell AFB, 1994.
Joint Pub 1, 『Joint Warfare of the Armed Forces of the United States』, 1995.
Joint Pub 3-13, 『Joint Doctrine for Information Operations』, Washington D.C.: Joint Chiefs of Staff, 2014.
Macgregor Knox and Williamson Murray, (eds.) The Dynamics of Military Revolution, 1300~2050, Cambridge, UK; New York: Cambridge University Press, 2001.
Martin A. Libicki, What is Information Warfare?, Washington: NDU, 1995.
Martin Van Creveld, Technology and War (New York: The Free Press, 1991.
________________, "Napoleon and the Dawn of Operational Warfare," in John Andreas Olsen and Martin Van Creveld (eds.) The Evolution of Operational Art, New York: Oxford University Press, 2011.
________________, 『Command in War』, Cambridge: Harvard University, 1985.
Michael Pillsbury, China Debates the Future Security Environment, Washington D.C.: NDU Press, 2000.
Michael S. Chase, Jeffrey Engstrom, "China's Military Reforms: An Optimistic Take," 『Joint Forces Quarterly』 제83호, RAND Corporation, 2016.
Norman C. Davis, "An Information-based Revolution in Military Affairs," Strategic Review, Winter, 1996.
Stephen Biddle, "Victory Misunderstood: What the Gulf War Tells Us about the Future of Conflict," International Security. vol. 21, no. 2, 1996.
Richard O. Hundley, Past Revolutions Future Transformations, Santa Monica CA: Rand Coperation, 1999.
Roger Cliff, "China's Military Reforms: An Pessimistic Take," 『Joint Forces Quarterly』 제83호, CNA, 2016.
U.S. Army Training and Doctrine Command, The U. S. Army in Multi-Domain Operations 2028, Pamphlet 525-3-1, 2018.
Wang Baocun and James Mulvenon, "China and the RMA," The Korean Journal of Defense Analysis, vol. 12. no. 2. Winter 2000.
You Ji, "The Revolution in Military Affairs and the Evolution of China's Strategic Thinking," Contemporary Southeast Asia, vol. 21, no 3, Dec 1999,

기타 자료
강의 연구와 탐구 과정에서 축적한 자료
언론 보도 및 공식 매체 등에서 발표한 관련 논단·칼럼 등의 자료

찾아보기

저자소개

김성진(金成珍)

"길이 아니면 가지 않고, 알지 못하면 말하지 않는다."라는 통관(洞觀)적 인식을 추구하는 저자는 경북 김천에서 태어나 초・중・고등학교를 마쳤다. 이후 동국대학교 무역학과를 졸업하고 육군 대령(ROTC #21)으로 예편하였다. 국립 경상대학교 경영행정대학원에서 '정치학석사(국가안보전공)'를, 국민대학교 일반대학원 정치외교학과에서 '정치학박사(안보전략전공)' 학위를 취득하였다.

〈주요 경력〉
-현) 경기북부보훈지청 교수・교육분야 멘토
-현) (사)대한민국ROTC통일정신문화원 논설위원
'2021~2022년, 대한민국을 이끄는 오피니언 혁신리더상(안보부문, 한국언론기자협회)' 수상
-현) (재)한국군사문제연구원 객원연구위원, 국방・안보 칼럼니스트
-현) 재향군인회 안보전략연구원 연구위원
-현) (사)한국유권자총연맹 국방정책포럼위원장 / 부총재
-현) (사)국민정책평가원 사무총장 / 부원장
-현) 국민정책평가신문 책임논설위원 등
-한국외대 안보협력연구센터 선임연구위원, (사)글로벌전략협력연구원 국방전략연구센터장, 극동대 군사학과 외래교수, (사)한국융합안보연구원 위기관리연구센터장
-충남대학교 국가안보융합학부 국토안보학전공 초빙교수
'2017~2019, 3년 연속 군장학생 전국 최우수/최다 합격률' 달성
-국민대학교 정치대학원 강사
-대전지방보훈청 교수・교육분야 멘토

-대한민국 ROTC 중앙회 후보생제도발전위원회 위원장 외
'2014 국방부 최우수대학교/학군단', '2012~2014 종합우수 학군단', '2008 합참지 최우수 원고상' 수상

〈주요 저서 및 연구 논문〉
-『군사전략론』, 서울: 백산서당
-『국가위기관리론』, 서울: 백산서당
-『초급장교 선발 면접 특강: ROTC 후보생, 학사・예비장교, 군장학생(共著)』, 서울: 백산서당
-『세계전쟁사』, 서울: 백산서당
-『전쟁사와 무기체계론』, 서울: 백산서당
-『군사협상론』, 서울: 백산서당
-『한국 육군의 장교단 충원제도와 직업 안정성』, 서울: 백산서당
* "비전통적 안보위협과 한국 국가위기관리체계의 효율성 증대방안: 통합방위체계를 중심으로,"
* "한국의 위기관리 체계와 군사 대응기구의 효율성 고찰: 법령체계와 구조, 운영 기능을 중심으로"
* "한국 국가위기관리체계의 효율성 제고 방안 고찰: 국가위기관리체계와 통합방위체계와의 연계를 중심으로"
* "테러 발생 시 軍 테러 대응체계의 실효성 증대방안 고찰: 軍의 합동조사반(팀) 활동을 중심으로"
* "급조폭발물(IED) 테러와 한국군 대응체계의 효율성 증대방안 고찰"
* "급변사태 시 자유화 지역 민군작전의 실효성 증대방안 고찰: 보병사단급 이하 부대를 중심으로" 외 다수

〈보유 자격증〉
-중등 정교사(2급), 재난관리사, 인성지도사, 심리상담사, 리더십 강사, CS 강사, CSLeaders, 한자 1급, 문서실무사 1급 등 16종(種).

군사학 총서 제6권

군사혁신론

초판 제1쇄 펴낸날 : 2023. 4. 15.

지은이 : 김 성 진
펴낸이 : 김 철 미
표지디자인 : 권 은 경
펴낸곳 : 백산서당

등록 : 제10-42(1979.12.29.)
주소 : 서울 은평구 통일로 885(갈현동, 준빌딩 3층)
전화 : 02)2268-0012(代)
팩스 : 02)2268-0048
이메일 : bshj@chol.com

값 34,000원

ISBN 978-89-7327-849-7 93390